길잡이 | PROFESSIONAL ENGINEER LANDSCAPE ARCHITECTURE

조경기술사
논술 기출문제풀이

정유선 저

JN385331

이 책의 구성

CHAPTER 01 정책·제도	CHAPTER 07 조경시공구조
CHAPTER 02 법규	CHAPTER 08 조경관리
CHAPTER 03 생태학	CHAPTER 09 동양조경사
CHAPTER 04 조경계획	CHAPTER 10 서양조경사
CHAPTER 05 조경설계 1	CHAPTER 11 현대조경
CHAPTER 06 조경설계 2	

머리말 PREFACE

강의를 시작한 지 여러 해 되었으나 여전히 조경기술사 출제문제는 나에게 복잡하고 어려운 과제이다. 조경기술사 문제가 쉽게 출제되든 어렵게 출제되든 상관없이 문제 자체가 나에게 어떤 의무감을 부여하는 것 같다. 가르치는 사람이라서 그런지도 모르겠다는 생각을 하면서 이제는 그냥 그러려니 한다.

처음 조경기술사 시험 준비를 할 때 논술문제는 거의 손을 대지 못했었다. 용어 정의 문제만으로도 버거워 쩔쩔맸던 기억이 난다. 공부할 내용은 줄어들지 않고 왜 늘어나는지, 일주일은 왜 그리도 빨리 가는지 야속했다. 토요일이 가까워지면 문제 풀이를 빨리 끝내야 한다는 압박감에 시달렸다. 나름대로 시간표도 짜고 계획대로 할 거라 했으나 실행 결과는 계획대로 나오지 않았다. 아마 지금 시험을 대비하고 있는 사람들도 그때의 나와 상황이 다르지 않을 것이다. 공부를 방해하는 여러 가지 상황 변수가 너무나 많다.

이번에 《길잡이 조경기술사 논술 기출문제 풀이》를 집필하면서 2001년부터 현재까지의 문제를 통틀어 보니 전체적으로 조경기술사 문제의 수준이 점차 향상되고 출제 범위도 넓어진 것을 알 수 있었다. 반면에 평준화된 부분도 보인다. 이 책이 기술사 논술 공부에 조금이라도 도움이 되었으면 좋겠다.

로마 황제 아우구스투스의 좌우명은 "천천히 서둘러라(Festina Lente)"이다. 오래전 단골 카페의 이름도 이 좌우명과 같아서 너무 멋있는 이름을 붙였다고 생각하며 웃었던 기억이 난다. 이 말은 앞뒤가 맞는 말이 아닌데 그 의미는 분명하다. 너무 서두르지도 말고 또 너무 지체하지도 말라는 것이다. 합격할 때까지 이런 마음가짐을 가져야 하지 않을까. 조급해한다고 되는 것이 아니고 그렇다고 해서 오늘 할 일을 내일로 미루는 것도 분량이 어마어마한 조경기술사 공부에는 독이기 때문이다.

여러분의 건강을 기원한다.

저자 정 유 선

수험정보

⟫⟫ 기술사 수험안내

❶ 1차 – 필기시험

- **응시자격**
    - 기사자격 취득 후 해당 직무 분야에서 4년 이상 종사한 사람
    - 기능사 취득 후 해당 직무 분야에서 7년 이상 종사한 사람
    - 응시하려는 종목이 속하는 동일 및 유사 직무 분야에서 9년 이상 실무에 종사한 사람
    - 큐넷(www.q-net.or.kr) → 기술자격시험 → 자격정보 → 국가기술자격제도 → 응시자격

- **시험시간**
    - 오전 8시 30분까지 입실해야 함
    - 시험에 대한 안내 : 08 : 30~09 : 00

구분	1교시	2교시		3교시	4교시
형식	용어 정의	논술		논술	논술
출제 문항	13	6	점심시간	6	6
선택 문항	10	4		4	4
시험시간	09 : 00~ 10 : 40 100분	11 : 00~ 12 : 40 100분		13 : 40~ 15 : 20 100분	15 : 40~ 17 : 20 100분

- **수험자 준비 물품**
    - 수험표, 신분증, 필기도구(볼펜, 자, 연필, 지우개 등)
    - 도시락, 음료, 집중력과 지구력 향상에 좋은 초콜릿 등

❷ 2차-실기시험

- **응시자격**
  - 실기 접수기간 내에 수험원서 인터넷(www.q-net.or.kr) 제출
  - 필기시험 합격일로부터 2년간 유지
  - 실기시험 면제 기간은 한국산업인력공단에 확인해야 함
  - 실기시험에 접수한 경우와 면제 기간이 종료된 경우에는 확인되지 않음

- **시행시기**
  - 시험일시, 장소 본인 선택(선착순)
  - 실기시험은 연 3회 중 2회 시행
  - 응시자격이 유지되는 2년간 총 4회 응시 가능
  - 2년 안에 실기시험에 합격하지 못할 때는 필기시험을 재응시해야 함

- **시험시간**

구분	part 1	part 2	part 3
시험시각	9:30~11:30	12:30~15:00	15:30~17:30
출제 문항	10~15문항	10~15문항	10~15문항
응시시간	20~40분	20~40분	20~40분

- **시험위원**
  - 3인의 면접위원이 참석함
  - 교수, 기업체 임원, 기술사, 학회 간부 등

- **응시요령**
  - 단정한 옷차림과 겸손한 자세
  - 또렷한 발음과 정확한 답변
  - 대충 얼버무리지 말 것
  - 모를 때는 솔직하게 모른다고 한 후 더 열심히 공부하겠다고 할 것

조경기술사

수험정보

≫ 기술사 시험 준비요령

❶ 동기 부여와 목표 설정
- 스트레스 해소 필수
- 지속적 동기부여 필요
- 일주일, 한 달 등 일정 기간의 세부목표 세우기
- 운동으로 체력관리

❷ 공부시간
- 평일 3~4시간, 주말 최대 활용
- 독서실, 공공도서관 이용

❸ 기술사 공부의 틀

구분	내용
이론의 습득	• 전문기술사 서적이나 단행본 구매 • 과목별로 이론의 흐름 파악 • 내용 필기를 생활화
자료수집	• 인터넷 검색 • 신문기사 • 정기간행물, 계간지, 주간지, 월간지 • 학회지 및 논문 • 학원 자료
자료 정리	• 주제별 정리 • 서브 노트(Sub Note) 작성 • 주요 단어 및 어휘 중심 정리
답안지 작성	• 답안작성 연습 • 시간 조절 필수 • 모범답안과 비교·분석
응용 및 암기	• 설계나 시공 관련 경험 적용 • 자신 있는 과목 찾기

≫ 기술사 답안지 양식(신양식)

※ 10권 이상은 분철(최대 10권 이내)

제   회
국가기술자격검정 기술사 필기시험 답안지(제1교시)

| 제1교시 | 자격종목 | |

답안지 작성 시 유의사항

1. 답안지는 연습지를 제외하고 **총 7매(14면)**이며, 교부받는 즉시 매수, 페이지 순서 등 정상여부를 반드시 확인하고 1매라도 분리되거나 훼손하여서는 안 됩니다.
2. **시험문제지가 본인의 응시종목과 일치하는지 확인하고**, 시행 회, 종목명, 수험번호, 성명을 정확하게 기재하여야 합니다.
3. 수험자 인적사항 및 답안작성(계산식 포함)은 검정색 필기구만을 계속 사용하여야 합니다.(그 외 연필류・유색필기구 등으로 작성한 답항은 0점 처리됩니다.)
4. 답안정정 시에는 두 줄(=)을 긋고 다시 기재 가능하며, 수정테이프(액) 등을 사용했을 경우 채점상의 불이익을 받을 수 있으므로 사용하지 마시기 바랍니다.
5. 연습지에 기재한 내용은 채점하지 않으며, 답안지(연습지 포함)에 답안과 관련 없는 **특수한 표시를 하거나 특정인임을 암시하는 경우 답안지 전체가 0점 처리됩니다.**
6. 답안작성 시 **자(직선자, 곡선자, 템플릿 등)를 사용**할 수 있습니다.
7. 문제의 순서에 관계없이 답안을 작성하여도 되나 주어진 문제번호와 문제를 기재한 후 답안을 작성하고 전문용어는 원어로 기재하여도 무방합니다.
8. 요구한 문제수보다 많은 문제를 답하는 경우 기재 순으로 요구한 문제수까지 채점하고 나머지 문제는 채점대상에서 제외됩니다.
9. 답안작성 시 답안지 양면의 페이지 순으로 작성하시기 바랍니다.
10. 기작성한 문항 전체를 삭제하고자 할 경우 반드시 해당 문항의 답안 전체에 대해 명확하게 ×표시(×표시 한 답안은 채점대상에서 제외) 하시기 바랍니다.
11. 시험시간이 종료되면 즉시 답안작성을 멈춰야 하며, 종료시간 이후 계속 답안을 작성하거나 감독위원의 **답안제출 지시에 불응할 때에는 채점대상에서 제외**됩니다.
12. 각 문제의 답안작성이 끝나면 **"끝"**이라고 쓰고 다음 문제는 두 줄을 띄워 기재하여야 하며 최종 답안작성이 끝나면 그 다음 줄에 **"이하 빈칸"**이라고 써야 합니다.

※ 부정행위처리규정은 뒷면 참조

HRDK 한국산업인력공단

수험정보

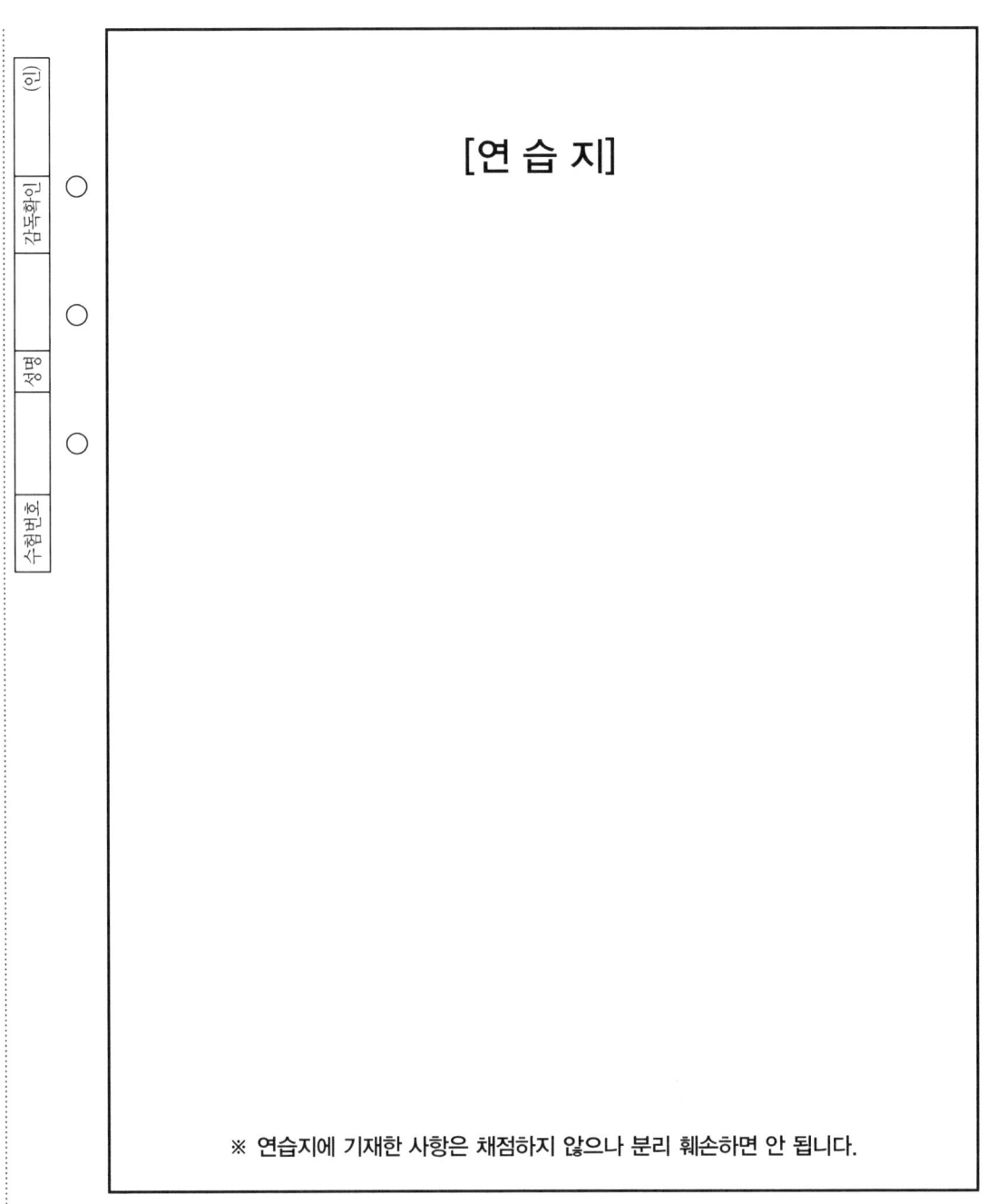

1쪽

번호		

HRDK 한국산업인력공단

단원별 조경기술사 기출문제 분석

❶ 정책 · 제도

키워드		회차	논술문제
환경 이슈	기상 기후변화	114-3-2	기후변화대응전략을 완화(저감) 및 적응으로 구분하고 조경 분야 적용방안에 대해 설명하시오.
	보호 지역	114-4-5	멸종위기 야생생물 보호 및 관리정책의 방향에 대해 설명하시오.
		117-2-6	우리나라 보호지역(생태·경관보전지역, 습지보호지역, 야생생물보호구역)의 문제점과 개선방안을 설명하시오.
	환경정의	67-2-4	21세기에는 새로운 세기에 맞는 새로운 패러다임을 필요로 한다. 환경, 생태, 생명, 사회, 문화, 예술 등과 관련해 조경 분야에서 달성할 수 있는 새로운 패러다임을 제시하고 구체적 방안을 열거하시오.
		76-3-1	최근 환경의 날을 맞아 유엔환경계획(UNEP)은 올해의 주제를 '녹색도시-지구를 위한 계획'으로 정했다. 이와 관련하여 인류의 미래를 위협하는 지구촌 환경문제의 당면한 주요 이슈에 대해 논하시오.
		123-2-6	환경정책을 실현하는 데 필요한 환경정책 추진 원칙(5가지)에 대해 설명하시오.
		129-2-1	자연보전의 당위성을 환경 윤리학의 입장에서 설명하시오.
	환경협약	117-4-5	람사르 협약에 등록한 우리나라 습지 5개소 사례와 각 습지의 특성 및 생태적 가치를 설명하시오.
국제 기구	유네스코	69-2-3	비무장지대(DMZ)는 생태적 보고이다. 통일 이후를 대비한 합리적 계획·관리방안에 대해 기술하시오.
		69-3-4	UNESCO(United Nation Education Scientific and Cultural Organization)의 인간과 생물권(Man and Biosphere) 계획에서 설정한 생태계의 중요한 지역을 구분한 방식과 관리 방향에 대해 설명하시오.
국토 계획	국토 종합계획	65-4-2	제4차 국토종합계획(2000~2020년)에서는 부문별 추진계획의 목표로 "건강하고 쾌적한 국토환경 조성"을 표방하고 있다. 주요 내용 4가지를 서술하시오.

키워드		회차	논술문제
국토 계획	균형발전	115-4-4	「2018년 국토교통부 주요 업무 추진계획」의 6대 정책목표 중 균형발전 실천과제와 조경가의 참여 분야를 설명하시오.
	개발권 양도제	73-4-6	최근 정부가 제도 신설을 연구 검토하고 있는 개발권양도제(開發權讓渡制)(TDR : Transfer of Development Rights)를 설명하고, 우리나라에서 생태적으로 중요하여 보전할 곳, 역사경관 보전할 곳 등의 사유재산권 침해를 보상할 필요성과 이 제도를 통해 보상할 수 있는 가능성에 대해 논하시오.
	정원 계획	111-3-2	2016년에 산림청에서 발표한 '제1차 정원진흥기본계획(2016~2020년)'의 주요 내용 중 계획 수립 배경, 비전과 목표 및 추진 전략 등에 대해 설명하시오.
토지 평가	토지 적성평가	65-3-6	토지 적합성 평가(Land Suitability Analysis)방법 중 선형조합법(Linear Combination Technique)과 요소조합법(Factor Combination Technique)을 설명하고 그 장단점을 서술하시오.
	자연성 측정	65-3-1	녹지자연도를 등급별로 설명하고 문제점과 개선방안을 논하시오.
		124-4-4	도시생태현황지도의 구성과 작성 절차에 대해 설명하시오.
기타	공공 사업	84-3-1	한반도 대운하(경부운하) 건설에 대한 환경적 측면에서 장단점을 설명하고 조경 분야의 역할에 대해 논하시오.
		94-2-1	최근 국가사업으로 4대강 사업이 진행되고 있다. 4대강 사업과 관련하여 우리나라 강의 현황과 문제점, 사업목적과 내용, 성과와 논란 등에 대해 조경 분야의 관점에서 설명하시오.
		112-3-5	일반농산어촌개발사업의 '농촌 중심지 활성화 사업'의 개요와 기능별 사업내용 중 경관·생태사업의 세부적 사업내용을 예시하고 설명하시오.

단원별 조경기술사 기출문제 분석

키워드		회차	논술문제
기타	공공사업	82-2-6	뉴타운(Newtown) 사업의 틀(Frame)을 법적 기준, 사업방법, 사례 등에 대해 설명하시오.
		114-3-4	한반도 통일을 대비해 효율적인 북한 산림녹화사업에 대해 설명하시오.
	공공녹화 공공시설	69-4-2	요즈음 여러 도시에서 관공서나 학교의 담장을 제거하고 공공녹화사업을 시행하고 있다. 이 사업의 기대효과와 개선책에 대해 논술하시오.
		96-2-4	현재 국립공원 내 케이블카 설치 찬반양론이 제기되고 있다. 이에 대한 문제점 및 조경가적 입장에서의 대응방안에 대해 의견을 제시하시오.
		112-4-4	'자연공원 삭도(索道) 설치·운영 가이드라인'에서 제시하는 자연 친화적 삭도 설치 및 운영을 위한 고려사항에 대해 설명하시오.
	직무능력	105-2-6	NCS(국가직무능력표준)의 개발목적과 그중 조경 분야의 직무개발 내용에 대해 설명하시오.
		111-2-1	국가직무능력표준(NCS)에서 규정한 '조경프로젝트개발'(능력 단위) 중 '사업성 검토하기'(능력 단위요소)의 수행 준거를 설명하시오.
		112-4-1	국가직무능력표준(National Competency Standards)의 개념과 조경 분야의 세분류상 '조경시공'의 능력단위에 대해 설명하시오.

❷ 법규

키워드		회차	논술문제
개발제한 구역법	그린벨트 훼손지역 복구	94-4-5	개발제한구역(Green Belt)에서 각종 개발사업 시행 시 발생하는 Green Belt 훼손지역의 복구제도에 대해 설명하시오.
건설기술 진흥법	신기술 지정절차	68-3-6	신기술은 국가 미래를 위하여 적극 장려하고 있다. 귀하께서 신기술을 개발하여 신기술 지정 보호를 받고자 한다. 그 절차 및 활용 보호에 대해 아는 바를 쓰시오.
		79-4-4	신기술, 신공법 등이 조경 분야에도 많이 대두되고 있다. 신기술의 지정절차 및 관리요령을 설명하시오.

키워드		회차	논술문제
건설산업 기본법	건설업 등록기준	100-2-6	조경공사의 하자담보책임을 규정하는 관련 법규에 대해 설명하시오.
		100-3-4	현행「건설산업기본법 시행령」의 '조경건설업 등록기준'을 나열하고 기술자 보유기준의 문제점을 설명하시오.
		117-3-3	종합·전문건설업 간 업역 규제를 전면 폐지하는「건설산업기본법」일부 개정법률안(2018. 12. 7)의 주요 개정내용과 기대효과를 설명하시오.
건축법	대지의 조경	106-3-3	「건축법」상의 '대지의 조경'과 '대지 안의 공지'를 비교해 설명하시오.
		117-4-6	「건축법」상 '대지의 조경' 제도의 현황 및 문제점과 개선방안에 대해 설명하시오.
녹색 건축법	녹색건축 인증기준	84-2-1	친환경건축물(Green Building)인증제도의 개요를 설명하고, 조경과 관련되는 세부평가기준을 설명하시오.
		88-2-4	친환경건축인증제도에서 육생 비오톱과 수생 비오톱의 인증기준 내용을 기술하고 실천과정에서 발생할 수 있는 문제점 및 개선방안을 경관생태학적 관점에서 설명하시오.
		93-2-5	친환경건축인증을 위한 식물재료의 시공 및 관리방안에 대해 설명하시오.
		94-2-5	공동주택의 친환경건축물인증제도와 주택성능등급제도의 조경 관련 항목을 기술하고, 조경부문의 역할과 중요성에 대해 설명하시오.
		103-3-5	「녹색건축물 조성 지원법」시행(2013)에 따라 통합된 녹색건축인증제도의 조경부문 관련 내용, 문제점 및 개선방안을 설명하시오.
		109-4-6	녹색인증의 세부항목은 조경특성을 충분히 반영하지 못하였다. 조경 분야에서 담당할 생태환경 분야의 비오톱(Biotop)과 조경디자인과의 관계에 대해 설명하시오.
		111-3-1	녹색건축인증을 위한 공동주택 심사기준 중 생태환경(대지 내 녹지공간조성)의 평가항목별 평가목적, 평가방법 및 산출기준에 대해 설명하시오.

단원별 조경기술사 기출문제 분석

키워드		회차	논술문제
경관법	경관법의 목적 내용	85-3-2	「경관법」의 목적과 관련 법과의 관계에 대해 설명하시오.
		103-2-5	2014년 개정된 「경관법」의 주요 내용, 의의 및 조경분야의 역할을 설명하시오.
	경관심의	108-3-6	「경관법」에 의거 일정 규모 이상의 개발사업 시행 시 거쳐야 하는 경관심의 대상, 심의기준 등에 대해 설명하시오.
고도 육성법	고도보존 및 육성	97-4-2	문화재청에서는 경주, 공주, 부여, 익산 등 4개 지역을 고도지구로 지정하였다. 지정내용에 대해 설명하고, 고도지구에 대한 귀하의 의견을 제시하시오.
공공 디자인법	공공 디자인	115-2-5	공공시설 경관(색채) 관련 주요 국가정책 및 관련 계획과 「공공디자인의 진흥에 관한 법률」의 주요 내용을 설명하시오.
공사계약 일반조건	하도급 대금	115-4-6	공사계약 일반조건의 하도급 대금 직접 지급에 대해 설명하고, 건설산업 일자리 개선대책과 관련한 '임금직불 전자적 대금 지급시스템'에 대해 설명하시오.
관광 진흥법	캠핑장	124-2-4	자연휴양림 내 오토캠핑장 계획 시 계획방향, 고려사항 및 구체적인 조성방안을 설명하시오.
국가 계약법	공사입찰 계약방식	66-4-1	입찰제도 중 T·K(Turn Key) 제도의 장단점을 기술하시오.
		67-4-2	조경공사의 입찰방법의 종류에 대해 경쟁입찰과 수의계약입찰로 구분하여 설명하고 조경공사 시 바람직한 입찰방법을 제시하시오.
		78-3-6	「건설기술관리법」상의 기술용역업자 선정을 위한 사업수행능력 사전자격심사(PQ)의 평가 기준에 대해 설명하고, 제도상 장단점에 대해 논하시오.
		103-2-6	「국가를 당사자로 하는 계약에 관한 법률 시행령」에 따른 공동도급의 유형 및 공동이행방식, 주계약자 관리방식, 분담이행방식을 유형별로 상호 비교하고 적용 시 장단점과 특징을 설명하시오.
		130-4-3	도급공사의 계약 유형에 대해 설명하시오.

키워드		회차	논술문제
국토계획법	국토계획	71-2-6	정부는 2003년 1월 1일자로 기존의 「국토이용관리법」 및 「도시계획법」을 폐지·통합하여 「국토의 계획 및 이용에 관한 법률」을 새로 제정하였다. 종전법과 신규법의 주요 차이점을 요약하여 설명하시오.
		111-2-3	국토계획 표준품셈의 조경특화계획 중 '환경·생태복원계획'의 정의와 주요 업무 내용을 단계별로 설명하시오.
		114-4-1	「국토기본법」에 의한 국토계획 체계와 「국토의 계획 및 이용에 관한 법률」에 의한 도시·군 계획 체계를 설명하시오.
	도시·군 계획시설	120-4-6	도시·군계획시설 중 공간시설의 종류와 도시에서의 역할에 대해 설명하시오.
	용도지역·지구	67-2-6	최근 개정된 「도시계획법」에는 지역지구제도로서 경관지구를 지정하도록 하고 있다. 이렇게 도시계획체계에 경관의 개념이 들어가게 된 의의를 설명하고, 이 경관지구를 기존 도시에 구체적으로 적용할 수 있는 방안을 제시하시오.
		69-4-5	새로 제정된 「국토의 계획 및 이용에 관한 법률」에서 명시하고 있는 용도지역 구분 및 지정목적에 대해 상술하시오.
		103-3-4	도시자연공원구역의 정의, 지정, 경계설정 및 변경기준, 건축물·공작물 설치허가의 일반기준에 대해 설명하시오.
	지구단위계획	75-2-5	지구단위계획지구 내 환경관리계획의 계획지침을 제시하고 구체적인 방안을 설명하시오.
		82-4-3	제2종 지구단위계획구역의 성격 및 유형 구분, 지정절차를 설명하시오.
도시녹지법	개정 내용	76-2-1	최근 「도시공원법(도시공원 및 녹지 등에 관한 법률)」 개정의 주요 내용에 대해 설명하고 조경인들의 대응방안에 대해 논하시오.
		78-2-2	「도시공원법」이 「도시공원 및 녹지 등에 관한 법률」로 개정된바, 개정 법률의 주요 내용을 설명하시오.

단원별 조경기술사 기출문제 분석

키워드		회차	논술문제
도시 녹지법	공원녹지 기본계획	82-3-6	「도시공원 및 녹지 등에 관한 법률」에 의한 공원녹지기본계획 수립 시 고려해야 할 계획항목과 업무내용에 대해 설명하시오.
		90-2-1	요즈음 「도시공원 및 녹지 등에 관한 법률」에 의해 지방자치단체에서 시행하고 있는 공원녹지기본계획 수립 절차에 대해 약술하고, 중점적으로 검토해야 할 항목에 대해 설명하시오.
		111-3-6	공원녹지기본계획의 중요성과 주요 내용 및 기초조사 내용과 방법에 대해 설명하시오.
		123-2-5	대규모 민간공원 조성사업 등에 수반되는 타당성 조사의 조사내용을 경제성 분석, 정책적 분석, 기술적 분석, 종합평가로 구분하여 설명하시오.
	도시공원 세분 규모 설치기준 공원시설	81-3-6	쾌적한 도시환경조성을 위하여 도시 내 조성되는 공원과 녹지에 대해 「도시공원 및 녹지 등에 관한 법률」에 명시된 공원 및 녹지 유형과 설치기준을 설명하시오.
		85-4-1	「도시공원 및 녹지 등에 관한 법률」에 규정된 도시공원의 유형과 특성에 대해 설명하시오.
		94-4-6	「도시공원 및 녹지 등에 관한 법률」에 의한 소공원의 설치기준 및 시설면적기준을 기술하고 소공원의 중요성에 대해 설명하시오.
	녹지의 세분	109-4-3	「도시공원 및 녹지 등에 관한 법률」에 따른 녹지 중 완충녹지의 규모에 대해 설명하시오.
	녹지활용 계약 녹화계약	84-2-5	「도시공원 및 녹지 등에 관한 법률」상 도시녹화 및 도시공원, 녹지의 확충방안에 대해 설명하시오.
		94-2-2	「도시공원 및 녹지 등에 관한 법률」에 의한 녹지활용계약의 정의, 계약체결 시의 고려사항 및 약정하는 사항 등에 대해 설명하시오.
	저류시설	99-3-5	「도시공원 및 녹지 등에 관한 법령」에서 규정한 "저류시설의 설치기준"에 대해 설명하시오.

키워드		회차	논술문제
도시계획법	장기 미집행 도시계획 시설	106-2-3	장기 미집행 공원의 현황 및 해소방안을 제시하시오.
		111-4-1	장기 미집행 도시공원의 해소방안으로 최근에 지방자치단체에서 시행하고 있는 '민간공원 조성 특례사업'에 대해 조경 분야의 관점에서 본 사업추진 목적과 문제점 등을 설명하시오.
		112-2-3	「민간공원 조성 특례사업 가이드라인」에 제시된 '사업의 준비'와 '계획의 결정 및 고시' 내용에 대해 설명하시오.
		115-3-3	일몰제에 대비한 도시공원 조성에 대한 해소방안이 2018년 4월 마련된바 장기 미집행 도시계획시설(공원)의 조성을 위한 추진 경과와 문제점, 해소방안에 대해 설명하시오.
도시농업법	도시농업	127-2-2	「도시농업의 육성 및 지원에 관한 법률」상 도시농업의 유형을 구분하고, 공원형 도시농업의 설계 방향에 대해 설명하시오.
도시숲법	법률 제정안	96-2-1	최근 국회에서 발의된 「도시숲의 조성 및 관리에 관한 법률 제정(안)」에 대해 설명하고, 현행 「도시공원 및 녹지 등에 관한 법률」과의 상충되는 점에 대한 귀하의 의견을 제시하시오.
		123-4-4	산림청에서 도시숲 조성을 위해 「도시림 기본계획」으로 추진 중인 도시숲의 개념 및 법적 근거와 양적 확대방안에 대해 설명하시오.
		124-4-6	「도시숲 등의 조성 및 관리에 관한 법률」이 조경산업과 충돌이 되고 있다. 이를 「산림기술 진흥 및 관리에 관한 법률」 등과 연계하여 조경산업에 대한 대책방안을 설명하시오.
도시재생법	개정안	114-4-3	「도시재생 활성화 및 지원에 관한 특별법」 개정안(2017년 2월)의 주요 내용과 조경 분야의 기대효과에 대해 설명하시오.
매장유산법	지표조사 대상 건설공사	123-2-1	건설공사 시 문화재 보호를 위해 시행하는 문화재 기초조사에 대해 설명하시오.

단원별 조경기술사 기출문제 분석

키워드		회차	논술문제
문화유산법 자연유산법 (구 문화재 보호법)	지정 현황	87-4-1	우리나라의 국가지정문화재 중 조경 관련 문화재 지정 현황(2009. 1. 31 현재)에 대해 기술하고, 보다 많은 조경 관련 문화재의 지정 확대방안에 대해 논술하시오.
	보호 관리	94-2-6	건설공사 시 문화재 보호 및 관리를 위한 방안에 대해 설명하시오.
	제도 개선	99-2-3	「문화재수리 등에 관한 법률」에 의하면 조경 문화재수리기술자가 문화재 조경설계에 참여할 수 있는 범위가 극히 제한되어 있다. 현행 제도의 문제점과 문화재·조경설계에 주도적으로 참여할 수 있는 법적·제도적 개선방안을 제시하시오.
	자연유산	130-2-6	「자연유산의 보존 및 활용에 관한 법률」에서 자연유산의 정의와 전통조경의 "보급·육성", "표준설계의 보급", "세계화"에 대해 설명하시오.
	명승	71-2-2	「문화재보호법」에 의한 문화재의 종류를 설명하고, 그중 경관문화재로서의 명승(名勝)의 현황 및 보전대책에 대해 논하시오.
		87-2-3	우리나라 명승(名勝)의 지정기준에 대해 약술하고, 중국과 일본의 지정기준과 비교하여 설명하시오.
		90-4-5	인문 및 복합경관으로 지정된 명승에 대해 아는 바를 나열하고, 조경적 측면에서 지정확대 필요성에 대해 논하시오.
		100-2-2	2010년 이후 지정된 역사문화명승을 열거하고, 이것이 명승으로 지정된 준거에 대해 설명하시오.
	천연 기념물	71-4-3	조경적 측면에서의 천연기념물 정책의 문제점과 발전방향에 대해 논하시오.
		90-3-6	천연기념물 중 식물 분야의 지정현황 및 보존관리 실태에 대해 설명하고 개선방향을 논하시오.
		96-2-2	천연기념물(식물, 동물, 지형·지질, 천연보호구역) 및 명승 지정현황을 설명하고, 우리나라의 자연유산보전 확대방안에 대해 설명하시오.
산림 기술법	기술등급 업무범위	118-3-5	「산림기술 진흥 및 관리에 관한 법률 시행령」상 녹지조경기술자의 "기술등급"과 "기술등급에 의한 자격요건"을 세분하고 "업무범위"에 대해 설명하시오.

키워드		회차	논술문제
산림 기술법	기술등급 업무범위	126-4-3	최근 「산림기술 진흥 및 관리에 관한 법률 시행령」이 개정되어 조경기술인의 산림사업 참여 범위가 넓어졌다. 조경 분야와 관련된 개정내용(가. 산림기술용역업 등록, 나. 산림기술자의 업무범위, 다. 산림기술용역업의 업무범위, 라. 산림기술자 등의 배치기준)과 개정에 따른 개선효과를 설명하시오.
산지 관리법	골프장 조성기준	71-3-3	골프장 개발에 있어 지방자치단체에서 사업시행자를 선정할 시 민간사업자를 공모해서 추진하는 방법과 절차에 대해 설명하시오.
		82-3-3	산지 또는 구릉지에서 신규 골프장(18홀 이상)을 조성할 경우 관련 규정(법)에 의한 고려사항과 제한기준에 대해 설명하시오.
		82-4-6	수도권 외 지역으로서 농림지역 및 관리지역에 신규 관광지(골프장, 콘도 등)를 조성할 경우 그 개발절차 및 주요 내용을 설명하시오.
		84-4-2	골프장 입지선정 시 제도적 타당성 검토를 위한 주요 항목을 요약하여 설명하시오.
수목원 정원법	수목원 정원	103-4-3	최근 조경 분야는 정원과 관련해 인접 분야가 발의한 수목원 관련 법안과 충돌하고 있다. 문제점과 해결방안을 설명하시오.
		109-2-1	「수목원·정원의 조성 및 진흥에 관한 법률」에 따른 국가정원의 지정요건에 대해 설명하시오.
		124-4-2	「수목원·정원의 조성 및 진흥에 관한 법률」에 의한 수목원 조성 수행 절차와 수행내용을 단계별로 설명하시오.
		129-4-4	「수목원·정원의 조성 및 진흥에 관한 법률」에 근거한 정원의 종류와 민간정원의 지속가능한 관리방안을 설명하시오.
어린이 놀이 시설법	인증절차 검사기준	81-4-3	어린이공원의 놀이기구에 쓰이는 재료별 안전요건과 대표적 놀이시설인 어린이 미끄럼틀의 유형에 대해 설명하시오.

단원별 조경기술사 기출문제 분석

키워드		회차	논술문제
어린이 놀이 시설법	인증절차 검사기준	85-4-6	「어린이놀이시설 안전관리법」이 시행되고 있다. 이 법의 목적과 안전관리 인증·검사 절차와 방법에 대해 설명하시오.
		88-2-2	어린이놀이터에 설치되는 놀이시설의 안전관리제도 실태와 문제점 및 개선방안을 설명하시오.
		96-4-5	「어린이놀이시설 안전관리법」에서 규정한 어린이놀이시설 안전점검의 항목 및 방법에 대해 설명하시오.
		105-4-6	「어린이놀이시설 안전관리법」에 의한 설치검사와 정기시설검사의 차이점에 대해 설명하시오.
엔지니어링 산업법	사업대가 기준	71-4-4	조경을 포함한 건설부문 엔지니어링 사업대가(代價) 방식과 그 내용에 대해 설명하시오.
		91-4-3	「엔지니어링사업대가의 기준」에 있어서 '공사비 요율에 의한 방식'을 적용할 때 기본설계, 실시설계, 공사감리의 업무범위에 대해 설명하시오.
		121-2-5	산업통상자원부 고시 「엔지니어링사업대가의 기준」에서 명시하고 있는 공사비 요율에 의한 방식을 적용하는 기본설계와 실시설계의 업무범위 및 추가 업무비용에 대해 설명하시오.
용산공원 조성 특별법	용산공원	97-2-2	용산 미군기지의 반환에 따른 공원화 계획으로 국가공원이 대두되고 있다. 용산국가공원의 개념과 의의, 조성방안에 대해 설명하시오.
자연 공원법	용도지구 지정조건 허용행위	64-2-1	「자연공원법」에서 각 용도지구를 지정하는 조건(내용)과 각각의 용도지구 내에서의 허용행위를 설명하고 용도지구의 지정조건 및 허용행위 등에 대한 문제점과 개선책을 논하시오.
		66-3-6	국립공원의 용도지구와 관련하여 공원보호구역의 필요성과 의의를 논술하고 관계있는 용도지구와의 상관성을 모식도를 그려서 설명하시오.
		71-3-6	「자연공원법」에 의한 공원계획 수립 시 용도지구계획을 위한 지구지정의 고려사항과 각 지구별 허용행위에 대해 요약·설명하시오.

키워드		회차	논술문제
자연공원법	용도지구 지정조건 허용행위	121-3-5	「자연공원법 시행령」에 명시된 '공원자연보존지구에서의 행위기준' 중 다음을 설명하시오. 1) 허용되는 최소한의 행위 2) 허용되는 공원시설 및 공원사업
	자연공원 지정기준	76-2-5	현재 국·도립 자연공원의 지정현황을 나열하고, 효율적인 자연공원의 관리방안을 제시하시오.
		112-4-2	지질공원 개념의 형성 및 국내 도입과정과 「자연공원법」상 지질공원의 인증기준에 대해 설명하시오.
		114-2-1	「자연공원법」에 의한 자연공원의 유형 및 지정기준에 대해 설명하시오.
자연재해 대책법	재해 방재	105-3-4	오픈 스페이스에서 발생하는 자연재해의 유형별 기준에 대해 설명하시오.
		114-2-5	도시재해의 유형을 구분하고 조경 측면에서 제도적·기술적 해결방안에 대해 설명하시오.
자연환경보전법	보전지역	67-3-3	최근에 일부 개정된 우리나라 「자연환경보전법」 중 생태계보전지역의 지정목적과 의의를 설명하고 그중 특히 생태계 특별보호구역의 지정기준에 대해 설명하시오.
		112-2-2	자연경관을 보전·관리하기 위한 법규와 지정기준을 제시하고, 조경가의 관점에서 고려해야 할 항목에 대해 설명하시오.
	생태계 보전 부담금	105-2-4	생태계보전협력금사업의 계획, 시공 및 유지관리적 측면에서 개선사항을 설명하시오.
조경진흥법	조경진흥	105-2-1	최근 제정된 「조경진흥법」의 의의와 주요 내용을 열거하고 앞으로 조경계가 이 법을 기반으로 나아가야 할 방향에 대해 설명하시오.
		112-4-5	「조경진흥법」에 따른 '조경진흥기본계획'의 내용에 대해 설명하고, 최근 제1차 기본 계획(안) 공청회에서 제기된 주요 이슈에 대해 논하시오.
		124-3-6	조경지원센터의 사업내용을 쓰고, 활성화 방안을 설명하시오.
주택건설 기준규정	설치 총량제	108-3-5	「주택건설기준 등에 관한 규정」에 따른 공동주택단지의 주민공동시설 설치총량제 실시의 영향을 설명하시오.

단원별 조경기술사 기출문제 분석

키워드		회차	논술문제
중소기업 판로 지원법	자재 직접구매 제도	100-4-6	「중소기업제품 구매촉진 및 판로지원에 관한 법률」에 의한 공사용 자재의 직접구매제도에 대해 설명하시오.
하도급법	표준 하도급 계약서	109-4-2	공정거래위원회가 제정·발표한 「조경식재업종 표준 하도급계약서」의 주요 내용을 설명하시오.
환경 영향 평가법	환경 평가 방법	66-4-3	우리나라에서 시행되고 있는 각종 영향평가제도를 제시하고, 그 평가목적을 설명하시오.
		73-2-1	환경영향평가에 대해 근거 법령, 목적, 평가서의 내용에 대해 설명하시오.
		100-3-6	개정(2012년 7월)된 「환경영향평가법」의 개정 사유 및 주요 개정 내용에 대해 설명하시오.
		102-4-6	소규모 환경영향평가의 대상, 대상사업의 종류와 범위에 대해 설명하시오.
환경정책 기본법	사전 환경성 검토	65-3-5	현행법상의 사전환경성검토제도를 논하시오.
		67-2-3	개발계획이나 개발사업 시행 시 환경적인 타당성을 위하여 「환경정책기본법」상 사전환경성검토를 실시하는데 그 의의와 중점검토사항을 설명하시오.
기타	시사	97-2-1	최근 조경 분야는 인접 분야의 관련 법령의 제정과 개정 추진 등으로 조경 업역의 시비가 잦아지고 있다. 사례를 열거하고, 문제점과 대처방안을 설명하시오.

❸ 생태학

키워드		회차	논술문제
도시 생태	도시 생태계의 특성	97-3-5	바람통로의 개념, 유형 및 기능에 대해 설명하시오.
		117-2-5	도시 열섬현상의 개념 및 종류, 특성, 원인과 열섬현상의 분야별 완화방안을 설명하시오.
개체군 생태	생태계 서비스	114-2-2	생태서비스의 개념 및 공원 녹지 분야의 생태계 서비스 지불제 도입방안에 대해 설명하시오.
		126-2-1	담수어류, 양서류, 파충류 등의 생물다양성 감소원인 및 보전전략에 대해 설명하시오.

키워드		회차	논술문제
경관생태	경관생태 원리와 요소	82-4-1	교란의 동태와 교란이 경관에 미치는 영향을 이해하는데 규모에 대한 고려가 왜 필요한지에 대해 공간적·시간적 규모의 측면에서 설명하시오.
산림 생태	산림 생태계의 특성	65-2-6	자생식물 군집의 복원 필요성, 복원방법을 논하시오.
		66-4-5	식물군락의 생태천이에 관하여 기술하고, 조경식재공간에서의 의의를 논술하시오.
		108-2-4	수직적 다층구조 조경식재 이후 식물 성장 패턴에 따른 숲 변화를 그림과 함께 설명하시오.
		127-3-2	대형 산불로 훼손된 산림 내 수변녹지의 복원 계획·설계 방향을 설명하시오.
		127-4-5	천이에서 촉진모델, 내성모델, 억제모델을 비교하여 설명하시오.
		129-4-2	수직적 다층구조 식재 이후 수목 생장 패턴에 따른 숲 변화를 그림과 함께 설명하시오.
	도시숲 보전	65-3-3	도시 산림 경관의 질적 향상을 위한 산림시업 방법과 식생보완계획을 기술하시오.
		69-3-6	환경친화적 산지개발계획 수립 시 고려할 사항에 대해 상술하시오.
		99-2-5	환경오염에 의한 도시림의 쇠퇴 징후와 개선대책을 기술하시오.
		118-3-2	환경오염에 의한 도시림의 쇠퇴 징후와 이에 대한 보완대책을 설명하시오.
		121-2-1	도심지 산림의 미세먼지 저감숲의 기본개념 및 종류와 산림의 미세먼지 저감 메커니즘에 대해 설명하시오.
		121-4-1	현재 제2 국립산림치유원이 계획되고 있는바, 유사 및 관련 시설과의 관계 정립방안을 포지셔닝 측면에서 제안하시오.
		127-4-3	도시숲의 1) 개념, 2) 유형분류, 3) 관리의 한계, 4) 활성화 방안을 설명하시오.
		129-3-1	미세먼지 저감을 위한 도시숲의 종류를 열거하고 식재모델을 설명하시오.

조경기술사

단원별 조경기술사 기출문제 분석

키워드		회차	논술문제
복원 생태	생물서식 공간	63-3-3	소생태계(Biotop)와 소공원(정원)을 비교·설명하고 확충방안에 대해 논하시오.
		70-2-4	대규모 도시 및 국토개발에 의한 야생동물 서식지 훼손의 유형 및 서식지 복원기법을 설명하시오.
		108-2-6	비오톱 지도의 작성방법 및 활용 분야에 대해 설명하시오.
		126-3-1	생물 서식(생태적)에 적합한 환경을 형성하기 위한 향토종을 이용한 식재 조달방법에 대해 설명하시오.
		127-4-1	비오톱 정원의 속성 및 기능을 설명하시오.
	생태 네트워크	72-3-3	비오톱(Biotop) 네트워크와 생태 네트워크의 개념과 특징, 효과에 대해 설명하시오.
		75-3-4	그린 네트워크(Green Network)의 개념과 효율적 조성방안에 대해 설명하시오.
	생태축	79-4-6	서울 중심부에 위치한 세운상가 건물군을 녹지축(남산-종묘)으로 계획 시 기능, 역할 그리고 사회적 의미에 대해 설명하시오.
생태 조사	생태조사 방법	114-4-4	제4차 산업혁명을 맞아 드론을 활용한 조경 사례와 조경산업에 융합되는 발전방안에 대해 설명하시오.
습지 생태	습지의 기능과 보전	76-3-3	개발구역 내 소습지(沼濕池)가 존재하였을 시 생태와 개발의 상생(相生) 방안을 설명하시오.
		78-4-5	습지의 정의와 기능을 설명하고 보존을 위한 정책방안에 대해 논하시오.
		114-2-4	논 습지의 중요성과 활성화 방안에 대해 설명하시오.
	염생식물	72-3-5	해안 간척지 식생에 있어서 염생식물의 기능과 그러한 기능을 이용한 염생식물의 활용방안에 대해 설명하시오.

키워드		회차	논술문제
환경 생태	물질순환	75-3-5	지구자연계의 물질순환 중 탄소의 순환에 대해 이동현상을 위주로 설명하고 탄소 순환의 불균형에 따라 지구환경에 초래된 문제점과 그 대책에 있어서 조경가의 역할을 설명하시오.
		91-3-5	자연계에서 토양, 공기 및 생물 간의 질소순환 과정과 이 과정이 생물의 생리 기능에 미치는 영향에 대해 설명하시오.
	대기오염	70-3-4	도시녹지에 의한 도시환경 개선 효과를 상세히 설명하시오.
		112-3-4	도시공원 및 녹지의 환경조절(環境調節) 기능에 대해 설명하시오.
		117-2-2	미세먼지(PM10 및 PM2.5)의 원인과 영향을 서술하고 조경 분야에서 실현 가능한 저감방안에 대해 설명하시오.
		118-4-3	대기오염 정도에 따른 수종의 분류와 대기오염 정화효과에 대해 설명하시오.
	수질 정화	64-3-3	인공 식물섬의 구조체 설치, 이용식물, 수질정화 효과 등에 대해 기술하시오.
		78-3-4	공원이나 골프장의 연못에서 흔히 나타나는 녹조현상과 부영양화의 원인에 대해 설명하고, 이를 방지하기 위한 기법을 5가지로 나누어 기술하시오.
		81-3-2	연못 수질오염 정화대책을 기술하시오.
		99-2-6	생태복원으로서 인공섬 조성방안에 대해 기술하시오.
	토양 정화	85-3-4	식물을 이용하여 중금속으로 오염된 토양을 정화하는 식물재배정화법(Phytoremediation)에 대해 설명하고, 적용 시 고려사항을 설명하시오.

단원별 조경기술사 기출문제 분석

❹ 조경계획

키워드		회차	논술문제
계획 이론	공공재	99-4-1	공원과 같은 공공재(公共財)의 경제적 가치를 평가할 수 있는 대표적인 기법에는 여행비용법(Travel Cost Method), 가상가치 평가법(Contingent Valuation Method), 헤도닉 가격법(Hedonic Pricing Method) 이 있다. ⓐ 공공재의 경제적 가치를 평가해야 하는 이유 ⓑ 공공재의 경제적 가치를 일반재와 동일한 방법으로 평가할 수 없는 이유 ⓒ 각 방법의 평가요령
		105-4-2	공공복지 차원에서 조경가 또는 조경 관련 단체에서 할 수 있는 프로그램을 각각 3가지 제시하시오.
		124-4-3	공원의 공공재산과 공원 관리대장에 포함되어야 하는 사항을 설명하시오.
	레크리에이션 계획	121-3-6	S. Gold(1980)의 레크리에이션의 계획 접근방법을 설명하시오.
	어메니티 계획	73-2-4	농촌 어메니티(Amenity) 자원의 여러 유형과 사례를 예시하고 보전·관광 자원화할 방안을 논술하시오.
	커뮤니티	103-3-6	이웃과의 관계, 좋은 거주환경을 추구하는 커뮤니티 디자인의 도입배경, 사례, 발전방안 및 조경가의 역할에 대해 설명하시오.
	주민참여	75-2-2	주민참여를 통한 공원 설계기법에 대해 서술하시오.
		105-2-5	공원조성 및 관리과정에서의 주민참여방안과 이를 위한 조경가의 역할에 대해 설명하시오.
		115-4-2	시민참여형 마을정원 만들기의 개념, 선정기준 및 기대효과에 대해 설명하시오.
		123-3-3	마을 만들기 등 조경정책수행 시 필요한 주민참여의 유형 및 참여단계에 대해 설명하시오.
경관 계획	경관의 유형 특성	64-3-1	Landscape는 경관으로 번역되어 통용되고 있다. Landscape의 지리학적 개념과 일반적 개념 및 어원(語原)적인 내용을 기술하시오.

키워드		회차	논술문제
경관 계획	경관의 유형 특성	66-2-6	자연환경 및 경관에 대한 조경기술자의 책무(윤리)에 관하여 논술하시오.
		126-2-6	자연경관의 형식적 유형(7가지)에 대해 설명하시오.
		129-3-6	도시 아이덴티티(Identity) 향상을 위한 야간경관의 계획기법에 대해 설명하시오.
	세계유산	93-3-1	세계문화유산에 한국의 궁궐이 등록되었다. 등록기준에 따른 궁궐의 조경적인 가치를 설명하시오.
		114-3-3	제주 화산섬과 용암동굴의 세계자연유산으로서의 가치, 특성 및 체계적 활용방안에 대해 설명하시오.
		123-3-2	「세계유산협약」에 의거한 세계유산의 구분 및 등재기준에 대해 설명하시오.
	문화경관	76-3-5	현재 천연기념물로 지정된 노거수의 수종별 현황 및 문화경관 요소로서의 가치에 대해 아는 바를 설명하시오.
		94-3-1	국가지정문화재인 명승으로 지정되고 있는 문화경관 중 고정원(古庭園)과 농·어업경관 등의 개요 및 지정사례에 대해 설명하시오.
		100-4-1	전통 산업경관(다랑이 논, 구들장 논, 독살, 염전, 죽방렴, 차밭 등)의 문화 유산적 가치에 대해 설명하고 이것의 활용방안에 대해 설명하시오.
		112-2-6	한국 전통 산사(山寺)의 세계 유산적 가치를 설명하시오.
		129-3-2	국가지정문화재인 명승 중에서 "고정원"과 "옛길"의 지정사례를 설명하시오.
	경관계획 보고서	70-4-2	금년 1월 1일부터 국토이용계획과 도시계획을 통합·개편하여 「국토의 계획 및 이용에 관한 법률」을 제정·시행하고 있다. 동법 제19조 제3항 및 동법 시행령 제16조 규정을 보면 도시기본계획 수립지침 작성에 반드시 별도의 경관계획을 작성토록 되어 있다. 경관계획보고서의 작성기준을 설명하시오.
		90-3-4	「경관법」상 기본경관계획을 수립할 때 구성요소별 경관설계지침에 대해 설명하시오.

조경기술사

단원별 조경기술사 기출문제 분석

키워드		회차	논술문제
경관계획	경관계획 보고서	91-3-1	랜드스케이프 어버니즘(Landscape Urbanism)의 관점에서 「경관법」에 의해 수립되는 경관계획의 주요 내용들을 경관분석 접근방법론적 맥락에서 고찰하시오.
		129-2-5	경관지구의 지정 의의와 조경계획 시 기존 도시에 대한 적용방안에 대해 설명하시오.
	경관요소 경관자원 경관거점	68-2-1	하천 주변 도시경관 관리에 있어 문제점과 개선방안을 다양한 관찰 시점에 따라 서술하시오.
		68-3-5	도시 경관계획에 있어 점·선·면적 경관자원 분류에 대해 각각 그 예를 들고 관리방안을 논하라.
		73-2-2	도시경관을 제고시킬 수 있는 요소를 열거하고 설명하시오.
		78-2-3	도시 경관계획에 있어서 점(點)·선(線)·면(面)적 계획요소에 대해 설명하고 그 예를 드시오.
		120-4-1	도시경관의 구성요소를 이미지와 장소적 요소로 구분하고 도시경관 관리의 지향점에 대해 설명하시오.
		124-3-5	소리효과가 탁월한 정원식물 3가지와 식물이 가지는 청각적 특징을 쓰고, 시문(詩文)이나 정원 등에 나타나는 소리경관(Sound scape)의 표현사례를 설명하시오.
	전망 조망	100-4-5	경관계획 수립 시 조망점(주요 관찰지점)을 정하고 이를 기준으로 계획을 수립하는 것이 효율적이다. 객관적이고 합리적인 조망점 선정과정에 대해 설명하시오.
	축	88-2-1	조경설계에 있어 축(Axis)의 성격과 특성에 대해 설명하고, 프랑스 샹젤리제 거리를 사례로 논하시오.
	녹시율 녹지율 녹피율	73-2-5	도시 내의 공원녹지율에 대해 아는 바를 밝히고 특히 1915년 와그너(M. Wagner)가 제시한 시민 1인당 공원녹지 면적기준 19.5m²에 대해 현대 도시의 입장에서 비평하고 합리적인 방안을 제시하시오.
		75-3-3	아스팔트, 콘크리트 등의 인공구조물이 우점하고 있는 도시환경에서 녹피율(Green Coverage)을 높일 수 있는 방안에 대해 논하시오.
		79-4-1	도시지역에서 녹피율(Green Coverage)을 높일 수 있는 방안에 대해 서술하시오.

키워드		회차	논술문제
경관 계획	CI	68-4-6	CIP(Corporation Identity Program) 개념이 도시경관 관리에 있어 갖는 시사점에 대해 기술하시오.
		93-2-2	CIP의 개념과 사업지 내 적용 시 예견되는 기대효과에 대해 설명하시오.
경관 분석	경관 분석방법	69-2-5	경관분석방법은 여러 가지가 있다. 그 가운데 다니엘(Daniel)과 바이닝(Vining)에 의한 경관의 질 분석을 위한 5가지 방법을 열거하고 각 방법에 대해 상술하시오.
		99-3-4	환경설계방법 중 자료수집방법의 종류와 설계에 응용된 사례를 설명하시오.
		106-2-5	산림경관을 대상으로 사이먼(Simonds, 1961)과 리턴(Litton, 1974) 등이 구분한 경관 분석방법의 형식적 유형을 설명하시오.
		126-2-3	시노하라가 제안한 경관분석모델은 시점, 주대상, 시점장, 대상장의 4가지 요소로 구성된다. 각 구성 요소를 설명하고, 시점과 주대상의 관계디자인(신앙형, 풍경형, 전망형, 연속체험형)에 대해 설명하시오.
	생태학적 분석	63-4-2	설계를 위한 조사·분석 시 생태적 조사·분석에 대해 아는 바를 상술하시오.
	시각 미학적 분석 (형식 미학적 분석)	64-2-2	도시 광장에서 건물의 높이(H)와 광장의 폭(D)과의 관계는 휴먼스케일의 기본적 문제이다. H : D와의 관계에 대한 이론 3가지를 예로 들고 상호 비교·설명하시오.
		78-3-5	형태심리학에서의 '도형과 배경(Figure and Ground)의 원리'를 조경설계에 적용시킬 수 있는 방안을 사례와 함께 설명하시오.
	사회 행태적 분석 (실증 미학적 분석)	66-2-5	매슬로(Maslow)의 인간욕구 발달단계를 설명하고 조경공간이 지향하는 궁극적 목적에 관하여 논술하시오.
		68-4-5	새로운 설계 패러다임으로 주목받고 있는 "복잡성 이론", "프랙털 기하학" 등과 관련하여 시도되는 환경설계 양식이나 관련된 동향과 전망을 아는 대로 쓰시오.
		82-4-2	훼손 행위(Depreciative Behavior)와 반달리즘(Vandalism)을 비교하여 설명하시오.

조경기술사

단원별 조경기술사 기출문제 분석

키워드		회차	논술문제
경관 분석	사회 행태적 분석 (실증 미학적 분석)	99-3-6	경관의 심리적 특성 분석을 위한 경관선호도 평가·측정방법 중 쌍체 비교(Paired Comparison)법과 리커트 척도(Likert Scale)법에 대해 설명하시오.
		123-2-2	조경계획에서 사회·행태적 분석의 도구로 이용되는 설문 조사의 특성과 설문 조사방식을 3가지 이상 구분하여 설명하시오.
		129-4-6	Hall이 구분한 개인적 공간의 거리 및 기능과 환경설계에의 응용에 대해 설명하시오.
	현상학적 분석	91-2-2	조경설계에 있어 공간의 특성(Characteristics of Place)에 대해 설명하시오.
		102-3-1	조경설계에 있어 공간(Space)의 특성(Characteristics)과 질(Quality)을 공간의 규모(Scale), 형태(Form), 색채(Color), 공간의 추상적 표현(Abstract Special Expression) 등의 차원에서 논하시오.
		117-3-5	현상학적 경관분석의 정성적 방법인 전문가의 경험적 고찰, 개방적 인터뷰 및 분류법을 설명하시오.
		120-4-4	생태 심리학에서 행태적 장(Behavior Setting)에 대해 설명하시오.
도시 공원 녹지 계획	그린 인프라 장소 마케팅	66-3-5	공원계획 시 고려해야 할 일반적인 계획원리를 대별하고, 각각의 원리에 대해 기술하시오.
		91-4-1	「도시공원 및 녹지 등에 관한 법률」에 의한 도시 공원녹지계획을 그린 인프라(Green Infrastructure)의 개념과 기능, 구축전략 관점에서 비판하고 전략별 디자인 사례를 기술하시오.
		96-2-3	대도시 인근에 신도시를 건설하는 데 있어서 도시기반시설(공원·녹지)을 조성하고자 한다. 이에 대한 조경업무의 절차에 대해 구체적으로 설명하시오.
		99-3-1	도시공원을 개발할 때 "마케팅 개념"이 도입되어야 하는 이유와 적용방법을 설명하시오.
		99-3-2	그린 인프라(Green Infrastructure)의 개념, 가치와 장점, 그린 인프라가 제대로 기능하기 위한 원칙들을 각각 설명하시오.

키워드		회차	논술문제
도시공원 녹지 계획	그린 인프라 장소 마케팅	115-2-3	시대변화에 따른 하천의 가치변화와 조경적 관점에서의 패러다임 변화에 대해 설명하시오.
		120-2-1	기후변화와 미세먼지 저감을 위한 그린 인프라의 기능 및 구축전략에 대해 설명하시오.
		127-3-1	POST COVID-19 이후 변화될 '생활권 녹지체계의 조성모델'을 제시하시오.
	국가도시 공원	127-2-3	국가도시공원 조성을 위한 추진전략에 대해 설명하시오.
	생활권 공원	68-2-6	도시 근린공원 기본계획의 수립과정과 주요 성과품의 목록을 제시하시오.
		117-4-1	지역성, 예술성 및 생태성과 미래지향적인 요소를 고려한 근린공원 차별화 전략을 설명하시오.
주제 공원	공간 유형	66-3-1	대도시 근교에 대규모의 국제 전시장을 계획하고자 한다. ① 전시장과 박람회장의 차이점, ② 전시장 계획 시 고려되어야 할 조경사항을 기술하시오.
	동물원	63-4-4	동물원 계획 시 도입동물 선정원칙과 동물사를 조성하는 데 있어서 검토사항을 기술하시오.
		70-3-1	동물원 조성계획 시 적용되는 여러 동물사의 울타리 유형을 설명하시오.
	식물원	66-3-3	식물원을 설치목적에 따라 ① 그 종류를 분류하고, ② 그 형식(形式)을 간략히 설명하시오.
		84-3-2	최근 식물원(수목원)을 조성하는 지방자치단체나 기업들이 크게 증가하고 있는바, 설치기준 및 조성기법에 대해 논하시오.
	묘지공원	66-4-2	대도시 근교에 공공묘원(公共墓園)을 설치하고자 한다. 적절한 위치 선정조건과 토지이용 배분율을 제시하시오.
		82-3-1	자연장묘 방식 중 최근 사회적 관심이 대두된 수목장 제도에 대해 설명하시오.
	방재공원	124-2-6	리질리언스(Resilience) 개념을 도입한 도시공원 설계에 대해 설명하시오.

단원별 조경기술사 기출문제 분석

키워드		회차	논술문제
도시계획	공동주택 단지계획	68-4-2	우리나라 공동주택의 계획과정에 있어 조경가의 입장에서 지향하여야 할 점과 대책을 논하시오.
		71-2-1	단지설계(團地設計)의 단계별 과정을 열거하고 세부 시행내용을 설명하시오.
		72-2-1	주거단지계획의 고층화, 고밀화에 따른 외부공간 구성방안을 제시하고 인간 척도(Human Scale)에 적합한 외부활동 공간체계를 설명하시오.
		72-2-4	토지의 부족과 주거의 수요증대로 인한 주거단지가 집단화, 고층·고밀화 추세로 변화되고 있는데, 이러한 단지의 계획 시 구성요소, 주거동, 부대시설 및 복리시설의 배치기준을 설명하시오.
		72-2-5	공동주택단지 개발 시 단지계획·설계의 기준을 만족시키며 이용자들의 안정성, 건강성, 기능성을 수행할 수 있는 단지계획의 목표를 제시하시오.
		73-2-3	신행정수도(新行政首都) 조경계획을 한다고 가정하고 고려요소를 열거·설명하시오.
		75-2-3	주거단지 환경은 건축물 및 시설의 배치방법에 따라 단지 내외부공간의 형성, 단지 외부환경과의 연계 및 조화를 결정할 수 있는바, 단지를 구성하는 물리적 요소의 배치와 외부공간의 조성방안을 제시하시오.
		75-2-4	주거단지 환경을 결정짓는 구성요소를 물리적·사회적·생태적 요소로 구분하여 최근 개발되고 있는 New Town 계획 시 적용방안을 제시하시오.
		84-3-5	"살고 싶은 지역 만들기"를 위한 개념을 설명하고 외부환경 조성 시 고려사항에 대해 논하시오.
		84-4-1	현재 시행되고 있는 아파트단지 외부공간 설계의 특징 및 문제점을 분석하고, 더 나은 주거환경을 위한 설계방안을 제시하시오.
		88-4-6	아파트단지 외부공간의 유형을 기술하고 유형별 조경 설계방향에 대해 설명하시오.
		93-3-4	공동주택 계획과정에 있어 조경가의 입장에서 지양해야 할 사항과 대책을 설명하시오.

키워드		회차	논술문제
도시 계획	공동주택 단지계획	93-4-6	단지설계 시 단계별 설계과정을 설명하고 그 세부내용을 설명하시오.
		124-2-3	국토계획 표준품셈의 조경특화계획 중 '단지 조경계획'의 정의와 주요 업무 내용을 단계별로 설명하시오.
		124-3-3	주거단지계획의 고층화·고밀화에 따른 외부공간 구성방안을 제시하고 인간척도에 적합한 외부활동 공간체계를 설명하시오.
	재개발 재건축	67-3-2	고밀화된 도심지 재건축 아파트 지구 내 그 실상과 문제점을 열거하고 그 해결방안을 건축 밀도, 지형 활용, 인공지반처리, 환경 친화성 등으로 설명하시오.
		108-3-2	노후화된 도심의 재건축 아파트단지 조경공간계획의 실상과 문제점을 열거하고, 그 해결방안을 설명하시오.
	오픈 스페이스 계획	68-2-5	현대 도시공간의 협소화로 인한 오픈스페이스 부족현상을 조경공간의 다양화와 입체화를 통해 해결하려하고 있다. 그 사례와 전망에 대해 기술하시오.
		68-3-4	90년대에 나타난 중요한 오픈스페이스 유형인 "마을마당", "걷고 싶은 거리"의 연원과 전개, 앞으로의 전망에 대해 쓰시오.
		71-3-4	주 5일제 근무 실시에 따른 수도권 자원 중심형 여가공간 확충을 위한 문제점 및 해결방안에 대해 논하시오.
		99-4-2	William Whyte는 그의 저서 "The Social Life of Small Urban Space"에서 광장 이용률에 영향을 미치는 7가지 요소들을 제시하였다. 각각을 설명하시오.
		106-2-2	쌈지공원, 마을마당, 한 평 공원의 도입배경과 주요 특징을 설명하시오.
		112-4-6	서울 '광화문광장 재구조화'를 위한 계획과정에서 예상되는 이슈를 제시하고, 이에 따른 계획의 방향에 대해 설명하시오.
	지하공간	109-3-5	도시 지하공간 개발에 대한 필요성, 유형, 환경적 문제점 및 개선방안에 대해 사례를 들어 설명하시오.
		129-4-1	도시 지하공간 개발에 대한 환경적 문제점 및 개선방안에 대해 설명하시오.

단원별 조경기술사 기출문제 분석

키워드		회차	논술문제
환경 수요 예측	수용력 환경용량	70-3-3	국립공원 탐방로 훼손 시 복구설계 시에 생태계 복원 및 탐방로의 수용능력을 증대시키기 위한 설계지침을 제시하시오.
		96-3-3	공원녹지의 수요분석방법에 대해 구체적으로 설명하시오.
		108-3-4	생태 보전 습지의 탐방객 밀도가 생물 서식에 미치는 영향과 적정유지 대책에 대해 설명하시오.

❺ 조경설계 1

키워드		회차	논술문제
설계 이론	배리어 프리 유니버설 디자인	69-3-3	배리어프리 디자인(Barrier-Free Design)의 개념 및 대상을 설명하고 공원 등과 같은 레크리에이션 공간에서의 적용방안에 대해 논하시오.
		81-2-6	녹지공간의 배리어프리(Barrier-Free)화를 위한 공간별 설계원칙을 예를 들어 설명하시오.
		111-4-4	공원에 적용하는 "장애물 없는 생활환경(BF : Barrier Free)인증" 기준 범주에는 '보행의 연속성' 항목이 있다. 평가항목과 평가 기준에 대해 설명하시오.
		118-3-6	산지형 공원 내 「장애인·노인·임산부 등의 편의증진 보장에 관한 법률」에 따른 BF(Barrier Free)를 적용한 등산길의 개념, 조성원칙, 안내시설 및 특화프로그램을 설명하시오.
		121-4-3	공원에 적용하는 "장애물 없는 생활환경(BF : Barrier Free) 인증" 범주에 있는 '편의시설' 항목에 대한 평가항목과 평가기준에 대해 설명하시오.
	설계경기	82-2-3	근년에 와서 환경조경 설계의 흐름이 극단적 상업주의로 치달음으로서 실용성이 상실된 허구주의로 흐르는 경향이 있다. 그 문제점이 무엇이며, 귀하가 설계심사 위원이라면 어떠한 관점에서 심의할 것인가를 설명하시오.

키워드		회차	논술문제
설계 이론	설계경기	85-3-1	대규모 공원을 국제 설계경기로 공모하고자 한다. 이를 위한 설계공모 지침서를 작성하시오.
		102-2-1	조경 설계 공모의 진행 과정과 문제점을 설명하고 전문위원 또는 총괄전문가(Professional Advisor)의 역할에 대해 설명하시오.
	설계관리 설계방식 가치설계	87-2-6	M·A(Master Architect) 설계방식을 설명하시오.
		91-4-6	총공사비 100억 원 이상의 건설공사는 설계가치공학(VE : Value Engineering)을 시행하도록 되어 있다. 설계 VE와 설계감리제도의 차이점 및 설계 VE의 가치향상 유형에 대해 설명하시오.
		123-4-2	설계 VE(경제성 검토)의 개념, 목적, 효과를 설명하고, 설계의 조직 구성, 설계 VE 검토업무절차(준비단계, 분석단계, 실행단계)와 내용을 설명하시오.
	설계기준	105-2-2	성능기준에 대해 정의하고 조경 포장에 요구되는 대표적 성능을 4가지 들어 설명하시오.
		105-3-2	조경 분야 건설기준인 조경설계기준 및 표준시방서의 정비 연혁을 설명하고 발전 방향에 대해 설명하시오.
		111-4-5	조경 포장에 요구되는 성능기준과 재료별 특성에 대해 설명하시오.
		124-3-4	「조경설계기준(KDS)」의 '폐도복원공법'에 대해 설명하시오.
	설계도구	65-4-1	조경 분야에서 활용되고 있는 LAND CAD 프로그램의 주요 기능을 설명하시오.
	설계변경 설계용역	70-4-1	각종 공사를 하다 보면 당초 예기치 못한 상황이나 여건 변동으로 당초 설계내용을 변경시키는 경우가 있다. 공사계약 일반조건 제13조 규정에 따른 설계변경의 사유를 기술하시오.
		79-3-5	조경설계와 시공과정에서 발생하는 불일치의 발생원인과 개선방안에 대해 서술하시오.
		81-3-3	공사 시행과정에서 발생하는 설계변경 유형을 논하시오.

단원별 조경기술사 기출문제 분석

키워드		회차	논술문제
설계 이론	설계변경 설계용역	85-2-2	발주자에게 제출할 조경 설계용역의 성과품에 대해 그 목록과 개요를 설명하시오.
		96-4-3	대도시에 인접한 택지개발사업지구 내 공원·녹지를 조성하고자 한다. 현상공모 시 제시할 조경설계용역 과업지시서를 구체적으로 작성하시오.
		106-3-5	실시설계와 시공의 관계 속성에 대해 설명하고, 설계와 시공의 불일치 현상에 대한 요인별 원인과 해결방안을 제시하시오.
		112-3-1	조경식재공사에서의 설계변경 사례를 들고 원인과 대책을 설명하시오.
식재 설계	수목의 기능 배식기법	63-3-2	다층식재구조(多層植栽構造)에 의한 식재계획에 대해 설명하시오.
		66-3-4	수목의 공간 분할기능에 관하여 그 유형을 들어 설명하시오.
		63-3-5	조경공사 설계 시 식물재료의 선정을 위한 제반 고려사항을 기술하시오.
		66-4-6	식재계획 시 적용하는 수목의 층상구조(層狀構造)에 관하여 모식도를 그려서 설명하시오.
		79-3-2	외부공간 설계 시 수목의 건축적·미학적·생태적 기능을 평면 및 단면 모식도와 함께 설명하시오.
		82-2-1	식재 설계의 주요 의의(意義)를 3가지 측면에서 구분하여 설명하시오.
		120-3-4	식재 설계의 기능을 미적·시각적·기상학적·건축적·공학적 측면에서 각각 설명하시오.
		129-4-5	조경설계에서 공간을 구성하는 기법을 공간형성기법, 공간연결기법, 공간장식기법으로 나누어 설명하시오.
	대나무 동백나무 소나무 참나무	73-4-2	우리나라에서 조경용으로 활용되는 소나무류(Pinus)를 열거하고 그 성상(性狀 : 잎, 수피, 열매, 異名 등)에 대해 설명하시오.
		78-4-1	우리나라에서 조경수로 이용되고 있는 소나뭇과 수종의 종류를 들고(7종류 이상), 각 수종의 조경 소재로서 용도와 형태적·생태적 특성을 설명하시오.

키워드		회차	논술문제
식재 설계	대나무 동백나무 소나무 참나무	90-3-3	참나무류의 종류를 잎의 형태로 구분하고 열매의 특성을 설명하시오.
		97-2-5	우리나라에서 조경 소재로 활용 가능한 소나뭇과(Pinaceae과) 종류를 속(屬), 종(種)의 단계로 분류하여 학명 또는 영명을 명기하고 설명하시오. (소나뭇과에 해당하는 속은 3속, 소나무 속에 해당하는 종은 5종)
		109-2-6	조경에서 대나무의 상징적 의미, 종류, 생태적 특성, 적정 생육환경 및 양호한 경관 조성을 위한 유지관리 방법 등을 설명하시오.
	조경수목	73-4-3	우리나라에서 조경용 소재로 활용되는 상록교목 6가지 이상을 제시하고 그 특성(特性)을 간략히 설명하시오.
		94-3-2	조경수목 수피(樹皮)의 색채를 계열별로 분류하고 각 계열별로 수종을 제시하시오.
		112-2-1	조달청 훈령상 '조경수목'의 규격을 기술하고, 현장적용에 있어서 문제점 및 개선방안을 설명하시오.
		115-2-4	단풍나무의 외형적·생태적 특성을 설명하고 단풍나뭇과 수목 3종의 종명(학명)의 의미를 설명하시오.
		123-3-4	중부지역의 공원, 주거단지 등 조경 설계에 이용되는 주요 수종(산사나무, 왕벚나무, 마가목, 회화나무, 모감주나무)의 학명, 개화 시기, 열매, 조경적 가치에 대해 설명하시오.
	지피식물 초화식물	70-4-5	정원 내 사방 3.3m×4.0m(4평)의 땅에 봄에 꽃피는 수목 및 지피류를 소재로 하여 식재 설계하라. <설계조건> • 교목 1주, 관목 2주~3주, 지피류 5종 이상 사용 • Scale : None. 다만 1 : 20 내외를 권장 • 수목 규격 및 수량 표시할 것 : 도면 및 총괄표 작성 • 관목의 수관은 경계선 밖으로 나가도 좋음
		106-3-2	봄(3~6월)에 개화하는 자생 초화류(10종)의 생육적 특성을 설명하시오.

단원별 조경기술사 기출문제 분석

키워드		회차	논술문제
식재 설계	경관조명 설계	64-3-6	경관조명에 필요한 광원(Lighting Source)의 유형 및 특징, 설치방법, 향후 발전 방향에 대해 기술하시오.
		69-4-3	야외 이벤트의 연출을 위한 조명의 목적, 방법 및 효과에 대해 서술하시오.
		73-3-4	옥외 조경공간 조명(照明) 유형과 각각의 특성을 설명하시오.
		85-2-5	도시 야간경관조명의 문제점과 그 대책에 대해 설명하시오.
		93-3-3	빛 공해 방지 및 도시조명관리의 관점에서 본 야간경관조명의 문제점과 계획 및 관리방안에 대해 설명하시오.
시설물 설계	목재 데크 퍼걸러	65-4-6	옥외시설물의 종류와 설치지침을 서술하시오.
		69-2-2	조경 설계에 있어 하이테크(Hi-tech) 소재와 기법이 적용될 수 있는 가능성과 한계를 사례를 들어 논하시오.
		70-3-5	W×W×H=3.6m×3.6m×0.5m인 목재 데크를 설계하라.
		70-3-6	W×W×H=7.2m×3.6m×2.5m인 목재 퍼걸러를 설계하라.
		100-4-3	평지에 반원형(지름 5m) 목재 데크를 설치하고자 한다. 평면도, 골조배치도, 장선 배치도, 단면도를 각각 작성하시오.(자재명, 규격, 치수 기입, None-Scale)
		105-3-6	목재퍼걸러(그늘 시렁)에서 수직재(기둥)와 수평재(보)의 구조계산과정을 단계별로 비교하여 설명하시오.
		112-2-5	산지형 공원 내 경사지에 목재 데크를 설치하기 위한 콘크리트 기초 및 목재 기둥의 시공기준에 대해 설명하시오.
		127-4-2	조경공간에 휴게시설 조성의 설계원칙과 설계 시 고려사항을 설명하시오.
	자연석	81-3-4	자연석 배치 설계 시 설계자가 유의해야 할 사항들을 논하시오.
	환경조형 시설	87-3-5	조경설계기준에서 정하고 있는 환경조형시설의 정의와 적용 범위를 기술하시오.
		105-3-3	공공시설물의 경관디자인을 정체성, 연계성, 조형성의 관점에서 설명하시오.

❻ 조경설계 2

키워드		회차	논술문제
매립지	임해 매립지 식재지반 조성	87-3-1	임해매립지 식재지반조성에 대해 설명하시오.
		76-4-4	임해매립지역의 식생환경 조성방법을 제시하고, 수목식재 요령에 대해 설명하시오.
		78-4-4	임해매립지 조경에 있어 토양 및 환경인자의 문제점을 들고 식재지반조성과 식재층 토양개량에 대해 설명하시오.
		130-3-2	임해매립지 식재기반조성 방법 3가지와 특징에 대해 설명하시오.
	폐기물 매립지	64-2-5	폐기물·쓰레기 매립지의 효율적 인공식재지반 조성방법에 대해 기술하시오.
가로 공간	가로수 식재 시설물	81-2-5	도시 내 생태적 가로식재의 개념과 설계기법에 대해 설명하시오.
		90-2-6	근래에 서울시 등 지방자치단체에서 디자인 거리를 많이 조성하고 있다. 이때 가로수와 하층식재에서 고려하여야 할 일반적·형태적 조건과 적정 수종 및 초화류에 대해 설명하시오.
		91-2-3	최근 일부 지방자치단체에서 도심지 내 소나무를 가로수로 식재하고 있는 경우가 있다. 소나무의 생리(잎, 줄기, 뿌리) 및 생태적 특성을 각각 설명하고 소나무 가로수 식재의 장단점을 설명하시오.
		93-3-6	포장지역에 조경수를 식재할 때 고려할 사항에 대해 설명하시오.
		108-3-3	도심지 가로수 식재 기본구상과 기본계획을 그림을 그려 설명하시오.
		120-3-6	친환경적 가로설계를 위한 기법을 녹지체계, 수체계, 미기후 등의 측면에서 설명하시오.

단원별 조경기술사 기출문제 분석

키워드		회차	논술문제
보행자 공간	보행자 공간	102-4-4	일반적으로 가로 활성화가 되어 있는 도시 가로의 폭원은 광로, 대로보다는 중로, 소로 등 좁은 가로에서 많이 나타나는 바 그 이유에 대해 설명하시오.
		106-2-4	대도시 산림지역의 둘레길 조성 목표, 개념, 노선 선정기준, 편의시설 및 안내체계 구축에 대해 설명하시오.
		120-4-2	연결녹지와 보행자 전용도로의 차이점을 비교하고 설계 시 고려사항에 대해 설명하시오.
		123-4-1	보행자시설계획에서 보행자 전용도로의 성립배경과 기능, 구성형식에 대해 설명하시오.
		130-2-5	그린웨이(Greenway)와 생태네트워크를 비교 설명하시오.
생태 관광	관광패턴 관광자원	64-4-2	최근 관심이 높아지고 있는 Green Tourism의 발생 배경 및 우리나라 관광농원의 문제점, 활성화 방안에 대해 논의하시오.
		71-4-5	환경친화적인 관광지 개발을 위한 기본 정책방향에 대해 귀하의 의견을 제시하시오.
		78-4-2	근년에 추진되고 있는 생태관광(Eco Tourism)의 기본개념과 미래 관광자원화로 발전하기 위한 개발전략에 대해 설명하시오.
		118-3-1	국가생태문화 탐방로의 구성요소에 대해 설명하시오.
생태 공원	대형공원 수변공원 조류공원	91-4-2	야생조류 생태공원을 조성하고자 한다. 계획의 주안점 및 계획방안(동선, 식재, 시설물)에 대해 설명하시오.
		106-3-6	국제공모를 통해 제시된 대형공원의 생태적 설계개념과 기법에 대해 사례를 들어 설명하시오.
		117-4-2	도시 내 저수지를 활용하여 자연생태계와 지역주민이 공존하는 수변 생태공원을 조성하기 위한 설계요소와 고려사항을 설명하시오.
	환경해설	73-4-5	환경해설(Environmental Interpretation)기법을 열거·설명하시오.

키워드		회차	논술문제
생태도시	생태도시 스마트 시티	93-2-6	유비쿼터스의 개념과 조경계획에서의 활용방안을 쓰시오.
		120-2-4	환경친화적 도시를 위한 토지이용계획의 주요 내용에 대해 설명하시오.
		123-3-1	국토교통부에서 추진하는 스마트시티의 개념과 사업 추진전략에 대해 설명하시오.
		127-2-5	스마트 도시 구성요소 및 공원의 스마트 혁신기술 적용방안에 대해 설명하시오.
생태 연못	소동물 서식공간	69-3-2	생태연못 조성기법 중 소동물 서식공간 조성방법 및 수생식물을 4가지로 분류하여 설명하고 도시(圖示)하시오.
		79-2-3	자연 친화형 주거단지에서 최근 많이 사용되고 있는 실개천과 자연형 연못 또는 습지를 조성할 때 고려해야 할 수원 확보방안과 수질처리에 대해 설명하고 간단히 평면 또는 단면 모식도를 덧붙이시오.
생태 통로	통로 유형	69-2-6	기존에 조성된 야생동물 이동통로의 문제점과 개선방안에 대해 논하라.
		73-2-6	생태적 회랑(Ecological Corridor)의 의미와 단절될 경우 동물이동통로(Fauna Passage)의 조성방법들을 설명하시오.
		76-2-2	야생동물의 서식처 주변이나 산림, 계곡에 설치되는 철도, 도로 등의 동물이동을 배려한 생태통로의 유형별 고려사항을 논술하시오.
		96-3-5	환경부에서 제시하는 생태통로 설치 후 실시하는 모니터링의 방법 및 활용방법에 대해 설명하시오.
생태 하천	식생	79-2-6	자연형 호안의 개념을 간략하게 설명하고 수변·수생식물을 포함한 단면 모식도를 Non-Scale로 표현하시오.
		90-4-1	하천 고수부지에 수목을 식재할 때 하천법상 수리계산이 필요 없는 식재기준을 교목과 관목으로 구분하여 설명하시오.

단원별 조경기술사 기출문제 분석

키워드		회차	논술문제
생태 하천	식생	94-3-5	수공간의 분포구역에 따른 수생식물을 제시하고 수생식물의 서식조건을 설명하시오.
		103-3-1	수생식물인 연(蓮)과 수련(睡蓮)의 차이점 및 연을 연못에 심을 경우 식재방법을 설명하시오.
		118-2-5	하천조경 시공 시 식재하는 추수(抽水)식물 5종을 제시하고, 추수(抽水)식물의 식재방법 4가지를 그림으로 설명하시오.
	하천의 구조 조성방법	64-4-4	콘크리트 호안으로 이루어진 하천을 자연하천으로 개조하려 한다. 수로(水路), 호안 제방 등의 구조체, 이용식물 등에 관한 조성모델을 제시하시오.
		67-3-6	자연형 하천의 조성계획 시 기존의 이·치수 계획의 문제점을 지적하고 이와 차별화되는 계획방안을 친수·생태적, 경관적 측면에서 설명하시오.
		70-2-3	청계천 복원사업과 같은 하천복원설계 과정에서 수변식재, 친수공간 조성 및 조경시설물 설치 시에 고려하여야 하는 수문학 및 하천 지형학적 특성을 설명하시오.
		71-3-5	근래 시행되고 있는 효율적인 자연형 하천 조성방법 중 근자연(近自然)·다자연(多自然) 공법에 대해 비교·설명하시오.
		72-3-2	기존 도시지역의 복개천(覆蓋川)을 자연성이 있는 하천으로 변경, 조성하기 위한 도시 하천공간 및 주변공간의 계획방안과 하천환경의 자연성 회복을 위한 설계방법을 설명하시오.
		76-4-1	자연하천공법의 유형을 하도(河道) 내, 저수호안 및 경사부, 고수부지 등으로 나누어 유형별 적용지침 및 특징을 설명하시오.
		81-4-5	도시 내 하천 정비사업을 시행한 지역을 친환경 자연형 하천으로 조성하려 한다. 조성 목적과 설계기법을 도해하고 설명하시오.
		81-4-2	청계천 복원이 서울 도심환경과 시민문화에 끼친 영향을 기술하시오.

키워드		회차	논술문제
생태 하천	하천의 구조 조성방법	82-3-5	청계천복원사업에 있어서 경관적 설계개념을 구간별(상류·중류·하류)로 구분하여 구체적 사례를 들어 설명하시오.
		85-2-1	뉴타운(New-Town) 사업지구 내에서 복개된 하천을 본래의 생태하천으로 복구하고자 한다. 설계 시 고려할 사항을 설명하시오.
		88-3-2	경관생태학에 근거한 도시하천복원을 위한 평면 및 단면에 대해 설명하시오.
		93-4-4	도심 내 복개된 하천공간을 자연형 친수공간으로 복원하는 경우 조경적 측면에서의 고려사항과 사업시행 전반에 따른 장단점에 대해 설명하시오.
		114-4-2	수변공간 조성을 위한 강우 패턴과 첨두 홍수량과의 관계를 설명하고, 생태적 전이지대로서 수위변동 구간 특징을 설명하시오.
		130-2-3	자연형 하천 수제(水制)에 대해 설명하시오.
수 공간 설계	수경시설 설계	79-3-4	외부공간 설계 시 사용되는 물의 형태별 유형을 열거하고 각각의 설계기법을 평면, 단면(또는 입면) 모식도와 함께 설명하시오.
		91-3-2	조경설계에 있어서 수(水) 설계과정에 대해 설명하시오.
		93-3-2	조경설계 소재로서 물이 갖는 특성과 조경적 이용에 대해 설명하시오.
		103-4-5	수경시설의 일종인 분수공사는 구조체 공사, 배관, 기계설비, 조명설비, 방수, 마감공사 등의 공정으로 구성된다. 이 중 기계설비 공사에 필요한 수경설비 및 시공 시 유의사항을 설명하시오.
		112-3-3	「수질 및 수생태계 보전에 관한 법률 시행규칙」에 의한 물놀이형 수경시설의 수질기준 및 관리기준에 대해 설명하시오.
		118-4-4	수경시설 중 분수 유형을 나열하고(10가지 이상), 분수 시공 시 고려해야 할 유수로(개수로)의 유량을 구하는 마닝(Manning) 공식을 설명하시오.

단원별 조경기술사 기출문제 분석

키워드		회차	논술문제
수 공간 설계	수경시설 설계	120-2-3	도심지 수경시설이 도시환경과 도시경관에 미치는 영향에 대해 설명하시오.
		121-3-1	조경공사 수경시설에 사용되는 수경용수 중 '물놀이형 수경시설의 수질기준 및 관리기준'과 '물놀이를 전제로 하지 않는 수경시설의 수질기준'을 구분하여 설명하시오.
		126-4-6	물의 연출기법은 낙수형, 분출형, 유수형, 평정수형으로 구분할 수 있다. 각각의 특성, 연출유형 등을 설명하시오.
		129-3-5	친수공간 조성 시 물의 이미지와 공간적 특성에 대해 설명하시오.
		130-2-4	수경시설 구조체공사의 시공방법에 대해 설명하시오.
에너지 보전	에너지 절약 계획	65-2-1	에너지 절약형 조경계획기법을 논하시오.
		93-4-1	21세기 성장의 새로운 패러다임인 저탄소 녹색성장의 개념을 설명하고 이와 연계한 Energy 보전형 조경설계의 방향과 세부 설계기준을 제시하시오.
		102-4-5	중부지방에 있어서 에너지 절약형 주택조경계획 및 설계지침에 대해 설명하시오.
인공습지	습지 조성	109-2-5	인공습지의 조성 목적과 방법을 설명하시오.
		109-4-4	인공으로 건설된 댐 혹은 저수지 비탈면 수위변동구간의 환경적 특성 및 식생조성 방안에 대해 설명하시오.
		118-2-1	수질정화용 인공습지 설계 시 수리계통 모식도를 그리고, 사업효과를 설명하시오.
인공지반 녹화	벽면 녹화	67-4-5	옹벽, 석축, 건축물 벽면의 수직녹화를 위한 방법을 수종선정, 식재 및 관리방안으로 설명하시오.
		72-4-3	고층건물 측벽을 벽면 녹화하여 녹피율과 녹시율을 제고하려 한다. 녹화장소별 적합한 시공방법과 시공상 주의할 점에 대해 설명하시오.
		79-4-2	도시의 구조물(담, 옹벽, 방음벽 등)의 벽면녹화를 위한 공법을 제시하고 그 내용을 설명하시오.
		81-4-6	도심부 건축물 입면부 녹화의 필요성과 기능, 설계기법을 도해하고 설명하시오.

키워드		회차	논술문제
인공지반 녹화	벽면 녹화	82-2-4	구조물 입체녹화를 위한 벽면녹화식물을 등반형, 하수형으로 구분하여 각 식물별로 이용되는 기관(器官) 및 특성에 대해 설명하시오.
		85-4-3	입체녹화의 환경조절기능에 대해 설명하시오.
		88-2-5	입면녹화에 있어서 식물의 선택 시 고려사항 및 식재기법에 대해 설명하시오.
		90-3-1	벽면녹화용 덩굴식물의 종류를 10종 들고, 식물의 등반기관에 따른 등반방법을 제시한 후, 활용 가능한 벽면녹화 보조 재료의 예를 드시오.
		115-4-5	미세먼지 저감을 위한 도시녹화 방향 및 식재기법을 '입체녹화' 중심으로 설명하시오.
		121-2-6	조경설계기준(KIDS)의 입체녹화 중 식재지 유형(녹지형, 포트형, 용기형, 입면형)별 특징을 약술하고 입면 유형별 수종 선정기준을 설명하시오.
		121-4-6	식물재료의 기능적 이용방안의 하나로 그린커튼 조성이 지방자치단체의 관공서 등에 이루어지고 있다. 그린커튼 사업의 효과, 도입식물, 설치 유형, 관리방안 및 한계점을 설명하시오.
		123-2-4	**벽면녹화를 녹화의 형태에 따라 구분하고, 형태별 도입기준 및 도입수종에 대해 설명하시오.**
	옥상 녹화	65-2-4	옥상조경의 ① 의의, ② 기능, ③ 일반적 고려사항을 논하시오.
		67-4-1	환경친화적이고 비용 절감을 고려한 옥상녹화 조성방안을 구조적 측면, 기반조성, 토양, 급배수 계획, 효과적 관리방법 등을 구체적으로 제시하시오.
		68-2-2	기존 건축물의 옥상녹화를 위한 기본모델의 단면을 제시하고, 기후적·건축적·관리적 환경의 문제점 및 대책을 논하시오.
		72-4-5	옥상녹화시스템의 구성요소와 효과에 대해 설명하시오.

단원별 조경기술사 기출문제 분석

키워드		회차	논술문제
인공지반 녹화	옥상 녹화	72-3-6	도시화 지역 내부의 점적 녹지와 외부의 녹지와 연결체계, 내부 녹지량 확보를 위한 인공녹지 조성의 구체적 방안과 구조물 관련 녹화의 기술적 고려사항을 설명하시오.
		75-4-2	도심지 녹지공간 확충을 위한 기존 건축물의 녹화방안 중 토심 20cm 이하에 적용 가능한 건축물 상부의 녹화 구조 단면을 제시하고, 옥상녹화 보급의 효과를 설명하시오.
		90-2-5	옥상녹화 식재설계 시 고려하여야 할 사항과 토심별 식재유형에 대해 설명하시오.
		97-3-6	최근 국토해양부에서 수립한 건축물 녹화 설계기준에 의한 옥상녹화 설계 및 시공상의 유의사항에 대해 설명하시오.
		100-2-5	옥상녹화시스템을 구성하는 방수층과 방근층의 유형 및 특징에 대해 설명하시오.
		109-3-6	옥상녹화 조성 시 식물선정의 고려사항과 유지관리 방안을 설명하시오.
		126-3-3	최근 「조경기준」이 일부 개정되고 이에 따라 "옥상녹화와 태양광발전설비 병행 설치 및 유지관리를 위한 가이드라인"이 발간되었다. 조경기준 개정 내용과 가이드라인에서 제시된 기대효과, 설치 유형, 인정면적 기준, 태양광발전설비의 설치 방안에 대해 설명하시오.
		130-3-1	옥상조경의 필요성과 식재 시 고려사항을 설명하시오.
	인공지반 녹화	66-3-2	인공지반의 교목(喬木) 식재를 위한 ① 설계 단면도, ② 고려되어야 할 사항을 기술하시오.
		129-3-3	인공녹화공간의 종류를 3가지 나열하고 각 공간의 환경특성 및 문제점, 개선방안을 설명하시오.
우수 활용	우수관리 시스템	67-3-5	우수처리를 효과적으로 하여 환경친화적 주거단지를 조성하고자 한다. 이때 우수를 효과적으로 집수하여 저장하고 이의 경관적·경제적 이용방안을 제시하시오.

키워드		회차	논술문제
우수 활용	우수관리 시스템	69-3-5	친환경적 단지계획 수립을 위해 우수관리는 매우 중요한 요소이다. 우수관리계획에 있어 고려하여야 할 저류시설 및 침투시설의 중요성과 종류 등에 대해 설명하시오.
		70-2-2	단지계획에 있어 빗물을 활용한 조경용 수원 확보방법과 특징, 시설, 위치 등을 설명하시오.
		75-2-6	환경친화적 주거단지 조성을 위한 물 관리시스템을 구체적으로 제시하시오.
		84-3-3	도시공원 내에 겸용공작물로서의 저류시설이 중복결정 될 경우, 저류시설 설치기준의 주요사항에 대해 설명하시오.
		91-2-6	도시공원에 저류지를 설치하고자 한다. 저류지 공원을 저류방식에 따라 구분하고 방식별 특성 및 설계 방향을 설명하시오.
		105-4-3	저류지 공원화 사례를 유형별로 구분하여 설명하고 조성 및 유지관리상 주의해야 할 점에 대해 설명하시오.
		108-4-2	우수유출 저감시설의 종류와 각각의 기능 및 장·단점에 대해 설명하시오.
		108-4-6	산지형 근린공원의 우수처리계획 수립방안을 설명하시오.
		109-4-5	도시지역 내 우수저류·침투시스템의 설치목적과 시공방법에 대해 설명하시오.
		115-3-5	공원, 녹지공간에 적용 가능한 빗물 관리시설을 침투·여과·유도시설로 구분하고 공간별 활용방안을 제시하시오.
		129-2-3	도시지역 내 우수저류·침투시스템의 종류, 설치목적과 시공방법을 설명하시오.
	LID	94-3-6	기후변화에 대응하는 물 순환 계획요소 중 빗물 순환의 복원을 위한 새로운 개념인 LID(Low Impact Development) 빗물 관리의 의의 및 확대방안에 대해 설명하시오.

단원별 조경기술사 기출문제 분석

키워드		회차	논술문제
우수 활용	LID	102-3-2	LID(Low Impact Development) 기법에 있어서 분산형 빗물관리의 정의 및 구성요소에 대해 설명하고 조경 분야에서의 활용방안에 대해 논하시오.
		109-3-2	LID(Low Impact Development) 공법 중 식생수로의 설계기준과 적용 후 장단점에 대해 설명하시오.
		109-4-1	레인 가든(Rain Garden)의 필요성 및 효과, 조성 전 체크리스트, 레인 가든의 효과적인 조성방안을 예시도 및 단면도를 그려서 설명하시오.
		114-3-1	**통합 물관리 방향을 설명하고 조경전문가 참여방안에 대해 논하시오.**
		117-4-3	저영향개발(Low Impact Development) 기법 중 조경공사 현장에 적용 가능한 기법을 5가지 선정하고, 기법별 설치 가능한 지역에 대해 설명하시오.
		124-3-2	LID(Low Impact Development) 공법 중 식생형 시설인 식물 재배 화분(Planter box)의 설계기준에 대해 설명하시오.
생태 주거	생태마을	81-2-2	생태마을 설계이론 및 기법을 기술하시오.
	환경 친화적 단지계획	67-3-1	단지 조성계획(Site Plan) 시 지형을 최대한 보존하고, 활용할 수 있도록 건축적·공학적·미학적 측면에서 외부공간의 조성방안을 구체적으로 들고 설명하시오.
		67-2-1	생태적 조경, 환경 조성의 목적은 환경에의 악영향을 최소화(Low Impact)하고 자연과의 접촉을 최대화(High Contact)하는 것이다. 이 목적을 달성할 수 있는 조경계획을 구체적으로 제시하시오.
		72-2-3	단지설계에 적용할 수 있는 설계 패러다임으로서 환경친화적으로 "지속가능한 설계(Sustainable Design)"를 하는 데 고려해야 하는 설계요소에 대해 설명하시오.
		72-2-2	최근 수도권 지역에 기존 도시 인접지에 신도시를 조성하고 있는데 이를 위한 환경친화적 공동주택 계획의 보존(Low Impact)과 친화(High Contact)를 위한 단지 및 지반조성 계획, 설계적 측면에서의 접근방안을 제시하시오.

키워드		회차	논술문제
생태 주거	환경 친화적 단지계획	85-3-6	친환경적 단지를 조성하기 위한 계획의 기본방향을 설명하시오.
		91-2-5	저탄소 녹색성장 시대의 녹색단지 계획기법에 대해 설명하시오.
골프장 설계	골프장 구성요소 설계기법	63-4-5	골프장 구성 공간별 성격 및 배식 방향을 설명하시오.
		70-4-4	골프장에 설치되는 조정지 혹은 연못의 홍수조절, 수질오염 방지, 야생동물 서식지 제공 등의 기능을 극대화하기 위한 설계 및 시공지침을 설명하시오.
		75-4-5	미들홀(Par 4) 골프코스의 표준 레이-아웃(Lay-Out)을 None-Scale로 제도하시오.
		76-4-2	골프코스 중 종·횡단구배 설계의 기본원칙을 설명하시오.
		79-2-4	골프장 코스의 레이아웃 설계 시 주로 사용되는 벌책형(Penal Type), 전략형(Strategic Type), 영웅형(Heroic Type)에 대해 간략하게 설명하고, 영웅형의 Par 5코스를 Non-Scale의 평면도로 표현하시오.
		85-4-4	골프코스의 미들홀(Middle Hole, Par 4)을 설계하고자 한다. 주요 구성요소를 제시하여 Non-Scale로 평면도를 작성하시오.
		87-4-2	파크 골프(Park Golf)의 개념, 코스구성, 시설장비에 대해 기술하고, 설계·시공측면에서 일반 골프장과의 차이점을 설명하시오.
		97-4-5	파4홀 골프코스의 표준평면도를 작성하고 골프코스의 공간별 성격과 조경식재 개념을 도식하여 설명하시오.
		130-3-3	골프코스 그린 주변 조경계획에 대해 설명하시오.
공원 설계	놀이터 어린이 공원	109-3-3	놀이의 정의와 기능, 좋은 놀이터와 나쁜 놀이터에 대해 설명하고, 현재 우리나라 놀이터의 개선방향에 대해 논하시오.
		111-2-2	환경부에서 추진하는 "생태놀이터 조성 가이드라인"에 대해 설명하시오.
		124-4-5	통합놀이터의 의미, 가치 및 참여디자인의 프로세스와 모니터링에 대해 설명하고 대표사례를 쓰시오.
		130-4-5	생태놀이터 입지조건 및 조성방향에 대해 설명하시오.

단원별 조경기술사 기출문제 분석

키워드		회차	논술문제
공원설계	조각공원 원로	70-4-6	10×10m의 녹지(정원)에서 A에서 B로 가는 원로를 3가지 유형(직선·곡선·순환형)으로 설계하되 배식패턴(교목, 관목만 구분)을 기능을 고려하여 표시하고, 각각의 장점 및 설계 의도를 설명하라. ① 설계도 3유형 ② 각각의 설계 의도
		85-4-2	조각공원의 개념과 설계 시 고려사항을 기술하시오.
도로설계	계단	96-4-4	외부공간 계단 설계 시 답면, 단, 계단참, 램프, 난간 및 핸드레일, 높이와 폭에 관한 설계기준을 제시하시오.
	보차공존도로	75-3-1	최근에 도시의 단지 내 도로교통체계에 많이 적용되고 있는 보차공존도로의 개념, 장단점, 기법 및 사례에 대해 서술하시오.
		79-2-1	보차공존도로의 개념과 유형에 대해 설명하시오.
		82-2-5	주택지를 통과하는 자동차도로 설계 시 각종 환경의 악영향을 저감시킬 수 있는 설계적 차원에서의 개선방안을 제시하시오.
		121-3-4	교통 정온화(Traffic Calming)의 개념과 기법을 설명하시오.
	자동차전용도로	63-2-5	자동차전용도로 설계에서 안전운전 기능식재의 유형과 식재방향을 기술하시오.
		68-3-1	자동차전용도로의 증가로 도로기능을 보완키 위하여 수목을 식재하고 있다. 식재 기능을 분류하고 명암순응식재에 대해 식재기법을 설명하시오.
		76-2-4	자동차전용도로 조경의 식재유형을 분류하고 그중 터널조경기법에 대해 상세히 설명하시오.
		79-3-3	자동차전용도로의 조경설계 시 시설지 별 구체적 개념과 고려사항을 논하시오.
		84-2-3	자동차전용도로에서는 운전자의 안전을 위하여 일정 간격으로 대형 휴게실을 조성한다. 휴게소의 조경기법 및 고려사항을 설명하시오.

키워드		회차	논술문제
도로 설계	자동차 전용도로	88-4-3	자동차전용도로의 조경은 운전자의 안전운행을 보완하는 기능을 갖고 있다. 진출입시설인 인터체인지의 암절토 녹화를 포함한 조경기법을 설명하시오.
	주차장	102-3-3	친환경적 주거단지를 위한 지하주차장 건설의 문제점과 개선방안을 설명하시오.
	자전거 도로	90-2-3	「자전거 이용 활성화에 관한 법률」상 자전거전용도로의 설계기준 중에서 설계속도, 폭원(갓길 포함), 곡선반경, 종·횡단구배를 제시하시오.
		108-4-5	「자전거 이용시설 설치 및 관리지침」에 의한 자전거도로의 포장 종류별 특성 및 자전거도로에서 요구되는 기능에 대해 설명하시오.
		130-3-6	「자전거 이용시설 설치 및 관리지침」상의 자전거도로 설계 기본원칙 및 고려사항에 대해 설명하시오.
	친환경 도로	71-4-6	도로조경계획 및 설계 시 생태환경요소(동식물)의 지속적인 유지를 위한 환경보전 대책방안에 대해 논하시오.
도시농업 공간	도시농업 사례 텃밭	103-2-3	독일, 미국 및 영국의 도시농업 사례와 조경 분야의 역할을 설명하시오.
		106-3-4	텃밭 중심 도시농업을 생태적 측면에서의 문제점과 토지이용 효율성을 고려한 개선방안을 제시하시오.
		108-2-2	녹지면적이 부족한 대도시의 인공지반 상부에 도시녹화를 도시농업으로 대체하고 있는 사례가 빈번하다. 이에 대한 도시녹지의 기능적 문제점을 제시하고, 도시녹화에 반(反)하지 않는 도시농업 설치방안을 설명하시오.
		115-3-6	도시농업의 정의 및 유형과 입지조건에 따른 도시 텃밭 계획 시 설계기준을 설명하시오.
범죄 예방 설계	공원 공동주택 전통마을	99-4-6	최근 범죄 발생 우려가 높아지면서 건축물에 범죄예방 설계 가이드라인을 적용하고 있는 바, 이에 대한 "공동주택 설계기준"을 제시하시오.

단원별 조경기술사 기출문제 분석

키워드		회차	논술문제
범죄예방설계	공원 공동주택 전통마을	100-3-3	공원설계에 적용할 수 있는 범죄예방 환경설계 기법들을 최근 국토교통부의「도시공원 및 녹지 등에 관한 법률 시행규칙」개정안을 중심으로 설명하시오.
		106-2-1	한국 전통마을의 범죄예방 디자인(CPTED)의 측면을 설명하시오.
		111-4-6	건축물의 "범죄예방 설계 가이드라인" 중 조경설계 관련 일반적 범죄예방 설계기준에 대해 설명하시오.
		118-3-4	「건축법」의 규정에 의해 범죄예방 설계 가이드라인을 적용하고 있는바, 이에 대한 일반적 범죄예방기준 및 공간별 공동주택의 설계기준을 설명하시오.
실내조경설계	실내조경 식물	73-4-1	실내조경 식물이 갖추어야 할 조건과 주수목(主樹木, Point Plant), 관목, 지피류를 각 10개 이상 제시하시오.
		87-3-2	조경공사 표준시방서상 실내조경 식물재료 규격표시의 특징을 곧게 자라는 식물, 키가 낮은 지피식물 및 초화류, 덩굴성 식물의 세 유형으로 구분하여 규격표시방법을 제시하고 유형별 해당 식물을 3종 이상 나열하시오.
		127-3-5	실내식물의 공기정화 메커니즘과 이에 해당하는 식물 10종을 설명하시오.
		129-2-6	실내조경에서 공간특성에 따른 식물도입 기법과 고려사항에 대해 설명하시오.
	실내조경 기능과 효과	63-3-6	실내조경의 기능과 효과를 설명하고 조성기법을 기술하시오.
		65-4-3	실내조경 설계에 있어서 실시설계의 주요 내용을 서술하시오.
		68-4-3	화장실 문화운동의 확산으로 지자체, 관광지, 고속도로 휴게소 등의 화장실 환경개선방법으로 실내조경을 시행하고 있는바, 기법과 문제점을 기술하시오.
		84-2-6	실내조경은 주거·업무·상업공간뿐만 아니라 치유 역할 등으로 다양하게 활용되고 있다. 치유정원(Healing Garden)의 효과와 조성방법을 논하시오.

키워드		회차	논술문제
음지 설계	내음성 식물	73-3-3	보상점(補償點) 및 광포화점(光飽和點)에 대한 내용과 음생식물(Shade Plants)과의 관계를 설명하고 내음성 식물을 수목과 초본으로 구분하여 각각 15종 이상 열거하시오.
	음지 조경	67-4-6	최근 도심지 교통난 해소의 일환으로 고가도로가 건설되고 있는바, 고가도로 하부의 경관 향상, 녹지도입, 이용성 증대를 위한 방안을 일정 구간의 도로 하부공간을 사례로 선정·설명하시오.
		75-2-1	고층 건물군 내에서 건물에 의해 형성되는 음영은 식물 생육에 크게 영향을 준다. 음영 분석도의 작성방법과 배식계획에 대한 응용방법에 대해 설명하시오.
		79-2-5	고층 건물군으로 이루어지는 단지 조경에 있어, 음영 분석도의 작성방법과 설계과정의 적용기법을 설명하시오.
		100-2-4	대도시 도심의 도로구조물 또는 교각 하부공간에 대한 공간적 특성과 조경계획 시 고려사항, 도입 프로그램 등을 설명하시오.
정원 설계	가로정원 감성정원 주택정원 치유정원	106-4-4	최근 시행 중인 '가로정원(Street Garden)'의 개념과 특징을 기존의 가로녹지 조성방법과 비교해 설명하시오.
		117-2-1	지하 정원에서 고려해야 할 계획요소에 대해 설명하시오.
		127-3-3	다년생 숙근 초화류를 중심으로 정원을 조성하고자 한다. 건조지, 반음지, 습지 및 인공지반(옥상) 등 공간별 환경 특성, 설계 및 유지관리 방안에 대해 설명하시오.
학교 조경	학교조경	63-4-6	서울시 '생명수 천만 그루 심기 계획'의 대상으로 학교가 활용되고 있다. 학교조경의 현황과 문제점을 기술하시오.
해안림	완충림 식재	108-2-3	바닷가 완충림의 생태학적 식재기법에 대해 설명하시오.

단원별 조경기술사 기출문제 분석

❼ 조경시공구조

키워드		회차	논술문제
공사 계획	시공 계획서	65-2-2	도시공원 조성공사에 요구되는 시공계획서를 작성하시오.
		68-2-4	조경공사를 시행함에 있어 수급인은 원활한 진행을 위하여 착수 전에 시공계획서를 작성하여 감독에게 제출한다. 귀하께서 OO공사의 현장대리인이라고 가정하고 시공계획서를 작성하여 보시오.
		130-2-2	시공관리 4대 목표에 대해 설명하시오.
	시방서	64-2-3	뿌리의 발생이 잘되지 않는 비교적 큰 수목을 2~3년 전부터 준비하여 6월에 이식할 때 준비작업 내용을 설명하고 준비작업, 굴취, 차량운반, 식재, 식재 후 조치 등에 대해 특별시방서를 작성하시오.
		88-3-1	조경공사 시공 시 지침이 되는 조경공사 시방서 중 수목 식재 부분에 대한 시방서를 개략적으로 작성하시오.
		103-3-3	조경공사 표준시방서 및 조경설계기준의 문제점과 개선방안을 설명하시오.
		121-2-2	'문화재수리 표준시방서'에 근거한 문화재 조경공사의 시공 시 '굴취'에 관한 표준시방 내용을 작성하시오.
	측정기준	129-3-4	수목의 측정기준 및 수목규격의 명칭과 표시방법(교목류, 관목류, 만경류)을 설명하시오.
		130-2-1	「공공 건설공사의 공사기간 산정기준」상의 공사기준 산정에 대해 설명하시오.
공사 관리	공사감리	70-2-1	공사감리업무를 수행하는 데 감리단이 자체 비치할 서류(12종)와 공사 준공 후 감리단이 발주처에 인계할 문서목록(12종)을 열거하시오.
		88-2-6	책임감리 현장의 공사 시행단계별 감리원의 업무 내용에 대해 설명하시오.
		117-3-4	건설공사에서 조경감리 배치의 문제점과 개선방안에 대해 설명하시오.
		118-2-4	현행 감리(건설사업관리)제도의 현황과 공동주택 조경감리 배치의 문제점 및 개선방안에 대해 의견을 제시하시오.

키워드		회차	논술문제
공사 관리	공사감리	118-4-6	'문화재 비상주감리 업무수행지침'에 의한 문화재 수리 착수단계의 감리업무에 대해 설명하시오.
		127-3-4	민간부문 공동주택 건설공사 조경감리제도의 개선방안에 대해 설명하시오.
		129-2-4	"주택건설공사 감리자지정기준"에 대한 조경분야 감리제도의 문제점 및 개선방안을 설명하시오.
	건설 사업관리 (CM)	112-3-6	조경분야에서 BIM(Building Information Modeling)의 활용방안에 대해 설명하시오.
		120-2-5	건설공사 클레임(Claim)의 원인을 설명하시오.
		120-3-5	CM(Construction Management) 계약의 장점과 단점을 설명하시오.
		126-2-4	공사 클레임 및 분쟁에서의 협상에 의한 해결 방안(Negotiating Settlements)에 대해 설명하시오.
	공정관리	67-4-4	조경공사 계획 시 공정표 작성의 목적과 그 고려사항을 설명하고 횡선식 공정표(Bar Chart)와 네트워크 공정표(Network Progress Chart)의 장단점 및 용도를 비교하고 조경공사에의 적용방안을 설명하시오.
		73-4-4	지속가능성을 고려한 조경시공 현장관리에 대해 논하시오.
		126-4-4	공사 수행 시 효율적 노무관리 형태에 대해 설명하시오.
	안전관리	108-4-4	조경식재 시 안전관리방안에 대해 설명하시오.
	자재관리	63-2-4	조경수 생산·유통의 문제점과 개선방안에 대해 논하시오.
		88-4-2	조경공사의 주재료인 조경수 생산과 유통에 대한 문제점과 개선방안을 설명하시오.
		106-4-6	부적기 식재공사 시 하자율 저감을 위한 조경수 생산방안과 유통구조의 개선점에 대해 설명하시오.
		127-4-4	조경공사 관급자재 조달의 문제점과 납품지연, 품질관리 및 자재변경 절차 등의 효율적인 관리방안을 설명하시오.

단원별 조경기술사 기출문제 분석

키워드		회차	논술문제
공사관리	품질관리	123-4-5	최근에 여러 시·도 등 지방자치단체에서 시행하고 있는 공동주택 품질 검수제도의 의의를 설명하고, 일반적으로 공동주택의 조경공사 준공 전에 검토되어야 할 품질 검수항목과 조경 분야에서 품질을 제고할 수 있는 방안에 대해 설명하시오.
	건설기계 시공능력	71-2-5	건설기계의 시공능력 산정공식 중 불도저, 유압식 백호, 로더공식에 대해 설명하고 상호 비교하시오.
원가관리	표준품셈 손익분석 원가계산	64-3-4	합리적 조경기업의 경영을 위한 사업실적 및 손익분석 방법에 대해 논하시오.
		65-3-2	조경공사의 특수성과 견적 시 고려사항을 논하시오.
		71-4-2	조경경영기법 중 손익분석방법에 대해 설명하고 조경공사업의 경쟁력 향상을 위한 평가요소 및 분석방법에 대해 의견을 제시하시오.
		72-4-6	조경공사의 공사원가 구성체계를 설명하고 적산서 작성 시 토목·건축공정과의 차이점과 유의하여야 할 점에 대해 설명하시오.
		81-4-4	시설공사 입찰 시 책정하는 예정가격, 추정가격의 개념과 예정가격 결정기준 및 원가계산 체계를 설명하시오.
		84-2-2	조경공사 적산기준의 현황 및 문제점을 설명하고 개선방안을 제시하시오.
		91-3-3	조경공사만이 지니는 조경공사의 특수성 10가지를 설명하시오.
		96-2-5	공사원가의 구성항목인 재료비, 노무비, 경비, 일반관리비, 이윤, 부가가치세에 대해 설명하고 원가계산 시 유의할 점에 대해 설명하시오.
		103-2-1	원가계산방식과 실적공사비 방식의 특성과 문제점 및 개선방안을 비교 설명하시오.
		109-2-2	실적공사비를 활용한 적산의 목적과 방법, 효과에 대해 설명하시오.
		111-3-4	건설공사의 공사비 구성을 표준품셈(원가계산방식)과 표준시장단가(실적단가)로 구분하여 산정기준을 설명하시오.

키워드		회차	논술문제
원가관리	표준품셈 손익분석 원가계산	117-2-4	조경공사 적산기준(2016년 8월)의 주요 내용과 문제점, 개선방안을 설명하시오.
		126-3-2	2022년 신규사업부터 적용하는 조경설계 표준품셈 중 기본 및 실시설계의 업무별 주요 내용(기본업무, 업무정의(세부업무))과 환산계수를 설명하시오.
		130-4-4	공사비를 산정하는 절차에 대해 설명하시오.
금속공사	금속재료	94-4-2	조경시설물에 활용되는 금속재료의 장단점에 대해 설명하시오.
		109-2-3	내후성 강판의 성질, 재료의 장단점과 시공된 사례 등을 설명하시오.
목공사	목재가공	75-4-1	목재의 조경시설 활용방안, 제작관리, 설치 후 관리방안을 설명하시오.
		87-3-3	목재의 사용 환경에 따른 사용 방부제 및 처리방법에 대해 기술하시오.
		93-3-5	임산물 품질인증 규정에 따른 방부처리 목재의 품질인증기준을 설명하시오.
방수공사	방수공법 방수재료	73-3-2	방수 콘크리트, 모르타르 방수 및 아스팔트 방수 시공에 대한 재료의 선택과 시공방법을 구체적으로 기술하고, 모르타르 방수와 아스팔트 방수 시공 단면도를 그리시오.
		78-4-3	조경 연못의 대표적인 방수공법 4가지를 들어 각각의 표준단면을 그리고 특성 및 시공방법에 대해 기술하시오.
		94-3-3	수경시설에 사용되고 있는 방수재료의 종류를 열거하고, 2가지 공법을 선정하여 공법별 특성과 표준단면도(Non Scale)를 제시하고 설명하시오.
		126-4-2	인공 연못의 방수 공법(점토, 점토+벤토나이트, 콘크리트, 시트)을 종류별로 구분하여 설명하시오.
		130-4-6	연못방수 공법 중 콘크리트 라이닝방수와 시트방수를 비교 설명하시오.

단원별 조경기술사 기출문제 분석

키워드		회차	논술문제
배수공사	우수유출량 배수	93-4-2	우리나라는 경사지역에 건조물 입지를 정해야 할 경우가 많다. 이러한 지역의 우·배수의 특성과 배수시설에 대해 설명하시오.
		96-4-6	관거 배수계통의 유형을 그림으로 그려 제시하고 각각의 특성에 대해 설명하시오.
		105-3-5	산지형 근린공원에서 우수(빗물) 유출로 인해 발생하는 문제점과 개선방안을 설명하시오.
석공사	석재가공 석재의 성질	76-3-6	우리나라 주요 석재의 생산지별 특징 및 용도에 대해 아는 바를 설명하시오.
		94-2-3	조경공사에 사용되는 인조암의 종류와 특성을 설명하고, 설계·제작·시공상의 문제점을 설명하시오.
		96-3-6	조경설계기준에서 제시하는 경관석의 종류 및 경관석을 놓는 방법에 대해 설명하시오.
		97-4-3	석재가공(마감)의 종류와 특성을 설명하고, 장대석 쌓기(화계)의 표준단면도를 작성하시오.
		106-2-6	석재판 붙임의 설치공법별(습식, 건식, GPC) 표준 단면을 제시하고 장단점을 설명하시오.
		115-3-4	조경재료로 사용되는 석재의 표면가공방법을 설명하시오.
		118-2-6	조경공사에 사용되는 자연석, 가공석을 구분하여 형태별·규격별·마감별 품질기준을 설명하시오.
		126-2-2	조경설계기준(KDS 34 50 45)에서 규정한 조경석 놓기의 종류, 형태에 대해 설명하시오.
	석축 옹벽	105-4-5	석축 옹벽의 메쌓기 및 찰쌓기 공법의 특성을 비교하여 설명하시오.
		108-4-1	경사지에 조경 구조물 설치공간을 확보하며 배면(背面)의 토사 붕괴를 방지할 목적으로 석축을 시공할 때 시각적 경관을 고려한 석축공사에 대해 설명하시오.
		112-4-3	석축 옹벽을 보수할 때, 점검 항목과 파손 형태 및 보수방안에 대해 설명하시오.

키워드		회차	논술문제
수경시설공사	수경시설 시공법 유형	65-3-4	수경시설의 종류, 수경시설 설치 시 일반적 고려사항, 수 경관 연출, 정수 및 전기설비, 유지관리에 관하여 논술하시오.
		67-4-3	자연 연못의 조성 시 바닥면의 점토공법 처리와 가장자리(Edge)의 자연석 쌓기 공법 적용에 대해 설명하시오.
		76-4-5	자연 계류형 인공폭포 조성공사를 위해 고려해야 할 구조적 구성요소, 기계장치, 효율적 시공방법에 대해 설명하시오.
		87-4-4	**자연형 폭포를 조성할 때 고려해야 할 구조적 요소와 시공방법에 대해 논술하시오.**
		96-3-4	물의 수직적 낙차를 이용한 벽천 설치공사의 시공과정을 설명하시오.
		109-3-1	주택단지 내 자연생태환경 조성을 위한 인공계류를 조성하려 할 때 구조 및 기능에 대해 설명하시오.
		114-2-6	자연형 폭포 조성 시 가장자리(Edge) 공사에 대해 단면도를 제시하고 설명하시오.
식재공사	수목이식 뿌리분	87-2-1	수목 이식작업의 일반적인 과정을 제시하고, 대형수목 이식의 경우 반드시 지켜야 할 필수사항에 대해 논하시오.
		99-2-4	교목 굴취 시 근계의 뿌리 특성별 분 모양을 그림을 그려 설명하고 각각에 해당하는 수종을 3개씩 쓰시오.
		115-2-1	**수목 이식 시 하자율을 줄일 수 있는 방법에 대해 서술하시오.**
		120-4-3	대형수목 이식 시 환상박피(環狀剝皮)에 대해 설명하시오.
		126-3-4	전통조경 재현 공간에 문헌을 근거로, 소나무를 원형상태로 운반 및 이식할 수 있는 과정에 대해 설명하시오.
		130-4-2	수목 이식방법(상취법, 나근굴취법, 추굴법, 동토법)에 대해 설명하시오.

단원별 조경기술사 기출문제 분석

키워드		회차	논술문제
식재 공사	수목 중량	90-4-4	조경수목의 중량을 구하는 방식에 대해 지하부와 지상부로 나누어 설명하시오.
	비탈면 보호·녹화	63-2-3	암 비탈면 조기 녹화를 위한 종자＋비료＋토양(종비토) 뿜어붙이기 공법과 종자 뿜어붙이기 공법의 유형을 들고 시공방법을 설명하시오.
		68-3-3	각종 건설로 인한 훼손지의 친환경적 녹화공법을 절·성토부를 중심으로 논하시오.
		70-4-3	대규모 조경토목공사 중의 비탈면 침식방지기법을 열거하고 설명하시오.
		72-3-1	개발로 인한 개발지의 외부경계부의 경사지 토양 손실의 문제점을 설명하고 토양의 유지 및 자연경관 보존 대책과 기존지역에 조화될 수 있는 방안을 제시하시오.
		73-3-6	경사지의 활용에 있어 경사도(%, °)에 따른 안정범위, 긴장범위, 위험범위 등을 구분하여 밝히고 경사도에 따른 적용 활동 등을 기술하시오.
		75-4-3	산림지역 내 훼손지 녹화를 위한 식물도입방법과 파종과 식재의 차이점을 설명하고, 각각의 활용방안을 서술하시오.
		76-3-4	절토 비탈면 식물녹화공법의 유형 및 특징을 설명하시오.
		81-3-5	친환경 비탈면 녹화의 목적과 식생 기반재 뿜어 붙이기 공법에 대해 설명하시오.
		82-4-4	비탈면 녹화용 잔디, 식물들을 나열하고, 비탈면의 토질과 향(向)에 따라 어떻게 사용하는 것이 바람직한가에 대해 설명하시오.
		84-4-3	대규모 개발지에서 발생되는 암(岩) 비탈면의 녹화방법을 제시하고, 구축물에 의한 식재 기반조성 및 표층 안정공법을 논하시오.
		97-4-4	배수가 불량한 풍화암 지반(지하부 깊이 1.5m)에 장송(H12.0×R65)을 식재하고자 한다. 시공 시 고려해야 할 사항을 열거하고, 배수처리시설, 식재지반 조성 및 지주목의 표준상세도를 작성하시오.

키워드		회차	논술문제
식재 공사	비탈면 보호·녹화	99-4-5	비탈면 훼손지의 발생유형과 환경 포텐셜 개념을 적용한 생태적 복원방법에 대해 설명하시오.
		100-2-3	조경공사 표준시방서에 명기된 비탈면의 보호공법을 열거하고, 각 공법의 특징과 설계·시공·유지관리의 고려사항을 설명하시오.
		105-4-4	비탈면 녹화의 목적과 시공 전 고려사항에 대해 설명하시오.
		118-4-2	식물군락을 종자파종으로 조성할 경우, 파종량의 산정식과 할증에 대해 설명하시오.
		118-4-5	비탈면 녹화공법 중 수목류 식재공법 4가지를 설명하시오.
		124-3-1	비탈면 관리를 위한 '비탈면 보호시설 공법' 중 식생공법과 구조물에 의한 보호공법을 각각 5가지 쓰고, 그 시공방법을 설명하시오.
		126-2-5	비탈면 암반 녹화 공사의 현황, 문제점 및 개선방안을 설명하시오.
		126-4-5	법면녹화 공사 시 비탈면 경사도의 판정기준에 의한 식물생육특성에 대해 설명하시오.
	잔디식재 지반공사	72-4-1	천연잔디구장 조성공사에 있어 파종공법과 뗏장공법의 조성방법, 시기, 초종별 혼합방법 등에 대해 비교·설명하시오.
		88-2-3	골프장의 페어웨이를 한국산 잔디로 조성하고자 한다. 조성방법 및 관리에 대해 설명하시오.
		94-4-3	한국 잔디의 종류를 학명과 함께 구분하고, 영양체 번식을 활용한 식재공법을 3가지 이상 기술하여 각각의 장단점과 특성을 설명하시오.
		120-2-2	USGA(The United State Golf Association) 조성방식에 의한 그린 시공의 과정을 순서대로 설명하시오.
		124-4-1	공원, 골프장, 학교운동장 등 많은 공간에 사용되고 있는 잔디의 시각적 품질에 대해 설명하시오.
		126-3-6	골프코스 그린 조성(USGA) 공법을 시공 순서대로 설명하시오.

단원별 조경기술사 기출문제 분석

키워드		회차	논술문제
콘크리트 공사	옹벽공사	90-4-3	옹벽의 종류를 구조형식에 의한 분류로 열거하고, 그중 높이 2,300mm(지상부 높이 1,500mm)의 역 T형 옹벽을 아래 제시된 구조와 마감공법으로 None-Scale로 단면도를 작성하시오.(구조 : T300×B1,700 저판, T200 벽체, D13 @250 이형철근, 단근배근 / 마감 : 지하부-190×90×57 시멘트벽돌 마감, 지상부-T100 산석붙임 / 지정 : T200 잡석다짐)
	콘크리트 시공방법	69-2-1	조경시설물 설치 중 바닥포장 및 벽체에서 발생되는 백화현상 발생원인과 방제대책에 대해 기술하시오.
		97-4-6	콘크리트 포장줄눈의 종류와 각각의 특징을 설명하고, 설치방법을 도식하여 설명하시오.
		117-3-2	식생콘크리트(식생도입이 가능한 콘크리트)의 구조와 기능에 대해 그림과 함께 설명하시오.
토공 및 지반공사	자원 재활용	75-4-4	도로건설공사에서 발생하는 폐기물 중 자연재료(식물 발생재, 현장 발생토 등)의 활용방안에 대해 논하시오.
		82-3-4	건설현장 발생 임목 폐기물의 특성과 현장 재활용을 높이기 위한 활용방안에 대해 설명하시오.
	토량계산 정지계획	69-4-4	단지개발에 있어서 성·절토 계획 시 고려할 사항에 대해 상술하시오.
		96-3-1	토공량 산정방법인 단면법(斷面法), 점고법(點高法), 등고선법(等高線法)의 계산방식을 설명하고 특징을 비교하시오.
		121-3-2	정지설계(Grading Design)의 목적을 기능적·미적 관점에서 구분해 그림으로 설명하시오.
	토성 토질 토양구조	75-3-6	토양의 물리성 중 토양삼상, 경도, 공극, 입단구조에 대해 식물생육에 미치는 영향을 중심으로 설명하시오.
		85-3-5	흙의 식물생육적 측면과 구조공학적 측면에서 사용하고자 할 때, 각각 고려해야 할 흙의 특성을 비교·설명하시오.
		88-3-3	수목식재지 기반 조성공사는 식재되는 수목생육에 가장 큰 영향을 줌으로 사전에 토양을 조사하고 개선하여야 한다. 이에 관한 토양분석과 조치방법을 설명하시오.

키워드		회차	논술문제
토공 및 지반공사	토성 토질 토양구조	99-4-3	토양에서 C/N비, 함수량 및 온도가 질소의 무기화(無氣化)와 부동화(不動化)에 미치는 영향에 대해 설명하시오.
		100-3-5	토양의 화학성 정도를 가늠하는 항목 중 산도(pH), 전기전도도(EC), 양이온 치환용량(CEC)들과 식물 생육의 관계에 대해 설명하시오.
		102-2-5	토양의 물리적 · 화학적 · 생물적 성질에 대해 설명하시오.
		117-2-3	조경식재에 적합한 토양의 물리적 성질과 화학적 성질에 대해 설명하시오.
		121-4-5	토양의 물리적 성질 중 토양입자의 구분에 따른 물리성을 설명하고, 국제 토양학회 기준의 토양 삼각도를 간략히 모식화하여 설명하시오.
	토공사 생육기반	79-2-2	토공사의 터파기 여유 폭에 대해 단면도를 작성하고 높이(H)와 터파기 여유(D)의 관계에 대해 설명하시오.
		111-2-6	수목 생육기반환경 조성 시 토양개선을 위한 토양개량제의 종류와 특성을 설명하시오.
		115-4-3	토양 오염지의 식생기반 조성방법에 대해 설명하시오.
		118-2-2	조경수 식재를 위한 토양 물리성 개량의 대표적인 방법 4가지를 설명하시오.
		127-2-1	식재지의 토양분석 결과 부적합한 토양을 분류하고, 토양개량방법에 대해 설명하시오.
	토층	79-4-3	토양은 조경수목의 생육에 가장 영향을 미치는 요소인 바 토양의 수직적 단면을 제시하고 층별 성분을 설명하시오.
		120-3-2	토양의 단면구조를 그리고, 각각의 층위별 특성을 설명하시오.
	표토	63-3-1	조경공사에 있어서 표토(表土) 시공에 관한 사항을 시방서 양식으로 작성하시오.
		66-4-4	조경공사 시 표토(表土) 처리의 필요성과 처리방식에 관하여 기술하시오.

단원별 조경기술사 기출문제 분석

키워드		회차	논술문제
토공 및 지반공사	표토	82-3-2	표토는 귀중한 자원으로 보전이용이 필요한데 표토분포 조사방법, 채취방법, 보관방법에 대해 설명하시오.
		102-2-3	대규모 공사개발이 아닌 곳에서 표토보존 및 활용은 공정상 표토 보관장소 등 많은 현실적인 어려움이 있는 바 이를 개선할 수 있는 방안에 대해 설명하시오.
포장 공사	투수성 포장	67-3-4	지반 생태환경을 보존할 수 있도록 우수를 흡수할 수 있는 포장기법 및 단면구조를 경성포장(Hard Paving)과 연성포장(Soft Paving)으로 구분하여 각각을 설명하시오.
		84-4-5	투수성 포장재의 종류를 생태면적률 기준으로 분류하고 각각 단면도를 도시하고 설명하시오.
		115-2-2	전통포장재료의 종류와 특징을 설명하시오.
	포장방법 특성	71-3-1	조경 포장방법에 대해 유형별로 구분 설명하고, 그 사례를 들어 장단점을 비교하시오.
		72-3-4	자연생태공원 조성 시 생태 관찰로를 포장하려 할 때 적합한 포장공법을 제시하고, 시공 단면, 시방 조건, 현장 품질관리에 대해 설명하시오.
		82-4-5	단위형 조립포장(Unit Paving)과 일체형 타설포장(Mass Paving)의 특성에 대해 시공과 연계하여 설명하시오.
		100-4-4	놀이시설물 또는 체육시설물의 탄성포장재의 종류, 제조 및 시공 시 문제점, 종류별 표준단면도를 제시하시오.
		130-3-5	포장공사의 표층과 보조기층에 대해 설명하시오.

❸ 조경관리

키워드		회차	논술문제
관리 총괄	관리의 개념	71-3-2	조경 관리에 있어 유지관리, 운영관리, 이용자 관리의 차이점에 대해 설명하고 특히 이용자 관리의 중요성과 유형에 대해 설명하시오.
		111-3-3	공원녹지의 운영관리방법 중 직영관리와 위탁관리에 대해 적용업무를 설명하고, 각각의 장점과 단점을 비교 설명하시오.
		102-2-4	자연형 근린공원에서 이용객의 무분별한 이용으로 인해 발생하는 문제점과 해결방안에 대해 설명하시오.
		123-3-6	공원 녹지공간의 안전관리사항 중 발생하는 사고의 종류를 재해 성격별로 구분하고, 사고에 대한 방지대책에 대해 설명하시오.
유지 관리 중 부지 관리	레크리에이션 관리	69-4-6	국립공원 이용자 관리(Visitor Management)를 위한 방안은 크게 직접적(Direct, Software) 관리와 간접적(Indirect, Hardware) 관리로 구분할 수 있다. 두 유형에 대한 장단점과 각 유형에서 사용하는 관리수단의 예를 5가지 이상 나열하시오.
		70-2-5	레크리에이션 기회 스펙트럼(ROS : Recreation Opportunity Spectrum)의 개념, 기회등급의 구분, 기준 등을 설명하시오.
		70-2-6	레크리에이션 지역의 계획에서 허용한계설정(LAC : Limit of Acceptable Change)의 개념 및 설정 과정을 설명하시오.
		99-3-3	레크리에이션 이용의 특성과 강도를 조절하는 관리기법 3가지를 설명하시오.
	자연공원 도시공원 녹지관리	65-2-3	공원관리의 주요 내용을 3가지로 구분하고 연간 유지관리계획표를 작성하시오. (단, 공기는 1년이며 착공일은 1월 1일이다.)
		76-2-5	현재 국·도립 자연공원의 지정현황을 나열하고, 효율적인 자연공원의 관리방안을 제시하시오.

단원별 조경기술사 기출문제 분석

키워드		회차	논술문제
유지관리 중 부지관리	자연공원 도시공원 녹지관리	78-2-5	귀하가 도시공원의 조경관리 책임자라고 할 때, 연간 유지관리 작업계획과 개략적인 기자재 소요품목을 포함한 관리운영계획을 작성하시오.
		81-2-3	작년 서울시는 어린이대공원을 무료로 전면 개방하였다. 공원·녹지관리체계의 중점 내용과 전면 개방 후 예상되는 문제점과 개선책을 논하시오.
		115-3-2	녹지관리기법을 일반적 관리기법과 생태적 관리기법으로 구분해 설명하시오.
유지관리 중 식물관리	가로수 관리	69-3-1	대도시 내 가로수의 생육상태는 대개의 경우 매우 불량하다. 가로수의 유지관리방안에 대해 기술하시오.
		91-3-6	답압에 의해 배수가 원활하지 않은 구역의 식재는 하자가 다량 발생하게 된다. 이에 대한 해결책을 제시하시오.
		94-4-4	지난해 폭설로 인하여 도로변 녹지대에 수목의 피해가 발생되고 있는바, 제설작업(염화칼슘 등)으로 인하여 수목과 토양에 미치는 염류 피해 원인과 유형, 방지대책에 대해 설명하시오.
		114-3-6	수목이 성장함에 따라 뿌리가 포장 등을 올리고 손상시킬 수 있어 이에 대한 절단(전정) 시 수목의 반응에 미치는 요소를 설명하시오.
		115-2-6	은행나무 관리계획(번식, 전정, 이식, 시비, 병충해 방제 등)과 연간관리표를 작성하시오.
	병충해 방제	65-4-4	수목의 병충해 방제를 예방과 치료로 구분하여 기술하시오.
		91-2-4	소나무 주요 병충해(병해 3종, 충해 3종)의 연간 방제계획(병충해 명칭, 발생 시기, 처리방법)을 작성하시오.
		100-3-2	조경수목의 주요 병해 및 충해를 4가지씩 들고 방제법에 대해 설명하시오.
	병해 방제	63-2-1	식물의 저온에 의한 생육 장애 중 서리 피해의 유형을 들고 방지책을 논하시오.
		64-4-5	활엽 조경수목에 피해를 주는 병해(病害)의 종류 및 피해 수목, 방제법에 대해 설명하시오. (5가지 이상)

키워드		회차	논술문제
유지관리 중 식물관리	병해 방제	76-3-2	조경수목 병해(病害) 피해에 대한 병징(病徵)의 유형을 구분하고, 유형별 병징의 특성을 설명하시오. (5가지 이상)
		84-3-4	조경용으로 재배되는 수목의 병징은 여러 형태로 나타난다. 육안으로 구분되는 수병의 징후에 대해 기술하시오.
		88-3-5	수목은 갖가지 요인에 의해 피해를 받을 수 있는데, 그중 기상적 피해에 대해 설명하시오.
		102-3-6	조경수목에 피해를 주는 오염물질의 종류, 피해증상 및 방지대책에 대해 설명하시오.
		103-4-1	대기오염물질이 수목에 미치는 영향에 대해 설명하고 특히 아황산가스(SO_2), 질소산화물(NOx), 오존(O_3), PAN, 불소(F)의 피해로 수목(침엽수, 활엽수 구분)에 나타나는 병징을 설명하시오.
		117-4-4	수목의 전염성병과 비전염성병의 원인, 특징 및 종류에 대해 설명하시오.
		124-2-5	조경수목의 고사 원인 중 생리적 피해 5가지를 쓰고, 그에 따른 원인, 주요증상 및 대책을 설명하시오.
		127-2-6	수목에 발생하는 비전염성병의 주요 병징과 발생원인, 치료방법을 설명하시오.
		130-4-1	식물에 발생하는 병원체와 해당 유발 병징(표징)을 설명하시오.
	수목 충해 방제	69-4-1	수목의 흡즙성(吸汁性) 해충 중 3가지 이상 종류를 열거하고 각 종류의 특징과 방제법에 대해 설명하시오.
		71-2-3	조경수목에 피해를 주는 식엽성·천공성 해충의 종류, 피해 대상 수목, 방제법(防除法)에 대해 설명하시오.
		75-4-6	소나무 재선충의 방제방법과 관리방안에 대해 서술하시오.
		79-3-6	소나무 재선충의 생활사 및 방제법에 대해 논하고 산림청에서 발표한 비상대책 특별지침 내용과 차후 대책에 대해 설명하시오.

단원별 조경기술사 기출문제 분석

키워드		회차	논술문제
유지관리 중 식물관리	수목충해방제	90-2-4	흡즙성 해충과 천공성 해충의 예를 각각 3가지 들고, 피해 증상 및 방제방법을 설명하시오.
		97-3-2	참나무 시들음병의 발생원인, 매개충의 생활사 및 방제방법에 대해 설명하시오.
		108-2-5	식엽성 해충을 3종류 쓰고, 그 피해현상 및 방제방법에 대해 각각 설명하시오.
		109-2-4	수목의 충해관리방법 중 생물학적 방제법에 대해 설명하시오.
		114-3-5	IPM(Integrated Pest Management, 해충종합방제)에 대해 설명하시오.
	식재관리	79-4-5	최근 조경시설물의 위탁관리(도급관리)가 다양하게 시행되고 있다. 조경시설물 중 식물 유지관리 공종을 나열하고 그 내용을 설명하시오.
		103-3-2	식재 부적기(하절기, 동절기)의 식재 및 관리방법을 설명하시오.
		121-2-3	노거수 생장을 위협하는 인자들과 건강 위험도 평가방법을 설명하시오.
		127-2-4	수목식재 부적기에 활착률을 높이고, 하자를 저감할 수 있는 방안을 설명하시오.
		129-4-3	수목보호시설 및 재료(5가지)의 특성 및 용도를 설명하시오.
	수목치료	111-2-5	조경수목이 부패하거나 큰 상처가 났을 경우 치료하는 방법으로 외과수술이 시행되고 있다. 수간의 외과수술 목적과 외과수술 과정에 대해 설명하시오.
		127-4-6	「문화재수리표준시방서」의 식물보호공사 중 '수목상처치료'에 대해 설명하시오.
	시비	68-2-3	식재된 수목을 관리함에 있어 시비(비료주기)는 충실한 성장을 위한 지속적인 관리공종이다. 식물생육에 필요한 양분의 검증요령과 N, P, K(질소, 인산, 칼리)의 양분 결핍증세를 기술하시오.

키워드		회차	논술문제
유지관리 중 식물관리	잔디관리	71-4-1	잔디운동장 유지관리기법의 일종인 통기(通氣)작업의 목적과 방법 등에 대해 설명하시오.
		93-2-4	잔디밭 악화원인에 대한 대책과 잔디밭 갱신방법에 대해 설명하시오.
		118-3-3	축구장, 골프장의 잔디 지반조성방법과 유지관리를 위한 제초 및 잔디 깎기 방법에 대해 설명하시오.
		123-2-3	잔디밭 갱신작업의 필요성 및 기계적인 갱신작업의 종류와 배토 작업의 목적에 대해 설명하시오.
	전정	64-3-2	양질의 꽃을 보기 위해 화목(花木)을 전정하려 한다. 화아분화에 미치는 요인, 화아분화 시기, 개화 습성 등을 설명하고 전정 시기 및 전정방법을 화목의 예를 들어 기술하시오.
		72-4-2	가로수 전정공사의 강전정(기본 전정)과 약전정의 시기, 효과, 적용방법, 품셈기준에 대해 설명하시오.
		103-2-2	수목 전정(가지치기)에 대한 기본원칙과 계절별 전정방법을 설명하고 계절별로 전정이 가능한 수종 7가지를 기술하시오.
		121-4-4	수목 전정의 목적과 기본원칙, 전정 시기를 계절별로 설명하시오.
유지관리 중 시설물관리	조경시설물관리	111-2-4	조경공간에 조성되어 있는 각종 조경시설물의 적절한 유지관리를 위하여 연간계획을 수립하고자 한다. 시설물 관리에 필요한 항목을 정기관리, 부정기관리 및 중간점검으로 구분하여 설명하시오.
		124-2-1	조경시설물 유지관리 중 토사 포장의 포장방법, 파손 원인, 개량 및 보수방법을 설명하시오.
하자관리	하자 예방대책	65-4-5	조경공사의 부실원인과 방지대책을 논하시오.
		70-3-2	조경 수목의 고사(枯死) 원인과 예방책을 기술하시오.
		72-4-4	조경식재공사와 조경시설물별 하자 예방대책에 대해 설명하시오.
		76-4-3	조경공사 시 수목하자 발생의 원인 및 대책을 논하시오.
		78-3-3	식재 공사에서 발생되는 수목 고사의 원인과 대책에 대해 생산 및 유통과정, 시공과정, 관리과정으로 구분하여 기술하시오.

조경기술사

단원별 조경기술사 기출문제 분석

키워드		회차	논술문제
하자 관리	하자 예방대책	84-2-4	조경공사 가운데 식재공사는 타 공사와 달리 살아있는 식물을 다루기 때문에 하자의 특수성을 가지고 있다. 하자의 원인과 대책을 기술하시오.
		87-2-2	조경 식재공사의 하자발생요인을 계획 및 설계단계, 시공단계, 유지관리단계로 구분하여 기술하고 효율적인 하자발생 저감대책에 대해 논하시오.
		93-4-5	조경공사 표준시방서에 언급되는 조경수 하자의 범위 및 유지관리기준에 따른 발생원인과 대책에 대해 설명하시오.
		94-3-4	조경 시설물공사에서 발생하는 하자를 공종과 유형별로 분류하고, 그 원인과 저감대책을 설명하시오.
		96-2-6	식재공사 후 발생하는 하자의 원인을 유형별로 구분한 후, 이에 대한 방지대책에 대해 설명하시오.
		99-2-1	조경공사의 하자 분쟁을 완화할 수 있는 방안에 대해 설명하시오.
		102-3-5	2014년 1월부터 시행된 공동주택 하자의 조사, 보수비용 산정방법 및 하자판정기준 등 조경 분야와 관련된 내용에 대해 설명하시오.
		108-4-3	조경수목 하자발생 원인과 하자발생 최소화 방안에 대해 설명하시오.
		111-4-3	조경수목은 여러 가지 요인에 의하여 피해를 받지만, 수목의 피해 원인을 규명하기 위해서는 피해가 발생한 상황을 먼저 조사해야 한다. 피해 원인의 정확한 진단을 위한 피해 발생상황을 조사항목별로 구분하여 설명하시오.
		118-2-3	공동주택의 식재 공사 후 하자의 원인을 유형별로 구분하고 하자 사례와 개선방안에 대해 설명하시오.
		123-3-5	조경 식재 수목의 하자 원인에 대해 굴취, 운반, 식재 측면으로 구분해서 설명하고, 하자 저감 방안에 대해 설명하시오.

❾ 동양조경사

키워드		회차	논술문제
전통 사상	동양 철학사상	63-4-3	상생조경(相生造景) 설계의 의의에 대해 설명하시오.
		72-2-6	한국의 조경에 영향을 끼친 전통사상 중 음양오행사상과 풍수지리사상의 개념과 조경사적 양상에 대해 각각 설명하시오.
		81-2-1	동양 조경사상의 중심인 신선사상이 표현된 대표적 조경양식에 대해 기술하시오.
		102-2-6	한국 전통조경에 영향을 끼친 사상과 각 사상이 조경문화에 끼친 사례에 대해 설명하시오.
		124-2-2	한국 전통조경에 영향을 끼친 사상에 대해 설명하시오.
		126-4-1	우리나라 전통조경에 깃든 사상과 이에 대한 공간구성의 적용사례를 설명하시오.
	풍수지리 사상	76-2-6	우리나라 풍수지리의 주요 개념을 설명하고, 양택지(陽宅地) 조성 시 양택풍수(陽宅風水)의 양택삼요결(陽宅三要訣) 원칙을 약술하시오.
		81-2-4	정부는 작년 우리 민족문화 콘텐츠 100대 요소의 하나로 경관 부문의 「풍수」를 선정·발표하였다. 풍수지리 격국(格局)이 담고 있는 사상을 설명하고 배산임수(背山臨水)와 좌향(坐向)이 갖는 공간적·경관적·기능적 의의와 이에 부합되는 조경 처리방향을 논하시오.
		82-2-2	풍수지리에서 비보(裨補)는 지형적 약점을 보완하기 위하여 사용한다. 비보의 개념을 보완 설명하고, 비보의 방법, 비보수(裨補藪)의 역할에 대해 각각 자세하게 설명하시오.
		88-3-6	풍수지리의 이론에 근거한 환경설계적 접근기법에 대해 설명하시오.
전통 조경 이론	입지이론 정원서	67-2-5	우리나라 전통 생활백과인 《산림경제》에 설명된 마당계획(庭除)의 3개 원칙(三善)을 나열하고 그 현대적 의미를 해석하시오.
		78-4-6	조선 시대 강희안의 양화소록(養花小錄)에 수록된 화목(花木)의 품격에 대해 설명하시오.

단원별 조경기술사 기출문제 분석

키워드		회차	논술문제
궁궐 조경	궁궐 조경의 특징	90-2-2	창덕궁 대조전, 낙선재, 주합루, 옥류천 주변의 조경적 특징에 대해 비교·설명하시오.
		108-3-1	한국의 전통정원문화를 널리 알리고자 외국의 여러 장소에 한국 전통정원을 조성하고 있다. 일본의 오사카 지방에 창덕궁 후원의 부용정 주변을 모델로 한국 전통정원을 조성코자 할 때 조성방안을 설명하시오.
		130-3-4	조선시대 궁궐의 공간유형별 식재 유형에 대해 설명하시오.
도성 읍성	성곽의 구성요소	63-3-4	성곽(城郭)의 구성요소와 요소별 기능을 설명하고, 축성재료와 쌓는 방식에 따라 성(城)을 구분하시오.
		102-4-3	서울시에서는 한양도성을 세계문화유산에 등재하려고 하는바 한양도성의 가치에 대해 설명하시오.
		120-2-6	읍성(邑城)의 경관구조에 대해 설명하시오.
별서	별서정원	88-4-1	양산보의 '정치적 배경' 관점에서 바라본 소쇄원 작정(作庭)의 요소별 의미를 설명하시오.
		90-4-2	조선시대 4대 사화에 대해 간략히 설명하고, 이것이 우리나라 별서유적에 미친 영향에 대해 논하시오.
사찰	공간구조 사찰림	117-3-1	사찰림 개념을 설명하고 현황 및 문제점과 현명한 이용방안을 설명하시오.
		127-3-6	조선시대 사찰의 공간구성에 대해 설명하시오.
서원	서원 건축물	91-4-4	조선 시대 서원(書院)을 구성하는 건축물을 들고 그 기능을 설명하시오.
		109-3-4	한국의 전통요소 중의 하나인 서원의 발생과 공간구조 및 정원의 기능에 대해 설명하시오.
왕릉	왕릉의 공간구조	88-4-5	조선 시대 왕릉이 유네스코(UNESCO) 세계문화유산으로 등재될 예정이다. 왕릉의 입지 및 공간 형성에 미친 사상 등에 대해 설명하시오.
		91-3-4	조선 시대 왕릉의 공간구성 및 각 공간별 요소를 설명하고, 공간 구성요소 중 특히 능원의 석조물에 대해 설명하시오.

키워드		회차	논술문제
왕릉	왕릉의 공간구조	96-3-2	헌인릉(獻仁陵), 광릉(光陵), 서삼릉(西三陵), 홍유릉(洪裕陵)에 대해 약술하고 조영적(造營的) 차이점을 설명하시오.
		97-4-1	조선시대 왕릉의 공간구성 및 각 공간별 구성요소를 설명하고, 특히 능원의 석조물에 대해 구체적으로 설명하시오.
		106-3-1	조선 왕릉을 선정할 때 고려했던 다양한 측면을 설명하시오.
전통마을	전통마을	97-2-6	전통마을의 입지에 있어 적용된 Passive Design적 요소를 설명하고, 이에 대한 귀하의 의견을 제시하시오.
		97-3-3	한국의 역사 마을(하회, 양동)이 세계문화유산으로 지정되었다. 그 지정의 사유 및 의의에 대해 설명하시오.
		108-2-1	중부지방의 도시화된 지역에 조선 시대 민가의 전통 한옥마을을 조성코자 한다. 방위에 따른 건축물 외부 공간의 전통적인 지형적·생태학적 식재방안을 설명하시오.
전통정원	조성원리	65-2-5	자연관과 유교적 가치관의 관점에서 조선시대의 정원을 설명하고 예를 들어 보시오.
		69-2-4	조선시대 수목 배식의 기준이 되었던 의(宜)와 기(忌)의 기법을 장소, 방위에 따라 설명하시오.
		114-4-6	조선시대 궁궐배식의 기본 개념 및 수목의 명칭(한자명 병기)과 특징을 10가지 구분해 설명하시오.
		117-3-6	한국 전통정원의 공간구성 및 시설배치의 특징에 대해 설명하시오.
		118-4-1	조선시대 전통공간의 수종선정 및 배식특성에 대해 설명하시오.
전통정원 구성요소	정원 구성요소	84-4-4	우리나라 전통조경공간을 구성하는 조경적 요소를 나열하고 경관적 이용에 대해 설명하시오.
		121-3-3	전통조경에서 자주 활용된 정원식물 10종과 그 상징적 의미를 설명하시오.

단원별 조경기술사 기출문제 분석

키워드		회차	논술문제
전통정원 구성 요소	누·정·대	93-4-3	한국·중국·일본의 누·정·대의 차이점을 사례를 들어 설명하시오.
		115-3-1	옥호정도(玉壺亭圖)에 나타난 옥호정(玉壺亭)의 공간구성과 특징을 설명하시오.
	담장	99-4-4	조선 시대 동궐도(東闕圖)에는 판장과 취병이 나타난다. 판장과 취병에 대해 조성방법을 중심으로 설명하시오.
	문양 첨경물	73-3-1	우리나라 전통정원에서 순수조경 점경물(點景勿 또는 添景物) 중 장식적인 것과 실용적(實用的)인 것 각각 3가지를 들고 설명하시오.
	연못	81-4-1	우리나라 전통연못 조영 방법을 시대별 양식 사례를 들어 기술하시오.
		96-4-2	전통정원으로서 다섯 가지 옛 그림(古書志)에 나타나고 있는 조선 시대 원지(園池)의 특징을 설명하시오.
		97-2-3	궁원, 주택, 별서, 사찰 등 전통정원 지당의 호안처리에 대해 대표적 사례를 들어 비교·설명하시오.
		106-4-2	우리나라 전통공간에서 연못의 입수기법과 출수기법에 대해 간략한 모식도를 작성해 설명하시오.
		129-2-2	전통정원 지당의 호안 처리기법을 설명하시오.
	화계	100-3-1	창덕궁 대조전, 낙선재, 주합루, 의두합 및 운경거 권역의 화계 조성기법에 대해 비교 설명하시오.
		115-4-1	한국 전통정원의 화계와 연못 조성, 수목 배식에 대한 표준시방을 작성하시오.
정원 양식 비교	동서양 정원 비교	63-2-6	지형이 유사한 우리나라와 이탈리아 조경의 형태를 비교 설명하시오.
		73-3-5	대체적으로 정원의 발달양식이 동양은 자연식(풍경식)이고 서양은 외향적(外向的) 정형식이며 중동 및 사라센(Saracen)의 지배를 받은 지역은 내향적(內向的) 정형식이다. 이와 같은 양식이 발생, 발달한 원인에 대해 구체적으로 설명하고 각각 대표적인 정원들을 사례로 기술하시오.

키워드		회차	논술문제
정원 양식 비교	동서양 정원 비교	81-3-1	동서양의 자연주의 조경 양식의 유사성과 차별성을 기술하시오.
		84-4-6	동서양 조경사에서 물을 도입한 작품을 자연 및 문화적 배경에 따라 유형을 구분하여 설명하시오.
		87-3-6	중국과 일본의 대표적인 조경작품을 시대별로 기술하고, 두 나라 조경양식의 특징을 비교하시오.
		126-3-5	동양 3국(한국, 중국, 일본)의 정원문화 발달과정과 조경요소(수목, 물, 암석 등)의 활용기법에 대해 비교하여 설명하시오.
중국 조경	조경 특징	93-2-3	중국 전통조경의 특성과 정원 구성 요소에 대해 설명하시오.
		103-4-2	청나라 대표 원림 중 하나인 이화원(頤和園)의 조성특징을 설명하시오.

❿ 서양조경사

키워드		회차	논술문제
이탈리아	르네상스	114-2-3	15~17세기 르네상스 시대 이탈리아의 조경사에 대해 설명하시오.
프랑스 동유럽	르네상스 영향	71-2-4	프랑스의 기하학식 정원이 유럽 정원 및 세계 정원양식에 기여한 바를 도시계획 및 조경작품의 예를 들어 설명하시오.
영국	풍경식 정원	66-2-3	영국의 켄싱턴(Kensington) 公園과 프랑스의 비콩트(Vaux le Vicomte) 정원의 시대, 작가, 양식에 관하여 기술하시오.
		68-4-1	르네상스기 투시도 기법이 유럽 고전주의 조경 설계양식에 준 영향에 대해 기술하시오.
		76-2-3	18~19세기 영국의 자연풍경식 및 도시공원을 발전시켰던 작가의 작품세계와 특징을 논하고 이것이 세계 정원양식에 기여한 바를 설명하시오.
		99-2-2	영국 풍경식 정원의 성립(成立)에 영향을 준 요인들에 대해 설명하시오.

단원별 조경기술사 기출문제 분석

키워드		회차	논술문제
영국	주거단지 계획	64-4-1	Garden City, Radburn Plan, Neighborhood Unit 등은 누가 언제 계획하였으며, 이러한 계획이 나오게 된 배경과 각각의 계획에서 공원녹지에 대한 내용을 기술하시오.
		87-3-4	래드번(Radburn) 주거단지계획을 설명하고 주거단지 계획상의 의의를 서술하시오.
	광장	85-2-3	서양조경사에서 고대부터 18세기 영국까지 도시 광장의 발달과정과 특성을 설명하시오.
미국	도시공원	87-2-5	서양조경사에서 뉴욕 센트럴파크가 등장하는 시기까지의 도시공원의 역사를 대표적 조경가와 작품들을 들어 서술하시오.
조경 양식 비교	정원기법 공간구조	64-3-5	다음 정원 작품의 토지이용계획, 공간구조, 주 도입요소에 대해 설명하고 상호 비교하시오. ① 빌라 에스테(Villa d'este) ② 보르비콩트(Vaux le Vicomte) ③ 알람브라(Alhambra) ④ 큐 가든(Kew Garden)
		90-3-5	스페인의 중정식, 이탈리아의 노단건축식, 프랑스의 평면기하학식 정원기법에 대해 비교·설명하시오.
박람회	정원 박람회	91-2-1	최근 우리나라에도 국제 및 국내적 정원박람회 개최가 준비되고 있다. 유럽(영국, 독일, 네덜란드, 프랑스) 정원박람회와 정원박람회 개최 시 고려될 수 있는 효과에 대해 각각 설명하시오.
		97-3-1	최근 우리나라에 국제 및 국내 규모의 정원박람회 개최가 준비되고 있다. 해외 정원박람회(영국, 독일, 네덜란드. 프랑스 등) 사례를 들고, 정원박람회의 개최 효과를 설명하시오.
		103-2-4	유럽 정원박람회의 기원과 유형, 순천 정원박람회장의 폐회 이후 관리방안을 설명하시오.
		111-4-2	최근에 전국적으로 활발히 개최되고 있는 여러 형태의 정원박람회(또는 정원문화박람회)의 종류와 특징을 개략적으로 설명하고 박람회의 효과와 사후 관리방안에 대해 설명하시오.

⑪ 현대조경

키워드		회차	논술문제
모더니즘	모더니즘	120-3-3	모더니즘 조경의 정착과 그 특성에 대해 설명하시오.
	네오 모더니즘	66-2-4	핼프린(L. Halprin)의 조경계획 및 설계 모티브의 특징에 관하여 기술하시오.
	모더니즘 작가	68-3-2	다음 근대주의 조경작가들의 작품 스타일의 특징을 비교하시오. ① 가레트 에크보(Garrett Eckbo) ② 댄 카일리(Dan Kiley) ③ 로렌스 핼프린(Lawrence Halprin)
포스트 모더니즘	포스트 모더니즘	64-4-3	20세기 이후 현대 예술사조인 모더니즘, 포스트모더니즘, 해체주의가 현대조경작품에 미친 영향에 대해 설명하시오.
		68-4-4	조경설계에 있어서 모더니즘과 포스트모더니즘의 특징을 비교·기술하시오.
		90-3-2	포스트모더니즘 조경양식적 설계언어의 종류와 특성에 관하여 설명하시오.
	대지예술	85-2-4	현대 대지 조형예술의 의미와 조경에 미친 영향을 기술하시오.
	실험주의	87-4-5	현대조경의 대표적 실험주의 작가 4명의 설계 특징과 대표 작품에 대해 기술하시오.
		100-4-2	서양의 대표적인 실험주의 조경가(4인 이상)의 주요 작품 및 작품 경향에 대해 설명하시오.
	탈장르 환경주의	78-2-4	최근 조경·건축·조각·도시 간의 상호 융합 경향(탈장르, 환경주의)에 대해 대표작가와 작품을 들어 설명하시오.
	해체주의	67-2-2	조경설계에 있어서 설계언어 중 '다층공간중첩(Multiple Layers)'에 관하여 설명하고 슈워츠와 워커(Martha Schwartz & Peter Walker), 추미(Bernard Tschumi)의 작품을 예로 들어 쓰시오.
		106-4-1	포스트모더니즘 작가 중 미니멀리즘, 해체주의 조경작가 3인의 설계이론 및 대표작을 설명하시오.

단원별 조경기술사 기출문제 분석

키워드		회차	논술문제
포스트 모더니즘	해체주의	121-2-4	라빌레트 공원(Parc de la Villette) 현상설계와 현대 철학과의 관계를 설명하시오.
	작가의 설계경향 비교	64-2-6	다음 현대조경 작가의 업적 및 작품특징에 대해 기술하시오. ① 마사 슈워츠(Martha Schwartz) ② 로렌스 핼프린(Lawrence Halprin) ③ 댄 카일리(Dan Kiley) ④ 이사무 노구치(Isamu Noguchi)
		76-4-6	다음 작가들의 작품세계를 비교·설명하시오. ① 안토니오 가우디(Antonio Gaudi) ② 에밀리오 암바즈(Emilio Ambarsz) ③ 마사 슈워츠(Martha Schwartz)
		96-4-1	1950년 이후 출생한 서양 현대조경작가(4인)의 사상적 배경, 주요 작품의 특징에 대해 설명하시오.
어버니즘	뉴 어버니즘	78-3-2	최근 미국에서 적용되고 있는 뉴어버니즘(New Urbanism)의 주요 개념과 우리나라 도시에서의 적용 가능성을 논하시오.
	랜드 스케이프 어버니즘	88-4-4	도시하천 워터프런트의 랜드스케이프 어버니즘적 디자인 전략과 실천방법 및 실천 시 문제점과 개선방안에 대해 설명하시오.
		102-4-2	현대 조경설계에서 과정(Process)의 개념과 '과정기반적 접근' 설계방법 적용이 가져오는 4가지 특성에 대해 논하시오.
		103-4-6	도시변화에 대응하는 도시공원의 미래를 적절히 보여주는 것으로 평가되는 다운스뷰 파크((Downsview Park)의 설계전략과 의의를 설명하시오.
		121-4-2	아드리안 구즈(Adrian Geuze, West8) 작품인 쇼우부르흐플레인(Schouwburgplein)의 설계전략을 설명하시오.

키워드		회차	논술문제
어버니즘	도시재생	63-4-1	산업 폐부지의 조경적 활용방안을 논하고 사례 및 문제점을 논하시오.
		78-2-4	기존 도시공간의 조경적 활용과 재활용을 통한 도시재생 방법을 논하시오.
		78-2-6	물 재생시설(하수처리장) 부지를 주민 친화적 공간으로 조성하고자 한다. 계획방향과 주요 고려사항, 구체적 공간 활용계획에 대해 설명하시오.
		94-4-1	도시재생의 개념 및 필요성을 정의하고 도시재생을 효율적으로 달성할 수 있는 전략과제를 설명하시오.
		97-2-4	물 재생시설(하수처리장) 부지를 주민 친화적 공간으로 조성하고자 한다. 계획방향과 주요 고려사항, 구체적 공간 활용에 대해 설명하시오.
		102-2-2	도시재생활성화를 위한 특별법이 2013년에 제정되었고 조경분야에서도 여기에 대한 대응전략이 필요하다. 랜드스케이프 어버니즘 관점에서 본 도시재생전략 8가지에 대해 설명하시오.
		102-3-4	도시 내의 육교, 고가 등 도로구조물은 도시경관상 문제가 되고 있다. 이러한 도시구조물의 경관 개선방안을 설명하시오.
		105-2-3	소양강 다목적 댐을 조경적 관점에서 현황 SWOT 분석 후 이용 활성화 방안에 대해 설명하시오.
		105-3-1	서울역 고가도로의 공원화 방향에 대해 국내외 사례를 설명하고, 본 프로젝트의 추진배경, 문제점 및 바람직한 계획방향에 대해 설명하시오.
		111-3-5	역사경관 보전관리를 위한 제도 및 역사문화자산을 활용한 도시재생방법을 제시하시오.
		112-2-4	서울역 고가도로의 공원화 사업(서울로 7017)의 주요 내용과 향후 유지관리 시 발생될 수 있는 문제점과 대책을 제시하시오.
		120-4-5	쓰레기매립장 조성 후 체육공원으로 활용하는 방안에 대해 설명하시오.

단원별 조경기술사 기출문제 분석

키워드		회차	논술문제
한국의 현대조경	전통성 한국성	85-3-3	현대조경에서 전통성을 재현하는 양상과 문제점, 그리고 대책을 설명하시오.
		94-2-4	한국조경의 전통성(傳統性)과 한국성(韓國性)의 개념을 비교·설명하고, 한국의 동시대의 조경작품에 나타나는 한국성 표현방법의 양상과 문제점, 개선방향을 설명하시오.
		97-3-4	지구촌 도처에 한국 정원(공원)이 많이 조성되고 있다. 3개소 사례를 들고 한국성 또는 전통성 표현의 특성, 문제점 및 개선방향을 설명하시오.
		106-4-5	조경설계의 '전통정원의 재현'에서 전통의 개념, 재현의 의미, 바람직한 재현방안에 대해 설명하시오.
		112-3-2	해체주의(Deconstruction) 관점에서 한국 전통조경의 구현방법에 대해 설명하시오.
	전통의 현대적 적용	63-2-2	도시화 이전 어린이들의 옛 놀이공간을 열거하고, 이들 공간을 현대적인 놀이 공간 및 시설로 적용해 보시오.
		64-4-6	전통조경 개념에 의해 설계·시공된 사례를 3가지 이상 예를 들어 평가하고, 전통개념을 현대적으로 활용·보완할 수 있는 방법에 대해 논하시오.
		64-2-4	독특한 이미지 구현을 위해 전통 조경요소를 도입한 아파트단지 조경설계 방법에 대해 기술하시오.
		75-3-2	전통조경의 도입은 한국조경에 있어 매우 중요한 과제이다. 전통 조경요소와 기법의 현대적 활용에 대해 기술하시오.
		78-2-1	현대 조경공간에 전통을 도입하는 방식에 대해 3가지 유형으로 분류하여 설명하고 그 예를 드시오.
		79-3-1	우리나라 전통공간에 사용된 경관요소에 대해 설명하고, 전통 경관요소의 현대적 활용에 대해 서술하시오.
		85-4-5	팔경(八景)의 전통적 의미와 현대적 적용방안에 대해 설명하시오.
		87-4-3	조선시대 비보(裨補)의 개념을 설명하고 이것을 현대 조경에서 적용할 수 있는 방안에 대해 논하시오.

키워드		회차	논술문제
한국의 현대조경	한국 조경의 변천과 발전	66-2-1	최근 10여 년간에 걸쳐 만들어진 한국의 공공공원(公共公園) 5가지를 들고 그 결과를 비평하시오.
		66-2-2	현재(2002년)까지의 우리나라 조경의 변천 과정과 앞으로의 발전 방향에 대해 기술하시오.
		85-2-6	조경건설업의 경쟁력을 강화하고 선진화를 위한 과제를 들고 설명하시오.
		87-2-4	국제적 경기침체로 여러 산업 분야가 어려움에 처해 있다. 최근 조경업이 당면한 구조적 문제를 진단하고 그 해결방안을 제시하시오.
		87-4-6	한국 현대조경의 변화와 성과를 1970년대, 1980년대, 1990년대, 2000년대로 구분하여 설명하시오. (단, 시기별로 대표적인 사업의 예를 들어 설명하시오)
		91-4-2	한국조경의 도입특성과 비전에 대해 설명하시오.
		93-2-1	한국조경업의 변천과 조경전문가의 역할에 대해 법, 제도, 조경업 및 기술자 중심으로 설명하시오.
		100-2-1	우리나라 조경 실무현황(조경설계 및 공사업체 수, 연간 조경 설계 및 공사금액, 조경기술자 수 등)에 대해 설명하고, 향후 조경 분야의 발전 방향에 대해 논하시오.
		102-4-1	한국조경의 도입 특성과 향후 조경 분야 발전전략에 대해 논하시오.
		103-4-4	국가 정책상 복지가 중요한 과제로 자리 잡고 있다. 복지의 차원에서 조경의 역할을 설명하시오.
		105-4-1	현 시점에서 조경업의 발전을 위한 부문별 현안과 대응전략에 대해서 설명하시오.
		106-4-3	한국 조경산업을 구성하는 공사업과 설계용역업 각각의 제도 변천 과정과 향후 영역 확대방안에 대해 설명하시오.
		120-3-1	현대조경의 특징과 문화생태조경의 융합성에 대해 설명하시오.

조경기술사

차례

머리말 ·· 3
수험정보 ·· 4
단원별 조경기술사 기출문제 분석 ············ 10

CHAPTER 01 정책·제도

114회 3교시 2번 ········· 3	111회 3교시 2번 ········· 16
117회 2교시 6번 ········· 4	65회 3교시 1번 ········· 18
67회 2교시 4번 ········· 8	124회 4교시 4번 ········· 20
123회 2교시 6번 ········· 11	94회 2교시 1번 ········· 24
117회 4교시 5번 ········· 12	114회 3교시 4번 ········· 26
69회 3교시 4번 ········· 14	105회 2교시 6번 ········· 28

CHAPTER 02 법규

94회 4교시 5번 ········· 33	82회 3교시 6번 ········· 65
100회 2교시 6번 ········· 36	94회 4교시 6번 ········· 67
117회 3교시 3번 ········· 39	94회 2교시 2번 ········· 70
117회 4교시 6번 ········· 41	106회 2교시 3번 ········· 72
111회 3교시 1번 ········· 43	123회 4교시 4번 ········· 74
103회 2교시 5번 ········· 46	100회 2교시 2번 ········· 77
115회 2교시 5번 ········· 48	71회 4교시 3번 ········· 80
115회 4교시 6번 ········· 51	118회 3교시 5번 ········· 82
67회 4교시 2번 ········· 54	124회 4교시 2번 ········· 84
114회 4교시 1번 ········· 57	88회 2교시 2번 ········· 86
103회 3교시 4번 ········· 59	121회 2교시 5번 ········· 89
75회 2교시 5번 ········· 62	71회 3교시 6번 ········· 91

114회 2교시 1번 ········ 94
114회 2교시 5번 ········ 95
108회 3교시 5번 ········ 97
109회 4교시 2번 ········ 100
102회 4교시 6번 ········ 103

CHAPTER 03 생태학

117회 2교시 5번 ········ 109
114회 2교시 2번 ········ 111
82회 4교시 1번 ········ 114
108회 2교시 4번 ········ 116
99회 2교시 5번 ········ 118
129회 3교시 1번 ········ 120
63회 3교시 3번 ········ 122
108회 2교시 6번 ········ 124
72회 3교시 3번 ········ 126
79회 4교시 6번 ········ 128
114회 4교시 4번 ········ 130
78회 4교시 5번 ········ 132
75회 3교시 5번 ········ 135
117회 2교시 2번 ········ 137
78회 3교시 4번 ········ 139
85회 3교시 4번 ········ 142

CHAPTER 04 조경계획

99회 4교시 1번 ········ 147
124회 4교시 3번 ········ 149
73회 2교시 4번 ········ 151
105회 2교시 5번 ········ 153
126회 2교시 6번 ········ 155
123회 3교시 2번 ········ 158
100회 4교시 1번 ········ 159
91회 3교시 1번 ········ 161
68회 3교시 5번 ········ 164
100회 4교시 5번 ········ 167
79회 4교시 1번 ········ 169
63회 4교시 2번 ········ 171
78회 3교시 5번 ········ 174
99회 3교시 6번 ········ 176
120회 4교시 4번 ········ 178
91회 4교시 1번 ········ 180
127회 3교시 1번 ········ 182
66회 3교시 1번 ········ 185
72회 2교시 5번 ········ 187
124회 2교시 3번 ········ 190
106회 2교시 2번 ········ 194
96회 3교시 3번 ········ 196

차례

CHAPTER 05 조경설계 1

121회 4교시 3번 …… 201
123회 4교시 2번 …… 204
111회 4교시 5번 …… 206
70회 4교시 1번 …… 211
66회 4교시 6번 …… 213

78회 4교시 1번 …… 216
123회 3교시 4번 …… 219
93회 3교시 3번 …… 222
127회 4교시 2번 …… 225

CHAPTER 06 조경설계 2

87회 3교시 1번 …… 231
120회 3교시 6번 …… 232
123회 4교시 1번 …… 234
106회 3교시 6번 …… 236
123회 3교시 1번 …… 239
69회 3교시 2번 …… 240
96회 3교시 5번 …… 242
79회 2교시 6번 …… 244
114회 4교시 2번 …… 247
126회 4교시 6번 …… 249
65회 2교시 1번 …… 251
123회 2교시 4번 …… 253
75회 4교시 2번 …… 255
115회 3교시 5번 …… 258

114회 3교시 1번 …… 261
91회 2교시 5번 …… 263
97회 4교시 5번 …… 265
124회 4교시 5번 …… 267
82회 2교시 5번 …… 269
76회 2교시 4번 …… 272
90회 2교시 3번 …… 274
115회 3교시 6번 …… 276
118회 3교시 4번 …… 279
127회 3교시 5번 …… 281
84회 2교시 6번 …… 287
100회 2교시 4번 …… 290
127회 3교시 3번 …… 293

CHAPTER 07 조경시공구조

64회 2교시 3번 ……… 299
121회 2교시 2번 …… 302
127회 3교시 4번 …… 305
126회 2교시 4번 …… 307
126회 4교시 4번 …… 309
108회 4교시 4번 …… 312
88회 4교시 2번 ……… 315
84회 2교시 2번 ……… 317
126회 3교시 2번 …… 319
87회 3교시 3번 ……… 322
94회 3교시 3번 ……… 324
118회 2교시 6번 …… 326

87회 4교시 4번 ……… 328
115회 2교시 1번 …… 331
100회 2교시 3번 …… 334
118회 4교시 5번 …… 337
88회 2교시 3번 ……… 339
97회 4교시 6번 ……… 341
96회 3교시 1번 ……… 344
102회 2교시 5번 …… 346
118회 2교시 2번 …… 349
66회 4교시 4번 ……… 351
84회 4교시 5번 ……… 354
100회 4교시 4번 …… 357

CHAPTER 08 조경관리

123회 3교시 6번 …… 363
69회 4교시 6번 ……… 365
78회 2교시 5번 ……… 368
114회 3교시 6번 …… 371
100회 3교시 2번 …… 373
88회 3교시 5번 ……… 376
90회 2교시 4번 ……… 378
114회 3교시 5번 …… 380

121회 2교시 3번 …… 382
127회 4교시 6번 …… 385
68회 2교시 3번 ……… 387
123회 2교시 3번 …… 389
103회 2교시 2번 …… 391
87회 2교시 2번 ……… 393
94회 3교시 4번 ……… 396

차례

CHAPTER 09 동양조경사

- 102회 2교시 6번 …… 401
- 88회 3교시 6번 …… 403
- 67회 2교시 5번 …… 405
- 102회 4교시 3번 …… 407
- 90회 4교시 2번 …… 409
- 97회 4교시 1번 …… 412
- 97회 2교시 6번 …… 414
- 117회 3교시 6번 …… 416
- 97회 2교시 3번 …… 419
- 115회 4교시 1번 …… 421
- 126회 3교시 5번 …… 423
- 93회 2교시 3번 …… 425

CHAPTER 10 서양조경사

- 71회 2교시 4번 …… 431
- 76회 2교시 3번 …… 433
- 64회 4교시 1번 …… 436
- 87회 2교시 5번 …… 438
- 90회 3교시 5번 …… 440
- 111회 4교시 2번 …… 442

CHAPTER 11 현대조경

- 120회 3교시 3번 …… 449
- 68회 3교시 2번 …… 452
- 90회 3교시 2번 …… 455
- 100회 4교시 2번 …… 457
- 121회 2교시 4번 …… 460
- 96회 4교시 1번 …… 463
- 102회 4교시 2번 …… 466
- 121회 4교시 2번 …… 468
- 63회 4교시 1번 …… 470
- 78회 2교시 6번 …… 473
- 105회 3교시 1번 …… 475
- 120회 4교시 5번 …… 478
- 106회 4교시 5번 …… 481
- 112회 3교시 2번 …… 483
- 75회 3교시 2번 …… 485
- 87회 4교시 3번 …… 488
- 93회 2교시 1번 …… 490
- 102회 4교시 1번 …… 493
- 103회 4교시 4번 …… 496
- 120회 3교시 1번 …… 498

CHAPTER 01

정책 · 제도

- 114회 3교시 2번
- 117회 2교시 6번
- 67회 2교시 4번
- 123회 2교시 6번
- 117회 4교시 5번
- 69회 3교시 4번
- 111회 3교시 2번
- 65회 3교시 1번
- 124회 4교시 4번
- 94회 2교시 1번
- 114회 3교시 4번
- 105회 2교시 6번

CHAPTER 01 정책·제도

▶▶▶ 114회 3교시 2번

기후변화대응전략을 완화(저감) 및 적응으로 구분하고 조경 분야 적용방안에 대해 설명하시오.

1. 개요

기후변화에 대한 전 지구적 대응전략은 크게 기후변화 완화와 기후변화 적응으로 구분한다. 기후변화 완화는 여러 가지 제도적·기술적인 방법을 사용해 온실가스 배출량을 줄이는 것이며 기후변화 적응은 급격하게 온도가 높아지는 지구의 고온 환경에 적응할 수 있도록 생물 보호 시스템과 도시 생활 시스템 및 산업 시스템을 구축하는 것을 말한다.

2. 기후변화 완화 및 적응 전략

구분		내용
온실가스 완화 (저감)	온실가스 배출 관리	• 온실가스·에너지 목표관리제 • 탄소배출권 거래제 • 청정개발체제 • 냉매 관리제도
	저탄소 생활 실천	• 탄소포인트제, 탄소발자국 • 그린카드 제도
기후변화 적응	온실가스 관리 인프라 구축	• 국가 온실가스 배출량 통계 구축 • 지방자치단체 온실가스 감축 기반 구축
	정보 제공	• 기후변화 적응에 대한 정보 제공
	기후변화 감시·예측	• 기후변화 시나리오 • 종합기후변화감시정보시스템 • 이상기후 감시

3. 조경 분야 적용방안

1) 온실가스 경감
   (1) 환경 정화 수종을 사용한 가로
   (2) 도시림 및 녹도 배치

2) 기후변화 적응
   (1) 보행 중심 도시 건설
   (2) 생태건축물 건설 및 친환경 설비 구축
   (3) LID 시스템 구축
   (4) 인공습지 건설

4. 결언

환경학자들의 언급에 따르면 현재의 기후변화 상태를 계속 유지한다면 역사상 여섯 번째의 대멸종이 일어날 수도 있다고 한다. 기후변화는 생태계에 치명적인 영향을 초래하므로 변화속도를 조금이라도 늦추기 위해 녹지를 조성하고 그린·블루 네트워크를 조성하는 등 조경 관점에서 기여할 방안을 찾아야 할 것이다.

▶▶▶ 117회 2교시 6번

우리나라 보호지역(생태·경관보전지역, 습지보호지역, 야생생물보호구역)의 문제점과 개선방안을 설명하시오.

1. 개요

현재 전 지구적 차원에서 생물다양성을 보전하고 확대하기 위해 생물다양성 협약을 체결하고 생물다양성 보전 실천을 위한 국가전략을 수립하며 생태계 보호지역을 설정하는 등 여러 가지 방법으로 생물다양성을 관리하고 있다.

생태계 보호지역은 주로 자연지역을 대상으로 하며 대표적인 곳으로 생태·경관보전지역, 습지보호지역, 야생생물 특별보호구역을 들 수 있다.

2. 보호지역의 정의 및 보호대상

1) 정의
(1) 어떤 지역을 법적으로 규제 또는 관리하기 위해 지정하는 지역
(2) 생물다양성과 자연 자원 및 문화 자원의 보호와 관리를 위하여 특별히 지정된 곳으로서 법적인 수단이나 그 밖의 효과적인 수단에 의해 관리되는 육상 및 해상 지역

2) 보호대상
(1) 생태계, 생물종, 서식처, 이동경로, 생물다양성, 경관, 지형·지질, 자연과정, 생태계 서비스, 전통 등
(2) 국제사회 및 선진국에서는 보호지역 지정 시 다양한 보호대상의 범주를 결정
(3) 한국은 생물종 및 서식처 위주로 지정·관리

3. 한국의 보호지역

1) 생태·경관보전지역

(1) 정의
자연생태 또는 자연경관을 특별히 보호할 가치가 있는 지역으로 생태적 특성, 자연경관, 지형 여건 등을 고려하여 지정하는 지역

(2) 지정요건
① 자연상태의 원시성 유지 및 생물다양성이 풍부해 보전·학술적 연구가치가 큰 지역
② 지형·지질이 특이해 학술적 연구 또는 자연경관 유지를 위해 보전이 필요한 지역
③ 다양한 생태계를 대표할 수 있는 지역 또는 생태계 표본지역
④ 하천·산간계곡 등 자연경관이 수려해 특별히 보전할 필요가 있는 지역

(3) 구분

구분	내용
생태·경관 핵심보전구역	생태계의 구조와 기능의 훼손방지를 위하여 특별한 보호가 필요하거나 자연경관이 수려하여 특별히 보호하고자 하는 지역
생태·경관 완충보전구역	핵심구역의 연접지역으로서 핵심구역의 보호를 위하여 필요한 지역
생태·경관 전이보전구역	핵심구역 또는 완충구역에 둘러싸인 취락지역으로서 지속가능한 보전과 이용을 위하여 필요한 지역

2) 습지보호지역

(1) 정의

특별히 보전할 가치가 있는 습지지역

(2) 습지지역 구분

구분	지정대상	비고
습지보호지역	• 자연상태가 원시성을 유지하고 있거나 생물다양성이 풍부한 지역 • 희귀하거나 멸종위기에 처한 야생 동식물이 서식하거나 나타나는 지역 • 특이한 경관적·지형적 또는 지질학적 가치를 지닌 지역	지정할 때에는 시·도지사 및 지역주민의 의견을 들은 후 관계 중앙행정기관의 장과 협의
습지주변관리지역	습지보호지역의 주변 지역	
습지개선지역	• 습지보호지역 중 습지가 심하게 훼손되었거나 훼손이 심화될 우려가 있는 지역 • 습지생태계의 보전 상태가 불량한 지역 중 인위적인 관리 등을 통하여 개선할 가치가 있는 지역	

3) 야생생물 특별보호구역

(1) 정의

멸종위기 야생생물의 보호 및 번식을 위하여 특별히 보전이 필요한 지역

(2) 특별보호구역의 지정기준

① 멸종위기 야생생물의 집단서식지·번식지로서 특별한 보호가 필요한 지역

② 멸종위기 야생동물의 집단도래지로서 학술적 연구 및 보전 가치가 커서 특별한 보호가 필요한 지역

③ 멸종위기 야생생물이 서식·분포하고 있는 곳으로서 서식지·번식지의 훼손 또는 해당 종의 멸종 우려로 인하여 특별한 보호가 필요한 지역

(3) 특별보호구역 지정·변경

① 멸종위기 야생생물의 현황·특성 및 지정 예정지역의 지형·지목 등에 관한 사항을 미리 조사하여야 함

② 특별보호구역을 지정·변경한 경우에는 지체 없이 그 내용을 공고하여야 함

(4) 의견 청취

환경부장관은 토지소유자 등 이해관계인 및 지방자치단체의 장의 의견을 들으려는 경우에는 다음의 사항이 포함된 지정계획서를 미리 작성하여 공고하여야 함

① 특별보호구역 지정 사유 및 목적
② 멸종위기 야생생물의 분포 현황 및 생태적 특성
③ 토지의 이용 현황
④ 지정 면적 및 범위
⑤ 축척 2만 5,000분의 1의 지형도

4. 한국 보호지역의 문제점과 개선방안

1) 보호지역의 문제점

(1) 생물종 및 서식처 위주로 지정·관리
① 생물의 이동경로, 자연과정, 생태계 서비스에 대한 고려 부족
② 생물종과 서식처 유지에 관련되는 요소에 대한 고려 부족

(2) 보호지역의 용도 한정
① 보전, 보호, 레크리에이션 위주로 용도 한정
② 용도 범위의 확대 필요

(3) 경계 설정 시 환경 여건 고려 부족
① 지정 목적, 규모, 우수지역 구성비율, 생태단위, 주변 지역, 이동시간에 대한 고려 부족
② 보호지역을 둘러싼 환경조건에 대해 다각도로 검토 필요

(4) 보호지역의 성질과 사회·문화적인 여건에 대한 파악 미흡
① 건강성, 온전성, 연결성, 토착성, 장기성, 잠재성에 대한 고려 부족
② 지방정부, 지역사회, 민간단체, 대중, 협력에 대한 고려 부족

(5) 지정·분석을 위한 자료 부족
① 장기적인 생태계 모니터링 및 생태연구자료 부족
② 소규모나 지역규모보다 국가 단위로 분석하여 지정하는 것이 주류

2) 개선방안

(1) 보호지역 지정 시 보호대상 다양화
① 생물종 및 서식처 위주에서 탈피
② 보호대상의 범주를 확대해야 함

(2) 다양한 용도로 활용하기 위한 지정
    ① 유지, 보호, 보전, 복원, 회복, 모니터링, 교육, 레크리에이션 등 다양한 용도로 활용할 필요성이 있음
    ② 특히, 유지, 보호, 보전, 복원, 모니터링 용도에 대한 검토
  (3) 보호지역 경계 설정 시 환경여건 검토
    ① 지정 목적, 규모에 대한 고려
    ② 표고, 경사, 능선, 우수지역 구성비율, 개체수에 대한 고려
    ③ 주변지역, 도심으로부터의 이동시간 등에 기반한 지정
  (4) 보호지역이 지닌 성질과 사회·문화적인 여건을 반영
    ① 대표성, 원시성, 온전성, 다양성, 희소성, 연결성, 역사성, 지속가능성을 반영
    ② 현재·미래 세대, 협력, 경제, 사회·복지 및 완충지역 관리 가능성 등을 검토
  (5) 보호지역 지정 시 다양한 분석 모형 활용
    ① 보호지역의 생태적 인자와 상호작용에 대한 세밀한 이해
    ② 보호지역을 하나의 시스템으로 간주하는 생태공학적 접근

5. 결언

생태계 보호지역 지정은 생물다양성 확보 및 지속가능한 발전을 달성하기 위하여 법적 규제를 이용하는 최소한의 실천방법이다.

한국은 국제적 수준으로 보호지역의 면적을 확대하기 위해 노력을 하고 있으나 육상 보호지역 면적은 전체 보호지역 면적의 15.5%로 생태적으로 가치 있는 지역의 추가 발굴 및 지정이 필요하다.

▶▶▶ 67회 2교시 4번

21세기에는 새로운 세기에 맞는 새로운 패러다임을 필요로 한다. 환경, 생태, 생명, 사회, 문화, 예술 등과 관련하여 조경 분야에서 달성할 수 있는 새로운 패러다임을 제시하고 구체적 방안을 열거하시오.

1. 개요

패러다임이란 한 시대 사람들의 공통적인 견해나 사고체계를 말한다. 조경 분야와 연관되어 영향을 미치는 새로운 패러다임으로는 기후변화, 저탄소 녹색성장, 역사주의, 대지예술, 랜드스케이프 어버

니즘을 들 수 있다.

이러한 패러다임을 실현하기 위해서 조경 분야에서는 도시숲 조성, LID 실천, 녹색산업 체계 구축, 융합설계 등을 할 수 있다.

2. 21세기 패러다임의 개념 및 주요 내용

1) 개념

    (1) 대중의 보편적인 견해 및 사고
    (2) 지속가능한 환경에 대한 인식
    (3) 사회의 관습 및 가치관

2) 주요 내용

    (1) 기후변화 방지
    (2) 탄소를 줄이기 위한 녹색성장
    (3) 생물다양성 보전

3. 21세기 패러다임과 연결되는 조경 분야

1) 환경 · 생태 · 생명

    (1) 기후변화
        ① 지구 온난화에 대한 위기의식을 가짐
        ② 온난화 방지를 위한 노력 강구

    (2) 저탄소 녹색성장
        ① 탄소 발생을 줄이기 위한 활동
        ② 탄소제로 도시 조성

    (3) 생물다양성 보전
        ① 생물자원의 유한성 인식
        ② 생물과 환경에 대한 생태적 가치 확인
        ③ 생물 서식처 보호

2) 사회 · 문화 · 예술

    (1) 역사주의
        ① 지역의 역사를 유일무이한 가치로 봄
        ② 역사적 사실에 대한 이해와 사료 보존

(2) 대지예술
    ① 예술의 장소성 부각
    ② 캔버스를 벗어난 거대 스케일의 작품
    ③ 자연을 배경 및 예술의 구성요소로 활용
(3) 랜드스케이프 어버니즘
    ① 인공지반을 조경 대상부지로 간주
    ② 융합과 혼성이 특징
    ③ 토지의 복합적 용도를 요구함

4. 조경 분야의 21세기 패러다임 실천방안

1) 녹지공간 증대
   (1) 도시숲 조성 및 소공원의 녹지율 증대
   (2) 녹도의 조성 및 연결

2) 수 순환 촉진 및 수공간 관리
   (1) LID 시스템으로 전환 및 활성화
   (2) 레인가든 조성

3) 신·재생에너지 체제 구축
   (1) 태양에너지, 풍력에너지 등을 활용
   (2) 폐기물 배출 제로화

4) 융합·혼성 디자인
   (1) 하이브리드 경관 조성
   (2) 동양과 서양의 조경디자인을 융합
   (3) 조경·건축·토목 분야와의 경계 허물기

5. 결언

산업혁명 이후로 환경 악화가 빨라지면서 20세기와 21세기에 환경 보호를 위해 다양한 패러다임이 등장했다. 패러다임은 전 지구적 관점에서 당면한 사회의 문제나 국가의 문제를 지향해야 할 목적으로 삼는다. 여러 문제 중 가장 심각한 것은 지구 온난화이며 이를 해결하기 위해 환경에 대한 인식을 바꾸고 보호하기 위한 대책이 마련되고 있다.

> ▶▶▶ 123회 2교시 6번

환경정책을 실현하는 데 필요한 환경정책 추진 원칙(5가지)에 대해 설명하시오.

1. 개요

국제연합은 1972년 'UN 인간환경선언'을 통해 환경의 개선과 보존 원칙을 발표하였다. 대표적인 원칙은 천연자원 보호, 자원의 고갈 위험에 대비, 유해 물질 배출 규제, 야생 동물 보호 등이다. 이는 전 인류가 환경에 대한 권리와 의무를 지니는 것을 기본으로 하고 있으며 공동으로 환경문제에 대처하고 입법 및 행정 조치를 취해야 함을 명시하고 있다.

2. 환경정책의 정의 및 수립 목적

1) 환경정책의 정의

　(1) 주거환경 개선과 자연환경 보전 등을 위한 정책
　(2) 다양한 원인으로 발생하는 환경오염문제를 해결하기 위한 정책

2) 환경정책의 수립 목적

　(1) 환경보전에 관한 국민의 권리·의무와 국가의 책무를 명확히 함
　(2) 환경정책의 기본 사항을 정하여 환경오염과 환경훼손을 예방
　(3) 환경을 적정하고 지속가능하게 관리·보전함으로써 모든 국민이 건강하고 쾌적한 삶을 누릴 수 있도록 함

3. 환경정책 추진 원칙(5가지)

구분	내용
오염자 부담의 원칙	• Polluter Pays Principle(PPP) • 오염을 발생시킨 자가 오염에 대한 책임을 지는 원칙
사전 예방의 원칙	• 환경오염 및 환경훼손을 사전에 예방함 • 수단 : 환경영향평가, 상수원보호구역 및 수변구역의 토지이용규제 등
환경과 경제의 통합적 고려	• 환경용량 보존의 원칙 • 환경영향을 최소화하기 위해 환경용량 범위 내에서 경제개발
자원 절약 및 순환적 사용	• 자원 및 에너지 절약 • 재사용, 재활용
상호 협력의 원칙	• 환경문제 해결 시 파트너십 결성 • 환경보전을 위하여 국가·기업·국민이 공동으로 노력

4. 결언

환경정책은 환경여건을 지속가능한 방향으로 관리·보전하고 환경오염 및 자연의 훼손을 방지하며 여러 가지 환경문제 해결에 대한 올바른 기준을 제시하기 위해 수립하고 있다. 환경정책의 수립 방향이 해당 국가의 환경의 질을 결정하게 된다고 해도 과언이 아니다. 그런 측면에서 환경정책의 추진원칙은 하나의 실천기준으로 중요하다 하겠다.

▶▶▶ 117회 4교시 5번

람사르 협약에 등록한 우리나라 습지 5개소 사례와 각 습지의 특성 및 생태적 가치를 설명하시오.

1. 개요

람사르 협약은 '물새 서식처로서 국제적으로 중요한 습지에 관한 협약'으로 1971년 2월 2일에 이란의 람사르(Ramsar)에서 체결되어 람사르 협약이라 한다.
세계 각국이 습지 보전의 필요성에 대해 자각하게 되면서 자국의 습지를 보전하는 데 힘쓰고 전 세계적으로 습지를 보호하기 위하여 체결하였다.

2. 습지의 정의 및 보전 필요성

1) 습지의 정의
   (1) 육상생태계와 수생태계 사이의 전이지대
   (2) 영구적·계절적으로 물에 항상 젖어 있는 땅

2) 보전 필요성
   (1) 자연적인 물 공급 및 정화기능 회복
   (2) 홍수조절기능 증대
   (3) 영양물질의 원활한 순환과 운송
   (4) 어류·조류의 서식지 제공

3. 람사르 습지의 특성 및 생태적 가치

구분	특성	생태적 가치
대암산 용늪	• 4,000여 년 전에 형성된 고층습원 • 늪 바닥에 평균 1m 깊이의 이탄층 발달 • 늪 가운데 폭 7~8m 연못이 2개	• 끈끈이주걱과 통발 같은 희소 식충식물 서식 • 세계적으로 진귀한 금강초롱꽃과 비로용담, 제비동자꽃, 기생꽃 등이 서식
우포늪	• 70만여 평으로 한국 최대의 내륙 늪지 • 원시적인 저층 늪의 형태를 유지	• 창녕 우포늪 천연보호구역 • 부들, 창포, 갈대, 줄, 올방개, 붕어마름, 벗풀, 가시연꽃 등이 자람 • 800여 종의 식물, 209종의 조류, 28종의 어류, 180종의 저서성 대형 무척추동물, 17종의 포유류 서식
신안장도 산지습지	섬에서는 드물게 나타나는 이탄층이 발달하여 수자원 보존과 수질정화기능이 뛰어남	• 멸종 위기종 1급인 수달과 매를 비롯하여 습지식물 294종 서식 • 멸종위기종 2급인 솔개와 조롱이, 제주도롱뇽 등이 서식 • 후박나무 군락 등 26개 군락 존재
제주 물영아리 오름	• 오름 정상에 둘레 약 1km, 깊이 40여 m에 달하는 함지박 형태의 화구가 있음 • 화구 안에 강수가 고여 분화구 습지를 형성함	• 참식나무 · 산딸나무 · 서어나무 군락 • 금새우난과 새우난, 덩굴용담 등 보전가치가 높은 종이 자람 • 물웅덩이에 군락을 이루고 있는 마름 군락 서식
무제치늪	• 정족산 일대 완만한 경사에 발달한 소습지 • 꽃가루가 늪에 잘 보존되어 있어 한국 산지의 후빙기 자연환경을 복원할 수 있음	• 산지 삼림식생, 산지 습원식생 그리고 두 식생형의 전이 식생인 소나무 억새군락 등으로 구성 • 동의나물, 은방울꽃, 엘레지, 끈끈이주걱, 큰방울새란, 바늘골, 골풀, 사마귀풀군락 등이 서식

4. 결언

습지는 플랑크톤과 유기성 분해물질이 풍부하고 많은 생물에게 서식처를 제공하면서 물질생산과 소비의 균형을 훌륭하게 유지하는 곳으로 그 자체로 완벽한 생태계라 할 수 있다. OECD의 조사 결과에 따르면 세계 습지 면적의 50% 이상이 이미 파괴되었다고 한다. 생태적 · 환경적 기능을 발휘하는 습지 보전에 더욱 힘써야 할 것이다.

조경기술사

> **▶▶▶ 69회 3교시 4번**
>
> UNESCO(United Nation Education Scientific and Cultural Organization)의 인간과 생물권(Man and Biosphere) 계획에서 설정한 생태계의 중요한 지역을 구분한 방식과 관리 방향에 대해 설명하시오.

1. 개요

UNESCO의 인간과 생물권(Man and Biosphere)계획은 1971년 인간과 자연환경과의 상호작용에 대한 이해를 넓히고자 전체 생물권에 인간이 미치는 영향에 대해 연구하였다. 생태적으로 중요한 보전지역에서 핵심지역을 보호할 때 완충지역과 전이지역을 설치하도록 권고하고 있으며 이에 따라 보전지역은 핵심지역 · 완충지역 · 전이지역으로 구별한다.

2. UNESCO MAB의 개념 및 도입 목적

1) UNESCO MAB의 개념

   (1) 생물다양성 보전 목적의 제도
   (2) 자연자원의 지속가능한 이용을 위한 수단

2) 도입 목적

   (1) 생물다양성 협약 실천
   (2) 자연자원의 지속가능한 이용
   (3) 문화다양성과 연계
   (4) 생태연구 및 모니터링
   (5) 멸종 위기종 보호 연구

3. 생태계의 중요한 지역을 구분한 방식

1) 핵심지역

   (1) 중요한 생태계 서식처 지정
   (2) 생태계와 생물다양성의 보전
   (3) 생물을 엄격하게 보호 · 통제
   (4) 제한적인 조사와 연구 · 교육

2) 완충지역

  (1) 핵심지역에 인접한 지역
  (2) 핵심지역을 보호하는 기능
  (3) 연구와 교육 활동 가능
  (4) 환경교육과 생태관광 가능지역

3) 전이지역

  (1) 농업활동 지역, 주거지, 연구소 등 입지
  (2) 보호보다 이용이 목적임
  (3) 지역자원 관리

4. 생태계의 중요한 지역 관리방안

1) 생태계 유형별 관리

  (1) 주요 생태계의 통합 관리
  (2) 열대우림지역, 사막 등
  (3) 생물권 보전지역 상호연계
  (4) 섬과 해안지역, 건조지와 사막, 산과 습지를 연결

2) 연구와 모니터링

  (1) 통합 모니터링 실시
    생물권 보전지역 네트워크화
  (2) 국제적 협력
    국가 간 접경 생물권 보전지역 등에 대한 협력과 연구활동
  (3) 지속가능한 이용
    ① 생태관광 활성화
    ② 자연보호 교육 프로그램 운영

5. 결언

생물권 보전지역은 국내·외지역을 서로 연계하여 통합적으로 관리해야 한다. 또한 이용 측면에서 주민참여를 극대화한 생태관광 프로그램 구성, 지속적 환경교육 등으로 생물권 보전지역에 대한 일반 대중의 보전 인식을 높여야 할 것이다.

조경기술사

> ▶▶▶ 111회 3교시 2번
>
> 2016년에 산림청에서 발표한 '제1차 정원진흥기본계획(2016~2020년)'의 주요 내용 중 계획 수립 배경, 비전과 목표 및 추진 전략 등에 대해 설명하시오.

1. 개요

정원진흥기본계획은 한국 정원의 세계화를 위한 프로젝트로 2020년까지 정원산업의 규모를 육성하기 위한 것이다.

국민에게 행복을 주는 정원산업과 문화를 실현하기 위한 중기의 최상위 실현 전략이며 비전과 목표, 추진 전략을 포함하고 있다.

2. 정원진흥기본계획의 수립 배경 및 근거

1) 계획 수립의 배경

　(1) 정원은 국민복지와 국가 경제에 기여하는 수단

　　① 선진국은 GDP 3만 달러 진입 이후 정원문화 발달

　　② 정원이 지역경제 활성화 및 관광 산업화를 견인

　(2) 순천 정원박람회를 계기로 국민적 관심이 증대하나 정책적 뒷받침은 미흡

　(3) 국내의 정원산업 규모 확대 전망

　　① 1·2·3차 산업을 융합한 6차 정책 추진 필요

　　② 정부, 국민, 지방자치단체, 기업 등 거버넌스 주체 공동참여 필요

구분	전망치
국내	2014년 1조 3,000억 원 → 2025년 1조 6,000억 원
국외	2014년 215조 원 → 2018년 243조 원

2) 계획 수립의 근거

　(1) 수목원·정원의 조성 및 진흥에 관한 법률

　　① 수목원 사업과 정원사업 육성을 위한 수목원·정원진흥기본계획 5년마다 수립·시행

　　② 계획 기간 : 2016~2020년

　　③ 계획의 성격 : 정원기반 조성, 문화 확산, 산업 활성화

　　④ 5년 단위 중기계획, 최상위 추진 전략

(2) 주요 내용
① 정원 진흥의 기본 방향 및 목표
② 정원에 대한 지원 및 교류 확대
③ 정원산업 육성 및 활성화 방안
④ 정원 관련 제도 정비

3. 제1차 정원진흥기본계획의 비전과 목표 및 추진 전략

1) 비전과 목표

(1) 비전
국민에게 행복을 주는 정원문화·산업 실현

(2) 목표
① 정원 인프라 구축으로 지속가능한 정원문화 정착
② 정원산업시장을 1조 6,000억 원 규모로 육성

2) 6대 추진 전략

(1) 정원 인프라 구축
(2) 정원문화·교육 확산 및 관광 자원화
(3) 정원산업 기반 구축 및 시장 활성화
(4) 한국 정원의 세계화
(5) 연구개발 강화 및 협업체계 구축
(6) 정원법령 개정

4. 전략별 추진과제

6대 전략	15개 세부 추진과제
정원 인프라 구축	• 체계적인 정원 조성·관리 및 품질 확보 • 국가정원 발전체계 확립 및 정원도시 모델 구축 • 공동체 정원 조성 및 민간정원 공유 확대
정원문화·교육 확산 및 관광 자원화	• 시민참여를 통한 정원문화 저변 확대 • 정원의 관광 자원화 및 홍보 강화 • 사회적 취약계층에 나누는 문화 실천 • 수요자 중심의 맞춤형 정원교육
정원산업 기반구축 및 시장 활성화	• 실용정원 모델 개발 및 정원식물과 용품 브랜드화 • 정원시장 기반시설 및 유통망 구축 • 정원 창업지원 및 일자리 창출

6대 전략	15개 세부 추진과제
한국 정원의 세계화	• K-GARDEN 프로젝트 추진 • 해외 한국정원의 효율적 조성 및 체계적 관리
연구개발 강화 및 협업체계 구축	• 연구개발 거버넌스 구축 및 정책개발 • 관련 기관 및 단체 간 협업체계 구축
정원법 개정	정원법 개정

5. 결언

유럽 등 선진국은 1950년대부터 박람회, 플라워 쇼 등을 통해 '생활 속의 정원문화'가 정착되었다. 한국은 순천만 국제 정원박람회를 계기로 정원에 관심을 갖기 시작했다.

계획을 성공적으로 실현할 수 있는 거버넌스 구축, 법적 근거 마련 등 적극적인 실천으로 정원문화 확산 및 관련 산업 확대가 이루어져야 한다.

▶▶▶ 65회 3교시 1번

녹지자연도를 등급별로 설명하고 문제점과 개선방안을 논하시오.

1. 개요

녹지자연도는 토지의 자연성의 정도를 나타내는 지표로 국토를 수역·반자연지역·자연지역으로 나누고 식물 군락의 종류, 식생의 유무, 토지이용현황에 따라 녹지에 등급을 매긴 것이다. 0등급인 수역부터 10등급의 고산 자연초원으로 구분하고 각각의 등급을 색깔과 선으로 구분해 표시한다.

2. 녹지자연도의 개념과 특징

1) 개념

(1) 토지의 자연성 정도를 나타내는 지표

(2) 식물군락의 종류, 식생의 유무, 토지이용현황에 따라 녹지에 등급 부여

2) 특징

(1) 식분(植盆, Patch)을 기준으로 평가

① 하나의 식물군집

② 수목이 서 있는 공간

(2) 총 400개의 격자 구간에 녹지자연도를 기재해 도면 작성

3. 녹지자연도의 등급판정기준

권역	지역	등급	명칭	내용
수권	수역	0등급	수역	저수지, 하천유역지구(하중사구 포함)
육지권	개발지역	1등급	시가지 조성지	• 녹지식생이 거의 존재하지 않는 지구 • 해안, 암석나출지 및 해안사구
		2등급	농경지	논, 밭 등의 경작지구
		3등급	과수원	경작지, 과수원, 묘포장과 같이 비교적 녹지식생의 분량이 우세한 지구
	완충지역	4등급	2차 초원 A	잔디 군락이나 인공초지(목장) 등과 같이 비교적 식생의 키가 작은 1차로 형성된 초원지구
		5등급	2차 초원 B	갈대, 조릿대 군락 등과 같이 비교적 식생의 키가 큰 2차로 형성된 초원지구
		6등급	조림지	• 각종 활엽수 또는 침엽수의 식재림지구(조림지구) • 은수원사시나무, 낙엽송, 잣나무 등
		7등급	2차림 A	• 일반적으로 2차림이라 부르는 대상 식생지구(자연군락이 인간의 영향에 의해 성립되거나 유지되고 있는 군락) • 즉, 천이과정의 서어나무, 상수리나무, 졸참나무군락 등 유령림 약 20년생까지
	보전지역	8등급	2차림 B	• 원시림 또는 자연식생에 가까운 2차림지구 • 신갈나무, 물참나무, 가시나무 맹아림(벌채 후 줄기 아랫부분에 싹이 터 시간 경과에 따라 형성된 숲) 등 • 소위 장령림, 약 20~50년생
		9등급	자연림	• 다층의 식생사회를 형성하는 천이의 마지막에 이르는 극상림지구 • 가문비나무, 전나무, 분비나무 등의 고령림 • 약 50년생 이상
		10등급	고산 자연 초원	• 자연식생으로서 고산성 단층의 식생사회를 형성하는 지구 • 지리산 세석평전 등 고산지대의 초원지구

4. 녹지자연도의 문제점

1) 주관성 농후한 평가체제

(1) 해당 지역의 생태적 특이성이 반영되지 않음

(2) 식물종의 나이와 구조만으로 판단

2) 식물군락의 종 조성만으로 자연상태 판별

   (1) 지역의 독특한 자연환경 무시

   (2) 1/25,000 축척을 인허가 기준으로 사용하기에는 정밀도가 낮음

3) 연산 불가능한 식생도

   (1) 수치로 연산 불가능한 기호등급 사용

   (2) 1~10등급 외에 다른 식생형에 대한 정보는 알 수 없음

4) 식물종다양성 및 생태학적 정보 결여

   (1) 보전생물학 이론이 반영되지 않음

   (2) 종 조성만을 기준으로 군락을 나눠 자연성을 판정한 단순 지표

5. 결언

녹지자연도는 수령, 수종 등 식생의 부분적인 요소에 한정하여 판정함에 따라 판정결과의 불확실성으로 인해 발생할 수 있는 문제가 논란이 되었다. 식피율, 평균수령 등을 적용해 녹지의 질과 생태학적 가치를 판별할 수 있는 정확하고 타당성 있는 기준이 제시되어야 할 것이다.

▶▶▶ 124회 4교시 4번

도시생태현황지도의 구성과 작성 절차에 대해 설명하시오.

1. 개요

도시생태현황지도는 환경부장관이 작성한 생태·자연도를 기초로 특별시장·광역시장·특별자치시장·특별자치도지사·시장이 관할 도시지역에 대해 상세하게 작성한 생태·자연도를 말한다. 1/5,000 이상의 지도에 표시하고 환경의 변화를 반영하여 5년마다 작성하여야 한다. 지방자치단체장이 도시생태현황지도를 작성한 경우에는 이를 환경부장관에게 제출하여야 하며, 환경부장관 또는 도지사는 도시생태현황지도를 작성한 지방자치단체장에게 그 비용의 일부를 지원할 수 있다.

2. 도시생태현황지도의 정의·의의 및 종류

1) 정의

   지방자치단체의 자연 및 환경생태적 특성과 가치를 반영한 정밀 공간생태정보지도

2) 의의

　(1) 각 지역의 자연환경 보전 및 복원

　(2) 생태적 네트워크의 형성

　(3) 생태적인 토지이용 및 환경관리를 통해 환경친화적이고 지속가능한 도시관리의 기초자료로 활용

3. 종류

구분	내용
기본 주제도	각 비오톱의 생태적 특성을 나타내는 도면
비오톱유형도 · 비오톱평가도	비오톱 유형화와 비오톱 평가 과정을 거쳐 각 비오톱(공간)의 생태적 특성과 등급화된 평가가치를 표현한 도면

4. 도시생태현황지도의 구성, 작성 원칙 및 유의사항, 작성과정 및 절차

1) 도시생태현황지도의 구성

　(1) 토지이용현황도

　(2) 토지피복현황도

　(3) 지형주제도 : 경사분석도, 표고분석도, 향분석도 등

　(4) 현존식생도

　(5) 동식물상 주제도

　(6) 기타 주제도로 유역권 분석도, 큰나무 분포도, 대경목 군락지 분포도, 철새류 주요 도래지 및 이동현황 분석도 등 지역의 특성 및 향후 활용을 고려한 주제도를 작성할 수 있음

　(7) 기본 주제도를 비롯하여 기본 주제도의 속성자료를 종합하여 유형화한 비오톱 유형도, 각 유형별 평가를 통한 등급을 도면으로 제시한 비오톱평가도로 제시

2) 작성 원칙 및 유의사항

　(1) 관할 지역의 모든 비오톱에 대한 현장조사를 기본적으로 수행

　(2) 국가 공간정보통합체계에 따라 해당 지방자치단체 및 타 기관의 지리정보시스템(GIS)과 호환이 가능하도록 구축

　(3) 지도의 관리 및 갱신과 활용성 증대를 위해 작성된 주제도의 메타데이터(Metadata)를 구축

[도시생태현황지도 작성을 위한 수행기관]

구분	내용
분야	• 환경계획, 생태계획, 도시계획 연구 • 식물 및 동물에 관한 자연생태계 조사 연구 • GIS 정보구축, 환경공간정보지도 작성 및 활용
작성기관의 자격	• 국공립 연구기관 • 「특정연구기관 육성법」의 적용을 받는 연구기관 • 「정부출연연구기관 등의 설립·운영 및 육성에 관한 법률」에 따라 설립된 정부출연연구기관 • 「과학기술분야 정부출연연구기관 등의 설립·운영 및 육성에 관한 법률」에 따라 설립된 과학기술분야 정부출연연구기관 • 「공공기관의 운영에 관한 법률」에 따라 설립된 공공기관 • 「지방자치단체출연 연구원의 설립 및 운영에 관한 법률」에 따라 설립된 연구원 • 「고등교육법」 제2조에 따른 학교 • 「환경기술 및 환경산업 지원법」에 따라 설립된 녹색환경지원센터 • 「환경영향평가법 시행령」에 따른 제2종 환경영향평가업

① 도시생태현황지도의 효과적인 활용을 위해 지도 작성 전 도시계획, 공원녹지, 교통 등 관련 부서의 의견수렴과정을 통해 추가로 작성 가능한 주제도를 검토할 수 있음

3) 작성과정 및 절차

(1) 지방자치단체 특성에 맞춰 작성 및 활용 방향 등을 기획하고, 기초자료 수집, 비오톱경계구획도 작성, 비오톱 현장조사 및 수정, 비오톱 유형기준 설정 및 유형화, 비오톱 평가기준 설정과 평가, 운영 및 활용계획 수립 순으로 작성

(2) 지방자치단체의 입지·생태적 특성을 고려하여 기타 주제도 작성을 수행할 수 있으며 해당 지방자치단체의 면적, 생태적 특성, 제작 목적에 따라 지도 작성 완료 후 심화된 생물상 조사, 대표 비오톱 정밀조사, 우수 비오톱 정밀조사 등을 단계별 사업으로 추진할 수 있음

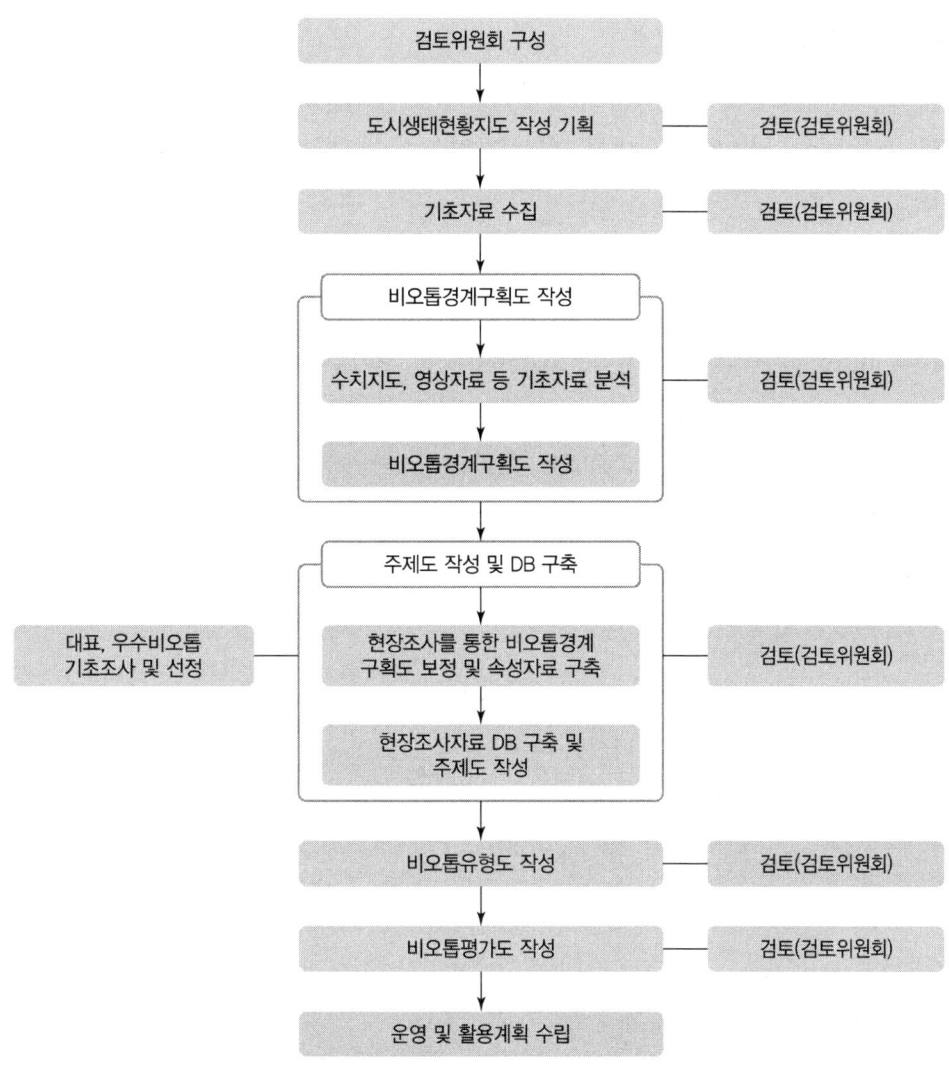

[도시생태현황지도의 작성 절차]

5. 결언

도시생태현황지도는 자연보전과 도시개발의 균형을 맞추기 위한 가장 기초가 되는 자료라고 할 수 있으며 환경친화적이고 지속가능한 생태도시를 만들기 위해 필수적으로 작성해야 하는 지도이다. 비오톱을 분류하여 유형도를 작성하고 개별 비오톱에 대한 평가도 작성 등을 통해 도시의 생태현황을 세부적으로 파악할 수 있다는 것이 장점이다.

조경기술사

> ▶▶▶ 94회 2교시 1번
>
> 최근 국가사업으로 4대강 사업이 진행되고 있다. 4대강 사업과 관련하여 우리나라 강의 현황과 문제점, 사업목적과 내용, 성과와 논란 등에 대해 조경 분야의 관점에서 설명하시오.

1. 개요

4대강 사업은 한강·낙동강·금강·영산강을 준설하고 보를 설치해 하천 생태계를 복원하는 하천 정비사업이다. 물부족 시대에 대비한 물 관리, 수자원 확보, 홍수 예방, 경제 활성화 등을 목적으로 시행되었다. 긍정적인 효과를 기대하고 시행한 사업이었으나 준공 후 설계 부실, 수질 악화, 고유 생태계 파괴, 식생군락 파괴 등 여러 가지 문제점이 노출되어 사회적인 논란이 되고 있다.

2. 한국의 강 지형과 환경

1) 단시간에 하천으로 유입되는 우수
   (1) 짧은 시간 폭우로 인한 첨두유량의 비중이 큼
   (2) 소양강댐에서 한강까지 14시간 소요

2) 하천의 유량변동 심화
   (1) 연간 731억 m^3의 수자원 부존량
   (2) 건조기와 강우기의 수량변동 심함

3) 치수 대책의 한계
   (1) 기후변화로 인한 기상이변과 악화
   (2) 홍수 발생 가능성 커짐

3. 4대강 사업의 목적과 내용

1) 4대강 사업의 목적
   (1) 물 부족 대비 수자원 확보
   (2) 수질 개선과 생태습지 조성
   (3) 친수·여가공간 건설
   (4) 지역경제가 발전하는 기회 제공

2) 사업 내용

　(1) 16개의 댐과 다기능 보 건설

　(2) 생활용수 생산, 산업·농업용수 확보

　(3) 하도 준설 및 정비, 생태 수변공간 130km² 건설

　(4) 무허가 농경지와 시설 정비

　(5) 33개의 어도 설치

　(6) 농업 저수지 93개소 건설, 댐 조절지 건설

　(7) 생태습지, 자전거 도로 등과 연계해 워터 프론트 공간 활성화

4. 4대강 사업의 성과와 논란, 대안

1) 성과와 논란

　(1) 재해방지 효과 미미

　　① 홍수는 대부분 지방하천에서 발생

　　② 4대강에 집중해 지방하천의 정비를 위한 투자 미흡

　(2) 생태계 교란과 오염

　　① 보 설치로 기존보다 최대 11배까지 유속 감소

　　② 강바닥의 과다 준설로 수질정화기능 저하

　　③ 넓은 범위의 생태계 교란

　(3) 국민의 여론과 기본적 사업추진절차 무시

　　① 문화재 파괴, 지류, 농경지 변화에 대한 비판적 여론 무시

　　② 탁상공론식 환경영향평가 실시

　　③ 무리한 공기달성으로 총체적 부실 초래

　(4) 4대강의 수위 상승

　　① 강 인근지역의 경작지에 홍수 피해

　　② 준설토의 산성으로 인한 농작물의 피해

2) 대안

　(1) 지방자치단체·정부 관료·기업에 대한 조사

　　① 법규 위반사항

　　② 기업의 담합이 적발될 시 강력한 처벌

　　③ 책임자에 대한 공개청문회 개최

(2) 보의 현황조사 및 수문개방
　　① 막힌 강의 물흐름 회복
　　② 녹조현상 완화
(3) 지류·지천에 대한 사업 수행
　　① 실제 홍수가 발생하는 지역을 대상으로 함
　　② 기상조건, 지류·지천에 대한 상세한 현황파악
(4) 4대강 재자연화를 위한 법규 제정
(5) 재자연화를 담당할 생태복원위원회 결성
　　① 민관, 환경단체, 지역주민의 거버넌스 구축
　　② 기존 참여 사업자 철저히 배제

5. 결언

4대강 사업은 학계, 정치계, 시민단체의 반대 속에서 하천 생태계 복원과 수자원 확보라는 목표를 내세워 실행되었으나 과다한 보 건설과 시공 부실, 하천 주변 생태계 및 고유종 소멸 등 극심한 생태계 훼손이 나타나고 있다. 제도적인 측면에서 접근해 정책 시행의 과실을 철저히 물어야 할 것이며 파괴된 환경생태의 개선을 위해서 논란이 되는 보를 철거하고 물 흐름을 회복하는 것부터 실행해야 한다.

▶▶▶ 114회 3교시 4번

한반도 통일을 대비해 효율적인 북한 산림녹화사업에 대해 설명하시오.

1. 개요

통일부에 따르면 북한 산림면적의 약 32%가 황폐화하였고 유엔 FAD는 북한의 산림에 사막화가 진행되고 있다고 지적하였다. 지구 온난화 현상으로 인해 사막화는 점차 가속되고 있으며, 이로 인한 자연재해, 농토의 유실, 식수원 고갈 등의 문제가 발생하고 있다. 북한에서는 김정은 집권 이후 '산림복구 전투'를 통한 녹화사업을 추진하고 있으나 효과는 미미한 실정이다.

2. 북한 산림 황폐화의 원인

1) 에너지 부족
　　(1) 수목을 난방·취사 연료로 사용

        (2) 전기 공급량 부족

    2) 다락밭 경작

        (1) 식량난으로 인해 산림벌채 후 경작지 조성

        (2) 과다한 산림벌채로 인한 토양환경 파괴

        (3) 산사태, 홍수 등의 피해에 대처하기 어려움

3. 효율적인 북한의 산림녹화사업

    1) 양묘장 조성 및 묘목 식재

        (1) 지역별 황폐화 중심지역을 대상으로 함

        (2) 양묘장을 조성하고 묘목 제공

    2) 농사용 수림 조성

        (1) 농가 주변을 중심으로 한 단기 속성녹화

        (2) 바이오매스를 고려한 수종 선정 후 집단 조림

    3) 지력 개량 산림 조성

        (1) 접근성이 떨어지는 상부 이상의 지역에 사방림 조성

        (2) 산지 토양의 침식방지를 위한 사방시설 설치

    4) 특용수 산림 조성

        (1) 농가 소득증대를 위한 작물 재배단지를 조성하여 관리

        (2) 북쪽의 기후에 맞는 유실수 및 특용 수목 식재

    5) 병해충 방제시설 확충

        (1) 산림 병해충 방제를 위한 농약과 설비 지원

        (2) 발생 병해충에 대한 예찰 및 자료 축적

4. 사후관리 방안

    1) 조림지 사후관리

        (1) 지속적 · 정기적 점검을 통하여 보완 식재

        (2) 산림 조성 수종과 조림면적 확대

2) 조림보호체계 구축

(1) 평안도 숙천군에 학교를 중심으로 한 묘목 공급

(2) 지역별 녹화사업소와 학교 및 지역주민이 함께하는 산림보호 육성공동체 구축

5. 결언

북측이 가장 필요로 하고 남측이 대북제재를 피해 가장 접근하기 쉬운 분야가 산림협력이라 할 수 있다. 그동안 북한에 대하여 단순하게 묘목 지원사업을 주로 시행했으나 산림 황폐화라는 근본적 문제에 대한 해결이 어려워 효과는 그렇게 크지 않았다. 묘목, 양묘장, 병해충 방제시설, 대체연료 제공, 유실수 지원 등 통상적인 접근을 통한 산림녹화 지원사업이 필요하다.

▶▶▶ 105회 2교시 6번

NCS(국가직무능력표준)의 개발목적과 그중 조경 분야의 직무개발 내용에 대해 설명하시오.

1. 개요

NCS(국가직무능력표준)는 산업현장에서 직무를 수행하는 데 필요한 지식·기술·소양 등의 내용을 체계화한 것이다.

실제 기업에서 필요한 직무 기능과 취업능력을 갖춘 사람을 효율적·현실적으로 연결하고 직무에 대한 교육·훈련 및 업무 분담을 체계적으로 수행하기 위해 도입되었으며 직업기초능력평가 등에 대비할 수 있다.

2. 대상·활용영역

1) 표준화 대상

(1) 지식

(2) 기술

(3) 태도

2) 표준의 활용영역

구분	내용
기업체	• 경력개발 경로, 직무기술서 • 채용 · 배치 · 승진 체크리스트 자가진단도구
교육훈련기관	교육훈련과정, 훈련기준, 모듈교재 개발
자격기관	출제기준, 검정문항, 검정방법, 자격종목 개편

3. 조경 분야의 직무개발 내용

1) 조경설계

구분	내용
직무정의	아름다운 경관과 쾌적한 환경을 조성하기 위해 예술적 · 공학적 · 생태적인 지식과 기술을 활용하여 대상지를 조사 분석하고 공간별 · 공종별 계획과 설계를 수행하는 일
NCS 능력단위	조경사업기획, 현장조사분석, 조경기본구상 · 기본계획 · 기본설계, 조경기반설계, 조경식재설계, 조경시설설계, 정원설계, 조경설계프레젠테이션, 조경적산, 조경설계도서 작성, 조경기초설계

2) 조경시공

구분	내용
직무정의	설계도서에 따라 시공계획을 수립한 후 현장여건을 고려하여 조경목적물을 생태적 · 기능적 · 심미적으로 공사하는 업무를 수행하는 일
NCS 능력단위	조경기반시설공사, 잔디식재공사, 조경구조물공사, 조경시설물공사, 조경포장공사, 생태복원공사, 입체조경공사, 실내조경공사, 조경공무관리, 조경공사 현장관리, 조경공사 준공 전 관리, 기초 식재공사, 일반 식재공사

3) 조경관리

구분	내용
직무정의	조성된 조경공간과 시설물을 아름다운 경관과 쾌적하고 안전한 환경으로 유지하기 위해 생태적, 공학적, 예술적인 지식과 기술을 활용하여 관리업무를 효과적으로 수행하는 일
NCS 능력단위	초화류 관리, 잔디관리, 병해관리, 충해관리, 수목보호관리, 비배관리, 조경시설물관리, 조경기반시설관리, 관수 및 기타 조경관리, 운영관리, 이용관리, 일반 정지 · 전정관리, 전문 정지 · 전정관리

4) 조경사업관리

구분	내용
직무정의	발주자가 요구한 조경 목적물이 의도대로 완성되도록 종합적 판단을 통해 조경사업의 설계와 시공에 있어 관련 도서 및 법규에 따라 제대로 수행되고 있는지 확인하고, 관리하는 일
NCS 능력단위	설계용역 착수단계 감리, 조경 관련 법규정 적정성 검토, 조경설계도서 적정성 검토, 조경설계 경제성 검토, 조경설계 기성·공정관리, 설계 최종 조경사업관리보고서 작성, 공사 착수단계 조경사업관리, 공사 시행단계 조경사업관리, 설계변경·계약금액 조정, 공정관리, 기성관리, 시설물 인수·인계 조경사업관리, 준공검사, 최종 조경사업관리보고서 작성

4. 결언

실제 현장에서 NCS를 적용한 결과, 기업에서 요구하는 직원의 역량 수준과 국가 직무능력표준에서 제시하는 능력단위의 수준이 차이를 보일 때도 있었다. 이는 기업에 따라 요구되는 업무숙련도 수준이 다르기 때문이다. 그러나 국가 직무능력표준이 직무에 대한 포괄적인 내용을 담고 있으므로 인사관리 목적으로 활용하는 데는 무리가 없을 것으로 사료된다.

• Professional Engineer Landscape Architecture •

CHAPTER 02

법규

- 94회 4교시 5번
- 100회 2교시 6번
- 117회 3교시 3번
- 117회 4교시 6번
- 111회 3교시 1번
- 103회 2교시 5번
- 115회 2교시 5번
- 115회 4교시 6번
- 67회 4교시 2번
- 114회 4교시 1번

- 103회 3교시 4번
- 75회 2교시 5번
- 82회 3교시 6번
- 94회 4교시 6번
- 94회 2교시 2번
- 106회 2교시 3번
- 123회 4교시 4번
- 100회 2교시 2번
- 71회 4교시 3번
- 118회 3교시 5번

- 124회 4교시 2번
- 88회 2교시 2번
- 121회 2교시 5번
- 71회 3교시 6번
- 114회 2교시 1번
- 114회 2교시 5번
- 108회 3교시 5번
- 109회 4교시 2번
- 102회 4교시 6번

CHAPTER 02 법규

> ▶▶▶ 94회 4교시 5번
>
> 개발제한구역(Green Belt)에서 각종 개발사업 시행 시 발생하는 Green Belt 훼손지역의 복구제도에 대해 설명하시오.

1. 개요

개발제한구역이란 「개발제한구역의 지정 및 관리에 관한 특별조치법」에 의하여 도시의 개발을 제한할 필요가 있는 지역을 도시·군관리계획으로 설정한 구역이다.

그린벨트 훼손지역은 건축물이나 공작물 등 각종 시설물이 밀집·산재하여 녹지로서 기능을 충분히 발휘할 수 없는 지역을 말한다.

그린벨트 훼손지역 복구제도란 그린벨트 내의 해제지역을 개발하는 개발사업자가 개발지역 주변의 관리를 위해 그린벨트 내의 훼손지역을 복구하는 계획을 세워 복구사업을 하거나 복구에 필요한 만큼의 비용을 부담하는 제도이다.

2. 그린벨트 훼손지역 복구제도의 개념

1) 훼손 이전 상태로 회복하는 제도

(1) 개발제한구역 해제대상지를 개발하는 사업자가 시행
  ① 개발지 주변 그린벨트 관리방안
  ② 소요 비용을 사업자가 부담

(2) 환경훼손자가 복구비용을 부담하는 '오염자 부담의 원칙'을 근거로 함

2) 녹지총량제 개념 적용

(1) 개발사업 지역 내의 녹지 훼손된 면적의 일정 범위
(2) 다른 지역의 녹지를 복구해 녹지의 기능을 유지함

3. 그린벨트 훼손지역 복구제도의 내용

1) 복구 사업지역의 면적
(1) 해제 대상 면적의 10~20%의 범위
(2) 중앙도시계획위원회 심의를 거침
(3) 국토교통부장관이 입안권자와 협의하여 결정

2) 복구 사업지역 선정
(1) 그린벨트 지정 목적의 달성 효과가 큰 곳
　① 생태적으로 민감한 지역의 인근에 있는 지역
　② 무분별한 도시의 확산 방지지역
　③ 훼손이 심해 시급히 복구가 필요한 곳
(2) 해제대상지로부터 10km 이내
　여러 곳이 있을 때는 인접지 우선 선정
(3) 접근성 좋은 지역
　도시민의 여가 활용을 위한 휴식공간
(4) 장기 미집행 공원
　개발제한구역 내 도시계획시설 결정 후 10년 이상 조성되지 않은 공원

3) 복구 방향
(1) 훼손지역의 녹지 기능 회복
(2) 인위적 노력으로 녹지기능 발휘 유도
(3) 도시민의 건전한 생활환경 확보

4) 복구사업 절차
(1) 복구 사업지역 선정
(2) 복구계획 작성
(3) 복구계획 입안 작성
(4) 중앙도시계획위원회 심의
(5) 입안권자 협의
(6) 복구계획 결정

4. 조경 분야 관점에서 훼손지 복구방안

1) 녹지기능 복구

(1) 본래 용도로 복구
① 공원, 전답, 과수원 등의 원형복구 가능 지목
② 훼손시설로 분류되는 시설물 철거

(2) 영농시설 설치 · 운영
① 도시민의 여가 및 영농생활 체험공간으로 조성
② 관련 법령이 허용하는 범위 내에서 실시

2) 공원 · 녹지 조성사업

(1) 「공원녹지법」에 의한 도시공원
① 도시민의 휴식 · 여가공간 제공
② 소공원, 주제공원, 생활권 공원

(2) 녹지 조성
① 「공원녹지법」에 규정된 녹지
② 완충녹지, 경관녹지, 연결녹지 조성
③ 소음 및 공해 방지

(3) 수목원 및 자연휴양림
① 자연적 공간을 조성하여 친녹 공간 제공
② 「산림문화휴양에 관한 법률」에 의한 자연휴양림
③ 「수목원 조성 및 진흥에 관한 법률」에 의한 수목원
④ 「산림자원의 조성 및 관리에 관한 법률」에 명시된 도시숲, 생활숲

3) 친환경 건축물 · 시설물 설치

(1) 건축물 · 시설물 설치면적
① 전체 복구 사업면적의 20% 이하
② 지붕 · 벽면녹화
③ 육생 · 수생 비오톱 설치

5. 결언

그린벨트 훼손지역 복구제도는 개발제한구역의 해제 대상지를 개발하는 사업자가 해제 대상지 주변의 훼손지를 의무적으로 복구하는 제도이다. 개발제한구역 해제 시 공원, 녹지 등의 조성 공간으로 활용할 수 있다.

▶▶▶ 100회 2교시 6번
조경공사의 하자담보책임을 규정하는 관련 법규에 대해 설명하시오.

1. 개요
조경공사의 하자담보책임을 규정하는 관련 법규는 시공 완료 후 시공자의 하자보수 시행 의무기준에 대한 내용을 규정하고 있다. 명확한 법적 근거로 시공자와 발주자 간에 발생할 수 있는 하자보수에 대한 분쟁을 최소화하고 하자보수 시행내용을 명확히 하기 위해 마련되었다.

2. 조경공사의 하자담보책임을 규정하는 관련 법규
1) 건설산업기본법 제28조(건설공사 수급인 등의 하자담보책임)

   (1) 내용
   - ① 건설공사의 종류별로 정해진 기간에 발생한 하자에 대해 담보책임
   - ② 조경시설물 및 조경식재 : 하자보수기간 2년

   (2) 담보책임이 없는 경우
   - ① 발주자가 제공한 재료의 품질이나 규격 등의 기준미달로 인한 경우
   - ② 발주자의 지시에 따라 시공한 경우
   - ③ 발주자가 건설공사의 목적물을 관계 법령에 따른 내구연한 또는 설계상의 구조내력을 초과해 사용한 경우

2) 공동주택 하자의 조사, 보수비용 산정 및 하자판정기준

   (1) 제30조(조경수 고사 및 입상불량)
   - ① 수관부의 가지 3분의 2 이상이 고사되거나, 수목의 생육상태가 극히 불량하여 회복하기 어렵다고 인정되는 경우에는 고사로 간주
   - ② 지주목의 지지상태가 부실하여 조경수가 쓰러진 경우에는 시공하자로 봄
   - ③ 유지관리 소홀로 인하여 조경수가 고사되거나 쓰러진 경우 또는 인위적으로 훼손되었다고 입증되는 경우에는 하자가 아닌 것으로 봄

   (2) 제31조(조경수 뿌리분 결속재료)
   - ① 고사되지 않은 조경 수목의 뿌리분 결속재료를 제거하지 않은 것은 하자가 아님
   - ② 지표면에 노출된 조경수의 뿌리분 결속재료를 제거하지 않은 경우에는 시공하자로 봄
   - ③ 분해되는 결속재료를 사용한 경우에는 하자가 아닌 것으로 봄

(3) 제32조(조경수 식재 불일치)
   ① 설계도서와 식재된 조경수를 비교하여 수종이 다르거나 저가 수종으로 식재한 것으로 인정되는 경우에는 변경시공하자로 봄
   ② 조경수의 식재를 누락한 경우에는 미시공하자로 봄

3) 기타 법률
   (1) 민법 제667조(수급인의 담보책임)
   (2) 국가를 당사자로 하는 계약에 관한 법률
      ① 제17조(공사계약의 담보책임)
      ② 제18조(하자보수보증금)

4) 조경공사 하자담보책임 관련 기준을 명시한 도서
   (1) 계약서, 설계도서
   (2) 시방서, 특기시방서
   (3) 표준명세서, 현장설명서 등

5) 조경공사 표준시방서상 고사식물의 하자보수 기준
   (1) 수목은 수관부 가지의 약 3분의 2 이상이 고사하는 경우에 고사목으로 판정하고 지피·초화류는 해당 공사의 목적에 부합되는가를 기준으로 감독자의 육안검사 결과에 따라 고사 여부를 판정
   (2) 고사 여부는 감독자와 수급인이 함께 입회한 자리에서 판정
   (3) 하자보수 식재는 하자가 확인된 차기의 식재 적기 만료일 전까지 이행하고 식재 종료 후 검수를 받아야 함
   (4) 하자보수 시의 식재수목 규격은 원 설계규격 이상으로 함
   (5) 하자보수의 대상이 되는 식물은 수목이나 지피식물, 숙근류 등의 다년생 초화류로서 식재된 상태로 고사한 경우에 한함
   (6) 지급품을 식재하는 경우의 보수기준

[고사기준율에 따른 지급 수목재료의 보수의무]

고사기준율 (수종·규격·수량 대비)	보수의무
10% 미만	전량 하자보수 면제
10% 이상~20% 미만	10% 이상의 분량만을 지급품으로 보수
20% 이상	10~20%의 분량은 지급품으로 보수 20% 이상은 수급인이 동일규격 이상의 수목으로 보수

3. 조경공사 하자보수 시행 시의 문제점

1) 환경영향요인 산재

　(1) 준공 후 다양한 유형의 하자발생 가능성 높음
　(2) 시설물은 외부환경에 노출되어 있어 여러 요인이 작용

2) 하자의 판단과 책임규명 곤란

　(1) 하자의 발생원인 판단 곤란
　(2) 하자발생에 대한 책임규명 어려움

3) 불명확한 하자 유형 구분

　(1) 객관적·주관적 원인 구분 불가능
　(2) 발주자의 주관적 판단에 의존

4. 하자처리 개선방안

1) 관련 법령의 정합화

　(1) 전문성이 있는 하자판정기준 정비
　(2) 하자담보책임과 관련한 규정 간에 상이·모호한 부분 수정

2) 하자담보책임기간의 합리적 설정

　(1) 시공목적물의 시설부위별 생애주기 고려
　(2) 자재별 내구연한 및 하자발생주기의 실증분석

3) 하자보수 종료확인서의 효력 강화

　(1) 종료확인서의 효력을 무시한 보수 지시 빈번
　(2) 법령에 하자보수종료확인서의 효력을 구체적으로 명시

5. 결언

조경공사의 하자보수는 수목 자체가 살아있는 생명체이고 시설물이 대부분 외부에 건설되어 환경의 영향을 많이 받는다는 것을 이해하는 것부터 시작해야 한다. 설계 시에는 개화·결실되는 수목의 최상의 상태만을 생각하고 시공 시에는 부족한 공사기간에 맞추느라 조급하게 졸속 시공을 하는 것이 문제를 일으킨다.

▶▶▶ **117회 3교시 3번**

종합·전문건설업 간 업역 규제를 전면 폐지하는 「건설산업기본법」 일부 개정법률안 (2018. 12. 7)의 주요 개정내용과 기대효과를 설명하시오.

1. 개요

건설산업이 종합건설업체와 전문건설업체로 업무영역을 명확히 분리하는 구조여서 도급자와 수급자 간에 수직적인 구조로 저가 또는 다단계 하도급 관행이 확산되어 관습화되는 부작용을 방지하기 위해 하도급 관련 조항이 개정되었다.
업역 규제 폐지 조항은 2021년에는 공공공사, 2022년에는 민간공사로 확대 적용된다.

2. 주요 개정내용

1) 생산구조 개편 및 도급자격 변경

   (1) 종합건설업체와 전문건설업체가 상호 시장에 자유롭게 진출할 수 있도록 생산구조 개편
   (2) 발주자 및 수급인은 시공자격을 갖춘 건설업자에게 도급 또는 하도급하도록 도급자격을 변경

2) 변경 통보

   둘 이상의 건설업자가 공동으로 국가, 지방자치단체 또는 대통령령으로 정하는 공공기관 외의 자가 발주하는 공사를 도급받기로 발주자와 약정한 후 그 건설업자 중에서 발주자에게 약정내용의 변경을 요청하는 경우에는 요청일 10일 전까지 그 사유를 다른 건설업자에게 서면으로 통보하여야 하고, 이를 위반하면 500만 원 이하의 과태료에 처함

3) 직접 시공

   현행은 건설업자는 1건 공사의 금액이 100억 원 이하로서 대통령령으로 정하는 금액 미만인 건설공사를 도급받은 경우에는 그 공사금액 중 대통령령으로 정하는 비율에 따른 금액 이상에 해당하

는 공사를 직접 시공하도록 하던 것을 건설공사의 도급금액 산출내역서에 기재된 총 노무비 중 대통령령으로 정하는 비율에 따른 노무비 이상에 해당하는 공사를 직접 시공하도록 함

4) 하도급 입찰정보 공개
  (1) 수급인이 하도급 입찰정보를 공개하도록 함
  (2) 이를 위반하면 500만 원 이하의 과태료에 처함

5) 건설업 등록기준 확인
  국토교통부장관은 건설업 등록기준의 확인을 위해 기술자의 고용보험, 국민연금보험, 국민건강보험, 산업재해보상보험에 관한 자료를 관계 기관의 장에게 요청할 수 있도록 함

3. 기대효과

1) 건설공사의 시공효율 향상
  (1) 시공하는 업종의 등록기준을 충족하는 등 일정한 자격요건 구비를 전제로 함
  (2) 종합·전문업체가 상호 공사(종합↔전문)의 원도급·하도급이 가능하도록 업역을 전면 폐지
  (3) 이에 부합하도록 건설공사의 직접시공을 원칙으로 하면서 하도급 제한 범위를 개편

2) 글로벌 경쟁력 강화
  (1) 종합·전문건설업 간 기술경쟁 촉진
  (2) 기술력 증진으로 건설산업 경쟁력 증대

3) 저가 하도급 방지 및 하도급 투명성 제고
  (1) 건설업자가 발주자에게 약정내용 변경 요청 시 상대 공동도급자에게 그 사유를 통지
  (2) 수급인이 하도급 입찰정보를 공개하도록 의무화하는 등 하도급 제도의 개선

4. 결언

한국은 1976년 전문건설업을 도입하였는데, 종합·전문건설업 사이의 칸막이식 업역 규제로 공정한 경쟁 방해, 서류상 회사 수 증가, 기업의 성장 저해 등의 부작용이 단점으로 지적되었다. 시행 초기에 자격에 대한 혼란 발생이 예상되므로 적합한 건설업자를 선정하는 데 무엇보다도 발주처의 발주지침이 정확하게 명시되어야 할 것으로 보인다.

▶▶▶ 117회 4교시 6번

「건축법」상 '대지의 조경' 제도의 현황 및 문제점과 개선방안에 대해 설명하시오.

1. 개요
대지의 조경은 대지에 건축물을 건축할 때 일정 비율의 조경면적을 확보하도록 의무를 부여한 것이다. 대지 면적과 건축물의 연면적 규모에 따라 식재와 시설물을 설치해야 하는 면적을 규정하고 있다. 도시의 환경개선, 쾌적성을 높일 수 있는 공간 마련, 생물서식공간 제공, 생물의 이동통로 기능 확보 등 녹지 확보 및 도시 생태 네트워크 기반조성에 기여할 수 있다.

2. 대지의 조경 개념과 특성

1) 개념

(1) 건축 시의 조경면적 기준
(2) 건축법상 인정받을 수 있는 조경면적 기준의 한계

2) 대지의 조경 특성

(1) 용도지역과 건축물의 규모에 따라 일괄적으로 적용
(2) 용도지역·지구, 대지면적, 연면적의 합계에 따라 변동
(3) 건축 연면적과 대지면적이 조경 조치의 기준
(4) 대지면적의 5~10% 이상의 범위

3. 조경 등의 조치에 관한 법령의 내용

1) 건축법 제42조(대지의 조경)

(1) 면적이 200m^2 이상인 대지에 건축을 하는 건축주는 용도지역 및 건축물의 규모에 따라 해당 지방자치단체의 조례로 정하는 기준에 따라 대지에 조경이나 그 밖에 필요한 조치를 하여야 함
(2) 국토교통부장관은 식재기준, 조경시설물의 종류 및 설치방법, 옥상 조경의 방법 등 조경에 필요한 사항을 정하여 고시할 수 있음

2) 건축법 시행령

(1) 공장 및 물류시설
① 연면적의 합계가 2,000m^2 이상 : 대지면적의 10% 이상
② 연면적의 합계가 1,500m^2 이상~2,000m^2 미만 : 대지면적의 5% 이상

(2) 「공항시설법」에 따른 공항시설

　　대지면적(항공기의 이륙 및 착륙시설로 쓰는 면적은 제외)의 10% 이상

(3) 「철도의 건설 및 철도시설 유지관리에 관한 법률」에 따른 철도 중 역시설

　　대지면적(철도운행에 이용되는 시설의 면적은 제외)의 10% 이상

(4) 면적 200m² 이상~300m² 미만인 대지에 건축하는 건축물

　　대지면적의 10% 이상

3) 옥상조경 및 인공지반 조경

(1) 옥상 조경면적의 3분의 2에 해당하는 면적을 '대지의 조경' 면적으로 산정

(2) '대지의 조경' 면적의 100분의 50을 초과할 수 없음

4. '대지의 조경'의 문제점

1) 녹지면적과 수량에 의한 규제

(1) 총량 규제로 질보다 양에 치우침

(2) 녹지의 질 저하

2) 인공적 조성 면적 제외

(1) 벽면녹화에 대한 면적 기준 부재

(2) 건축 관련 구조물 녹화에 대한 규정이 없음

3) 질적 판단 기준 부재

(1) 일정 비율의 수치로만 규제

(2) 양적인 식물 피복에 치중

4) 유지관리 규정 불충분

(1) 비현실적 식재 규정

(2) 관수 및 환경조건 유지관리 기준 부족

5. 결언

대지의 조경조항은 건축물 건축 시 녹지를 조성하도록 한 의무규정이다. 지구 단위에 적합한 조경의 형태가 도출되도록 면적을 기준으로 산정하게 되어 있는 조경기준을 개선해 식재지 및 주변 환경의 다양한 여건을 반영할 수 있도록 해야 한다.

> ▶▶▶ 111회 3교시 1번
>
> 녹색건축인증을 위한 공동주택 심사기준 중 생태환경(대지 내 녹지공간 조성)의 평가항목별 평가목적, 평가방법 및 산출기준에 대해 설명하시오.

1. 개요

녹색건축인증제도는 건축물이 인간의 거주생활과 공존할 수 있도록 건축물의 친환경적인 구축과 유지에 관련되는 여러 분야를 토지, 에너지 이용, 생태환경 등으로 나누어 친환경성 달성 수준에 대하여 인증하는 제도를 말한다.

조경과 관련된 세부평가기준은 생태면적률, 비오톱, 자연녹지, 수환경체계, 보행자도로 여부 등이 있다.

2. 친환경건축물 인증제도의 목적

1) 저탄소 녹색성장 달성

   (1) 지속가능한 개발 지속
   (2) 에너지 절약을 통한 온실가스 발생 저감

2) 생활환경의 질 향상

   (1) 녹지량 증대
   (2) 공간패턴의 변화를 통한 쾌적성 확보
   (3) 생태계의 보전과 연계

3. 친환경건축물 인증제도의 세부평가기준

1) 적용대상

   (1) 공공건축물은 우수등급 이상 획득해야 함
   (2) 공동주택, 복합건축물(주거) 소형주택
   (3) 업무용 건축물, 학교·소방시설 등

2) 취득의무대상

   (1) 연면적 3,000m^2 이상 신축·증축 건축물
   (2) 공공기관, 중앙행정기관, 지방자치단체
   (3) 지방공사, 공단, 국공립 학교 등

3) 공동주택 인증심사기준 중 생태환경

구분	범주	평가항목	세부평가기준	구분	배점
생태환경	대지 내 녹지 공간 조성	연계된 녹지축 조성	대지 내 조성된 녹지축의 길이와 대지의 외곽길이의 합과의 비율에 대한 가중치를 산정하여 평가된 점수 및 조성된 대지 내 녹지축이 대지 외부의 녹지와 연계되어 생태축으로서의 기능성 유무를 평가한 점수를 합산하여 평가	평가항목	2
		자연지반 녹지율	전체 대지 내에 분포하는 자연지반녹지(인공지반 및 건축물 상부의 녹지 제외)의 비율로 평가	평가항목	2
	외부공간 및 건물 외피의 생태적 기능확보	생태면적률	생태적 가치를 달리하는 공간유형을 구분하고, 각 공간유형에 해당하는 가중치를 곱하여 구한 환산면적의 합과 전체 대지 면적의 비율로 평가	필수항목	10
	생물서식공간 조성	비오톱 조성	비오톱 조성을 위해 채용된 기법을 대상으로 정성적, 정량적으로 평가	평가항목	4

4. 생태환경의 평가항목별 평가목적, 평가방법 및 산출기준

1) 연계된 녹지축 조성

(1) 평가목적

대지 외부 비오톱과의 연계 여부 및 대지 내부의 연속된 녹지 공간 조성 여부를 평가

(2) 평가방법

대지 내 조성된 녹지축의 길이와 대지 외곽 길이의 합과의 비율에 대한 가중치를 산정하여 평가된 점수 및 조성된 대지 내 녹지축이 대지 외부의 녹지와 연계되어 생태축으로서의 기능성 유무를 평가한 점수를 합산

(3) 산출기준

구분	내용
배점	2점(평가항목)
산출기준	• 대지 내부의 연속된 녹지축 조성 : (가중치)×(배점 1점)

구분	녹지축 조성률(L)	가중치	비고
1급	$L \geq (1/4) \times A$	1.0	• L : 조성된 녹지축 길이 • A : 대지의 외곽 길이
2급	$(1/4) \times A > L \geq (1/6) \times A$	0.75	
3급	$(1/6) \times A > L \geq (1/8) \times A$	0.5	
4급	$(1/8) \times A > L \geq (1/10) \times A$	0.25	

구분	대지 외부 녹지와의 연계성 정도	가중치
1급	대지 내 녹지축이 외부녹지축 또는 비오톱과 8m 이상의 폭으로 연결	1.0
2급	대지 내 녹지축이 외부녹지축 또는 비오톱과 4m 이상의 폭으로 연결	0.5

• 대지 외부 녹지와의 연계성 : (가중치)×(배점 1점)

※ 녹지축의 인정범위
- 최소폭은 4m 이상일 것
- 다층식재 및 양질의 토양 생육환경(식생, 지형, 수자원 등)으로 조성되어 생물서식과 이동이 가능한 구조로 조성된 녹지공간

2) 자연지반 녹지율

(1) 평가목적

무분별한 지하공간 개발로 인한 생태적 기반 파괴를 지양하고 토양생태계 및 구조물의 안정성 확보에 필수적인 지하수 함양 공간을 확보

(2) 평가방법

전체 대지 내에 분포하는 자연지반녹지(인공지반 및 건축물 상부의 녹지 제외)의 비율로 평가

(3) 산출기준

구분	내용		
배점	2점(평가항목)		
산출기준	• 평점=(가중치)×(배점) $$자연지반\ 녹지율(\%) = \frac{자연지반\ 녹지면적(m^2)}{전체\ 대지면적(m^2)} \times 100(\%)$$		
	구분	자연지반 녹지율	가중치
	1급	자연지반 녹지율 25% 이상	1.0
	2급	자연지반 녹지율 20% 이상~25% 미만	0.75
	3급	자연지반 녹지율 15% 이상~20% 미만	0.5
	4급	자연지반 녹지율 10% 이상~15% 미만	0.25
	※ 암반층을 제외한 지구 상층부의 토층(土層)으로 구성된 자연지반(원지반)에 자연 상태로 형성된 녹지 또는 조성된 녹지를 말한다. 좁게는 자연지반 위에 생태계의 작용으로 자생한 녹지를 말하나, 넓게는 자연지반 또는 자연지반과 연속성을 가지는 절성토 지반에 인공적으로 조성된 녹지를 포함한다.		

5. 결언

친환경건축물 인증제도는 생태면적과 생태환경에 대한 비율을 높여 건축물의 생태기능을 높이기 위한 수단이다. 현재 각종 건축물에 적용하도록 법규에 명시하고 있으나 지역 및 환경 여건에 따라 인증기준을 세분화하고 도시에서는 달성하기 어려운 생태면적 확보기준을 완화해야 한다.

▶▶▶ 103회 2교시 5번

2014년 개정된 「경관법」의 주요 내용, 의의 및 조경 분야의 역할을 설명하시오.

1. 개요

「국토의 계획 및 이용에 관한 법률」, 「산림자원의 조성 및 관리에 관한 법률」 등 개별법 차원에서 각각 정의되던 것을 통합하고 경관계획 및 관리를 효율적으로 수행하기 위해 2007년 「경관법」이 제정되어 시행되고 있다. 「경관법」의 실효성에 대한 논란이 있는 가운데 2013년 8월 6일 개정된 내용이 2014년 2월 7일 시행되었다.

2. 경관법의 주요 내용과 개정 의의

1) 경관법의 주요 내용

   (1) 경관관리의 기본원칙
   (2) 경관정책기본계획 수립
   (3) 경관사업의 대상
   (4) 경관협정 체결
   (5) 사회기반시설사업의 경관 심의
   (6) 개발사업의 경관심의
   (7) 건축물의 경관심의
   (8) 경관위원회 설치
   (9) 경관위원회의 기능
   (10) 경관위원회 구성·운영
   (11) 인력양성 및 지원
   (12) 경관관리정보체계의 구축·운영

2) 경관법 개정 의의

　(1) 국토경관을 체계적으로 관리하기 위해 경관정책기본계획을 수립·시행
　(2) 시·도 및 인구 10만 명을 초과하는 시·군에 대해 경관계획 수립 의무화
　(3) 지역 특성을 반영한 경관계획 수립을 위해 도지사의 시·군 경관계획 승인절차 폐지
　(4) 아름답고 쾌적한 국토·지역 환경조성을 위해 주요 사회기반시설 사업 등에 경관심의제도 도입
　(5) 현행 제도의 운영상 나타난 미비점 개선·보완

3. 조경 분야의 역할

1) 경관도시 조성에 기여

　(1) 그린 인프라 조성
　(2) 경관현황 재점검
　(3) 조경·건축·도시계획의 융합

2) 자연 및 역사·문화경관 보전

　(1) 역사·문화여건을 활용한 경관디자인
　(2) 지역의 경관자원 철저히 조사·보존·활용
　(3) 경관의 체계적 보전

3) 지역 경관계획을 통한 디자인의 다양성 확보

　(1) 장면과 기억을 활용
　(2) 설화 등 전통적 이야기를 연계

4) 공간 및 시간의 정체성 확보

　(1) 역사적·문화적 정체성과 디자인을 접목
　(2) 지역 및 장소 정체성 극대화

4. 결언

경관보전에 대한 인식 확산에 따라 보전을 위한 각종 법규와 제도가 만들어지고 있다. 「경관법」도 그 중 하나로 불완전한 내용에 대한 단점이 계속 지적되고 있으므로 이에 대한 보완이 이루어져야 할 것이다.

> ▶▶▶ 115회 2교시 5번
>
> 공공시설 경관(색채) 관련 주요 국가정책 및 관련 계획과 「공공디자인의 진흥에 관한 법률」의 주요 내용을 설명하시오.

1. 개요

경제성장 및 여가수요 증대 등으로 아름다운 경관을 누리고자 하는 국민의 욕구가 높아지고 있고, 잠재력 있는 경관자원에 대한 효율적 활용 및 체계적 관리가 요구되고 있다.

이에 국토교통부는 국가 및 지역의 경관개선을 위한 선도모델을 개발하고, 경관 관련 연구 및 기술개발을 추진하며 아름답고 쾌적한 국토경관을 형성하고 우수한 경관을 발굴하여 지원·육성하기 위한 여러 정책을 추진하고 있다.

2. 제1차 경관정책기본계획(2015~2019년)

1) 성격
    (1) 「경관법」 제6조에 의해 첫 번째로 수립되는 경관정책에 대한 중장기 계획
    (2) 경관 분야(건축, 도시계획, 조경, 토목, 디자인 등), 학계·업계, 공공 부문의 전문가와 국민의 의견을 다양하게 수렴하여 수립

2) '제1차 경관정책기본계획'의 주요 과제
    (1) 품격 있는 국토경관을 형성하고 관리하기 위해 지켜나가야 할 가치와 원칙을 제시하는 '대한민국 국토경관 헌장'을 수립하고, 경관 인식 향상을 위해 지역별 경관경쟁력 평가를 주기적으로 실시하며, 우수 경관자원을 한국 대표경관으로 선정
    (2) 경관자원은 모두가 공유하고 함께 향유해야 할 공공재라는 인식에 공감함을 유도
    (3) 사회적 가치관이 정립되는 어린이와 청소년이 경관 가치를 공유할 수 있도록 경관 기초교육 프로그램을 마련하여 교과과정에 연계하고, 골목·마을 단위에서 일상 생활환경을 개선하는 국민실천 경관활동인 '으뜸 동네 만들기 운동'을 추진
    (4) 고유의 국토경관을 상징하고 미래 국토경관을 선도할 수 있는 국가상징 경관시범사업을 발굴하여 추진
    (5) 교량, 육교, 방음벽 등 일상생활 속에서 자주 접하는 SOC시설의 경관을 우수하게 만들고 관리하는 방안을 마련
    (6) 국토경관 연구개발사업을 추진하여, 3차원 경관관리시스템 구축, 전선·통신선 지중화 등 경관향상 기술개발 및 경관 경제가치 연구 등 기초연구 강화

(7) 경관 전문성 제고를 위해 국가직무능력표준(NCS)에 경관직무를 보완하고, NCS와 연계하여 대학 내 관련 학과에 경관계획 및 관리 과목 도입 및 전문가 대상 교육 프로그램 개발을 추진

3. 제3차 건축정책기본계획(2021~2025년)

1) 추진 전략

(1) 공공건축 혁신으로 국민 일상 공간환경 개선
(2) 입체적 · 통합적 계획으로 균형 있는 도시 공간 관리
(3) 건축자산 보전과 건축 인식 향상으로 건축문화 진흥
(4) 건축물의 에너지 성능 향상과 지속적 보급
(5) 미래환경 변화에 적응하는 건축환경 관리
(6) 커뮤니티 중심의 안전한 지역 생활공간 조성
(7) 건축산업 경쟁력 강화로 지역경제 향상 및 일자리 창출
(8) 사회적 변화에 대응하는 사용자 포용 건축 행정 · 제도 개선
(9) 첨단 건축기술과 빅데이터 활용을 통한 스마트건축 구축

2) 가이드라인 및 관련 법 제도 정비

(1) 경관조명 가이드라인
(2) 해안경관 가이드라인
(3) 수변경관 가이드라인
(4) 「옥외광고물 등의 관리와 옥외광고산업 진흥에 관한 법률」 개정
(5) 「공공부문 건축디자인 업무기준」 개정

4. 「공공디자인의 진흥에 관한 법률」의 주요 내용

1) 공공디자인 진흥 종합계획의 수립 등

(1) 문화체육관광부장관은 공공디자인의 진흥을 위하여 관계 중앙행정기관의 장과 협의를 거쳐 5년마다 공공디자인 진흥 종합계획을 수립 · 시행하여야 함
(2) 문화체육관광부장관은 종합계획을 공공디자인위원회의 심의를 거쳐 확정 · 변경
(3) 종합계획에 포함되어야 하는 사항
  ① 공공디자인 정책의 기본 목표와 방향에 관한 사항
  ② 공공디자인의 종합적 · 체계적인 관리에 관한 사항
  ③ 공공디자인 전문인력 육성에 관한 사항
  ④ 공공디자인 관련 법 · 제도에 관한 사항

⑤ 공공디자인 진흥을 위한 관련 분야와의 협력 및 국민 참여에 관한 사항
⑥ 그 밖에 공공디자인의 진흥에 관한 중요 사항

(4) 문화체육관광부장관은 종합계획의 효율적 수립·추진을 위하여 지방자치단체 및 관계 기관에 관련 자료를 요청할 수 있음
(5) 문화체육관광부장관은 종합계획의 수립·시행에 필요한 공공디자인 현황에 대하여 실태조사를 할 수 있음

2) 공공디자인위원회의 설치

(1) 공공디자인의 진흥에 관한 사항을 심의 및 조정하기 위한 기관
(2) 공공디자인위원회의 심의·조정사항
① 종합계획의 수립에 관한 사항
② 추진협의체에 대한 자문에 관한 사항
③ 공공디자인 진흥 및 통합 관리를 위한 정책에 관한 사항
④ 공공디자인의 진흥을 위한 사업과 활동 지원에 관한 사항
⑤ 공공디자인 관련 법률·제도의 개선에 관한 사항
⑥ 그 밖에 위원회가 공공디자인의 진흥을 위하여 필요하다고 인정하는 사항

3) 공공디자인사업 시행의 원칙

국가기관 등의 장은 공공디자인사업 추진에 있어 다음을 기본원칙으로 함

① 공공의 이익과 안전을 최우선으로 고려하며 아름답고 쾌적한 환경을 조성하도록 함
② 연령, 성별, 장애 여부, 국적 등에 관계 없이 모든 사람이 안전하고 쾌적하게 환경을 이용할 수 있는 디자인을 지향
③ 국가·지역의 역사 및 정체성을 표현하고, 주변 환경과 조화·균형을 이루도록 함
④ 공공디자인에 관한 국민들의 의견을 적극적으로 수렴하며, 의사결정 과정에 국민들이 참여할 수 있는 다양한 방안을 마련
⑤ 공공시설물 등을 관할하는 관계 기관과 적극적 협력체계를 통하여 통합적 관점의 공공디자인이 구현될 수 있도록 함

4) 공공디자인 용역 전문수행기관의 육성

(1) 국가는 공공디자인 용역을 전문적으로 수행할 수 있도록 다음의 회사·기관·학교 및 단체를 대통령령으로 정하는 바에 따라 지원·육성할 수 있음
① 공공디자인에 관한 기획·조사·분석·개발·자문 등을 전문으로 하는 회사로서 문화체육관광부령으로 정하는 기준에 해당하는 회사(공공디자인 전문회사)

② 「고등교육법」에 따른 대학·산업대학·전문대학·기술대학 및 각종 학교로서 공공디자인 관련 학과 또는 연구소 등이 설치된 학교
③ 연구기관으로서 공공디자인에 관한 연구 수행기관
④ 그 밖에 대통령령으로 정하는 공공디자인 관련 기관 또는 단체

(2) 공공디자인 전문회사는 문화체육관광부령으로 정하는 요건과 절차에 따라 문화체육관광부 장관에게 신고하여야 함. 신고한 사항을 변경하려는 경우에도 또한 같음

(3) 문화체육관광부장관은 신고 또는 변경신고를 받은 날부터 14일 이내에 신고 수리 또는 변경신고 수리 여부를 신고인에게 통지하여야 함

(4) 문화체육관광부장관이 정한 기간 내에 신고 수리 또는 변경신고 수리 여부나 민원 처리 관련 법령에 따른 처리 기간의 연장을 신고인에게 통지하지 아니하면 그 기간이 끝난 날의 다음 날에 신고 또는 변경신고를 수리한 것으로 봄

5. 결언

공공디자인은 공공이 이용하는 경관을 아름답게 만드는 것을 넘어 도시민이 문화와 예술을 일상적으로 접하게 하는 방법이다. 또한 행정의 변화를 통하여 공공공간의 이용 능률을 높이고 인본주의적으로 재구축하고자 하는 민주적인 가치관이 확장된 결과로 볼 수 있다.

▶▶▶ 115회 4교시 6번

공사계약 일반조건의 하도급 대금 직접 지급에 대해 설명하고, 건설산업 일자리 개선대책과 관련한 '임금직불 전자적 대금 지급시스템'에 대해 설명하시오.

1. 개요

수급인이 공사를 이행할 수 없게 되었을 때는 기성고에 대한 공사대금을 선급금으로 충당하며 수급인에게 부도 등의 사유가 발생한 경우 하수급인은 도급인에게 하도급대금의 직접지급을 청구할 수 있다. 선급금 충당 대상이 되는 기성공사대금의 내역을 어떻게 정할 것인지는 도급계약을 어떤 내용으로 체결했는지에 따라 결정된다. 하도급대금 직접지급을 우선하도록 하는 내용이 계약서에 명시되어 있는 경우는 하도급대금 직접지급이 우선한다.

2. 하도급 대가의 직접 지급

1) 하도급 대가 직접지급 요건
(1) 하수급인이 계약상대자를 상대로 하여 받은 판결로서 그가 시공한 분에 대한 하도급 대금 지급을 명하는 확정판결이 있는 경우
(2) 계약상대자가 파산, 부도, 영업정지 및 면허취소 등으로 하도급대금을 하수급인에게 지급할 수 없게 된 경우
(3) 「하도급거래 공정화에 관한 법률」 또는 「건설산업기본법」에 규정한 내용에 따라 계약상대자가 하수급인에 대한 하도급대금 지급보증서를 제출하여야 할 대상 중 그 지급보증서를 제출하지 않은 경우

2) 하도급 대가를 직접 지급하지 않는 경우
하수급인이 해당 하도급 계약과 관련하여 노임, 중기사용료, 자재 대가 등을 체불한 사실을 계약상대자가 객관적으로 입증할 수 있는 서류를 첨부하여 해당 하도급 대가의 직접지급 중지를 요청한 때에는 해당 하도급 대가를 직접 지급하지 않을 수 있음

3) 내역의 구분 및 하도급 대가 분리 청구
계약상대자는 준공신고 기성대가의 지급 청구를 위한 검사를 신청하고자 할 경우는 하수급인이 시공한 부분에 대한 내역을 구분하여 신청하여야 하며 하도급 대가가 포함된 대가 지급을 청구할 때에는 해당 하도급 대가를 분리하여 청구하여야 함

3. 건설산업 일자리 개선대책의 필요성과 주요 내용

1) 일자리 개선대책의 필요성
(1) 취업자의 73%가 비정규직 근로자로 고용 안정성이 낮음
(2) 임금 체불이 반복되고 각종 사회보장에서도 소외
(3) 열악한 근무환경으로 청년층이 취업 기피
(4) 다단계 도급구조에서 위험과 부담을 말단 건설근로자에게 전가하는 관행

2) 일자리 개선대책의 주요 내용
(1) 임금보장 강화
(2) 건설 근로환경 개선
(3) 건설 숙련인력 확보
(4) 양질의 신규 일자리 창출을 위한 건설업계 지원

4. 건설산업 일자리 개선대책

1) 임금보장 강화
(1) 공공공사는 발주자 임금 직접 지급제 의무화
(2) 「전자적 대금지급시스템」 전면 확대
(3) 임금지급보증제 도입
(4) 적정임금제 추진

2) 근로환경 개선
(1) 건설근로자 복지 사각지대 해소
(2) 건설기계대여업 종사자에 대한 보호 강화
(3) 설계·엔지니어링 업계의 일자리 질 개선

3) 숙련인력 확보
(1) 기능인등급제를 도입
(2) 전자 카드제를 통한 경력관리 기반 구축
(3) 교육·훈련 강화를 통한 건설인력 양성체계 확립
(4) 불법 외국인력 퇴출 및 노무관리 책임 강화

4) 신규 일자리 창출 지원
(1) 고용 우수 건설업체 인센티브 강화
(2) 적정 공사비 확보
(3) 건설산업 경쟁력 강화방안 마련

5. 전자적 대금 지급 시스템

1) 방법
(1) 건설사가 임금, 하도급 대금 등을 인출하지 못하도록 제한하고 근로자의 계좌 등으로 송금만 허용
(2) 중소벤처기업부, 조달청, 서울시 등에서 개발·보급하고 있음

2) 목적
(1) 임금 체불 사전 예방
(2) 건설근로자의 고용 안정성 확보

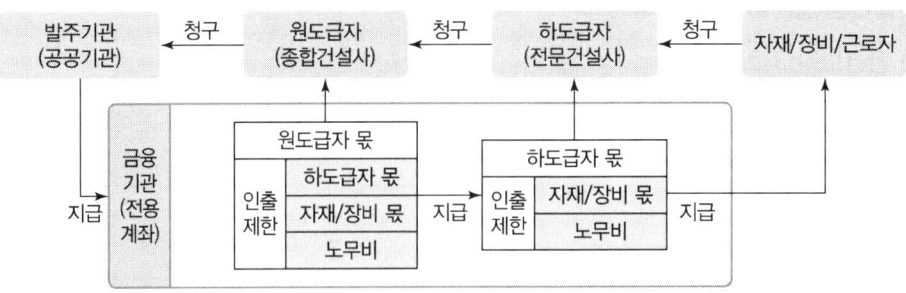

[조달청 대금지급관리시스템(하도급 지킴이) 개요도]

6. 결언

건설현장 근로자의 임금체불은 어제오늘의 일이 아니다. 이러한 고질적인 병폐를 개선하기 위해 국토교통부에서 정책적으로 도입한 제도가 임금직불 전자적 대금 지급 시스템이다. 먼저 공공공사에 적용하며 제도의 정착을 위해 다각도로 노력하고 있는 만큼 건설 분야의 근로환경 개선에 기여할 것이라고 사료된다.

▶▶▶ 67회 4교시 2번

조경공사의 입찰방법의 종류에 대해 경쟁입찰과 수의계약입찰로 구분하여 설명하고 조경공사 시 바람직한 입찰방법을 제시하시오.

1. 개요

「국가를 당사자로 하는 계약에 관한 법률」에서는 입찰방법의 종류를 일반경쟁입찰과 제한경쟁입찰로 구분하고 있다. 제한경쟁입찰 시는 입찰참가자격을 제한하거나 업체를 지명하고 또한 수의계약을 할 수 있게 되어 있다. 필요시 계약수행능력평가를 사전에 심사해 적격자만 입찰을 하도록 하는 적격심사제도가 시행되고 있다.

2. 조경의 개념과 조경공사의 특성

1) 조경의 개념
   (1) 국토의 환경과 경관을 쾌적하고 아름답게 관리하는 것
   (2) 토지 등의 공간을 대상으로 계획 · 설계 · 시공 · 관리하는 것

2) 조경공사의 특성

(1) 생물재료 사용
① 살아있는 수목으로 표준화·규격화 곤란
② 재료 수급의 불균형
③ 조경수 생산에 장기간 소요

(2) 공사규모의 영세성
① 적은 금액의 소규모 공사가 대부분
② 저가 수주 및 공사기간 부족의 문제

3. 경쟁입찰과 수의계약입찰

1) 경쟁입찰

구분	내용
공개경쟁입찰	해당 공사 업종 내에서 일반경쟁
제한경쟁입찰	해당 업종, 지역, 수행실적 등의 제한요건이 있음
지명경쟁입찰	발주처가 지명한 특정업체만 입찰에 참여

2) 수의계약입찰

(1) 특명입찰, 비경쟁입찰에 해당
(2) 발주청이 공사에 적합한 업체를 판단하여 선정
(3) 기술능력, 자산, 자재, 기술, 신용 등을 고려
(4) 수의계약을 할 수 있는 경우
① 경쟁에 부칠 여유가 없는 경우 : 천재지변, 재해복구 등
② 경쟁 시 목적달성이 어려운 경우 : 국가기밀, 군사방위 관련 공사
③ 특정기술이나 공법 적용 및 생산·시공자가 1인인 경우
④ 직전 공사와 하자 관계 책임 구분이 곤란한 경우
⑤ 접전지역 등 특수지역공사
⑥ 특정 소유물품, 기술, 용역, 부동산 등 계약
⑦ 공모전 당선자와 계약

4. 조경공사의 바람직한 입찰방법

1) 조경공사의 특수성을 감안한 입찰

   (1) 조경수 생산 농민의 보호를 위한 제한경쟁

   ① 일정 재배면적을 확보했음을 증명할 수 있는 생산자만 참여
   ② 농민의 생산에 대한 노력 인정
   ③ 납품 및 공사지연으로 인한 피해 예방

   (2) 생산·시공 가능자 대상으로 지명경쟁

   ① 월동 자재인 공석의 경우 전국 4개소 내외
   ② 실제 생산자의 입찰 참여
   ③ 비용 절감 및 안정된 납품 보장

2) 정부 정책에 부합하는 입찰방법 적용

   (1) 품질을 담보로 한 수의계약 추진

   ① 특수기술, 특수공법 및 장비 적용 등
   ② 예 : 보호수 외과수술 및 이식공사

   (2) 우선 구매제도

   ① 중소기업제품, 장애인기업제품, 여성기업제품을 우선 구매
   ② 사회적 약자를 배려하는 조경

5. 결언

조경공사는 생물과 무생물을 동시에 시공하는 복합적·특수적인 측면이 강한 공사로 조경수 생산 농민과 중소자재 생산자를 보호하는 입찰방법이 필요하다.

품질에 대한 담보 제공, 사회적 약자 배려 등을 위해 제한입찰과 수의계약입찰을 적절히 조정하고 최저가 입찰제는 지양하며 실적공사비 데이터 축적을 통해 현장 상황에 맞는 적절한 입찰방법이 선정되어야 한다.

> ▶▶▶ 114회 4교시 1번
>
> 「국토기본법」에 의한 국토계획 체계와 「국토의 계획 및 이용에 관한 법률」에 의한 도시·군계획 체계를 설명하시오.

1. 개요

국토계획이란 국토를 이용·개발 및 보전함에 있어서 미래의 경제적·사회적 변동에 대응하여 국토가 지향하여야 할 발전방향을 설정하고 이를 달성하기 위한 계획을 말한다. 국토를 효율적으로 보존하고 이용하기 위하여 법을 제정하며 국토기본법은 국토의 균형 있는 발전, 경쟁력 있는 국토 여건의 조성, 환경친화적 국토관리 등을 지향한다.

「국토기본법」에 의한 국토계획은 국토종합계획, 초광역권계획, 도종합계획, 시·군종합계획, 지역계획 및 부문별 계획으로 구분한다. 「국토의 계획 및 이용에 관한 법률」은 「국토기본법」에 규정된 국토계획의 방향에 맞도록 국토계획을 수립하고 집행하기 위한 사항을 규정한다.

2. 「국토기본법」의 목적과 국토계획 체계

1) 「국토기본법」의 목적

국토에 관한 계획 및 정책의 수립, 시행에 관한 기본적인 사항을 정함으로써 국토의 건전한 발전과 국민의 복리향상에 이바지

2) 「국토기본법」에 규정된 국토계획 체계

구분	내용
국토종합계획	국토 전역을 대상으로 하여 국토의 장기적인 발전 방향을 제시하는 종합계획
초광역권계획	지역의 경제 및 생활권역의 발전에 필요한 연계·협력사업 추진을 위하여 2개 이상의 지방자치단체가 상호 협의하여 설정하거나 「지방자치법」 제199조의 특별지방자치단체가 설정한 권역으로, 특별시·광역시·특별자치시 및 도·특별자치도의 행정구역을 넘어서는 권역
도종합계획	도 또는 특별자치도의 관할구역을 대상으로 하여 해당 지역의 장기적인 발전 방향을 제시하는 종합계획
시·군종합계획	특별시·광역시·특별자치시·시 또는 군(광역시의 군은 제외)의 관할구역을 대상으로 하여 해당 지역의 기본적인 공간구조와 장기 발전 방향을 제시하고, 토지이용, 교통, 환경, 안전, 산업, 정보통신, 보건, 후생, 문화 등에 관하여 수립하는 계획으로서 「국토의 계획 및 이용에 관한 법률」에 따라 수립되는 도시·군계획
지역계획	특정 지역을 대상으로 특별한 정책목적을 달성하기 위하여 수립하는 계획
부문별 계획	국토 전역을 대상으로 하여 특정 부문에 대한 장기적인 발전 방향을 제시하는 계획

3) 국토계획의 상호관계

   (1) 국토종합계획은 초광역권계획, 도종합계획 및 시·군종합계획의 기본이 됨

   (2) 부문별 계획과 지역계획은 국토종합계획과 조화를 이루어야 함

   (3) 도종합계획은 해당 도의 관할구역에서 수립되는 시·군종합계획의 기본이 됨

3. 「국토계획법」의 목적과 도시·군계획의 정의

1) 「국토계획법」의 목적

국토의 이용·개발과 보전을 위한 계획의 수립 및 집행 등에 필요한 사항을 정하여 공공복리를 증진시키고 국민의 삶의 질을 향상시키는 것

2) 도시·군계획의 정의

특별시·광역시·특별자치시·특별자치도·시 또는 군(광역시의 관할구역에 있는 군은 제외)의 관할구역에 대하여 수립하는 공간구조와 발전 방향에 대한 계획

4. 도시·군계획의 구분

구분	내용
도시·군기본계획	특별시·광역시·특별자치시·특별자치도·시 또는 군의 관할구역에 대하여 기본적인 공간구조와 장기 발전 방향을 제시하는 종합계획으로서 도시·군관리계획 수립의 지침이 되는 계획
도시·군관리계획	특별시·광역시·특별자치시·특별자치도·시 또는 군의 개발·정비 및 보전을 위하여 수립하는 토지이용, 교통, 환경, 경관, 안전, 산업, 정보통신, 보건, 복지, 안보, 문화 등에 관한 계획

5. 도시·군기본계획의 내용과 도시·군관리계획의 분류

1) 도시·군기본계획의 내용

   (1) 지역적 특성 및 계획의 방향·목표에 관한 사항

   (2) 공간구조 및 인구의 배분에 관한 사항

   (3) 생활권의 설정과 생활권역별 개발·정비 및 보전 등에 관한 사항

   (4) 토지의 이용 및 개발에 관한 사항

   (5) 토지의 용도별 수요 및 공급에 관한 사항

   (6) 환경의 보전 및 관리에 관한 사항

   (7) 기반시설에 관한 사항

   (8) 공원·녹지에 관한 사항

   (9) 경관에 관한 사항

① 기후변화 대응 및 에너지 절약에 관한 사항

② 방재 · 방범 등 안전에 관한 사항

⑽ (2)부터 (8)까지, (8)의 ① 및 ②에 규정된 사항의 단계별 추진에 관한 사항

⑾ 그 밖에 대통령령으로 정하는 사항

2) 도시 · 군관리계획의 분류

(1) 용도지역 · 용도지구의 지정 또는 변경에 관한 계획

(2) 개발제한구역, 도시자연공원구역, 시가화조정구역, 수산자원보호구역의 지정 또는 변경에 관한 계획

(3) 기반시설의 설치 · 정비 또는 개량에 관한 계획

(4) 도시개발사업이나 정비사업에 관한 계획

(5) 지구단위계획구역의 지정 또는 변경에 관한 계획과 지구단위계획

(6) 도시혁신구역의 지정 또는 변경에 관한 계획과 도시혁신계획

(7) 복합용도구역의 지정 또는 변경에 관한 계획과 복합용도계획

(8) 도시 · 군계획시설 입체복합구역의 지정 또는 변경에 관한 계획

6. 결언

국토계획은 지속가능하고 환경 친화적인 국토관리를 위하여 반드시 행해야 하는 국토이용의 기본이라 할 수 있다. 국토의 보존과 관리를 위한 주요 법을 제정하고 관련 법과 실제 집행을 위한 다양한 규정을 체계적으로 연계하여 통합 적용하는 것이 무분별한 개발을 막고 토지이용의 효율화를 달성할 수 있는 길이다.

▶▶▶ **103회 3교시 4번**

도시자연공원구역의 정의, 지정, 경계설정 및 변경기준, 건축물 · 공작물 설치허가의 일반기준에 대해 설명하시오.

1. 개요

도시자연공원구역은 도시 내에 잔존하는 자연산림을 보호하기 위해 지정하는 용도구역이다. 지정 후에는 개발이 엄격히 제한되며 일정 행위만 허용된다. 개발제한구역, 시가화조정구역과 함께 도시 내에 존재하는 대표적인 개발유보지역으로서 합리적 관리를 위해 상위등급지가 포함된 경우에도 변경 · 해제할 수 있도록 개정하였다.

2. 정의, 지정기준 및 경계설정기준

1) 정의

(1) 도시지역 안의 식생이 양호한 수림의 훼손을 유발하는 개발을 제한할 필요가 있는 지역

(2) 도시의 자연환경 및 경관을 보호하고 도시민에게 건전한 여가·휴식공간을 제공하는 구역

2) 지정기준

항목	기준
양호한 자연환경의 보전	• 동식물의 서식처 또는 생육지로서 생태적으로 보전가치가 높은 지역(①) • 자연의 보호상태가 양호해 훼손 또는 오염이 적으며 양호한 소생태계(비오톱)가 형성되어 있는 지역(②) • ① 또는 ②의 조건을 가진 지역의 주변지역으로 양호한 생태계 또는 식생을 보호하기 위한 완충지역
양호한 경관의 보호	• 지역의 경관미가 수려한(지형 등이 뛰어난 풍치 또는 경관을 형성하고 있는) 지역 • 해당 도시 또는 지역에서 주요한 조망대상 또는 상징적 경관이 되는 지역 • 지역의 역사 등과 깊은 관계를 갖고 있는 문화재 또는 유적 및 유물이 입지한 지역으로 주변의 자연경관과 조화되어 보전할 만한 가치가 있는 경관적 특성을 형성하고 있는 지역
도시민의 여가 휴식공간의 확보	• 도시민의 여가공간으로 효율성을 높이기 위해 필요한 지역 • 주민이 일상적으로 접촉하는 빈도가 높은 산 또는 도시민과 자연과의 접촉의 장이 되는 녹지 • 지역 주민의 건전한 심신의 유지 및 증진에 관계되는 녹지로서 지역 주민의 건전한 생활환경 확보를 위해 적정하게 보전할 필요가 있는 지역 • 도시기본계획, 공원녹지기본계획에서 도시민의 여가·휴식공간, 보전할 만한 녹지축이나 거점 등으로 계획된 지역

3) 경계설정기준

(1) 일정 규모의 보전해야 할 가치가 있는 지역 및 영향권(완충지대)을 포함해 설정
　① 지형적인 특성(등고선, 능선, 하천 수계, 골짜기 등) 및 행정구역 경계 고려
　② 심한 요철 구간이나 심한 경사 차이가 발생하지 않도록 함

(2) 토지의 현황을 고려해 지정
　① 주변의 토지이용 현황(공원·녹지의 유무, 주거지 등)
　② 토지소유 현황(국·공유지, 사유지 등)
　③ 토지이용에 관한 관련 계획을 종합적으로 고려

(3) 취락지구, 학교, 종교시설, 농경지 등의 유무를 고려
　① 구역에 닿아 있는 경우는 제외
　② 구역 내에 있는 경우는 구역에 포함하여 설정

3. 변경 · 해제기준, 건축물 · 공작물 설치허가의 일반기준

1) 변경 · 해제기준

(1) 녹지가 훼손되어 자연환경의 보전기능이 현저하게 저하되거나 도시민의 여가 · 휴식공간으로서의 이용목적을 상실한 경우
　① 식생 등 보전가치가 낮고 도시민의 여가 · 휴식공간기능 상실해 존치 필요성이 없는 경우
　② 천재지변이나 자연적 · 지리적 특성 등의 사유로 도시민들의 이용이 불가능한 경우
　③ 소규모 단절 토지
　　• 도로(중로2류 15m 이상) · 철도 · 하천 개수(지방 2급 하천 이상)로 인해 발생한 2,000m² 미만 토지
　　• 개발제한구역의 경우에는 3,000m² 미만의 토지
　　• 도시공원 또는 녹지로 변경 또는 도시자연공원구역을 부분 해제할 수 있음
　　• 해제면적은 전체 구역면적의 100분의 1을 초과할 수 없음

(2) 도시자연공원구역과 개발제한구역이 중복되어 지정된 경우

(3) 도시기본계획 및 공원녹지기본계획에 부합되어야 함

(4) 환경성 검토를 통해 국토환경성평가도 3~5등급, 생태자연도 3등급, 임상도 3~1영급, 녹지자연도 6~0등급을 이용등급으로 하고, 이용등급을 대상으로 변경(해제)

(5) 국토환경성평가도, 생태자연도, 임상도, 녹지자연도 등을 활용해 상위등급을 우선 적용해 이용등급 부여

2) 건축물 · 공작물 설치허가의 일반기준

(1) 행위허가 목적물은 도시자연공원구역의 풍치 및 미관과 공원기능을 저해하지 않도록 배치되어야 함

(2) 지상에 설치하는 행위허가 목적물의 구조는 넘어지거나 무너지는 것 등을 예방할 수 있도록 해야 하며 도시자연공원구역의 보전과 이용에 지장이 없도록 해야 함

(3) 지하에 설치하는 행위허가 목적물의 구조는 견고하고 오래 견딜 수 있도록 해야 하며, 도시자연공원구역 및 다른 행위허가 목적물의 보전과 이용에 지장이 없도록 해야 함

(4) 당해 지역 및 그 주변지역에 있는 역사적 · 문화적 · 향토적 가치가 있는 지역을 훼손하지 않아야 함

(5) 토지의 형질변경 및 나무를 베는 행위를 하는 경우는 표고, 경사도, 임상, 인근 도로의 높이 및 물의 배수 등을 현지 여건에 맞게 참작해야 함

(6) 임야 또는 경지 정리된 농지는 건축물의 건축 또는 공작물의 설치를 위한 부지에서 가능한 제외해야 함

(7) 건축물을 건축하기 위한 대지면적이 $60m^2$ 미만인 경우는 건축물의 건축을 허가하지 않아야 함. 다만, 기존의 건축물을 개축하거나 재축하는 경우에는 이를 적용하지 않음

4. 결언

도시자연공원구역은 도시 내의 경관을 보호하고 휴식공간을 제공하기 위해 개발을 제한할 때 지정한다. 하지만 개발제한구역과 같이 거주민의 재산권 침해가 문제되어 왔다. 이에 대한 효율적인 대안이 마련되어야 할 것이다.

▶▶▶ 75회 2교시 5번

지구단위계획지구 내 환경관리계획의 계획지침을 제시하고 구체적인 방안을 설명하시오.

1. 개요

지구단위계획에서는 지역 특성과 정비목표에 따라 친환경계획기준을 적용하여 환경관리계획을 수립하고 있다. 환경관리계획은 환경성 검토의 행정 경험 미흡, 정성적 관리계획기법의 부재 등으로 잘 이행되지 않는다는 문제점이 있다.

2. 환경관리계획의 개념과 현황

1) 환경관리계획의 개념

   (1) 지역 특성 및 정비목표에 따른 관리계획
   (2) 지구별 친환경관리계획
   (3) 경관계획과 환경계획을 종합한 계획
   (4) 환경성 검토를 바탕으로 한 관리계획의 입안
   (5) 지구단위계획의 환경성 제고

2) 환경관리계획 이행현황과 불이행 사유

   (1) 현재는 제도의 사문화 상태

(2) 제도 불이행 사유
① 환경성 검토와 관련한 행정 경험 미흡
② 정량적 환경성 검토기법의 부재
③ 기성 시가지에 적용하기에는 한계가 있음

3. 서울시 중심의 환경관리계획 지침

1) 경관 관련 분야

(1) 도시의 바람길 조성
① 한강변에 입면차폐도 기준 적용
② 도시 내부에 강바람의 유입 유도

(2) 경관계획
① 경관지구 및 미관지구 설정
② 당해 구역의 경관자원 보호 및 조성계획 적용

2) 녹지 관련 분야

(1) 옥상녹화
① 옥상녹화 보조금 지원
② 16층 이상 건축물 심의 시에 옥상녹화를 권장
③ 옥상조경면적을 조경면적으로 산정

(2) 벽면녹화
① 지구단위계획 시 벽면녹화 권장
② 공공구조물 벽면녹화사업 추진

(3) 기타 녹지계획
① 그린파킹사업
② 담장을 허물고 녹지공간, 주차공간 마련
③ 공사비와 조경비용 전액 지원

3) 시설 관련 분야

(1) 빗물 저수조
① 연면적 3만m^2 이상의 다중이용건축물에 설치
② 16층 이상의 건축물도 심의 대상

(2) 투수성 포장
① 친환경 건축물 인증기준 적용

② 지구단위계획 시 투수성 포장 권장

4. 구체적인 환경관리계획 방안

1) 경관관리

   (1) 바람길 확보

      ① 녹도와 연결한 바람길 조성

      ② 복개하천 계획 시 바람길 계획 반영

   (2) 경관관리 강화

      지역의 우수한 자연경관자원 보존과 개발

2) 녹지 확충

   (1) 옥상녹화사업 지원 강화

      ① 옥상녹화의 의무시행기준 마련

      ② 대지면적 $1,000m^2$ 이상의 건축물은 옥상녹화 의무시행

      ③ 옥상의 조경면적 합산 조항은 삭제

      ④ 옥상녹화의 면적비율에 따른 인센티브 적용

      ⑤ 이행의무 위반 시 벌금 부과

   (2) 벽면녹화

      ① 녹화기법 개발 및 적용 가이드라인 제작

      ② 민간 건축물에서 녹화 추진 시 공사비 지원

   (3) 녹지의 연결과 복원

      ① 거리가 멀거나 단절된 녹지를 연결

      ② 보행녹도 배치, 가로수 식재, 에코브릿지 조성 등

3) 시설 분야의 환경관리계획

   (1) 빗물저수조 설치 권장

      ① 설치 시 건축물 인센티브 적용

      ② 조경용수 이용 및 시설설치 적극 권장

   (2) 투수성 포장

      ① 보행 중심의 상업가로 적용기준 마련

      ② 투수성 포장으로 교체 활성화

5. 결언

지구단위계획상 환경관리계획은 지역 특성에 적합한 지속가능한 환경관리를 시행하는 것이다. 현재 정책의 내용은 미비하고 이행은 불충분하나 이 제도의 활성화를 위해서 세부관리지침 시행기준과 심의규정 강화 및 이행지침 강화로 경관관리 분야, 녹지확충 분야, 시설조성 분야별로 실질적·환경친화적인 관리계획이 수립되어야 할 것이다.

▶▶▶ 82회 3교시 6번

「도시공원 및 녹지 등에 관한 법률」에 의한 공원녹지기본계획 수립 시 고려해야 할 계획 항목과 업무내용에 대해 설명하시오.

1. 개요

「도시공원 및 녹지 등에 관한 법률」은 쾌적한 도시환경 조성을 위해 공원녹지의 확충, 관리, 이용 및 도시녹화 등에 필요한 사항을 규정한다. 공원녹지의 확충, 관리, 이용방향을 종합적으로 제시하는 기본계획인 공원녹지기본계획은 10년 단위로 수립권자가 수립한다.

계획 수립 시 공원녹지의 확충·관리·이용에 필요한 항목을 고려하여 기초조사 및 의견청취, 계획수립 및 정비 등의 업무를 수행하게 된다.

2. 공원녹지기본계획의 의의 및 성격

1) 의의

　(1) 지속가능한 도시환경발전의 목적
　(2) 녹지정책의 방향 제시
　(3) 공원녹지의 구조적 틀 제시

2) 성격

　(1) 정책계획 : 미래의 변화 예측과 대비
　(2) 전략계획 : 공원녹지의 미래상, 장기적 발전 방향 제시
　(3) 실천계획 : 공원녹지 확충, 보전, 관리, 이용의 지표
　(4) 기준계획 : 하위계획의 기준
　(5) 지침계획 : 공원녹지 조성 및 사업계획의 지침

3. 공원녹지기본계획의 원칙 및 계획항목

1) 기본원칙

(1) 계획의 종합성 제고
(2) 관련 계획과 연계 및 조화
(3) 친환경적이며 지속가능한 계획 수립
(4) 계획의 차등화·단계화
   ① 인구밀도 및 주변 특성을 감안하여 상세도 수준을 차등화
   ② 목표연도 또는 단계별 최종년도 작성

2) 형평성과 다양성

(1) 지역·세대·계층 간 평형을 이룸
(2) 도시의 공간적 다양성과 계층 간 다양성 존중
(3) 지역 특성을 고려한 다양한 도시환경 조성

3) 계획항목

(1) 지역적 특성
(2) 계획의 방향과 목표
(3) 공원녹지의 여건 변화
(4) 공원녹지의 종합적 배치
(5) 공원녹지의 축과 망
(6) 공원녹지의 수요와 공급
(7) 공원녹지의 보전·관리·이용
(8) 도시녹화
(9) 추진 및 투자계획

4. 공원녹지기본계획 업무내용

1) 기초조사

(1) 인구, 사회, 토지이용, 환경 등
(2) 필요 시 행정기관에 자료 요청
(3) 전문기관에 조사 의뢰 가능

2) 공청회 및 지방의회 의견 청취

(1) 공청회 개최

(2) 도시공원위원회에 자문
(3) 지방의회의 의견 청취

3) 공원녹지기본계획 수립

(1) 관계 행정기관과 협의
(2) 지방도시계획위원회의 심의
(3) 계획의 공고 및 주민 열람

4) 계획의 정비

5년마다 타당성 검토, 재정비

5. 결언

공원녹지기본계획은 지속가능한 도시환경의 발전을 도모하는 정책의 방향을 제시하고 공원녹지의 구조적 틀을 제시하는 계획이다. 계획 수립 시 누락하는 항목 없이 신빙성 있는 자료를 바탕으로 계획의 논리성과 합리성을 확보하여 공원녹지의 미래상을 나타내어야 한다.

▶▶▶ 94회 4교시 6번

「도시공원 및 녹지 등에 관한 법률」에 의한 소공원의 설치기준 및 시설면적기준을 기술하고 소공원의 중요성에 대해 설명하시오.

1. 개요

도시공원은 소공원, 어린이공원, 근린공원 등의 생활권 공원과 주제공원으로 구분된다. 소공원은 소규모 토지를 이용한 공원이며 자투리땅을 활용할 수 있으므로 설치에 제한을 받지 않고 도시 내에서 특화된 주제를 담기에 적합한 경제적인 공원이다. 도시지역에서 공원용지의 확보가 어려운 상황에서 소공원은 저렴한 비용으로 조성 가능한 현실적 대안으로서 그 중요성이 크다.

2. 소공원의 기능 및 유형

1) 소공원의 기능

(1) 휴식과 대화의 장소
(2) 경제적 토지이용

① 소규모 자투리 공간을 활용
② 적은 비용으로 조성효과 극대화
(3) 경관 향상
① 도시의 질적 향상
② 도시환경의 주요 경관요소
(4) 자연과 접하는 생태공간
(5) 도시문화환경 개선
① 여러 형태의 문화 활동을 수용
② 독특한 주제를 형성

2) 소공원의 유형
(1) 근린 소공원
① 근린생활권 내 주민 이용
② 정원 개념의 소규모 휴식공간
③ 일상적 휴식, 어린이 놀이공간
(2) 도심 소공원
① 고밀도의 도심지 내 위치
② 주민, 불특정 다수 이용
③ 소규모 휴식과 녹지공간

3. 소공원의 설치기준 및 시설면적기준

1) 설치기준 · 유치거리 · 규모
(1) 규모의 제한이 없음, 다양한 여건에 따라 설치
(2) 소규모 토지 활용
(3) 근린공원의 규모 고려 1만m^2 이하

2) 공원시설
(1) 조경 시설, 유희시설, 휴양시설, 편익시설
(2) 남녀노소 이용

3) 도로, 광장, 공원 관리시설 설치 의무 없음

4) 건폐율, 공원시설 면적
   (1) 건폐율 : 공원면적의 5% 이내
   (2) 공원시설 면적 : 공원면적의 20% 이하

5) 녹지 위주로 조성

4. 소공원의 중요성

1) 공원 부지확보의 현실적 대안
   (1) 도시지역 내 용지 부족 해결
   (2) 토지의 이용가치 향상
   (3) 공원 조성비용이 저렴하고 효과가 큼

2) 이용의 용이성
   (1) 도보로 접근하여 이용 가능
   (2) 휴식 및 환경교육의 장

3) 생태적 가치 제고
   (1) 생태통로, 생물 서식 및 휴식처
   (2) 도시환경개선 및 경관 향상

4) 문화적 공간 제공
   (1) 지역적 특성 반영
   (2) 특화 주제별로 조성하기 쉬움
   (3) 다양한 문화 활동 수용

5. 결언

소공원은 도시의 작은 공원이라는 개념에 토지의 경제적 이용이라는 두 가지 측면이 혼재된 공간이라 할 수 있다. 도시 생태계의 개선과 시민의 삶의 질 향상을 위한 조경공간의 충분한 확보가 어려운 도시지역에서 소공원은 거주민의 녹지접촉빈도를 높일 수 있는 현실적 대안이다.

> ▶▶▶ 94회 2교시 2번
>
> 「도시공원 및 녹지 등에 관한 법률」에 의한 녹지활용계약의 정의, 계약체결 시의 고려사항 및 약정하는 사항 등에 대해 설명하시오.

1. 개요

「도시공원 및 녹지 등에 관한 법률」은 도시의 공원 및 녹지 등에 관한 사항을 규정함으로써 건강하고 쾌적한 환경을 조성하고 도시민의 삶의 질 향상, 공공의 복리 증진을 위해 만들어진 법률이다. 녹지활용계약은 공원과 녹지 확충을 목적으로 체결하는 계약으로 도시지역의 식생과 임상이 양호한 토지 소유자가 해당 토지를 일반인에게 개방하여 쾌적성을 높이며 공원녹지기본계획 수립권자는 토지소유자에게 인센티브를 부여한다.

2. 녹지활용계약의 목적과 내용

1) 공원과 녹지 확충

   (1) 도시민의 삶의 질과 쾌적성 향상

   (2) 공공복리 증진

2) 사유토지 공개

   (1) 개인이 임상이 양호한 토지를 일반에게 공개

   (2) 재산세 감면, 유지관리비 등을 지원

3. 대상지 선정조건 및 약정사항

1) 대상지 선정조건

   (1) 면적 300㎡ 이상의 단일 토지

   (2) 체결 효과가 높은 토지를 우선 선정

   ① 녹지가 부족한 도시지역 내의 식생과 임상이 양호한 토지

   ② 녹지의 보존 필요성이 높으나 대규모 훼손이 우려되는 토지

   (3) 수익·사용 목적의 권리가 설정되지 않은 토지

2) 계약 기간

   (1) 5년 이상

   (2) 토지의 상황에 따라 조정 가능

3) 약정사항

(1) 계약사항 및 지원 관련 사항

(2) 대상이 되는 토지구역에 적용

① 계약의 변경·해지에 관한 사항

② 위반 시 조치사항

③ 세금 감면, 시설 설치

④ 유지관리비용 보조 등 지원사항

(3) 시설의 설치·정비에 관한 사항

① 녹지의 보존에 필요한 시설

② 산책로, 광장 등을 이용하는 도시민에게 편리를 제공하는 시설

4. 녹지활용계약의 활성화 방안

1) 주민참여 증대

(1) 정부의 예산지원 확대

① 유지관리비용 전액 지원

② 인센티브 범위를 확대

(2) 인식 개선

① 공공성 있는 사업으로 전환

② 토지 사유화에 대한 일반적인 인식을 개선

2) 매뉴얼 마련

(1) 알기 쉬운 자료 구축

① 토지소유자의 빠른 이해를 도움

② 이해와 교육을 통한 주민참여 증대

(2) 사후관리 매뉴얼 마련

① 관리 부실로 인한 장소의 슬럼화 방지

② 건강한 녹지 보존과 지속적 관리

5. 결언

인공시설물 설치와 개발이 진행되고 있는 도시의 쾌적성 증대와 도시민의 삶의 질 향상을 위해서는 공원녹지의 확충은 필수적이다. 그러나 녹지공간 확보, 건강한 녹지 조성은 시간과 비용의 한계가 있어 기존 상태가 양호한 수림을 이용하는 녹지활용계약을 도입한 것이다. 토지소유자의 적극적인 참

여 없이는 실현이 어려우므로 정부의 예산지원 확대, 홍보자료 마련, 데이터베이스 구축을 통해 참여율을 높여야 한다.

▶▶▶ 106회 2교시 3번

장기 미집행 공원의 현황 및 해소방안을 제시하시오.

1. 개요

1999년 10월 21일 헌법재판소는 장기 미집행 도시계획시설에 대해 헌법 불합치 결정을 내렸다. 이 결정에 따라 도시계획 시설 결정·고시일로부터 20년 경과 시까지 시행되지 않을 경우 효력이 상실되는 일몰제도를 도입하게 되었다. 장기미집행 도시계획시설 결정의 실효시기가 2020년으로 장기 미집행 도시계획시설 면적의 절반 이상을 차지하는 공원 조성문제가 사회문제로 대두되고 있다.

2. 장기 미집행 공원의 개념 및 현황

1) 개념

　　시설로 결정 후 10년 이상 집행되지 않은 도시계획시설

2) 현황

　　(1) 도시계획시설 예정 부지는 「국토의 계획 및 이용에 관한 법률」에 따라 토지소유주의 재산권 행사가 제한됨
　　(2) 지방자치단체의 재정 부족으로 사업시행이 장기간 미집행되고 있어 민원 지속적 제기

3. 장기 미집행 공원의 발생원인

1) 지방자치단체의 과다 추정

　　(1) 도시 성장을 전제로 목표인구가 증가할 것으로 추정
　　(2) 인구 기준으로 산정한 도시계획시설 면적 또한 증가
　　(3) 별도의 집행계획 수립 없이 시설면적만 증대함

2) 획일적인 공원면적의 산정

　　(1) 지역의 특성이 반영되지 않음
　　(2) 과다 추정된 목표인구를 기준으로 공원공급면적 산정

(3) 획일적인 처리로 미집행 면적 증가

3) 지방자치단체의 재원 부족

(1) 공원 조성에 필요한 사업비 조달 어려움
(2) 공원 조성 및 관리는 지방자치단체 고유사업으로 취급
(3) 중앙정부의 지원 근거 부족으로 지원 불가

4) 집행계획의 부재

(1) 지방자치단체의 미집행 공원현황에 대한 재검토 미흡
(2) 도시계획시설에 대한 재검토 기준은 강제성이 없음
(3) 집행 가능한 것과 불가능한 것에 대한 구분 필요
(4) 해제에 따른 특혜시비로 실제 해제는 되지 않음

4. 개선방안

1) 민간공원 조성제도 활용

(1) 「도시공원 및 녹지 등에 관한 법률」에 규정된 민간 제안을 통해 공원 조성
(2) 공원 부지의 70~80%는 공원 조성
(3) 나머지 20~30%는 다른 용도로 활용

2) 결합개발제도 활용

(1) 공원구역은 공원으로 조성·보존
(2) 개발지역은 고밀화 개발로 공원구역의 수익성 보장

3) 입체도시계획의 활용

(1) 공원부지 내에 지상·지하의 도시계획시설을 중복결정하여 활용
(2) 용도복합지구 적극 도입
(3) 예 : 지하에는 주차장, 지상에는 공원 조성

4) 사회기부공원제도 도입

(1) 일명 네임공원
(2) 지역별 향토기업의 기부를 통한 조성
(3) 기업 이미지 개선 및 홍보 효과
(4) 기업이윤 사회 환원
(5) 예 : SK주식회사의 울산시 대공원, 삼덕제지의 안양 삼덕공원

5. 결언

도시민의 공공복리 증진을 위해 도시공원이 계획되었으나 예산확보의 어려움으로 미집행되었다. 이미 실효가 진행된 도시계획시설에 대하여 용도구역 지정 및 공원 조성 등의 여러 의견이 제시되고 있으나 무엇보다도 합리적이고 경제적인 활용방안을 검토해야 할 것으로 보인다.

▶▶▶ **123회 4교시 4번**

산림청에서 도시숲 조성을 위해 「도시림 기본계획」으로 추진 중인 도시숲의 개념 및 법적 근거와 양적 확대방안에 대해 설명하시오.

1. 개요

도시숲은 도시에 조성되는 인공산림이다. 계속되는 도시의 규모 확대와 인공물질의 증가 그리고 기후변화로 인한 도시환경의 악화 등으로 도시숲의 기능이 강조되고 있다.

도시 내에 존재하는 산림, 가로수 등 도로변 녹지, 하천변 녹지, 학교숲, 담장 녹화지, 자연휴양림 기타 옥상·벽면녹화지역 등 집단으로 수목이 있는 지역을 모두 포함한다.

2. 도시림 기본계획의 수립배경

1) 도시화·산업화로 인한 생활권 녹지공간 축소

    (1) 도시 확대로 인공지반 증가
    (2) 폭염, 미세먼지 발생 등으로 생활환경 악화

2) 생활권 산림에 대한 수요 증가

    (1) 산림 복지 서비스에 대한 기대
    (2) 숲의 사회적·경제적 기능에 대한 인식 확대

3) 도시숲의 체계적 조성·관리를 위한 정책방향 필요

    (1) 도시 생활환경의 개선을 도모하는 중장기 전략 필요
    (2) 여타 산림 관련 계획과 연계

3. 도시숲의 개념 및 법적 근거, 기능

1) 도시숲의 개념

도시에서 국민 보건 휴양·정서 함양 및 체험활동 등을 위하여 조성·관리하는 산림 및 수목

2) 도시숲의 법적 근거

(1) 「산림기본법」 제18조(도시지역 산림의 조성·관리)
(2) 「산림자원의 조성 및 관리에 관한 법률」 제19조의 2(도시림 등에 관한 기본계획의 수립·시행 등)
(3) 「도시숲의 조성 및 관리에 관한 법률」 제2조(정의)
(4) 「도시공원 및 녹지 등에 관한 법률」에 의한 공원녹지

4. 도시숲의 기능

1) 기후조절 기능

(1) 열섬현상 완화
(2) 여름 한낮의 평균기온 3~7℃ 저하
(3) 습도 9~23% 상승

2) 재해 발생 시의 피난처

(1) 피난 및 구호의 장소로 활용
(2) 교목의 수관 하부공간 제공
(3) 관목의 완충효과

3) 소음 감소

(1) 폭 10m, 너비 30m의 수림대는 7dB의 소음 감소
(2) 도로의 양 끝에 침엽수림대를 조성하면 승용차 소음 75% 감소
(3) 공사장 소음을 줄이기 위한 방음벽과 같은 효과

4) 미세먼지 경감 및 대기 정화

(1) 느티나무 한 그루의 하루 8시간 광합성 작용
(2) 연간 2.5ton의 이산화탄소 흡수, 산소 1.8ton 방출

5. 도시숲 양적 확대방안

1) 가로수 식재
   (1) 가로녹지 조성
   (2) 지역특화 가로수의 육성 및 식재
   (3) 가로 띠 녹지 조성 및 정비

2) 도시 내의 산림복원
   (1) 소생물종의 공급처 역할을 할 수 있는 장소와 연계성 확보
   (2) 산림 수종으로 지정된 수목과 향토수종 식재

3) 등산로 정비
   (1) 자연스러운 굴곡으로 선형을 잡음
   (2) 지형, 식생 등을 고려
   (3) 야생생물의 생육환경 보전
   (4) 설치목적, 이용행태, 기능에 맞는 정비

4) 학교숲 조성
   (1) 학습과 교육의 장소 제공
   (2) 최소 5년 이상 유지관리
   (3) 시설물 설치로 생장공간 축소 시 상응하는 면적으로 숲 조성

5) 시민참여 활성화
   (1) 도시 커뮤니티 결성
   (2) 지역주민, 지방자치단체, 전문가, 대학 및 방문자로 구성
   (3) 주거지역 및 구역별 커뮤니티의 조성 및 관리

6. 결언

도시숲은 도시 내에 분포하는 숲으로서 그 가치를 높일 수 있으며 온실가스 흡수 기능이 있어 기후변화의 속도를 늦출 수 있는 수단이 될 수 있다. 단순한 녹지가 아니라 장기적인 관점에서 생활환경을 개선하고 도시민에게 쾌적한 환경과 아름다운 경관을 제공할 수 있는 복합적인 산림생태계 조성의 방향으로 접근해야 할 것이다.

> ▶▶▶ 100회 2교시 2번
>
> 2010년 이후 지정된 역사문화명승을 열거하고, 이것이 명승으로 지정된 준거에 대해 설명하시오.

1. 개요

국가지정문화재인 명승은 자연적·문화적으로 형성된 국가유산으로 예술적·역사적·경관적 가치가 있어 경승지로 중요한 곳을 말하며 기념물 중 경관이 뛰어나거나 역사·문화적 가치가 높거나 저명한 건물, 정원, 전설지 등으로 종교, 교육, 생활, 위락 등과 관련된 경승지를 대상으로 지정한다.

2. 명승 지정의 중요성 및 기념물의 구분

1) 명승 지정의 중요성

  (1) 전통의 계승
  (2) 전통문화의 근본 수호
  (3) 국민의 문화인식 제고
  (4) 자연유산과 민족문화의 표상 보호

2) 기념물의 구분

  (1) 사적지와 특별히 기념이 될 만한 시설물로서 역사적·학술적 가치가 큰 것
  (2) 경치 좋은 곳으로서 예술적 가치가 크고 경관이 뛰어난 것
  (3) 동물, 식물, 지형, 지질, 광물, 동굴, 생물학적 생성물 또는 특별한 자연현상으로서 역사적·경관적 또는 학술적 가치가 큰 것

3. 명승 지정기준

1) 자연경관이 뛰어난 곳

  (1) 산악, 구릉
  (2) 고원, 평원, 화산
  (3) 하천, 해안, 하안(河岸), 섬 등

2) 동물·식물의 서식지로서 경관이 뛰어난 곳

  (1) 아름다운 식물의 저명한 군락지
  (2) 심미적 가치가 뛰어난 동물의 저명한 서식지

3) 저명한 경관의 전망 지점

(1) 일출, 낙조 및 해안, 산악, 하천 등의 경관 조망지점

(2) 정자, 누 등의 조형물 또는 자연물로 이룩된 조망지로서 마을, 도시, 전통유적 등을 조망할 수 있는 저명한 장소

4) 역사 · 문화 · 경관적 가치가 뛰어난 곳

(1) 명산, 협곡, 해협, 곶, 급류, 심연(深淵), 폭포, 호수와 늪

(2) 사구(砂丘), 하천의 발원지, 동천(洞天), 대, 바위(臺), 동굴 등

5) 저명한 건물 또는 정원(庭苑) 및 중요한 전설지 등으로서 종교 · 교육 · 생활 · 위락 등과 관련된 경승지

(1) 정원, 원림(園林), 연못, 저수지, 경작지, 제방, 포구, 옛길 등

(2) 역사, 문학, 구전(口傳) 등으로 전해지는 저명한 전설지

6) 「세계문화유산 및 자연유산의 보호에 관한 협약」 제2조에 따른 자연유산에 해당하는 곳 중에서 관상적 또는 자연의 미관적으로 현저한 가치를 갖는 것

4. 2010년 이후 지정된 역사문화명승과 지정된 준거

1) 함양 화림동 거연정(居然亭) 일원

(1) 지정일 : 2012년 2월 8일

(2) 명승 제86호, 경남 유형문화재 제433호

(3) 조선 중기 화림재 전시서(全時敍)가 은거하여 지내면서 억새로 만든 정자를 그의 7대손인 전재학 등이 1872년 재건한 것

(4) 거연(居然)은 '물과 돌이 어울린 자연에서 편안하게 사는 사람이 된다'는 뜻

(5) 정면 3칸, 측면 2칸 규모의 중층 누각 건물이 주변의 기묘한 모양의 화강암 반석, 흐르는 계곡 물 등과 조화를 이루는 등 동천경관을 대표할 만함

(6) 임헌회(任憲晦, 1811~1876년)는 영남 화림동의 명승 중에서 거연정이 단연 으뜸이라고 거연정 기문에 적고 있음

2) 설악산 울산바위

(1) 지정일 : 2013년 3월 11일

(2) 명승 제100호

(3) 병풍처럼 우뚝 솟은 거대한 화강암으로서 6개의 봉우리로 이루어져 있고 정상에는 항아리 모양의 구멍이 5개가 있어 근경이 훌륭함

(4) 예부터 '큰 바람 소리가 울린다'는 의미에서 '천후산'이라 불리고 시각적 풍경뿐만 아니라 청각적 감상도 기대할 수 있는 곳
(5) 자체로도 명승적 가치를 지니지만 원경도 빼어나 특히 미시령 옛길 방면에서 보이는 경치가 탁월하고 웅장한 느낌을 줌
(6) 울산바위 아래에는 한국 불교사에서 유서 깊은 계조암과 신흥사가 있어 문화적 의미가 더해지고 수많은 시문이 전해 내려오고 있으며, 김홍도의 실경산수화도 여러 편 남아 있어 미술사적인 가치가 있음

3) 청송 주산지(注山池) 일원
(1) 지정일 : 2013년 3월 21일
(2) 명승 제105호
(3) 경북 청송군 부동면 이전리 산 41-1 등 9필지
(4) 조선 숙종(1720년) 8월에 착공하여 이듬해인 경종 원년 10월에 준공하였고 입구의 바위에는 주산지 제언(堤堰)에 공이 큰 월성 이씨 이진표공의 후손과 조세만이 영조 47년(1771년)에 세운 이진표공의 공덕비가 있음
(5) 저수지는 작지 않고 입구는 협곡이며 축조 당시 규모는 주위가 1,180척, 수심 8척이라고 전하며, 여러 차례의 보수를 거쳐 현재 제방길이 63m, 제방 높이 15m, 총저수량 10만 5,000ton, 관개 면적 13.7ha
(6) 주산현(注山峴) 꼭대기의 별바위에서 계곡을 따라 맑은 물이 흘러 주산지에 머무르고 주왕산 영봉에서 뻗어 내려온 울창한 수림으로 둘러싸여 있으며 물 위에 떠 있는 듯한 왕버들과 어우러져 한적하면서도 아늑한 분위기를 자아내어 속세를 잊고 휴식을 취하기에 부족함이 없음

5. 결언
명승은 선조들의 생활방식과 가치관, 기술 등이 결합된 문화활동의 결과물로서 그 가치가 높이 평가되고 있다. 단순히 이용을 위한 관광자원으로서가 아니라 영구보존해야 할 대상물로 인식하고 법적으로 지정되지 않은 경승지도 제도 내에 포함하여 세밀한 관리를 해야 할 것이다.

▶▶▶ 71회 4교시 3번

조경적 측면에서의 천연기념물 정책의 문제점과 발전방향에 대해 논하시오.

1. 개요

천연기념물이란 자연의 역사와 가치를 알 수 있는 중요한 기념물로서 법률로 지정하여 보호하는 국가의 문화재이다. 자연유산으로서는 고유성, 진귀성, 희소성, 특수성, 역사성을 가지고 있고 자연과 인간 그리고 자연과 문화의 조화로 이루어진 결과이며 민족의 유산으로서 특별한 가치와 상징성도 지니고 있다.

2. 천연기념물의 유형

1) 식물

　(1) 노거수

　　① 명목 : 기념수로서 역사적 유래와 신비한 전설을 가진 나무
　　② 신목 : 가족과 마을의 안녕을 기원하기 위해 제사를 지내는 나무
　　③ 당산목 : 서낭당, 신당, 당우 등으로 주민들이 숭앙하는 나무
　　④ 정자목 : 향교, 서당, 별장 등 녹음과 풍치를 조성하기 위한 나무

　(2) 수림지

　　① 성황림 : 마을을 보호하여 주는 숲
　　② 방풍림 : 해안가의 강풍을 막아주는 숲
　　③ 보해림 : 비보, 엽승 등의 방법으로 지형적인 결함을 보완하는 숲
　　④ 호안림 : 하천 홍수 때 범람을 방지하고 제방을 보호하는 숲
　　⑤ 역사림 : 숲과 관련한 고사(古史)와 전설이 전해지는 숲

2) 동물

　(1) 동물이 살고 있는 서식지를 천연기념물로 지정
　(2) 철새도래지, 번식지 등

3) 지질·광물

　(1) 석회동굴, 용암동굴 등 천연동굴을 유산으로 지정
　(2) 암석, 광물, 온천, 화석, 특이한 자연현상 등을 범주에 넣음

4) 천연기념물보호구역

    (1) 천연기념물이 풍부하게 존재한다고 생각되는 곳을 지정

    (2) 인간과 자연의 상호작용을 대표하는 가치가 있는 구역

3. 천연기념물 정책의 문제점

1) 전문관리인력의 부족

    (1) 천연기념물에 대한 민관의 인식 부족

    (2) 기념물 관리자의 전문적인 지식 부족

    (3) 천연기념물 관리의 중요성에 대한 인식 결여

2) 천연기념물 관리예산의 부족

    (1) 관리인원 확충에 관련된 예산이 배정되지 않음

    (2) 전문관리인원의 충원이 불가능함

3) 천연기념물 정책에 대한 홍보 부족

    (1) 대외 홍보의 부족으로 국민의 인식 부족 초래

    (2) 기념물의 보존과 보호에 대한 의지 결여

4) 천연기념물 주변의 무분별한 개발 행태

    (1) 기념물은 개발에 의한 직접적인 환경피해를 입음

    (2) 동물과 식물의 보전은 환경영향을 최소화할 수 있는 완충구역 필요

    (3) 전이구역이나 완충구역을 두지 않고 개발하여 생존에 심각한 영향 발생

4. 천연기념물의 효과적인 보존을 위한 정책 개선방향

1) 완충지역(Buffer Zone) 조성

    (1) 천연기념물 주변의 개발제한구역 확대

    (2) 주변 지역의 환경압력에 대한 완충기능 수목식재

    (3) 물리적 제한지역 설정

2) 전문적인 관리감독기관 지정

    (1) 관리자의 책임과 권한 강화

    (2) 천연기념물 훼손 시 신고제도 도입

    (3) 법적·제도적으로 관리기관에 대한 명확한 책임 부여

3) 국민신탁제도 활성화

   (1) 관계자의 자발적인 자연보존 참여활동 유도
   (2) 영구적으로 후세대에 전달할 유산임을 인식시킴
   (3) 거주민의 자발적인 신고와 보호활동을 통해 신속한 조치를 기대할 수 있음

5. 결언

천연기념물은 소중한 자연유산이면서 가치를 새롭게 인식하고 보호해야 할 문화자원으로서 후세대에 전달해야 할 우리의 공동재산 또는 우리 민족의 상징이라고도 할 수 있다.

천연기념물에 대한 현실적·세부적인 보호대책이 필요하며 현황 및 실태조사, 지정자원 발굴 및 지정범위 확대, 멸실 위기에 처한 종의 증식과 복원 등 보존을 위한 노력을 지속하는 것이 중요하다.

▶▶▶ 118회 3교시 5번

「산림기술 진흥 및 관리에 관한 법률 시행령」상 녹지조경기술자의 "기술등급"과 "기술등급에 의한 자격요건"을 세분하고 "업무범위"에 대해 설명하시오.

1. 개요

한국에 조경이 도입된 후 지난 50년간 조경학자, 조경기술자, 조경사업자 등 업계 종사자들이 산림을 포함한 국토 전반의 조경에 기여해 왔으나 「산림자원법」과 「산림기술법」 등을 제정·개정한 내용에 따라 조경기술자 등이 불합리하고 불공정한 대우를 받게 되는 것이 문제점으로 지적되었다. 이는 조경 전문가로서의 권리를 침해하고, 국민의 삶의 질 및 국토의 품격을 높여 국가 경제에 이바지할 수 있는 기회마저 박탈한 것이라 할 수 있다.

「산림기술 진흥 및 관리에 관한 법률」은 산림기술의 진흥 및 관리에 필요한 사항을 규정하고 있다.

2. 「산림기술 진흥 및 관리에 관한 법률」의 제정 목적과 조경 분야 관련 내용

1) 「산림기술 진흥 및 관리에 관한 법률」의 제정 목적

   (1) 산림기술의 연구·개발·촉진
   (2) 산림기술자를 체계적으로 관리
   (3) 산림기술 수준 향상
   (4) 산림사업의 품질 및 안전 확보

2) 조경 분야 관련 내용
　(1) 「산림기술 진흥 및 관리에 관한 법률」 제15조(산림기술용역업의 등록 등)
　(2) 산림기술용역업의 등록대상
　　① 조경 기술사사무소를 등록한 기술사와 조경 전문 분야 엔지니어링사업자도 포함
　　② 도시숲, 생활숲, 가로수, 수목원, 숲길, 유아숲 체험원에 대해 산림 분야와 차별 없이 설계·시공·감리를 할 수 있게 됨

3. 녹지조경기술자의 기술등급과 자격요건, 업무 범위

등급	자격요건	업무 범위
기술 특급	「국가기술자격법」에 따른 조경기술사의 자격을 취득한 사람	다음의 산림사업 설계·시공 또는 감리 ① 수목원 조성사업의 설계·시공·감리 ② 도시림 등 조성사업의 설계·시공·감리 ③ 다음의 산림사업 중 건당 공사비 규모가 10억 원 이하인 사업의 시공 및 건당 공사비 규모가 2억 원 이하인 사업의 설계 　가. 자연휴양림 등 조성사업(숲길은 제외한다) 　나. 유아 숲 체험원 등 조성사업 　다. 수목장림 조성사업 ④ 숲길 조성사업의 시공, 숲길 조성사업 중 건당 공사비 규모가 3억 원 이하인 사업의 설계 및 건당 공사비 규모가 1억 원 이하인 사업의 감리
기술 고급	• 「국가기술자격법」에 따른 조경기사의 자격을 취득한 후 해당 전문 분야의 관련 업무를 6년 이상 수행한 사람 • 「국가기술자격법」에 따른 조경산업기사의 자격을 취득한 후 해당 전문 분야의 관련 업무를 9년 이상 수행한 사람	
기술 중급	• 「국가기술자격법」에 따른 조경기사의 자격을 취득한 후 해당 전문 분야의 관련 업무를 3년 이상 수행한 사람 • 「국가기술자격법」에 따른 조경산업기사의 자격을 취득한 후 해당 전문 분야의 관련 업무를 6년 이상 수행한 사람	
기술 초급	• 「국가기술자격법」에 따른 조경기사의 자격을 취득한 사람 • 「국가기술자격법」에 따른 조경산업기사의 자격을 취득한 후 해당 전문 분야의 관련 업무를 2년 이상 수행한 사람	

4. 결언

「산림기술 진흥 및 관리에 관한 법률」에 용역업체의 자격 및 등록기준이 명시되어 있다. 그런데 이미 「기술사법」, 「엔지니어링산업 진흥법」 등에 업체가 등록되어 있어도 「산림기술 진흥 및 관리에 관한 법률」에 따라 재등록을 하게 되어 이중·삼중의 등록행위에 따른 행정력과 예산 및 시간 낭비가 되는 문제점이 있다.

> ▶▶▶ 124회 4교시 2번

「수목원·정원의 조성 및 진흥에 관한 법률」에 의한 수목원 조성 수행절차와 수행내용을 단계별로 설명하시오.

1. 개요

「수목원·정원의 조성 및 진흥에 관한 법률」은 세계적인 추세인 생물다양성 증진 및 국내의 유전자원 보호 목적으로 다양한 생물자원의 보존 및 보호시설의 설치를 규정하고 있다. 정원의 개념을 도입하는 등 정원산업 개발촉진 및 창업지원 등 정원진흥정책 추진을 위한 법적 근거를 마련하려는 취지로 지속적인 개정이 이루어지고 있다.

2. 수목원 및 정원의 정의

1) 수목원의 정의

   (1) 수목을 중심으로 수목유전자원을 수집·증식·보존·관리·전시하고 그 자원화를 위한 학술적·산업적 연구 등을 하는 시설

   (2) 다음의 시설을 갖춘 것

   ① 수목유전자원의 증식 및 재배 시설
   ② 수목유전자원의 관리시설
   ③ 화목원, 자생식물원 등 농림축산식품부령으로 정하는 수목유전자원 전시시설

2) 정원의 정의

   (1) 식물, 토석, 시설물(조형물을 포함) 등을 전시·배치하거나 재배·가꾸기 등을 통해 지속적인 관리가 이루어지는 공간

   (2) 문화유산, 자연유산, 자연공원, 도시공원 등 대통령령으로 정하는 공간은 제외

3. 수목원 조성 수행절차 및 수행내용

1) 수목원 조성 수행절차

   조성 주권자 : 산림청장 또는 지방자치단체의 장

2) 수목원 조성 예정지 지정

   (1) 농림축산식품부령에 따라 수목원을 조성하려는 구역을 지정
   (2) 이때 미리 주민의 의견을 듣고 관계 행정기관의 장과 협의해야 함
   (3) 지방자치단체의 장이 수목원 조성 예정지를 지정하려는 경우에는 산림청장의 승인을 받아야 함

(4) 수목원 조성 예정지의 지정기간은 5년 이내로 함

3) 국립수목원 조성계획 수립

(1) 산림청장이 국립수목원을 조성하려는 경우에는 대통령령으로 정하는 기준에 따라 국립수목원 조성계획을 수립하고 그 내용을 관보에 고시하여야 함
(2) 국립수목원 조성계획을 변경하려는 경우에도 같음
(3) 국립수목원 조성계획을 수립하거나 변경하려는 경우에는 주민의 의견을 듣고 관계 행정기관의 장과 협의해야 함

4) 수목원 조성계획의 승인 등

(1) 시·도지사는 수목원(국립수목원은 제외)을 조성하려는 자의 신청을 받으면 농림축산식품부령으로 정하는 바에 따라 수목원 조성계획을 승인할 수 있음
(2) 승인을 받은 자가 수목원 조성계획 중 대통령령으로 정하는 사항을 변경하려는 경우에는 시·도지사로부터 변경승인을 받아야 함
(3) 사업계획이 구체적이고 타당한지의 여부, 입지 여건 및 부지 확보 여부 등 대통령령으로 정하는 기준에 적합한 경우에만 승인하거나 변경 승인해야 함
(4) 승인 취소 사유
  ① 정당한 사유 없이 제1항에 따른 승인을 받은 날부터 1년 이내에 수목원 조성사업을 시작하지 아니하거나 1년 이상 그 사업을 중단한 경우
  ② 수목원 조성사업의 부실 등으로 인하여 수목원 조성계획을 수행할 수 없다고 인정하는 경우
(5) 시·도지사는 수목원 조성계획 승인 또는 변경승인 신청을 받은 날부터 20일 이내에 승인 여부 또는 승인 처리 지연 사유를 통보해야 함

5) 토지 등의 수용

(1) 국가 또는 지방자치단체는 수목원 조성을 위하여 필요한 경우에는 그 대상 토지와 그 토지에 정착된 물건에 대한 소유권, 그 밖의 권리를 수용 또는 사용할 수 있음
(2) 수용 또는 사용에 관하여는 「공익사업을 위한 토지 등의 취득 및 보상에 관한 법률」을 준용

4. 결언

순천만 정원을 국가정원으로 지정하기 위하여 「수목원·정원의 조성 및 진흥에 관한 법률」이 통과되었다. 조경 관련 법인이 국가정원을 위탁·운영할 수 있도록 전문관리인 자격요건 등의 법적 근거가 마련된 점은 긍정적으로 보고 있지만 정원의 범위를 축소하여 수목원과 함께 정의된 것에 대하여 우려의 목소리가 커지고 있다.

▶▶▶ 88회 2교시 2번

어린이놀이터에 설치되는 놀이시설의 안전관리제도 실태와 문제점 및 개선방안을 설명하시오.

1. 개요

어린이놀이시설의 안전성은 국토교통부의 고시기준에 의하여 관리되며 어린이를 위한 안전하고 쾌적한 놀이공간 환경조성에 주 목적을 두고 있다.

놀이시설 안전관리제도는 처음 어린이놀이시설을 설치할 때 실시하는 설치검사와 정기적으로 수행하는 정기검사, 안전점검, 안전진단 등 4단계의 검사과정으로 운영되며, 검사의 중복, 검사빈도의 과다, 전문적인 세부기준의 부재, 검사 기간 산정 등의 불합리한 문제가 논란이 되고 있다.

2. 어린이놀이시설 안전관리제도의 의의

1) 「어린이놀이시설 안전관리법」 제정

   (1) 놀이시설과 이용공간의 안전성과 쾌적성 확보 목적
   (2) 적절한 검사와 관리기준 설정

2) 놀이시설 검사제도 확립

   (1) 단계별 검사기준 확립
   (2) 검사주기와 시행시기 지정
   (3) 설치검사, 정기검사, 안전점검, 안전진단으로 구성
   (4) 완료 후 검사기록 관리 추가

3) 놀이시설에 따른 안전기준 수립

   (1) 놀이시설 종류별로 다른 설치 간격 설정
   (2) 이용상의 안전거리 및 동선계획을 세움

4) 공원 내의 공간계획

   (1) 진입로의 설치 위치 지정
   (2) 보호자가 쉴 수 있는 공간을 마련
   (3) 놀이시설 간 합리적인 동선계획 유도

3. 어린이놀이시설 안전관리제도의 내용

1) 최초 설치 시 설치검사 의무 부여

    (1) 놀이시설 최초 설치 후 시행하는 검사를 말함
    (2) 발주청이나 책임감리가 검사를 수행하도록 함
    (3) 설치는 설계도서와 시방서를 기준으로 함
    (4) 검사 완료 후 안전관리 필증 교부
    (5) 설치검사 종료 시 시설을 관리하는 주체에게 관리 권한을 넘김

2) 정기검사 실시

    (1) 설치검사 후 정기적으로 실시해야 하는 검사를 말함
    (2) 관리 주체가 2년에 1회의 주기로 시행
    (3) 정기검사 후 점검자와 시설의 상태 점검내용을 기록
    (4) 시설물의 도색 유지, 부속의 탈락 여부, 설치 장소 이탈 여부 등을 검사
    (5) 이상 발견 시 안전진단 의뢰

3) 안전점검

    (1) 시설물의 안전에 문제 발생 시 시행하는 검사
    (2) 안전사고와 연결될 우려가 있는 위험한 부위 점검 및 확인
    (3) 미비점이나 결함 발견 시 이용 중지를 할 수 있음
    (4) 전문업체에 의뢰하여 안전을 진단

4) 안전진단 실시

    (1) 안전검사 후 1개월 이내에 시행
    (2) 안전진단 후 조치사항을 확인해야 함
    (3) 조치사항 확인 후 재사용 여부를 결정함

4. 어린이놀이시설 안전관리제도의 문제점

1) 검사의 중복

    (1) 안전인증과 설치검사가 중복되어 있음
    (2) 산업통상자원부, 국토교통부의 기준이 달라 중복
    (3) 비효율적·비합리적인 시간과 비용투입 초래

2) 잦은 검사주기

    (1) 설치 후 정기검사나 권한 양도기간이 길 경우 비효율적일 수 있음

(2) 행정력의 낭비 발생

3) 검사대상의 소급적용
(1) 2004년 10월 기준으로 그 이후에 설치한 놀이시설만을 대상으로 함
(2) 실제 검사가 필요한 오래된 놀이시설은 검사 회피 가능

4) 행정조직의 구성 미비
(1) 검사할 인력과 조직구성, 예산 확보 미흡
(2) 체계적이고 효율적인 업무 수행 곤란
(3) 안전관리제도 시행 취지가 희석됨

5. 어린이놀이시설 안전관리제도의 개선방안

1) 검사인정제도의 도입
(1) 제품 인증을 받는 경우는 설치검사를 면제할 필요가 있음
(2) 설치검사 후의 관리에 관한 권한을 넘겨주는 여유기간 산정
(3) 중복 검사가 될 시 차후의 검사는 간략하게 시행

2) 노후 놀이시설 관리내용 추가
(1) 2004년 이전의 놀이시설 교체를 위해 시행
(2) 노후 놀이시설에 대한 검사 도입으로 대상 범위를 확대

3) 전문인력 육성 및 합리적 예산 배정
(1) 놀이시설 점검팀, 관리특별팀 등으로 분산 운영
(2) 행정제도의 확립, 업무 적정화에 의한 예산 확보

4) 인트라넷 활용
(1) RFID Chip 활용을 통한 시설물 등록과 관리
(2) 도시 내의 유비쿼터스 시스템과 연계한 관리
(3) 놀이시설 데이터베이스 구축과 피드백

6. 결언

어린이놀이시설 안전관리제도는 하나의 행정계획으로서 놀이시설의 효율적인 설치와 이용·관리를 위한 제도이다. 4단계의 검사과정과 절차의 지정 등은 고무적이나 중복되는 검사와 시행주기, 인력 배치의 측면이 비합리적이라는 의견이 있다. 시행과정의 오류를 검토하고 법 개정과 내용 보완 등의 형태로 지속적인 개선이 필요하다고 본다.

▶▶▶ 121회 2교시 5번

산업통상자원부 고시 「엔지니어링사업대가의 기준」에서 명시하고 있는 공사비 요율에 의한 방식을 적용하는 기본설계와 실시설계의 업무범위 및 추가 업무비용에 대해 설명하시오.

1. 개요

엔지니어링사업대가 산출에 있어서 기본원칙은 실비정액가산방식 적용이다. 발주자가 사업특성을 고려해 실비정액가산방식이 적절치 않다고 판단하는 경우 공사비 요율에 의한 방식을 적용할 수 있다. 실비정액가산방식 또는 공사비요율에 의한 방식으로 대가의 산출이 불가능한 구매, 조달, 노하우의 전수 등의 엔지니어링사업에 대한 대가는 계약당사자가 합의하여 정한다.

2. 엔지니어링사업대가 기준

1) 공사비 요율에 의한 방식

   (1) 공사비

   발주청의 공사비 총 예정금액(자재비 포함) 중 용지비, 보상비, 법률수속비, 부가가치세를 제외한 일체의 금액

   (2) 요율

   ① 기본설계 · 실시설계 · 공사감리 업무 단위별로 구분 적용

   ② 건설 부문, 통신 부문, 산업플랜트 부문 요율

   (3) 추가업무비용

   ① 기본설계 · 실시설계 · 공사감리업무에 해당하지 않는 업무비용

   ② 실비정액가산방식 또는 실제 소요 비용을 기준으로 산출

3. 공사비 요율에 의한 방식을 적용하는 기본설계 · 실시설계 업무범위

1) 기본설계 업무범위

   (1) 설계 개요 및 법령 등 각종 기준 검토

   (2) 예비타당성 조사, 타당성 조사 및 기본계획 결과의 검토

   (3) 설계 개요의 결정 및 설계지침의 작성

   (4) 기본적인 구조물 형식의 비교 · 검토

   (5) 구조물 형식별 적용 공법의 비교 · 검토

⑹ 기술적 대안 비교 · 검토
⑺ 대안별 시설물의 규모, 경제성 및 현장적용 타당성 검토
⑻ 시설물의 기능별 배치 검토
⑼ 개략 공사비 및 기본 공정표 작성
⑽ 주요 자재 · 장비의 사용성 검토
⑾ 설계도서 및 개략 공사시방서 작성
⑿ 설계설명서 및 개략 계산서 작성
⒀ 기본설계와 관련된 보고서, 복사비 및 인쇄비

2) 실시설계 업무 범위

⑴ 설계 개요 및 법령 등 각종 기준 검토
⑵ 기본설계 결과의 검토
⑶ 설계 요강의 결정 및 설계지침의 작성
⑷ 구조물 형식 결정 및 설계
⑸ 구조물별 적용 공법 결정 및 설계
⑹ 시설물의 기능별 배치 결정
⑺ 공사비 및 공사기간 산정
⑻ 상세공정표의 작성
⑼ 시방서, 물량내역서, 단가규정 및 구조와 수리계산서 작성
⑽ 실시설계와 관련된 보고서, 복사비 및 인쇄비

4. 추가업무의 범위와 종류

1) 추가업무의 범위

⑴ 발주청의 요구에 의한 추가업무
⑵ 엔지니어링 사업자의 책임에 귀속되지 아니하는 사유로 인한 추가업무
⑶ 발주청의 승인을 얻어 수행한 추가업무

2) 추가업무의 종류

⑴ 각종 측량
⑵ 각종 조사, 시험 및 검사
⑶ 공사감리를 위해 현장에 근무하는 기술자의 제비용
⑷ 주민의견 수렴 및 각종 인가 · 허가에 필요한 서류 작성
⑸ 입목축적조사서 등 각종 조사서 작성

(6) 사전재해영향검토, 자연경관영향검토, 생태환경조사 등 사전환경성 검토
(7) 문화재 지표조사
(8) 전파환경 분석 및 보고서 작성
(9) 운영계획 등 각종 계획서 작성
(10) 통신장비의 운용 및 인터페이스 등 통신소프트웨어 분석
(11) 수리모형 실험, 수치모델 실험, 시뮬레이션
(12) LEED, IBS, TAB 및 EMP 등 각종 공인인증을 위한 업무
(13) BIM 설계업무(추가 성과품을 제공하는 경우에 한함)
(14) 모형제작, 투시도·조감도 작성
(15) 제14조 업무 범위에 해당하지 않는 보고서 작성, 복사비, 인쇄비
(16) 용지도 작성비, 보상물 작성비(용지비 및 보상물 감정 업무 제외)
(17) 항공사진 촬영(원격조정 무인헬기 포함)
(18) 특수자료비(특허, 노하우 등의 사용료)
(19) 홍보영상 제작
(20) 계약상대자의 과실로 인해 발생한 손해에 대한 손해배상보험료·손해배상 공제료
(21) 각 호에 준하는 추가업무

5. 결언

엔지니어링사업대가 산출기준이 중요한 이유는 대가가 적정하지 않다면 저가 수주 및 사업내용의 질 저하, 기술자의 기술력 저하를 초래하기 때문이다. 건설업 개방에 대비하여 실비정액가산방식의 원칙을 준수하면서 대가 산정 시 낙찰률을 적용하는 등의 법적 근거가 없는 행위를 하지 않도록 하며 산출 원안에 따라 적정 대가를 지급해야 한다.

▶▶▶ 71회 3교시 6번

「자연공원법」에 의한 공원계획 수립 시 용도지구계획을 위한 지구지정의 고려사항과 각 지구별 허용행위에 대해 요약·설명하시오.

1. 개요

「자연공원법」은 자연생태계, 자연 및 문화경관 등의 보전 및 이용을 도모하기 위해 자연공원의 지

정·보전 및 관리사항을 규정한다. 공원관리청은 자연공원의 효과적 보전과 이용을 위해 용도지구 지정 시 생태적 가치, 완충공간, 주민생활, 문화재 보전을 고려하며 지정된 용도지구의 기능, 미관, 경관 및 안전을 확보하기 위해 각각의 용도지구 기능에 적합한 최소한의 행위만을 허용한다.

2. 공원계획내용 및 용도지구 구분

1) 내용

(1) 자연공원의 보전, 관리, 이용목적
(2) 용도지구 지정
(3) 공원시설 설치계획
(4) 행위 제한
(5) 건축물 신축과 철거·이전 제한
(6) 기타 행위 제한

2) 용도지구 구분

(1) 공원자연보전지구
(2) 공원자연환경지구
(3) 공원마을지구
(4) 공원문화유산지구

3. 지구지정 고려사항 및 지구별 허용행위

1) 공원자연보전지구

(1) 고려사항

① 생물다양성
② 자연생태계의 원시성
③ 특별히 보호가치가 높은 야생생물 서식지
④ 특히 수려한 경관

(2) 허용행위

① 학술연구, 자연보호 등을 위한 최소한의 시설, 행위
② 최소한의 공원시설 설치 및 공원사업
③ 사찰복원, 불사를 위한 시설 설치
④ 최소한의 사방사업
⑤ 협약에 의한 임산물 채취

2) 공원자연환경지구

   (1) 고려사항

      ① 생태적 가치가 높은 지역의 완충

      ② 보전 필요성

   (2) 허용행위

      ① 공원자연보전지구 내 허용행위

      ② 공원의 보전·관리·이용시설 설치

      ③ 1차 산업행위, 국민경제상 필요시설 설치

      ④ 임도 설치, 육림, 벌채, 생태계복원사업 및 사방사업

3) 공원마을지구

   (1) 고려사항

      ① 마을 형성

      ② 주민생활 유지에 필요한 지역

   (2) 허용행위

      ① 공원자연환경지구에서의 허용행위

      ② 일정 규모 이하 주택건축

      ③ 지구 기능상 필요 시설

4) 공원문화유산지구

   (1) 고려사항

      ① 지정문화재를 보유한 사찰

      ② 문화재보전에 필요한 시설

   (2) 허용행위

      ① 불교의식, 수행 및 생활시설, 신도교화시설

      ② 사찰보전관리시설

4. 결언

자연공원은 자연생태계나 자연경관 및 문화경관을 대표할만한 지역으로 지정받은 공원으로서 보전을 위한 지속적인 관리가 필요하다. 국토의 생태적 거점 역할을 하고 있으므로 도시지역 내의 도시공원 등과 연계하여 그린네트워크가 형성되도록 해야 한다.

> ▶▶▶ 114회 2교시 1번
>
> 「자연공원법」에 의한 자연공원의 유형 및 지정기준에 대해 설명하시오.

1. 개요

자연공원은 있는 그대로의 경관을 감상할 수 있는 공원을 말하며 자연공원을 유지하기 위해 「자연공원법」을 제정하였다. 「자연공원법」은 자연공원의 지정 · 보전 및 관리에 관한 사항을 규정함으로써 자연생태계와 자연 및 문화경관 등을 보전하고 지속가능한 이용을 도모함을 목적으로 하며 자연공원을 국립공원, 도립공원, 군립공원, 지질공원으로 구분하고 있다.

2. 자연공원의 유형 및 가치

1) 자연공원의 유형

구분	내용
자연공원	국립공원, 도립공원, 군립공원(郡立公園) 및 지질공원
국립공원	우리나라의 자연생태계나 자연 및 문화경관을 대표할 만한 지역으로서 제4조(자연공원의 지정 등) 및 제4조의 2(국립공원의 지정절차)에 따라 지정된 공원
도립공원	도 및 특별자치도의 자연생태계나 경관을 대표할 만한 지역으로서 제4조 및 제4조의 3에 따라 지정된 공원
광역시립공원	특별시 · 광역시 · 특별자치시의 자연생태계나 경관을 대표할 만한 지역으로서 제4조 및 제4조의 3에 따라 지정된 공원
군립공원	군의 자연생태계나 경관을 대표할 만한 지역으로서 제4조 및 제4조의 4에 따라 지정된 공원
시립공원	시의 자연생태계나 경관을 대표할 만한 지역으로서 제4조 및 제4조의 4에 따라 지정된 공원
구립공원	자치구의 자연생태계나 경관을 대표할 만한 지역으로서 제4조 및 제4조의 4에 따라 지정된 공원
지질공원	지구과학적으로 중요하고 경관이 우수한 지역으로서 이를 보전하고 교육, 관광 사업 등에 활용하기 위하여 제36조의 3에 따라 환경부장관이 인증한 공원

2) 자연공원의 가치

(1) 대규모의 생물서식처 존재

(2) 고유 생태계를 보호

(3) 다양한 자연자원 제공

3. 자연공원 지정기준

구분	기준
자연생태계	자연생태계의 보전상태가 양호하거나 멸종위기야생동식물, 천연기념물, 보호 야생동식물 등이 서식할 것
자연경관	자연경관의 보전상태가 양호하여 훼손 또는 오염이 적으며 경관이 수려할 것
문화경관	문화재 또는 역사적 유물이 있으며, 자연경관과 조화되어 보전의 가치가 있을 것
지형보존	각종 산업개발로 경관이 파괴될 우려가 없을 것
위치 및 이용편의	국토의 보전·이용·관리 측면에서 균형적인 자연공원의 배치가 될 수 있을 것

4. 결언

자연공원은 여타 녹지에 비해 비교적 면적이 크고 생태계의 훼손이 덜하며 생물자원이 풍부한 곳이다. 또한 여러 생물종이 서식할 수 있는 환경이 조성될 수 있다는 데 장점이 있다. 이러한 자연공원의 환경도 온난화의 영향을 받고 있는 만큼 생물종 보호를 위하여 노력해야 할 것이다.

▶▶▶ **114회 2교시 5번**

도시재해의 유형을 구분하고 조경 측면에서 제도적·기술적 해결방안에 대해 설명하시오.

1. 개요

재해는 재난으로 인해 발생하는 피해를 말한다. 재해의 유형은 태풍, 홍수, 호우, 강풍 등이 있다. 재해의 규모가 대형화되면서 기상학적 측면의 방재대책과 더불어 도시계획 측면의 방재대책의 중요성이 커지고 있으며 각종 재해로부터 견뎌낼 수 있도록 도시의 적응력을 향상시키기 위한 전략 마련에 고심하고 있다.

2. 도시재해의 유형

구분	내용
태풍	• 열대 저기압 중에서 중심 부근의 최대 풍속이 17m/s 이상으로 강한 폭풍우를 동반하는 자연현상 • 태풍(Typhoon), 허리케인(Hurricane), 사이클론(Cyclone), 윌리윌리(Willy-Willy)

구분	내용
홍수	• 하천이나 강의 정상적인 한계를 넘어 물이 넘쳐나는 현상 • 자연재해 중 전 세계적으로 가장 빈번히 발생하는 기상재해
호우	• 단시간에 많은 비가 오는 현상 • 대우(大雨), 강우(强雨) 등으로 지칭
강풍	평균 풍속이 초속 14m 이상인 바람이 10분 이상 계속되는 현상
대설	• 많은 양의 눈이 한꺼번에 내리는 현상 • 대설주의보는 24시간 동안 새로 쌓인 눈이 5cm 이상 예상될 때 발령 • 농가 비닐하우스가 무너지는 등의 피해 발생
산사태	토양이나 암석들이 산의 사면을 따라 갑자기 미끄러져내리는 자연현상

3. 도시재해 발생 시 해결방안

1) 법적 기준 강화

(1) 방재계획 가이드라인 제시

(2) 방재기준 강화 및 용도지구 설정

(3) 방재 계획기준을 도시·군 기본계획, 도시·군 관리계획, 개발행위허가 등에 반영

2) 재해 예방형 도시 구축

(1) 리질리언스 도시 및 구축

(2) 도시개발 및 정비사업 시 적극적인 예방기법 적용

(3) 재해 예방이 가능한 도시구조 구축

3) 재해취약지역 조사·분석

(1) 재해빈발지역 조사 및 자료화

(2) 지역별 재해취약지역 집중관리

(3) 실효성 있는 재해 저감대책 수립

4) 기반시설 대책

(1) 도로, 공원, 녹지, 광장 등 기반시설의 방재성능 검토

(2) 저영향개발 시스템 구축

(3) 종합 치수대책을 통해 하천·배수시설 인프라 구축

4. 결언

재난 통계에 따르면, 2000년 이후 재난 발생빈도는 1980년대와 비교하여 3배 가까이 늘었고 피해액 약 244조 원 이상의 대형 재해가 1990년 이후 급증했다고 한다.

환경재해는 한국뿐만 아니라 전 세계의 문제이고 지구가 겪고 있는 기후변화에 따른 이상징후와 맞물려 현대사회에서 가장 시급히 해결해야 할 문제로 대두되고 있으므로 미래를 내다보는 현실적인 재해대책 마련이 절실하다 하겠다.

▶▶▶ 108회 3교시 5번

「주택건설기준 등에 관한 규정」에 따른 공동주택단지의 주민공동시설 설치총량제 실시의 영향을 설명하시오.

1. 개요

공동주택단지의 주민공동시설 설치총량제는 지역 특성 및 주민수요 등을 고려하여 융통성 있는 주민공동시설의 계획 및 설치를 할 수 있도록 세부설치면적 대신에 설치 총량 면적을 제시하도록 한 제도를 말한다. 필수적인 시설에 대해서는 의무적으로 설치하도록 규정하고 필요한 경우 지방자치단체에서 조례로 의무설치시설의 종류와 면적 등을 정할 수 있도록 하였다.

2. 주민공동시설의 개념과 종류, 적용대상, 효과

1) 개념

해당 주택의 거주자가 공동으로 사용하거나, 거주자의 생활을 지원하는 시설

2) 주민공동시설의 종류

(1) 경로당, 어린이놀이터, 어린이집, 주민 운동시설
(2) 도서실(작은 도서관 포함)
(3) 주민 교육시설(영리를 목적으로 하지 아니하고 공동주택의 거주자를 위한 교육장소)
(4) 청소년 수련시설, 주민휴게시설, 독서실, 입주자집회소, 공용취사장, 공용세탁실
(5) 보금자리주택의 단지 안에 설치하는 사회복지시설, 그 밖에 이에 준하는 시설
(6) 그 밖에 이에 준하는 시설이란 공동육아나눔터, 가족 놀이공간, 유아놀이방, 다목적교육공간 등 거주자의 복리를 향상시킬 수 있는 시설을 말함

3) 적용대상

100세대 이상의 주택단지

4) 제도의 긍정적 효과

(1) 시대에 맞지 않는 불합리한 주택건설규제 정비
(2) 공동주택 내의 커뮤니티 시설을 주민의 수요에 맞게 설치 가능
(3) 입주 후 거주민이 상황에 맞도록 손쉽게 시설을 변경할 수 있음
(4) 주거 특성에 맞는 공동공간 조성으로 커뮤니티 활성화

3. 주민공동시설 설치총량제의 내용

1) 주민공동시설 총량의 최소면적 기준

(1) 100세대 이상 1,000세대 미만 : 세대당 $2.5m^2$를 더한 면적($2.5m^2 \times$세대수)
(2) 1,000세대 이상 : $500m^2$에 세대당 $2m^2$를 더한 면적($500m^2 + 2m^2 \times$세대수)

2) 주민공동시설 면적의 산정

(1) 시설별로 전용으로 사용되는 면적을 합하여 산정
(2) 실외에 설치되는 어린이놀이터, 실외체육시설 등은 그 시설이 설치되는 부지면적으로 함

3) 총량 면적의 조정

(1) 지역의 특성, 주택 유형 등을 고려
(2) 특별시 · 광역시 · 특별자치도 · 특별자치시 · 시 또는 군의 조례로 총량 면적의 1/4 범위 내에서 강화 또는 완화 가능

[총량 면적의 조정 범위]

구분	법정 총량면적	조례로 조정 가능한 총량	
100세대 이상 1,000세대 미만	세대당 $2.5m^2$를 더한 면적 ($2.5m^2 \times$세대수)	완화 하한	$1,875m^2 \times$세대수
		강화 상한	$3,125m^2 \times$세대수
1,000세대 이상	$500m^2$에 세대당 $2m^2$를 더한 면적 ($500m^2 + (2m^2 \times$세대수))	완화 하한	$375m^2 + (1.5m^2 \times$세대수)
		강화 상한	$625m^2 + (2.5m^2 \times$세대수)

4) 의무설치시설

공동주택에는 의무설치시설을 설치하도록 해야 함

[세대수에 따른 의무설치시설]

세대수	의무설치 주민공동시설
150세대 이상 300세대 미만	경로당, 어린이놀이터
300세대 이상 500세대 미만	경로당, 어린이놀이터, 어린이집
500세대 이상	도서관

(1) 의무설치시설의 최소면적
　① 지역의 특성, 주민공동시설의 설치상황, 수요 등을 고려
　② 특별시·광역시·특별자치도·특별자치시·시 또는 군의 조례로 정할 수 있음

[의무설치시설의 최소면적]

구분	내용	
경로당	$50m^2$에 세대당 $0.1m^2$를 더한 면적	
어린이집	300~600세대 미만	세대당 0.1인의 인원
	600~1,000세대 미만	30인+세대당 0.05인의 인원
	1,000세대 이상	80인 이상의 인원을 보육할 수 있는 면적
어린이놀이터	150~300세대 미만	지역 여건, 단지특성 등을 고려하여 조경 및 녹지와 어우러지게 적정 면적으로 설치
	300~1,000세대 미만	$200m^2$에 세대당 $1m^2$를 더한 면적
	1,000세대 이상	$500m^2$에 세대당 $0.7m^2$를 더한 면적
	* 참고 : 운동시설, 조경 및 녹지 등과 통합하여 설치하는 주택단지는 사업계획 승인권자가 인정하는 바에 따라 어린이놀이터 설치면적 인정	
작은 도서관	「도서관법 시행령」 별표 1의 기준에 따른 면적	
	* 참고 : 문화관광부에서는 작은 도서관의 적정기능 수행을 위해서는 $100m^2$ 내외의 면적을 권장	
운동시설	「체육시설의 설치·이용에 관한 법률 시행령」에 따른 체육시설을 정하는 경우 해당 종목별 경기단체 경기장 규격에 따른 면적	

(2) 추가 설치 주민공동시설 및 면적 규정
　① 법정 의무설치시설 이외에 필수적으로 설치해야 할 시설과 설치면적에 대하여 필요하다고 판단되는 경우 조례로 정할 수 있음
　② 지역 내 수요 등에 비해 과다한 시설이 설치되지 않도록 함

4. 결언

2013년 공동시설 총량제를 도입했지만 총량 면적과 설치해야 하는 시설이 명시되어 있어 도입 취지인 '수요에 맞는 자율성'과 다르게 정해진 시설을 의무적·일률적으로 설치해야 했다. 따라서 시설이 획일화되는 측면이 있었고 이용률이 저조하거나 선호도가 낮은 시설은 사용되지 않고 방치되는 상황이 발생하였다. 이러한 불합리한 점을 개선하면서 제도를 보완해 나가야 할 것이다.

▶▶▶ 109회 4교시 2번

공정거래위원회가 제정·발표한 「조경식재업종 표준하도급계약서」의 주요 내용을 설명하시오.

1. 개요

공정거래위원회는 유지관리 책임 주체나 공사를 지연시키는 불가항력적인 사항을 명확히 규정하도록 하고 있다. 건설업계 최초로 2016년 2월에 공정별 독립 표준 하도급계약서 양식을 공표했다. 조경식재업종 표준 하도급계약서는 하도급계약을 체결함에 있어 도급자의 일방적인 협상 진행을 방지하기 위하여 계약의 표준이 되는 원칙적인 사항을 제시하고 있다. 도급자와 수급자는 구체적인 준수사항을 확인하고 공정한 계약조건에 따라 계약을 진행하여야 한다.

2. 조경식재업종 표준하도급계약서의 목적 및 원칙

1) 목적
    (1) 기업의 일방적이고 우월한 교섭력의 남용 방지
    (2) 계약 자유의 원칙 준수
    (3) 공정하고 표준화된 계약조건 제시

2) 원칙
    (1) 원사업자와 수급사업자의 신의성실의 원칙
    (2) 상호이익 존중
    (3) 계약의 최우선 적용

3. 조경식재업종 표준하도급계약서 전문의 주요 내용

1) 발주자

   발주의 주체를 기재

2) 공사명·하도급 공사명

   (1) 원도급공사의 공사명 기재
   (2) 원도급 공사명을 포함한 하도급 공사명 기재

3) 공사장소

   대상지 및 현장 주소 기재

4) 공사기간

   (1) 착공기간 및 준공기간
   (2) 수급사업자의 별도 계약기간 기재

5) 계약금액

   (1) 전체 계약금액, 공급가, 부가세 기재
   (2) 「건설산업기본법 시행령」에 규정된 노무비 기재

6) 대금 지급

종류	방법
선급금	• 공사 전 지급하는 금액 • 입금 기간 기재
기성금	목적물이 일부 완성되었을 경우 지급하는 금액
설계변경, 경제 상황 변동 등에 따른 하도급 대금 조정	• 발주자로부터 조정받은 날로부터 30일 이내에 하도급 계약의 내용과 비용을 조정 • 발주자로부터 지급받은 날로부터 15일 이내에 하도급 대금 지급

7) 지급자재의 품목 및 수량

   별첨

8) 계약이행보증금

   계약을 이행하기 위해 보증하는 금액

9) 하도급 대금 지급보증금

   원도급사가 하도급 대금을 지급하기 위해 보증하는 금액

10) 하자담보책임

   (1) 하자보수 보증금률 지정
   (2) 하자보수보증금 산정
   (3) 하자 담보기간 설정

   11) 지체상금률

   약속한 계약이 정상적으로 이행되지 않아 공기가 계약기간 이후로 밀렸을 때 이에 대한 보상금의 비율

   12) 원사업자와 수급사업자의 서명 및 날인

4. 조경식재업종 표준하도급계약서 본문의 주요 내용

   1) 기본원칙

   계약서 작성 시에 지켜야 할 원칙을 명시

   2) 특약설정

   대등한 지위, 상호협의 개별 약정 가능

   3) 계약변경

   (1) 공사 내용, 공사 기간, 공사 물량 등 변경 하도급대금 조정
   (2) 합리적이고 객관적인 사유 변경

   4) 추가공사

   (1) 착공 전까지 추가공사와 관련된 서면 발급
   (2) 추가로 시공한 부분은 인정받지 못하더라도 추가 지급함

   5) 하도급 통보

   계약체결 30일 이내에 하도급통보서를 발주자에게 제출

   6) 계약 중 금지행위

   (1) 계약을 임의로 취소하거나 변경하는 행위
   (2) 검사가 끝난 목적물의 인수를 거부하거나 지연하는 행위
   (3) 인수한 목적물을 반품하는 행위

5. 결언

표준하도급계약서는 도급받은 건설공사를 다시 도급하면서 계약하는 내용을 기재한 서류이다. 조경식재업종에서 표준하도급계약서 양식을 지정하는 것은 부당한 계약체결 방지 및 공사의 품질 향상 등의 효과를 기대할 수 있다. 아울러 계약의 세부조건 및 주요 내용을 숙지하여 공사의 원활한 이행 및 공론화할 수 있는 근거를 마련하는 데 도움이 된다.

▶▶▶ 102회 4교시 6번

소규모 환경영향평가의 대상, 대상사업의 종류와 범위에 대해 설명하시오.

1. 개요

「환경영향평가법」은 환경에 미치는 영향을 예측하고 판별하기 위한 기준을 설정하기 위하여 제정되었다. 평가의 범위와 항목을 결정하여 적용함으로써 개발계획 수립과 개발사업 시행으로 인한 부정적인 환경영향을 최대한 줄이려는 목적이 있다.

「환경정책기본법」과 「환경영향평가법」에 분리되어 있던 환경영향평가제도를 일원화하고 전략환경평가체제로 전환하면서 환경영향평가의 대상에 포함되지 않았던 소규모 개발사업과 행정계획을 평가체제에 포함하였다. 평가 유형은 전략환경평가, 환경영향평가, 소규모 환경영향평가로 구분된다.

2. 환경영향평가 유형

1) 전략환경평가

(1) 정의

환경에 영향을 미치는 상위계획을 수립할 때에 환경보전계획과의 부합 여부 확인 및 대안의 설정·분석 등을 통하여 환경적 측면에서 해당 계획의 적정성 및 입지의 타당성 등을 검토하여 국토의 지속가능한 발전을 도모하는 것

(2) 평가대상

도시의 개발계획 외

(3) 평가 대상계획의 구분

① 정책계획 : 국토의 전 지역이나 일부 지역을 대상으로 개발 및 보전 등에 관한 기본 방향이나 지침 등을 일반적으로 제시하는 계획

② 개발기본계획 : 국토의 일부 지역을 대상으로 하는 계획으로서 다음 각 목의 어느 하나에 해당하는 계획
- 구체적인 개발구역의 지정에 관한 계획
- 개별 법령에서 실시계획 등을 수립하기 전에 수립하도록 하는 계획으로서 실시계획 등의 기준이 되는 계획

③ 전략환경영향평가 대상계획, 정책계획 및 개발기본계획의 구체적인 종류는 대통령령으로 정함

2) 환경영향평가

(1) 정의
환경에 영향을 미치는 실시계획, 시행계획 등의 허가·인가·승인·면허 또는 결정 등을 할 때 해당 사업이 환경에 미치는 영향을 미리 조사·예측·평가하여 해로운 환경영향을 피하거나 제거 또는 감소시킬 수 있는 방안을 마련하는 것

(2) 영향평가 대상사업
① 도시의 개발사업 외
② 평가항목·범위 등의 결정이 중요

3) 소규모 환경영향평가

(1) 정의
환경보전이 필요한 지역이나 난개발이 우려되어 계획적 개발이 필요한 지역에서 개발사업을 시행할 때 입지의 타당성과 환경에 미치는 영향을 미리 조사·예측·평가하여 환경보전방안을 마련하는 것

(2) 평가의 대상
① 보전이 필요한 지역과 난개발이 우려되어 환경보전을 고려한 계획적 개발이 필요한 지역으로서 대통령령으로 정하는 지역에서 시행되는 개발사업
② 환경영향평가 대상사업의 종류 및 범위에 해당하지 않는 개발사업으로서 대통령령으로 정하는 개발사업

[소규모 환경영향평가 대상사업의 종류와 범위]

구분	대상사업의 종류와 범위	협의 요청 시기
「국토의 계획 및 이용에 관한 법률」 적용지역	관리지역의 경우 사업계획 면적이 다음의 면적 이상인 것 1) 보전관리지역 : 5,000m^2 2) 생산관리지역 : 7,500m^2 3) 계획관리지역 : 10,000m^2	사업의 허가·인가·승인·면허·결정 또는 지정 등의 전
	농림지역의 경우 사업계획 면적이 7,500m^2 이상인 것	사업의 허가 전
	자연환경보전지역의 경우 사업계획 면적이 5,000m^2 이상인 것	사업의 허가 전
「개발제한구역의 지정 및 관리에 관한 특별조치법」 적용지역	개발제한구역의 경우 사업계획 면적이 5,000m^2 이상인 것	사업의 허가 전
「자연환경보전법」 및 「야생생물 보호 및 관리에 관한 법률」 적용지역	생태·경관보전지역의 경우 사업계획 면적이 다음의 면적 이상인 것 1) 생태·경관핵심보전구역 : 5,000m^2 2) 생태·경관완충보전구역 : 7,500m^2 3) 생태·경관전이보전구역 : 10,000m^2	사업의 허가 전
	자연유보지역의 경우 사업계획 면적이 5,000m^2 이상인 것	사업의 허가 전
	야생생물 특별보호구역 및 야생생물 보호구역의 경우 사업계획 면적이 5,000m^2 이상인 것	사업의 허가 전
「산지관리법」 적용지역	공익용산지의 경우 사업계획 면적이 10,000m^2 이상인 것	사업의 허가 전
	공익용산지 외의 산지의 경우 사업계획 면적이 30,000m^2 이상인 것	사업의 허가 전
「자연공원법」 적용지역	공원자연보존지구의 경우 사업계획 면적이 5,000m^2 이상인 것	사업의 허가 전
	공원자연환경지구 및 공원문화유산지구의 경우 사업계획 면적이 7,500m^2 이상인 것	사업의 허가 전
「습지보전법」 적용지역	습지보호지역의 경우 사업계획 면적이 5,000m^2 이상인 것	사업의 허가 전
	습지주변관리지역의 경우 사업계획 면적이 7,500m^2 이상인 것	사업의 허가 전
	습지개선지역의 경우 사업계획 면적이 7,500m^2 이상인 것	사업의 허가 전
「수도법」, 「하천법」, 「소하천정비법」 및 「지하수법」 적용지역	「수도법」에 따른 광역상수도가 설치된 호소의 경계면으로부터 상류로 1km 이내인 지역의 경우 사업계획 면적이 7,500m^2(공동주택의 경우에는 5,000m^2) 이상인 것	사업의 허가 전
	「하천법」에 따른 하천구역의 경우 사업계획 면적이 10,000m^2 이상인 것	사업의 허가 전

구분	대상사업의 종류와 범위	협의 요청 시기
「수도법」, 「하천법」, 「소하천정비법」 및 「지하수법」 적용지역	「소하천정비법」에 따른 소하천구역의 경우 사업계획 면적이 7,500m² 이상인 것	사업의 허가 전
	「지하수법」에 따른 지하수보전구역의 경우 사업계획 면적이 5,000m² 이상인 것	사업의 허가 전
「초지법」 적용지역	초지 조성허가 신청의 경우 사업계획 면적이 30,000m² 이상인 것	사업의 허가 전
그 밖의 개발사업	• 최소 소규모 환경영향평가 대상 면적의 60% 이상인 개발사업 중 환경오염, 자연환경 훼손 등으로 지역균형발전과 생활환경이 파괴될 우려가 있는 사업으로서 조례로 정하는 사업 • 관계행정기관의 장이 미리 시·도 또는 시·군·구 환경보전자문위원회의 의견을 들어 소규모 환경영향평가가 필요하다고 인정한 사업	사업의 허가 전

3. 결언

한국의 환경영향평가제도는 보다 실질적 · 효율적인 적용을 위해 체제 전환 중이다. 제도의 합리적 적용으로 환경에 미치는 영향을 줄이고 친환경적이며 지속가능한 토지 및 공간이용이 되도록 노력해야 한다.

- 117회 2교시 5번
- 114회 2교시 2번
- 82회 4교시 1번
- 108회 2교시 4번
- 99회 2교시 5번
- 129회 3교시 1번
- 63회 3교시 3번
- 108회 2교시 6번
- 72회 3교시 3번
- 79회 4교시 6번
- 114회 4교시 4번
- 78회 4교시 5번
- 75회 3교시 5번
- 117회 2교시 2번
- 78회 3교시 4번
- 85회 3교시 4번

CHAPTER 03 생태학

조경기술사 논술 기출문제풀이

▶▶▶ 117회 2교시 5번
도시 열섬현상의 개념 및 종류, 특성, 원인과 열섬현상의 분야별 완화방안을 설명하시오.

1. 개요
도시 열섬(Heat Island)은 기온분포를 나타내는 지점을 등온선으로 연결했을 때 도심부를 중심으로 등고선이 형성되는 현상을 말한다. 도시화가 진행되고 있는 지역과 교외의 기온 차이로 발생하며, 인공물에 의한 열 순환경로 차단, 전력사용 등이 간접적인 원인이다.

2. 도시 열섬(Heat Island)의 개념 및 특성

1) 개념
(1) 도시의 기후 변이현상
(2) 도심부를 중심으로 형성되는 등고선도

2) 특성
(1) 도심지의 기온 상승
(2) 숲과 녹지가 있는 곳은 기온이 다소 낮음
(3) 열섬 발생지는 바람의 세기가 약함

3. 도시 열섬현상의 발생원인

1) 도시지역의 평균기온 상승
(1) 복사열에 의한 지표면 온도 상승
(2) 전력사용에 의한 폐열의 증가

2) 발생하는 열의 방출통로 차단
   (1) 인공물 점유로 에너지와 물질의 자연 순환통로 차단
   (2) 바람통로 폐쇄

3) 교외와 도시의 연결성 단절
   (1) 교외와 도시공간의 기후 차이 발생
   (2) 도시 생태계 확산으로 차이가 큰 환경 형성

4) 계절적 기온변동
   (1) 여름철의 전력 사용량 증가
   (2) 오존층 파괴로 자외선 조사량 증가

4. 도시 기온에 영향을 주는 도시구성요소

1) 도시구성요소의 열 흡수
   (1) 아스팔트, 벽돌, 유리의 대량 사용
   (2) 인공 소재의 열 저장 및 방출

2) 가로구조(Street Geometry)
   (1) 도시의 기온분포 양상에 영향을 끼침
   (2) 건물이 도로의 밀집 상태를 결정

3) 도시구조물의 배치와 외관
   (1) 바람의 방향과 발생 양상에 영향을 줌
   (2) 지표면 인공화와 과다한 토지개발

5. 도시 열섬 저감방안

1) 도시구조와 규모, 도시운영시스템의 조절
   (1) 산업, 사회, 도시 시스템을 친환경으로 전환
   (2) 구조 개선으로 지역과 장소의 순환성을 높임

2) 친환경 계층구조 조성
   (1) 생태마을 건설
   (2) 퍼머컬처 시스템 도입

3) 인공물의 소재 변경과 규모 축소
    (1) 알베도(Albedo)가 높은 소재의 사용
    (2) 색채 반사 이용

4) 녹지와 하천 정비
    (1) 자연형 하천으로 조성해 물길 복원
    (2) 실개천, 생태연못 정비

6. 결언

열섬현상은 기본적으로 도시의 폐쇄적인 구조로 인해 공기의 이동이 되지 않아 발생한다. 대기의 순환이 원활하도록 도시 전체 또는 지역과 장소의 측면에서 공간계획을 행해야 할 것이다.

▶▶▶ 114회 2교시 2번

생태서비스의 개념 및 공원녹지 분야의 생태계 서비스 지불제 도입방안에 대해 설명하시오.

1. 개요

생태서비스는 자연생태계가 인간에게 제공하는 다양한 혜택을 말한다. 이는 눈에 보이지 않고 체감할 수도 없어서 얼마나 많은 혜택이 제공되고 또한 무분별한 환경 훼손이나 파괴로 얼마만큼의 혜택이 사라지는지 잘 알지 못한다. 이 때문에 생태계의 가치를 산정하고 자연자원을 효율적으로 보전하기 위해 개념을 도입하기 시작했다.

생태계 서비스 지불제는 자원 보전을 위한 행위를 한 자에게 그 행위에 대한 가치를 화폐로 보상하는 제도를 말한다.

2. 생태계 서비스의 개념 및 필요성

1) 생태계 서비스의 개념
    (1) 인간이 자연에서 받는 다양한 자원
    (2) 산, 하천 등 생태계 유형에 따라서 다르게 생산되는 자원

2) 생태계 서비스 개념 적용의 필요성
    (1) 기후변화로 인한 생물다양성 감소 및 환경문제 발생
    (2) 자원 이용량과 자원에 대한 피해를 가시화
    (3) 자연의 중요성을 이해하는 데 도움이 됨

3) 생태계 서비스의 종류
    (1) 공급 서비스
    (2) 조절 서비스
    (3) 문화 서비스
    (4) 지지 서비스

3. 공원녹지 분야의 생태계 서비스 지불제 도입방안

1) 지지 서비스(Surporting Service)
    (1) 경작지
        ① 친환경적 경작
            • 휴경
            • 친환경 작물 경작
        ② 야생동물 먹이 제공
            • 벼를 수확하지 않고 그대로 둠
            • 쉼터 조성 및 관리
            • 볏짚 존치
            • 보리 재배
    (2) 야생생물 서식지
        ① 생태계 조성·관리
            • 숲 조성·관리
            • 습지 조성·관리
            • 생태웅덩이 조성·관리
            • 관목 덤불 조성·관리
            • 초지 조성·관리
            • 생태계 교란종 제거
        ② 생물종 서식지 조성·관리 : 멸종 위기종 서식지 조성·관리

2) 환경조절 서비스(Regulating Service)

  (1) 수질 개선

    ① 하천 관리 : 하천의 수질 정화

    ② 수변 식생대 조성 · 관리 : 하천 환경 정화

  (2) 대기질 개선 및 온실가스 저감

    식생 군락 조성 · 관리 : 기후변화대응숲 조성 · 관리

  (3) 자연재해 방지

    ① 저류지 조성 · 관리 : 다양한 형태의 저류지를 조성

    ② 토양 침식 방지 : 나대지 녹화 · 관리

3) 문화 서비스(Cultural Service)

  (1) 자연경관 개선

    ① 경관숲 조성 · 관리
- 아름다운 경관을 제공하는 숲
- 숲을 경관 생태 측면에서 관리

    ② 산책로 조성 · 관리 : 생태탐방로 조성 · 관리

  (2) 자연경관 조성

    조망점 · 축 조성 · 관리 : 자연경관 전망대 조성 · 관리

  (3) 자연자산 유지관리

    생태계 보전 · 관리활동

4. 결언

생태계 서비스 지불제 계약의 내용이 확대되어 계약 대상지와 활동유형이 다양해졌다. 휴경, 야생동물 먹이 주기 등 5가지에 불과했던 활동유형이 친환경 경작, 멸종위기 야생생물 서식지 보전, 하천 정화 등 22가지로 대폭 늘어났다. 이 제도를 통한 민간의 생태계 보전 참여 활동의 활성화가 기대된다.

> **▶▶▶ 82회 4교시 1번**
>
> 교란의 동태와 교란이 경관에 미치는 영향을 이해하는 데 규모에 대한 고려가 왜 필요한 지에 대해 공간적·시간적 규모의 측면에서 설명하시오.

1. 개요

교란이란 기존 생태계의 전부 또는 일부를 파괴하는 등의 외부적 요인을 말하며 경관의 유형과 구조 형성에 중요한 역할을 한다. 장기간에 걸친 교란의 시간적·공간적 동태인 교란체계는 경관을 파괴하고 경관의 이질성을 변화시키는 등 자연환경에 영향을 끼친다.

일반적으로 경관은 안정성을 지니고 있으며 교란의 공간적·시간적 규모에 따라 파괴되거나 회복되는 정도가 다르다.

2. 교란의 동태와 경관에 미치는 영향

1) 교란의 동태

(1) 교란 강도는 공간적·시간적 규모로 결정
(2) 교란 강도에 따라 경관에 미치는 영향이 다름

2) 경관에 미치는 영향

(1) 경관의 유형 형성
(2) 생태적 회복과정 유발
(3) 이질성의 변화

3. 교란의 강도와 경관 안정성

1) 교란의 강도

(1) 공간적 강도
  ① 교란의 공간적 규모
  ② 경관의 규모와 상대적 비율

(2) 시간적 강도
  ① 교란의 발생 간격
  ② 경관의 회복간격과 상대적 비율

2) 경관 안정성

(1) 개념

① 교란에 저항하는 정도

② 교란으로부터의 회복력

(2) 교란의 강도와 경관 안정성의 관계

구분	내용
교란 강도 > 경관 안정성	• 불안정, 파괴 • 높은 수준의 변이
교란 강도 < 경관 안정성	• 생태계의 평형상태, 정상적인 기능 유지 • 생태계 안정, 낮은 변이

4. 교란의 공간적 · 시간적 규모와 경관의 변화

1) 규모가 크나 빈도가 낮은 교란

(1) 매우 높은 변이

(2) 경관의 규모와 기능 및 순환이 정상적으로 유지됨

2) 규모가 작고 빈도가 낮은 교란

(1) 정상적인 상태의 경관

(2) 평형상태 유지

(3) 장기적인 경관 변이

3) 규모가 크고 빈도가 잦은 교란

(1) 생태계의 불안정성이 높음

(2) 대규모의 경관 파괴 발생

(3) 급격한 경관 변동 발생

4) 규모가 작고 빈도가 잦은 교란

(1) 생태계 불안정 또는 안정적일 수 있음

(2) 교란 적응력에 따라 다양한 변이 발생

5. 결언

자연적이거나 인위적인 교란은 경관의 유형을 결정하는 데 중요한 요소이며 교란의 영향은 경관 내에서 장기간 지속된다. 경관은 서로 다른 경관체계를 포함하므로 다양한 역동성을 지니고 있고 경관에 미치는 영향은 교란의 공간적 · 시간적 규모에 따라서 결정되므로 규모에 대한 고려는 꼭 필요하다.

▶▶▶ 108회 2교시 4번

수직적 다층구조 조경식재 이후 식물 성장 패턴에 따른 숲 변화를 그림과 함께 설명하시오.

1. 개요

수직적 다층구조란 여러 종의 식물이 층을 이루어 하나의 소 생태계를 형성하여 시각적인 규모의 증대뿐만 아니라 안정성을 확보할 수 있는 숲이 지닌 기본 구조를 말한다.

다층구조를 인위적으로 조성하기 위하여 지피식물, 관목, 아교목, 교목의 순서로 식재한다. 조성 초기에는 식물의 종간 경쟁이 심하여 생태적 지위의 변동이 많으나 시간이 지남에 따라 종수나 종류에 변동이 없는 안정한 상태에 도달하게 된다.

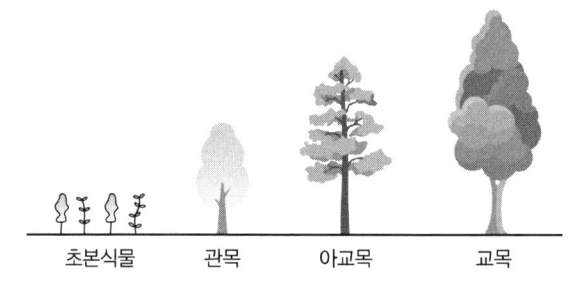

[수직적 다층구조 형성 수목]

2. 다층구조의 개념과 중요성, 숲의 기능

1) 개념
   (1) 숲의 구조를 모방한 유사자연
   (2) 수림대에 형성되는 자연적인 층구조

2) 중요성
   (1) 생물에게 다양한 서식처 제공
   (2) 서식처 보존을 통한 종 다양성 보존
   (3) 생물 고유의 생태성 유지

3) 다층구조가 완성된 숲의 기능

구분	내용
공학적 기능	• 토사 유출 및 경사지 붕괴 방지 • 미기후 및 습도 조절로 건조 방지 • 오염물질을 걸러내는 환경 필터
문화적 기능	• 산림 휴양공간 및 자연학습공간 제공 • 이용자에게 자연의 중요성을 인식시킴
생산적 기능	• 산림자원 제공 • 목재생산 및 산림 부산물 제공
생태적 기능	• 다양한 조건을 가진 생물서식처 제공 • 먹이사슬 구조의 유지 • 생물 다양성 확보
수문학적 기능	• 우수의 침투를 도와 지하수 함양 • 강우 유출량 조절로 홍수 예방

3. 다층구조 내부의 분포 식물 변화

1) 조성 초기

  (1) 햇빛 요구도가 높고 양분 요구량이 적은 지피류, 관목, 초화식물 등이 우점

  (2) 음수보다는 양수가 생장이 빠름

2) 조성 중기

  (1) 양수와 음수의 경쟁과 대립

  (2) 중기 시작되는 시기에는 양수가 우세

  (3) 시간이 지날수록 음수가 공간을 차지

  (4) 점진적으로 내음성 수림대로 진행

3) 조성 후기

  (1) 양분 요구량이 많고 햇빛 요구량은 적은 음수가 우점

  (2) 음수가 양수와의 경쟁에서 이겨 극상에 도달

  (3) 초본식물 · 관목 · 아교목 · 교목이 일정 환경의 서식지에 군집을 이룸

[다층구조 양상]

4. 결언

시간이 지나면서 수직적으로 완성되어 가는 다층구조 조경식재는 생물이 생활하고 번식하며 활동하는 서식처의 전반적인 환경 조성에 있어서 필수적인 패턴이라 할 수 있다.

자연적인 숲과 유사하게 만들어 내는 다층구조 식재공간은 여건만 허락한다면 도시 내의 소규모공간에도 자유롭게 적용할 수 있다는 것이 장점이다.

▶▶▶ 99회 2교시 5번

환경오염에 의한 도시림의 쇠퇴 징후와 개선대책을 기술하시오.

1. 개요

도시림은 도시환경의 질을 개선하고 경관의 수준을 높이기 위해 도시에 조성되는 인공림을 말한다. 조성목적에 따라 생활환경형·경관형·휴양형으로, 조성장소에 따라 마을숲·학교숲 등으로 나눈다. 도시 어메니티 제공, 오염 정화, 공원 공간 제공, 숲 네트워크의 구성 기능을 한다. 도시림 쇠퇴는 각종 공해물질과 지구 온난화에 의한 대기오염과 산성비가 주 원인으로 대두되고 있다.

2. 환경오염에 의한 도시림의 쇠퇴 원인

1) 토양 산성화

(1) 토양 내 무기염류를 용탈

(2) 알루미늄이 수용성이 되어 뿌리 생장 억제

(3) 산성비에 음이온 SO_4^{2-}가 80% 포함

2) 오존에 의한 수목피해

    (1) 잎 표면에 오존이 접촉

    (2) 광합성과 호흡작용에 장애 발생

3) 영양염류의 과다 및 결핍

    (1) 질소 성분 과다 및 미량원소 결핍 유발

    (2) 공장이나 자동차 배기가스로 질소 과잉

    (3) 뿌리와 지상부의 생장 이상

4) 산성비 피해

    (1) 표피세포 내 무기영양소, 대사물질 순환 차단

    (2) 조기낙엽 현상, 빈약한 수관 형성

3. 도시림 개선대책

1) 오염 지표식물 활용

    (1) 산성화 지표식물 식재로 토양오염 수준 파악

    (2) 사루비아 등

    (3) 오염수준에 따라 관리방법 차등화

2) 온실가스 흡수 식물 식재

    (1) 흡수능력이 큰 수목을 심음

    (2) 은행나무, 현사시나무, 버즘나무

3) 열섬현상 방지

    (1) 고온화를 막아 증발산량 감소

    (2) 투수성이 있는 재료 사용으로 수 순환 보전

4) 바람길 보존 및 조성

    (1) 건축물 배치 시 산바람의 통로 확보

    (2) 도시 발생 열 및 대기오염 저감

5) 토양개량

    (1) 산성 토양의 개량으로 중성화

    (2) 석회 등 알칼리성 물질 혼합

4. 결언

도시 내부에 존재하는 산림의 생태공학적 기능 발휘, 라이프스타일 변화에 따른 생활권 숲의 확대, 산림의 가치 등에 대한 중요성이 커지면서 산림청에서는 도시림의 조성 및 관리를 위한 계획수립과 지역별로 차별화된 도시림 구축사업을 진행하고 있다.

도시환경의 질적 저하를 막을 수 있는 규모 있는 공간인 만큼 미래 도시환경에 적합한 도시림의 규모와 유형을 조경 분야의 시각에서 고민해야 할 것으로 보인다.

▶▶▶ 129회 3교시 1번

미세먼지 저감을 위한 도시숲의 종류를 열거하고 식재모델을 설명하시오.

1. 개요

도시숲(Urban Forest)은 도시에서 국민 보건 휴양·정서함양 및 체험활동 등을 위하여 조성·관리하는 산림 및 수목을 말한다. 도시 미관 향상이나 도심 열섬현상 방지에 효과가 있는 것으로 알려져 세계적으로 유행하고 있다. 갈수록 심각해지는 기후 위기 속에서 근본적·장기적인 미세먼지 대책을 강구하려 노력하고 있는데, 도시숲 조성도 그중의 하나이다.

2. 도시숲 조성의 효과

1) 대기오염 물질 흡착·흡수
2) 여름 평균기온을 3~7℃ 정도 낮춤
3) 습도를 높여 도시 열섬현상 완화
4) 신체적·정신적 건강 증진

3. 미세먼지 저감을 위한 도시숲의 종류

구분	내용
차단숲	생활권으로의 미세먼지 확산을 차단하기 위해 산림(숲) 내 공기 흐름이 최소화되도록 미세먼지 발생지역 주변 등에 조성·관리된 숲
저감숲	미세먼지 저감기능을 충분히 발휘하기 위해 산림(숲) 내 공기흐름을 적절히 유도하고 줄기, 가지, 잎 등의 접촉면이 최대화될 수 있도록 조성·관리된 숲

구분	내용
바람길숲	산림에서 생성된 양질의 공기를 주민 생활공간으로 공급하는 통로로서 도시 생활환경 개선을 위해 도시 내부·외곽 산림(숲)의 신선하고 깨끗한 공기를 도심으로 유도·확산할 수 있도록 연결된 숲

4. 미세먼지 저감숲의 적정 식재밀도

구분	차단숲	저감숲	바람길숲
적정 식재밀도(본/ha)	1,800본 이상	800~1,000본	500본 이하
최대 풍속 대비 목표 저감률	75% 이상	약 50%	25% 이하

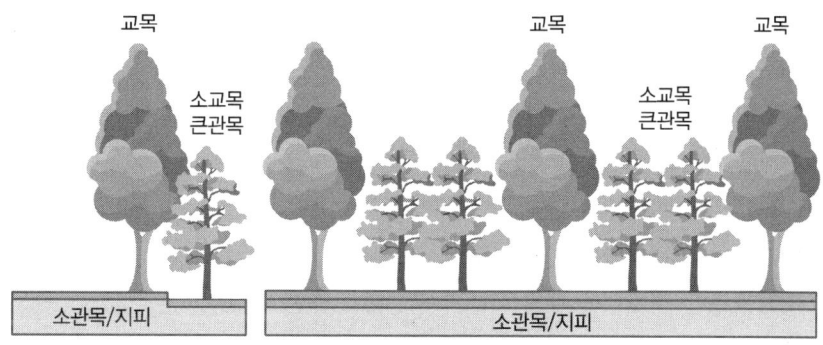

[미세먼지 저감숲의 식재모델]

5. 결언

「도시숲법」이 도입된 지 상당한 시간이 흘렀다. 최근 산림청과 지방자치단체에서는 여러 가지 수단을 도입하여 미세먼지 저감에 총력을 기울이고 있다. 도시숲의 범위 내에 공원의 나무와 도시 주변의 산림 등 조경 분야에서 다루어 온 녹지의 형태가 포함되고 있다.

▶▶▶ 63회 3교시 3번

> 소생태계(Biotop)와 소공원(정원)을 비교·설명하고 확충방안에 대해 논하시오.

1. 개요

소생태계는 작은 규모의 생물 서식지로서 도심지 내의 최소 생태공간이며 소공원은 보행권 내에 존재하는 오픈스페이스의 최소단위이다. 소생태계와 소공원은 모두 일상의 생활권역에 배치되어 자연환경 제공 및 환경개선, 커뮤니티 활성화, 생태 네트워크 구성, 레크리에이션 장소 제공 등의 기능을 한다.

2. 생태 · 사회환경 측면에서 도시공간의 문제점

1) 생태환경 측면

   (1) 생태공간 부족

      ① 인공구조물의 과밀화

      ② 생태면적률 미달

   (2) 생태계 단편화 공간 증대

      ① 산림 등 완전한 자연환경에서 분절

      ② 특이한 종인 터주식물 우점으로 기형 생태계 출현

2) 사회환경 측면

   (1) 커뮤니케이션 기회와 활동공간 부족

   (2) 오픈 스페이스 부재로 도시민의 정서적 유대감 형성 기회 부족

   (3) 레크리에이션 기능 저하, 보행공간 부족

3. 소생태계와 소공원의 개념 및 비교

1) 개념

   (1) 소생태계

      ① 최소단위면적을 가진 생태계

      ② 생태계 다양성을 결정하는 요소

   (2) 소공원

      ① 보행권역 내에 조성

      ② 커뮤니티 형성공간이자 보행 오픈 스페이스

2) 소생태계와 소공원 비교

비교항목	소생태계	소공원
필요성	• 도시 생태계의 질 저하 • 서식지 면적 확보 곤란	• 커뮤니티를 위한 공간 부족 • 보행공간 부족
특성	• 규모의 최소성 • 유형의 다양성 • 소공간의 생태성 강화 • 주민참여 등 관심 필요	• 보행로와 연계 • 일상생활에 적극 이용 • 자투리 공간 활용도가 높음 • 유대감 형성에 도움
지향점	• 생태융합형 도시 • 자연환경의 지속성	• 사회적 유대감 추구 • 사회적 지속성 지원
조사방법	• 조사 · 분석 • 생태계 잠재력 평가 • 서식처 조성 • 비오톱 네트워크화	• 생태적 소공간의 조사와 분석 • 시민참여형 조사 · 분석 • 행정적 지원 및 녹지 조성 • 커뮤니티 활성화 시설물

4. 소생태계와 소공원의 연계 조성방안

1) 주민참여를 통한 조성

 (1) 주민 중심의 사회적 공간 조성 및 관리

 (2) 이용과 자발적 보전 기대

2) 생활권을 고려한 체계적 조사 · 분석

 (1) 생활공간 내에 생태공간 배치

 (2) 오픈 스페이스를 통한 커뮤니티 강화

 (3) 도보권 녹지와 생활공간 네트워크화

3) 복합적 순기능 향상

 (1) 토지이용 복합화

 (2) 다양한 행태와 이용공간으로 개방

 (3) 문화, 레크리에이션, 이벤트 등 복합기능 활성화

5. 결언

도시의 인공환경은 물질이 순환되는 생태공간이 부족하고 오픈 스페이스의 면적은 개발 심화로 인해 좁아지고 있다. 생태도시는 지속가능한 구조로의 재생과 구성요소의 친환경성이 확보될 때 만들어질 수 있는데, 소생태계와 소공원은 도시 생태계와 커뮤니티를 구성하는 기초단위로서 중요하다.

> ▶▶▶ 108회 2교시 6번
>
> 비오톱 지도의 작성방법 및 활용 분야에 대해 설명하시오.

1. 개요

비오톱 지도는 비오톱의 경계를 지형도에 표기하거나 생물종이나 생물군집이 사는 공간을 표시한 생태지도를 말한다. 생물의 서식공간을 보전하기 위해 독일에서 처음 만들어졌다. 대상지에 대한 종합적인 정보 제공, 비오톱의 정확한 위치 파악 등이 주요 기능이다.

2. 비오톱 지도의 유형

1) 비오톱 유형도

   (1) 비오톱 공간을 구분함
   (2) 비오톱 유형의 위치를 표시함
   (3) 토지이용 패턴, 이용 강도, 식생형 등을 고려하여 분류

2) 비오톱 유형 가치평가도

   (1) 전체 비오톱에 대한 가치를 평가
   (2) 평가 결과에 등급을 매겨 지도에 표시

3) 개별 비오톱평가도

   (1) 중간 등급 이상의 비오톱을 대상으로 함
   (2) 가치 있는 비오톱을 추출하여 도면화

3. 비오톱 지도화 방법

1) 선택적 지도화

   보호할 가치가 있는 특별한 비오톱에 대하여 조사

2) 포괄적 지도화

   전 지역 비오톱의 생물학적·생태학적 특성 조사

3) 대표적 지도화

   대표성이 있는 비오톱 유형을 조사

4. 비오톱 조사항목

구분	내용
일반 정보	비오톱 코드, 유형의 명칭, 조사자, 조사일 등의 일반적 야장 정보 기입
조사 형식	표본(대표 비오톱), 전수, 전수+세분류 비오톱 조사 등 조사자료가 가지는 의미와 한계를 정확히 할 수 있는 정보를 기입
주요 비오톱 일반 기술	• 개별 비오톱의 현재 상태에 대한 생태적 · 물리적 · 이화학적 특성에 대한 일반적인 설명 • 비오톱에 대한 위협요인, 훼손 현황, 특이 현황 등을 직관적으로 이해하기 위해 필요한 정보를 기술
동반 비오톱 일반 기술	• 해당 비오톱 내에서 5% 미만의 면적을 차지하는 주요 비오톱 • 그 외에 다른 유형의 비오톱에 대한 일반 기술
지형	구조, 경사, 특이한 구성 등 비오톱의 내부 지형 현황을 기술
토양	표토의 형태와 양, 습윤성 낙엽, 비옥도 등 생육기반 토양에 대한 조사
식물종	해당 비오톱에서 나타나는 주요종, 우점종, 표징종, 특이종 기입
동물종	해당 비오톱에서 서식하는 조류, 포유류, 곤충류, 절지동물류, 연체동물류 등을 기입
산림 현황	차폐도, 천이 진행 현황, 인간간섭의 정도, 훼손 정도 등을 조사
식생 군락	• 식물사회학적 구성, 방형구법 등 해당 비오톱의 군락 및 군집 현황을 파악할 수 있는 다양한 항목 조사 • 피도계급(우점도), 군도, 빈도, 층위 수종별 식피율 등을 조사
전형성	비오톱 유형 목록 해설집에 기재된 해당 비오톱의 전형적인 특성과 비교하여 보전된 상태 또는 이질적으로 변화된 정도를 평가
훼손 현황	• 비오톱 훼손의 유형과 정도를 평가 • 훼손 유형과 정도를 정량적으로 평가할 수 있는 지표 제공
위협요인	• 비오톱의 가치를 훼손하는 위협요인 조사 • 위협요인의 유형을 제공
유지관리 (권장 조치)	개별 비오톱 조사자가 대상 비오톱의 현장조사를 통해 얻은 관점을 바탕으로 유지관리를 위한 권장 조치를 기술

5. 결언

국내에서 자연자원총량제, 자연침해조정제도, 환경계획과 국토계획의 연동제도 등 혁신적인 환경정책의 도입이 논의되면서 이미 자연환경정책은 급속한 변화의 과정을 밟고 있다. 비오톱지도 작성은 매우 중요한 사업이고 이를 올바르게 이끌어 가기 위한 많은 관심과 지원이 필요하다.

조경기술사

▶▶▶ 72회 3교시 3번

비오톱(Biotop) 네트워크와 생태 네트워크의 개념과 특징, 효과에 대해 설명하시오.

1. 개요

비오톱 네트워크(Biotope Network)는 생물종의 서식을 위하여 소규모 서식처를 연결한 것이다. 생태 네트워크(Ecological Network)는 단일한 서식처와 한 생물종의 서식만을 목표로 생태계를 조성·보호하지 않고 지역적·공간적 맥락에서 생물서식처를 연결한 망을 말한다. 도시에서는 가로수 공간, 화단, 보행녹도, 벽면·옥상녹화 공간 등을 배치하고 핵심지역과 각 공간을 연결해 생태적인 기능이 발현되도록 한다.

2. 비오톱 네트워크·생태 네트워크의 개념

1) 비오톱 네트워크의 개념

　(1) 비오톱 : 생물 서식지로서의 최소공간
　(2) 어류 서식지, 조류 서식지 등을 연결

2) 생태 네트워크의 개념

　(1) 생태지역을 연결하는 그물망
　(2) 습지, 산림, 하천, 호수, 녹지 등을 생태통로로 연결

3. 비오톱 네트워크·생태 네트워크의 특징

구분	비오톱 네트워크	생태 네트워크
형태	• 소면적 및 점상의 서식공간 • 가장자리, 산울타리, 시냇물	• 산림, 하천, 농촌의 생태계 연계 • 생태도시, 생태국토
특성	• 장소성 강함 • 개별 서식처를 연결 • 소생물 서식처 보호	• 지역성 및 권역성 강함 • 지역 내의 모든 생물종 포함 • 생태공원 등의 서식처망 구축
조성	잠자리 연못, 어류 연못, 새둥지	일정 지역의 수문과 녹지를 연결

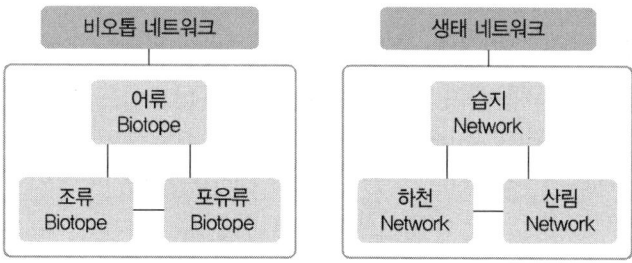

[비오톱 네트워크와 생태 네트워크의 구조]

4. 비오톱 네트워크와 생태 네트워크 구축의 필요성 및 효과

1) 필요성

　(1) 서식지의 단편화
　(2) 생물이동통로의 단절
　(3) 지구 온난화로 생물종다양성 저하

2) 효과

　(1) 생물종다양성 보전의 기반 조성
　(2) 생물서식처의 연결성과 물질 순환성 확보
　(3) 무분별 개발로 인한 생물서식처 단편화에 대응

5. 결언

도시에서 생물이 생존하고 삶을 유지하려면 서식처의 존재는 필수이다. 이러한 측면에서 기존의 비오톱 현황을 파악하고 다양한 비오톱을 보완하는 것은 비오톱 네트워크 조성뿐 아니라 생태 네트워크 구축의 출발점이 된다. 생태 네트워크 구축은 장기적인 차원에서 행해져야 하며 네트워크 구축으로 인한 환경·생태적 영향을 면밀히 검토해야 할 것이다.

> ▶▶▶ 79회 4교시 6번
>
> 서울 중심부에 위치한 세운상가 건물군을 녹지축(남산 – 종묘)으로 계획 시 기능, 역할 그리고 사회적 의미에 대해 설명하시오.

1. 개요

남산과 종묘의 연결축은 서울시의 강북지역을 개발하는 도시 재정비 계획하에 서울의 중심부에 있는 세운상가 건물군을 녹지축으로 연결하는 것이다. 남산과 종묘를 연결하는 남북의 큰 축 사이에는 하천 녹지축인 청계천을 중심으로 종로와 을지로가 격자형 가로망을 형성한다. 녹지축 조성 시 서울시의 도시 생태 네트워크 기능 확립과 동시에 도시녹지공간으로서 도시 재정비의 방향을 설정한다는 의미를 지닌다.

2. 남산과 종묘 간 녹지축의 역사적 중요성

1) 풍수지리적 혈(穴)에 입지
   (1) 내사산의 중심 혈에 있음
   (2) 청계천 및 한강과 연결됨
   (3) 배산임수의 지형

2) 600년 도읍지라는 상징성
   (1) 조선시대 도읍지의 중심축
   (2) 근대 · 현대의 역사적 격동지역
   (3) 일제 수난의 중심지

3) 한국의 정서적 중심
   (1) 정치, 경제, 문화의 중심
   (2) 예술과 청년 문화의 집중
   (3) 서울의 지리적 중심지역

3. 녹지축 계획 시의 기능

1) 가로 중심의 도시 기능
   (1) 현재의 상가기능을 개선하고 발전시킴
   (2) 상업 Mall로서의 활동의 장 제공

2) 도시 랜드마크 이미지
　　(1) 역사적 장소의 현대적 이용
　　(2) 서울 중심지로서의 가치

3) 도시 생태네트워크 구축 기능
　　(1) 그린 네트워크와 블루 네트워크의 연결
　　(2) 동서남북으로 사방의 생태 네트워크 구축

4. 녹지축 계획 시의 역할

1) 과거 · 현재 · 미래를 구현한 장소
　　(1) 새로운 도시 활력 창출
　　(2) 과거로부터 현재, 미래로의 맥을 연결

2) 생태통로 역할
　　(1) 건전한 생태축의 연결성 강조
　　(2) 한강과 청계천의 가로축 접합

3) 도시 생태계의 건전성 확보
　　(1) 새로운 서식공간
　　(2) 수 생태계와 녹지 생태계의 에코톤(Eco-tone)
　　(3) 종 다양성 확보

5. 녹지축 계획 시 사회적 의미

1) 도시 중심형 녹지공간
　　(1) 가로공원, 녹지광장, 레크리에이션 공간
　　(2) 몰(Mall)과 휴게공간의 결합

2) 도시 재정비 기술의 향상
　　(1) 도시 기능공간의 조화로운 연결
　　(2) 역사적 · 사회문화적 개발 실현
　　(3) 기대되는 이미지를 표현
　　(4) 도시 재정비에 대한 부정적 요소 배제

3) 도시 경쟁력 확보

   (1) 주민과 도시 기능의 조화

   (2) 지속가능한 생태도시 건설

   (3) 타 도시에의 모범적 사례가 됨

6. 결언

도시는 과거의 역사, 문화, 경제활동 등이 어우러져서 현재 진행 상황으로 변화되는 장소이다. 도시 재정비는 많은 부정적인 요소가 있으나 서울 중심부의 세운상가 건물군을 녹지축으로 연결하는 것은 건전한 도시 생태계를 구축한다는 측면에서 긍정적 효과를 기대할 수 있다.

▶▶▶ 114회 4교시 4번

제4차 산업혁명을 맞아 드론을 활용한 조경 사례와 조경산업에 융합되는 발전방안에 대해 설명하시오.

1. 개요

드론은 조종사가 탑승하지 않고 무선전파 유도에 의해 비행 및 조종 가능한 비행기나 헬리콥터 모양의 무인기를 뜻한다. '드론'은 '낮게 웅웅 거리는 소리'를 뜻하는 단어로 벌이 날아다니며 내는 소리에 착안하여 붙여진 이름이다. 군사용으로 만들었으나 현재는 고공영상·사진 촬영과 배달, 기상정보 수집, 농약 살포 등 다양한 분야에서 활용하고 있다.

2. 드론의 장단점 및 분류

  1) 장점

    (1) 50~120m의 저고도 촬영 가능

    (2) 정밀 항공 촬영 가능

    (3) 사물 접근에 제한이 없음

    (4) GPS를 장착해 측량결과보다 정확한 결과를 얻음

  2) 단점

    (1) 비행시간이 20여 분 내로 짧아 장시간 운전할 수 없음

(2) 배터리 용량을 늘리면 본체 무게가 늘어남

(3) 무게가 늘어나면 소비전력이 커짐

(4) 소음 발생

3) 분류

용도 기준	내용
표적 드론 (Target Drone)	1950년대 제작된 라이언 파이어비(Ryan Firebee)
정찰 드론 (Reconnaissance Drone)	• 정찰과 공격이 가능 • 중형급인 프레데터(Predator, MQ-1)
감시 드론 (Surveillance Drone)	핵무기 활동 감시용으로 1998년 도입한 글로벌 호크(Global Hawk, RQ-4)
다목적 드론 (Multi-roles Drone)	기능의 복합적 이용

3. 드론을 활용한 조경 사례

1) 천연보호구역 독도 촬영

(1) 라이다(LiDAR) 센서를 장착한 드론 이용

(2) 라이다의 3차원 스캐닝 영상을 통해 일반인도 3D 맵핑 기술을 접할 수 있었음

2) 정원 고고학과 연계

(1) 드론과 라이다 등을 통해 지층·지형에 대해 분석

(2) 정원유적의 위치, 유적의 증거들을 찾음

(3) 발굴단이 들어가기 전, 사전에 조사하고 경관을 기록한 후 본격적인 발굴 진행

4. 조경산업에 융합되는 발전방안

1) 지형 분석

(1) 비탈면의 지형, 경사도, 침식 상태 점검

(2) 토석류 발생지역의 지형특성 분석

(3) 토지 측량

2) 인문·자연자원조사

(1) 산림, 하천, 호수 등 경관자원 조사

(2) 노후 건축물 조사, 빈집 조사, 국가유산 조사

(3) 광물 탐사

3) 산림 식생 점검 및 농업·원예

    (1) 식생 분포 확인
    (2) 종자 파종, 농약 살포
    (3) 작물 생육과 농업환경 자료

4) 시설물·폐기물 관리

    (1) 도로포장 상태 점검 및 관리
    (2) 폐기물 무단 투기 감시
    (3) 드론 사진 또는 영상을 이용한 건설폐기물 물량 산출

5) 병해충 및 오염 관리

    (1) 병해충 발생상황 확인 및 감시
    (2) 방제약제 살포
    (3) 하천의 녹조·적조 발생 감시

5. 결언

드론 이용 시의 단점이라면 작동시키기 위해서 까다로운 조종 기술을 습득해야 한다는 것이다. 여러 가지 용도로 쓸 수 있고 위험한 장소에 접근할 수 있다는 것은 좋은 점이나 기기의 사용에 따른 2차·3차 부작용도 고려해야 하겠다.

▶▶▶ 78회 4교시 5번

습지의 정의와 기능을 설명하고 보존을 위한 정책방안에 대해 논하시오.

1. 개요

습지는 지반 내부와 외부에 항상 물기가 있고 물에 의해 지반과 주변 환경조건이 결정되며, 물이 생물의 분포를 한정하는 요인이 되는 땅을 말한다. 습윤한 토양에 수생식물이 서식하는 육상생태계와 수생태계의 전이공간이다. 기본적인 구성요소는 물과 수문, 토양, 동물, 식물, 미생물 등이며 생물다양성 증대, 수질 정화, 경제적 생산, 경관 제공 등 여러 가지 기능이 있다.

2. 습지의 정의와 기능

1) 습지의 정의

(1) 육상생태계와 수생태계 사이의 전이지대

(2) 영구적 · 계절적으로 물에 항상 젖어 있는 땅

2) 습지의 기능

(1) 자연스러운 물 공급 및 정화

(2) 홍수 조절

(3) 영양물질의 원활한 순환과 운송

(4) 어류 · 조류의 서식처 제공

3. 습지의 유형

1) 내륙습지

(1) 육지에 분포하는 물이 있는 지역

(2) 단절된 생태계를 이어주는 통로 역할

(3) 댐, 저수지, 호수, 계곡, 늪 등

2) 해양습지

(1) 만조 시 경계선에서 간조 시 경계선까지의 지역

(2) 해안선을 중심으로 발달

(3) 민물도요, 마도요, 흰물떼새, 슴새 등 서식

(4) 염생식물이 띠 형태로 분포

4. 습지복원 시 고려사항

1) 일정한 공급 수원 확보

(1) 지표수 및 지하수 이용

(2) 수온 유지, 영양물질 처리

2) 물의 유입과 유출량 조절

(1) 오염물질 차단

(2) 토양침식 조절 및 침적량 관리

3) 오염원과 수질 관리

(1) 오염원의 유입량과 경로 측정

(2) 비점오염원의 유입 차단

  4) 습지 유지의 위험요소 제거

   (1) 토양 경화 방지
   (2) 부식질의 양과 산도 조절
   (3) 유해물질의 유형과 수량, 이동패턴 파악

5. 습지보전을 위한 정책방안

  1) 「습지보전법」 운용

   (1) 습지의 효율적 보전과 관리
   (2) 국토의 효율적 이용 도모
   (3) 람사르협약 이행

  2) 「연안관리법」에 의한 보전

   (1) 연안의 효율적 보전, 이용·개발
   (2) 쾌적하고 풍요로운 삶의 터전 조성

  3) 연안습지의 체계적 보전방안 수립

   (1) 지속가능한 연안자원 이용
   (2) 연안 환경관리의 우선순위 결정

  4) 용도지정을 통한 습지자원 보호

   (1) 습지 평가
   (2) 습지 훼손 행위 제한

  5) 토지매수

   (1) 보전·보호가 필요한 습지를 정부 또는 지방자치단체가 매수
   (2) 매입 토지의 지속적 관리

6. 결언

습지 보전은 건전한 생태계를 유지하여 인간과 자연의 공생을 추구하는 것으로 공존을 위해 적극적이고 실질적인 습지 보호와 보전이 필요하다. 이를 위해 정책뿐만 아니라 주민의식의 변화를 위한 교육 및 습지에 대한 다양한 연구가 수행되어야 한다.

> **▶▶▶ 75회 3교시 5번**
>
> 지구자연계의 물질순환 중 탄소의 순환에 대해 이동현상을 위주로 설명하고 탄소 순환의 불균형에 따라 지구환경에 초래된 문제점과 그 대책에 있어서 조경가의 역할을 설명하시오.

1. 개요

대기 중의 탄소는 광합성을 통해 식물에 저장되며 먹이활동을 통해 동물로 이동 후 호흡으로 방출된다. 자연계에 저장되어 균형상태가 유지되었으나 자연 파괴, 에너지 과다 사용 등으로 대기 중에 축적되어 온실효과를 유발하고 기후변화를 가속화하고 있다. 이에 대한 조경가의 역할은 환경정책 및 계획 수립에 참여, 친환경 주거단지 조성, 도시숲과 빗물 순환체계 조성 등이다.

2. 탄소의 순환 메커니즘

1) 대기에서 생태계로의 순환
(1) 광합성을 통해 식물에 저장
(2) 생태계에 지속적 축적

2) 생태계에서 대기로의 순환
(1) 생물의 호흡작용 진행
(2) 토양에서 대기로의 자유로운 이동

3) 물질문명 공간에서 자연으로 이동
(1) 자원과 연료의 이용으로 탄소 발생
(2) 탄소의 과다 발생으로 자연 훼손

4) 도시공간에서 대기로의 순환
(1) 발생한 탄소의 토양 축적
(2) 대기에 축적되어 온실효과

3. 탄소 순환 불균형에 따라 지구환경에 초래된 문제점

1) 탄소 순환 불균형의 원인
(1) 이산화탄소 흡수원 파괴
(2) 밀림 등 대규모 자연 훼손

(3) 이산화탄소 과다 배출
(4) 환경수용력 이상의 탄소 대량생산
(5) 화석연료 남용

2) 지구환경에 초래된 문제점

(1) 온실효과와 지구 온난화
① 대기 중 이산화탄소 과잉 축적
② 지구 온난화가 계속되고 있음

(2) 물 순환 파괴
① 가뭄과 홍수 발생 만연
② 사막화와 해수면 상승

(3) 기상이변 현상
① 바람과 해류 흐름 왜곡
② 엘니뇨와 라니냐 현상

(4) 생태계 절멸 가속화
① 핵심종, 내성 취약종부터 절멸
② 전체 생태계의 절멸로 이어짐
③ 내성 범위 이상의 환경변화

4. 대책에 있어 조경가의 역할

1) 국가적 환경정책 수립에 기여
(1) 저탄소 녹색성장정책에 일조
(2) 압축도시, 탄소 제로도시 조성계획 수립

2) 상위계획 수립 시 환경계획에 일조
(1) 전략환경영향평가 활성화에 기여
(2) 택지조성계획 등에 환경성 반영 노력

3) 탄소흡수원으로서의 도시림 조성
(1) 환경 정화수종의 적극적 도입
(2) 친환경 시민참여문화 육성

4) 에너지 절약형 단지의 조성

   (1) 빗물로 자족하는 레인 시티 조성
   (2) 풍수지리의 현대적 적용에 대한 연구

5. 결언

탄소 불균형의 근원적 원인은 환경수용력을 넘어서는 자원과 에너지의 남용에 기인하고 있으며 환경 파괴와 자원 부족으로 인류문명 지속성의 불가능성이 높아졌다. 조경 분야에서는 생태환경에 대한 전문성을 갖추고 환경정책과 환경계획수립 단계부터 참여방법을 다양화하고 참여율을 높여 역량을 발휘해야 한다.

▶▶▶ 117회 2교시 2번

미세먼지(PM10 및 PM2.5)의 원인과 영향을 서술하고 조경 분야에서 실현 가능한 저감 방안에 대해 설명하시오.

1. 개요

먼지는 대기 중에 존재하는 입자 형태의 물질을 말하고 1952년 런던 스모그 등 대규모 환경재난을 통하여 알려졌다. 여러 가지 원인으로 미세먼지의 양이 증가하면서 대기질 조절이 중요하게 되었다. 먼지의 발생량이 많은 계절에 집중관리를 하는 제도도 도입되었다.

2. 미세먼지의 유형과 기준

   1) 미세먼지의 유형

구분	내용
PM10	• 지름 10μm 이하의 먼지 • 부유먼지
PM2.5	• 초기엔 초미세먼지로 정의 • 후에 미세먼지라 함
PM1.0 PM0.1	초미세먼지

2) 기준

대기질 기준	좋음	보통	나쁨	매우 나쁨
농도	30 이하	80 이하	150 이하	150 이상

3. 미세먼지의 원인과 영향

1) 미세먼지 발생원인

　(1) 토양입자

　(2) 해양의 소금입자

　(3) 공장, 발전소, 농장 등 사업장의 배출 물질

　(4) 쓰레기 소각으로 발생하는 검댕

　(5) 자동차 배기가스

2) 미세먼지의 영향

　(1) 태양광 흡수 현상

　(2) 가시거리 짧아짐

　(3) 대기 중 체류시간 약 7일

　(4) 바람을 타고 장거리를 이동하여 주변국까지 영향

4. 조경 분야에서 실현 가능한 저감방안

1) 녹지의 계층화

　(1) 옥상녹화, 벽면녹화, 화단 등 녹지 조성

　(2) 텃밭 조성

2) 대기 중 습도 조절

　(1) 습도를 유지해 먼지 흡착 유도

　(2) 투수 포장으로 수분 순환 도모

3) 환경정화 수종 식재

　(1) 산소공급, 이산화탄소 흡수 기능 활용

　(2) 저감 기능이 좋은 활엽수종 위주 식재

　(3) 측백, 곰솔, 낙엽송, 느티나무, 밤나무, 산철쭉

4) 바람통로 조성

　(1) 대기의 원활한 순환 도모

(2) 주 바람길, 부 바람길 설정

5. 결언

지구 산림의 감소와 지형변형 및 온난화의 심화에 따라 기후재난의 정도가 심해지고 빈도도 증가하고 있다. 따라서 도시 및 지역계획의 차원에서 녹지를 늘리고 바람 통로를 계획하는 등의 조경 공학적 접근을 통해 저감방안을 찾아야 할 것으로 보인다.

▶▶▶ 78회 3교시 4번

공원이나 골프장의 연못에서 흔히 나타나는 녹조현상과 부영양화의 원인에 대해 설명하고, 이를 방지하기 위한 기법을 5가지로 나누어 기술하시오.

1. 개요

녹조현상은 영양염류로 부영양화된 호소나 유속이 느린 하천에서 남조류의 과다한 증가로 물빛이 녹색을 띠는 현상을 말한다. 생활하수, 공장폐수, 비료 또는 유기물질이 정체된 수역에 직접 유입되면서 수중의 질소, 인 등의 농도를 높여 부영양화된다. 영양염류의 직접적인 유입 방지, 생물학적·물리적·화학적 방법 등 다양한 녹조 방지 및 제거기법이 있으며 이를 혼용·병행하여 적용하는 것이 효과가 있다.

2. 부영양화와 녹조현상의 발생원인 및 영향

1) 부영양화

(1) 발생원인
① 수중생물, 동물성 플랑크톤 사체 퇴적
② 생활하수, 공장폐수, 비료 등 유입
③ 정체된 물에서 발생 증가

(2) 영향
① 물이 약알칼리성을 띠게 됨
② 조류의 과다 발생
③ BOD 급증
④ 수생생물 폐사

⑤ 악취, 독성물질 발생

2) 녹조현상

　(1) 발생원인

　　① 부영양화된 호소, 하천
　　② 기온 상승이 25℃ 정도로 지속되는 이상 현상
　　③ 일조량 증가
　　④ 남조류 과다 증식

　(2) 영향

　　① 수중 용존산소량 감소
　　② 어류 폐사 등 생태계 파괴
　　③ 악취, 유독성 물질 발생과 확산
　　④ 시각적·환경적·경제적 악영향

3. 방지기법

1) 생물학적 방법

　(1) 내용

　　① 인공 식물섬 설치
　　② 수질 정화식물 식재
　　③ 인공습지, 수변 식생 완충대
　　④ 동물플랑크톤, 패류 도입

　(2) 장단점

　　① 친환경적·경제적인 방법
　　② 비점오염원 관리에 효과적임
　　③ 현재 기초적 수준의 기술단계
　　④ 생물체로 인한 오염방지 및 관리 필요

2) 오염물질 유입 방지

　(1) 내용

　　① 생활하수, 공장폐수 분리배출
　　② 점오염원 정화시설 설치
　　③ 저류조 설치

(2) 장단점
    ① 고가의 시설비
    ② 점오염원 정화기능 우수
    ③ 장기적 예방에 효과적임
    ④ 직접적인 정화와는 무관

3) 화학적 처리

(1) 내용
    ① 살조제 살포
    ② 응집제로 응집하여 물 위에 뜨게 함
    ③ 활성탄 등으로 독성물질, 냄새 제거

(2) 장단점
    ① 단기간 효과
    ② 직접적인 효과 확실
    ③ 비용 과다
    ④ 독성물질이 다른 생물에 영향을 끼침
    ⑤ 2차 환경오염 우려

4) 조류 제거 및 방지시설 설치

(1) 내용
    ① 조류 제거선 운용
    ② 번식차단장치, 차광막 설치
    ③ 초음파 제거기 설치

(2) 장단점
    ① 고가의 시설비와 유지관리비
    ② 장기적 효과 불확실

5) 물리적 처리

(1) 내용
    ① 퇴적물 준설, 피복
    ② 폭기작용 활성화
    ③ 인공적 물 순환
    ④ 전기분해로 조류 제거

(2) 장단점
① 대규모 시행 시 비용 과다
② 반복적 처리 곤란

4. 결언

공원이나 골프장의 연못은 대부분 정체된 물로서 비점오염물질의 유입이 쉬우므로 부영양화, 녹조가 발생하기 쉬운 여건이다. 방지기법의 혼용, 병행 적용이 효과적이며 지역 여건에 맞는 기법을 선택하고 사후 치유보다는 사전 예방에 주력해야 한다.

▶▶▶ 85회 3교시 4번

식물을 이용하여 중금속으로 오염된 토양을 정화하는 식물재배정화법(Phytoremediation)에 대해 설명하고, 적용 시 고려사항을 설명하시오.

1. 개요

중금속에 오염된 토양을 복원하기 위해 다양한 공법이 적용되고 있으나 처리 기간과 비용, 토양과 수질의 2차 오염 등 여러 가지 부작용이 발생하는 것이 문제가 되고 있다.

식물재배정화법은 식물을 이용하여 오염물질을 제거하는 방법으로 경제성, 심미성, 생태성 등을 갖춰 최근에 주목을 받고 있다.

2. 식물재배정화법의 정의와 오염물질

1) 정의
   (1) 식물을 이용하여 오염된 토양이나 수질을 정화하는 기술
   (2) 식물을 이용하여 정화하는 자연친화적인 환경복원기술

2) 정화대상 오염물질
   (1) 중금속 : 납(Pb), 아연(Zn) 등
   (2) 비금속
   (3) 방사성 동위원소
   (4) 방향족 탄화수소

3. 식물재배정화법 적용 시 고려사항

1) 토양환경 복원대상
(1) 상시 측정, 실태조사, 각종 사고 등으로 오염기준을 초과한 지역
(2) 토양오염 방지조치 등 기준에 적합하지 않은 시설 및 지역
(3) 토양환경평가 결과 토양 및 지하수가 오염된 지역

2) 토양환경 복원방법
(1) 토양복원 시의 효과 검토
(2) 적용 대상지의 환경여건 검토
(3) 경제성 검토

3) 식물재배정화의 영향 인자
(1) 부지 및 주변의 환경 특성
(2) 오염물질의 특성
(3) 식물이 지닌 특성

4) 정화식물의 조건
(1) 식물 자체의 기능 : 속성수, 증발산작용
(2) 부지의 여건, 물질순환기능 등

4. 식물재배정화법의 토양 정화기작

1) 식물전환 및 추출
(1) 오염물질을 식물 체내로 흡수시킴
(2) 수확이 가능한 조직을 지닌 식물 이용
(3) 해바라기, 민들레 등

2) 식물 안정화
(1) 뿌리 주변에 오염물질 축적
(2) 오염물질 이동을 차단하여 안정화
(3) 포플러, 버드나무, 사시나무

3) 근권 분해 및 식물 촉진
(1) 뿌리 부근에 사는 미생물이 오염물질 분해
(2) 식물이 정화작용을 촉진하고 활성도를 높임

(3) 효소에 의한 무독화

4) 수리 조건 고려 및 증산작용 촉진

(1) 증산작용을 이용하여 수용성 오염물질 제거

(2) 수용성 오염물질의 이동과 확산 차단

5. 결언

다양한 원인에 의해 도시 및 자연토양이 오염되고 있고 이를 원상태로 되돌리는 데 막대한 비용과 시간이 필요하다. 따라서 토양이 오염되기 전에 원인을 찾아 정확하게 차단하는 것이 중요하다. 식물재배정화법이 오염의 사후처리방법으로 효과가 좋다 하더라도 오염을 처리하는 근본적인 해결방안은 아니므로 오염 발생을 줄이도록 노력하는 것이 최선일 것이다.

- 99회 4교시 1번
- 124회 4교시 3번
- 73회 2교시 4번
- 105회 2교시 5번
- 126회 2교시 6번
- 123회 3교시 2번
- 100회 4교시 1번
- 91회 3교시 1번
- 68회 3교시 5번
- 100회 4교시 5번
- 79회 4교시 1번
- 63회 4교시 2번
- 78회 3교시 5번
- 99회 3교시 6번
- 120회 4교시 4번
- 91회 4교시 1번
- 127회 3교시 1번
- 66회 3교시 1번
- 72회 2교시 5번
- 124회 2교시 3번
- 106회 2교시 2번
- 96회 3교시 3번

CHAPTER 04 조경계획

> ▶▶▶ 99회 4교시 1번
>
> 공원과 같은 공공재(公共財)의 경제적 가치를 평가할 수 있는 대표적인 기법에는 여행비용법(Travel Cost Method), 가상가치 평가법(Contingent Valuation Method), 헤도닉 가격법(Hedonic Pricing Method)이 있다.
> ⓐ 공공재의 경제적 가치를 평가해야 하는 이유
> ⓑ 공공재의 경제적 가치를 일반재와 동일한 방법으로 평가할 수 없는 이유
> ⓒ 각 방법의 평가요령

1. 개요

공공재는 편리성과 이익을 줄이지 않으면서 모든 사람이 동등한 편익을 누릴 수 있는 재화나 서비스를 말한다. 공공재의 편익은 사회적 귀속성이 있어 공공부문이 공급하고 조세를 통해 서비스 비용을 분담하는 형식으로 배분된다. 대표적인 공공재는 녹지, 도로, 철도, 교량, 항만, 수도, 전기, 의료보험, 국방 및 치안서비스, 초등 교육서비스 등이 있다.

2. 공공재의 경제적 가치 평가 이유

1) 자원배분의 효율성 확보

(1) 시장을 통한 공급으로 자원 배분
(2) 배분의 공공적 형평성 확보

2) 공공재의 필요성 인식 증대에 기여

(1) 환경보전이나 공공시설의 편익 가시화
(2) 필요를 경제적 가치로 전환
(3) 공공재의 가치 인식효과 있음

3) 개발과 보존 시 가치 수준 이해와 수용

(1) 개발·보존의 우선순위 결정의 기반
(2) 환경개선에 경제적 부담 수반

3. 공공재의 경제적 가치를 일반재와 동일방법으로 평가할 수 없는 이유

1) 환경파괴 피해나 환경보전 편익은 변수로 인하여 측정이 어려움
2) 환경보전의 가치는 화폐로 환산 곤란
3) 불특정 다수에게 공공재의 이익 분산
4) 공공재의 가치를 과대평가할 우려

4. 공공재의 가치평가기법

1) 여행 비용법

(1) 여행 행태관찰로 환경 가치 추정
(2) 자연환경에 지불하는 비용을 환경 가치로 봄
(3) 1인당 연간 여행 횟수와 여행경비 산정

2) 가상가치 평가법

(1) 의제시장법, 조건부 가치평가법
(2) 개선될 환경 등의 정보를 알리고 지불 의사가 있는 금액을 질문
(3) 지불 의사가 있는 금액을 합해 총 가치로 추정

3) 헤도닉 가격법

(1) 헤도닉 가격 함수로 부동산 가치를 추정
(2) 속성·특성 가격의 결정
(3) 공공재나 유통 상품과 연관된 속성 및 특성의 가치

5. 결언

공공재의 가장 큰 특징은 모든 사람이 차별 없이 재화를 배분받아 이용할 수 있다는 것이다. 시장가격의 원리가 적용되지 않으므로 대개 정부의 예산으로 건설되거나 충당되는데, 이러한 공공재의 종류와 기능이 삶의 질을 결정한다.

> **124회 4교시 3번**
>
> 공원의 공공재산과 공원 관리대장에 포함되어야 하는 사항을 설명하시오.

1. 개요

공원의 유형은 크게 자연공원과 도시공원으로 나눌 수 있으며 도시민에게 다양한 생활서비스를 제공하는 공공공간으로서 공공재산의 성격을 지니고 있다. 공원 내의 녹지는 인공물질로 덮인 정주 공간에서 쾌적하고 경관미 있는 공간이 형성되도록 하는 데 일조하며 운동, 산책, 휴식, 조망 등을 통해 주민들이 자연의 혜택을 체감하는 기회를 제공한다.

2. 공원의 공공재산 종류

1) 자연공원의 공공재산

    (1) 공원 공간 자체
    (2) 서식하는 수목
    (3) 휴게시설, 안전시설, 관리시설
    (4) 자연지형
    (5) 둘레길, 트레킹길

2) 도시공원의 공공재산

    (1) 조경시설
    (2) 휴양시설
    (3) 유희시설
    (4) 운동시설
    (5) 교양시설
    (6) 편의시설

3. 공원 공공재산의 가치 및 공원관리의 중요성

1) 공원 공공재산의 가치

    (1) 환경의 귀중함을 느낌
    (2) 공원의 청결도
    (3) 시설물의 안전성
    (4) 파손된 시설의 빠른 수리

2) 공원관리의 중요성

　(1) 공원 내의 다양한 생태자원 보호

　(2) 이용자를 만족시키는 공간 유지

　(3) 저탄소사회 유지에 기여

4. 공원 관리대장의 정의와 필요성

1) 공원 관리대장의 정의

　(1) 공원 내부 관리대상물의 상태에 대한 기록

　(2) 관리현황을 세부적으로 기록한 문서

2) 공원 관리대장의 필요성

　(1) 관리의 효율성 제고

　(2) 전체 공원의 현황을 한눈에 파악할 수 있음

5. 공원 관리대장에 포함되어야 하는 사항

구분	내용
관리처분 현황	사업개요, 위치, 시행자, 시행 기간, 사업비(단위 : 천 원), 기록일
공원시설물 현황	시설명, 부지면적(m^2), 시설개요, 건축물(동수, 면적, 용도 및 능력), 처분근거 및 연월일, 기록일
건축물 현황	시설명, 부지면적(m^2), 건축개요, 용도별 규모 및 능력(m^2), 근거 및 연월일, 주 시설물, 기록일
공원시설물 관리현황	위치, 관리자, 설치일, 용도, 물량, 규모, 구조, 부속시설, 사업비, 부지면적

6. 결언

공원은 지역사회의 거주민을 위한 대표적인 개방공간이다. 녹지의 효과적인 보전과 지속가능한 이용에 대한 인식이 확산되면서 공원이 지니고 있는 자원에 대한 가치를 이해하는 흐름과 함께 공원의 존재가치도 높아지고 있다. 이런 측면에서 체계적·효율적인 공원관리방법을 모색하고 유지하는 것이 무엇보다 중요하다고 본다.

> ▶▶▶ 73회 2교시 4번

농촌 어메니티(Amenity) 자원의 여러 유형과 사례를 예시하고 보전·관광 자원화할 방안을 논술하시오.

1. 개요

농촌 어메니티는 농촌 고유의 자연경관, 문화자원 등을 기반으로 하여 사람 또는 공간에 정주 쾌적성이나 활동의 쾌적성을 부여하는 상황을 말한다. 이는 농촌자원의 중요성을 재발견하고 지속가능한 농촌사회를 만드는 기본요소로 삼으려는 시도에서 비롯되었다. 여가와 관광에 대한 수요가 증가함에 따라 농촌 관광 활성화의 필요성이 커져 어메니티에 대한 관심도 증대되고 있다.

2. 농촌 어메니티 자원의 유형

1) 자연적 자원
   (1) 농촌의 자연환경과 자연생태계
   (2) 소음 없는 장소, 맑은 공기
   (3) 원시림, 야생지역

2) 역사적·문화적 자원
   (1) 인간과 자연의 상호작용에 의해 형성
   (2) 전통건축물, 전통 주택, 신앙공간
   (3) 농업경관, 하천경관, 산림경관

3) 사회적 자원
   (1) 정주생활의 안락함을 제공하기 위한 시설과 공동체
   (2) 마을회관, 경로당, 공동작업장
   (3) 도농교류 활동, 특산물 및 생산과정
   (4) 관혼상제 부조, 품앗이, 씨족 행사

3. 농촌 어메니티 사례

1) 경남 산청 남사 예당촌
   (1) 지리산 초입에 입지한 학문을 숭상하는 오래된 마을
   (2) 2011년 한국에서 가장 아름다운 마을 1호로 지정
   (3) 다수의 지정문화재와 빼어난 자연경관

2) 경남 가천 다랭이마을
(1) 농업을 생업으로 하는 남해안의 해안가 마을
(2) 명승 제15호 다랭이논과 해안경관 및 일출이 유명
(3) 해안 산책로, 체험관 등이 있음

3) 충남 태안 볏가리 마을
(1) 태안 바닷가에 위치
(2) 농촌과 어촌이 공존
(3) 전통방식 염전과 해식동굴 체험 가능

4. 농촌 어메니티를 보전·관광 자원화할 방안

1) 정책 방향 전환
(1) 농업기반 정비 중심에서 탈피
(2) 지역 고유성을 고려한 어메니티 활용으로 전환

2) 자원 발굴 및 정보화
(1) 현황조사 또는 설문을 통한 자원 발굴
(2) 자원 분류와 가치평가를 통하여 선별
(3) 보전, 보완, 보강, 정비, 신설 등의 다양한 개발방식 적용

3) 사업추진체계 구축
(1) 개발방안 모색을 위한 민관 거버넌스 구축
(2) 어메니티 육성과 보전을 위한 지역 리더 발굴과 교육
(3) 농촌 주민이 직접 운영 가능한 콘텐츠 개발

4) 관광 자원화 전략 짜기
(1) 어메니티 운영 및 관리의 지속가능성 확보
(2) 지역의 특성을 바탕으로 프로그램 차별화
(3) 지역특산물과 연결한 관광상품 판매로 소득 증대

5. 결언

농촌 어메니티 자원 개발은 농촌의 고유성과 정체성을 가장 잘 반영하는 요소이다. 그 가치를 높이고 자원의 범위를 확대할수록 제조업이나 관광산업에 의한 지역 활성화에 도움이 되며 생태적으로도 이롭다. 거주지에 대한 애착심을 높이는 효과도 기대할 수 있다. 다양한 파생 효과를 기대할 수 있는 신산업 소재로서 산업자원화를 위한 공공과 민간의 노력이 필요하다 하겠다.

> **105회 2교시 5번**
>
> 공원조성 및 관리과정에서의 주민참여방안과 이를 위한 조경가의 역할에 대해 설명하시오.

1. 개요

주민참여는 지역사회의 문제에 관한 이해관계를 조정하고 해결해나가는 과정에서 주민이 주체가 되어 참여하는 행위를 지칭한다. 참여방식에 따라 단순 참여·설계에 직접 참여·주민 의견 제시로 구분하고 주체에 따라 주민·행정·시민단체·전문가로 구분한다. 레이크 유니언 파크, 서울숲 등의 주민참여 사례가 있다.

2. 주민참여 효과 및 장단점

1) 효과

   (1) 참여 민주주의 실현

   (2) 지방행정, 지방정치의 대응력 향상

   (3) 지방정부의 정책 수립능력 증대

   (4) 주민의 이해도, 신뢰도 향상

2) 주민참여정책의 장단점

장점	단점
• 문제 파악과 해결능력 향상	• 행정비용 증가
• 의사결정과정 개선	• 시간 소요에 따른 집행 지연
• 주민이해도 향상과 협력으로 사업집행 가능	• 주민 간 갈등 유발
• 지역주민의 평가능력 제고	• 참여자 대표성 검증 불가

3. 주민참여 유형 구분

1) 참여방식에 따른 구분

   (1) 단순 참여

   ① 홍보, 교육

   ② 간접 참여의 형태

(2) 의견제시
    ① 설문 조사, 현장답사, 인터뷰, 면담
    ② 공청회, 주민 의견 수렴회, 워크숍

4. 참여 주체에 따른 구분과 특징

  1) 주민
    (1) 주민의 애착심 고취 및 관심 집중효과
    (2) 지속적 운영 및 재원 마련에 한계

  2) 행정에 의한 사업
    (1) 행정적 · 재정적 측면에서 유리
    (2) 적극적 주민참여 유도는 어려움

  3) 시민단체
    (1) 다양한 프로그램 도입 가능
    (2) 활발한 주민교류 가능

  4) 전문가에 의한 사업
    (1) 사업의 체계적 진행이 장점
    (2) 주민 요구사항에 대해 전문가의 시각으로 대처

5. 주민참여 활성화 방안과 사례

  1) 미국 시애틀 레이크 유니언 파크
    (1) 비영리민간단체 시애틀 공원재단(SPF) 설립
    (2) SPF의 지역 공동체 공원사업 추진
    (3) 전체 사업비 66%를 캠페인으로 모금
    (4) 공간 관리, 리노베이션 등을 연계하여 진행

  2) 서울숲
    (1) 서울 그린 트러스트 NPO 재단 설립
    (2) 공원계획, 관리운영까지 전 과정에 시민이 참여
    (3) 서울 그린 트러스트를 매개로 기금 모금
    (4) 서울숲사랑 모임 결성

6. 공원 조성 시 주민참여 활성화 방안

1) 사업 전 전 단계에 걸친 협의체 구축
(1) 계획단계부터 주민참여 유도
(2) 협의체 구축을 통해 방안 제시

2) 행정지원 강화 및 전문가 파견제도 도입
(1) 주민 주도적 역할 강화를 위한 행정지원 보완
(2) 주민 의사 표현 및 이해를 돕는 전문가 파견

3) 주민공람 방식 개선 및 참여수단 다양화
(1) 홍보, 제안 공모 등 방식 개선으로 관심 유도
(2) 주민공람 처리 과정을 실시간으로 열람
(3) SNS, 온라인 등을 통한 참여수단 다양화

7. 결언

주민 스스로 그 지역의 당면한 문제를 마주하고 이를 해결할 방안을 함께 모색하면서 적극적인 움직임을 보일 때 자발적인 지역 공동체가 형성될 수 있다. 또한 주민이 속한 지역의 크고 작은 커뮤니티를 중심으로 구성원들이 주체적으로 참여할 때 주민참여의 기능이 제대로 발휘될 것이라 본다.

▶▶▶ 126회 2교시 6번

자연경관의 형식적 유형(7가지)에 대해 설명하시오.

1. 개요

경관은 자연, 장소, 지역 등이 관련된 개념이고 단순히 보고 즐기는 경치의 차원을 넘어 자원을 지원할 뿐만 아니라 경관을 통해 의미를 느끼도록 하는 속성도 지니고 있다.

경관을 이루는 요소는 자연요소와 인공요소로 나누어 볼 수 있는데, 이때 자연경관은 인공경관보다는 자연요소의 비중이 현격히 크고 지배적인 경관을 말한다. 자연경관은 적정 수준의 자극을 유발하기 때문에 과도하거나 미미한 자극에 의해 발생하는 스트레스를 해소하는 기능을 한다.

2. 경관의 형식과 자연경관의 정의 및 기능

1) 경관의 형식

(1) 자연경관
- ① 산림경관
- ② 해양경관
- ③ 평야경관

(2) 인공경관
- ① 도시경관
- ② 농촌경관

2) 자연경관의 정의

(1) 자연 그대로의 모습이 보존된 경관

(2) 사람이 손을 대지 않은 있는 그대로의 경관, 빙하, 산림 등

3) 자연경관의 기능

(1) 무의식적 집중을 유도하여 스트레스 해소

(2) 집중력 향상과 재충전 효과

(3) 긍정적인 심리상태 형성

(4) 공포, 분노, 불안 등을 줄임

3. 자연경관의 형식적 유형(7가지)

1) 산악경관

(1) 높은 산으로 이루어진 경관

(2) 전통적으로 인간에게 외경과 두려움의 대상이 됨

(3) 산이 많은 한국은 산악신앙 성행

2) 산림경관

(1) 다양한 계층의 토양과 수목으로 형성된 경관

(2) 천이가 진행 중이거나 극상에 도달한 경관

3) 하천경관

(1) 일정한 물길을 형성하며 지표를 흐르는 물줄기 : 강(江), 천(川)

(2) 큰물이 존재하는 공간과 녹지가 결합한 곳

(3) 1차 · 2차 · 3차 하천

4) 호수경관

   (1) 육지가 우묵하게 패어 물이 괸 곳으로 물 깊이가 5m 이상인 것

   (2) 물 깊이가 1~5m인 것은 늪이고 1m 이하인 것은 소택

5) 초지경관

   (1) 초본식물로 덮인 토지로 산림, 경지 등과 대응되는 용어

   (2) 초지의 종류

   ① 자연적으로 초본식물이 우점하고 있는 초지 : 야초지(野草地) 또는 자연 초지

   ② 인간이 개량한 목초를 재배하여 우점하고 있는 초지 : 목초지(牧草地) 또는 인공초지

   ③ 목초지는 이용방법에 따라 방목지, 채초지, 겸용 초지 등으로 나눔

6) 해양경관

   (1) 지표면의 거대한 분지 내에 들어 있는 대규모의 염수를 일컫는 통칭

   (2) 바다라고도 함

   (3) 면적이 3억 6,200만km^{2}에 달하는데, 이는 전체 지구 표면적의 71%에 해당

7) 도서경관

   (1) 만조 시 수면 위로 돌출하며 수면에 둘러싸인 자연적으로 형성된 육지

   (2) 표면적이 1km^2 미만이면 암도이고 1~10km^{2}이면 소도로 분류

   (3) 암도는 사람이 거주하거나 생활하기에 적합하지 않음

4. 결언

자연경관의 형식을 분류하는 것은 경관분석 시 경관의 특성을 정확하게 파악하여 경관계획에 적용하고 또한 자연을 보호하기 위함이다. 인간이 거주지와 농경지를 만들면서 자연경관이 심각하게 훼손되었다. 이 때문에 자연을 보호하기 위한 여러 가지 정책을 법적 · 제도적으로 수립하고 있다.

조경기술사

▶▶▶ 123회 3교시 2번

「세계유산협약」에 의거한 세계유산의 구분 및 등재기준에 대해 설명하시오.

1. 개요

세계유산협약은 제17차 유네스코 정기 총회에서 인류의 소중한 유산을 보존하기 위하여 제정한 협약을 말한다. 유네스코 회원국은 전 세계유산의 적절한 확인·보호·보존과 제시를 보장하기 위하여 이를 채택하였다. 세계유산위원회의 수립과 세계유산기금의 조성을 규정하고 탁월한 보편적 가치를 지닌 문화유산과 자연유산의 확인, 보호, 보존, 제시 그리고 미래 세대로의 전승을 목적으로 한다.

2. 세계유산의 구분

구분		유형
자연유산(Natural Heritage)		–
문화유산 (Cultural Heritage)	기념물 (Monument)	• 건축물 • 기념적 성격의 조각 및 회화 • 고고학적 성격의 요소 또는 조각 • 금석문 • 동굴주거 • 여러 물건의 복합
	건조물군 (Group of Building)	• 독립적이거나 결합된 건축물의 집단 • 지정 사유 : 건축물, 동질성 또는 경관 속의 위치
	유적 (Sites)	• 인간의 노작 또는 자연과 인간이 결합된 노작 • 고고학적 유적을 포함하는 구역
	문화경관 (Cultural Landscape)	• 자연과 인간이 결합한 노작 • 인류와 자연환경 간 상호작용의 다양하고 명시적인 표현

3. 세계유산 등재기준

구분	내용
탁월한 보편적 가치 (Outstanding Universal Vlue)	• 비교를 통해 입증된 보다 뛰어난 가치 • 유산이 속한 문화를 가장 대표적으로 또 가장 의미 있게 표현하는 것
진정성(Authenticity)	• 유산에 부여된 가치가 그 유산에 의하여 전달되는가를 검토 • 문화유산에만 적용
완전성(Integrity)	• 유산의 가치를 표현하는 속성이 유산 내에 모두 포함되어 있고 온전한가를 검토 • 자연유산과 문화유산에 모두 적용

4. 결언

문화유산 보존과 관련하여 그간 여러 가지 정책과 제도가 시행되었고 경기도의 정조문화유산과 북한산성 등 세계유산 등록을 위한 일련의 활동이 매우 활발하게 전개되고 있다. 문화유산이 가지고 있는 고유의 가치가 어떻게 보존되고 있는지가 가장 중요한 사항이므로 유산을 체계적으로 보전하도록 노력해야 하겠다.

▶▶▶ 100회 4교시 1번

전통산업 경관(다랑이 논, 구들장 논, 독살, 염전, 죽방렴, 차밭 등)의 문화유산적 가치에 대해 설명하고 이것의 활용방안에 대해 설명하시오.

1. 개요

과거 생존수단은 농업과 어업이었다. 이를 통해 식량과 자원을 얻고 상업적으로 이용하기도 했다. 전통산업경관은 과거에 그곳에서 우리 조상들이 전통적인 농업과 어업을 했고 현재에도 그 전통이 그대로 이어져 지형이 잘 보존되고 있는 공간을 통합하여 지칭하는 말이다. 역사·문화자원의 한 부분이고 농촌과 어촌의 생활경관이 잘 나타나 있는 것이 특징이다. 다랑이 논, 독살, 염전은 주거지인 마을과 주변지역뿐 아니라 실제 농업 및 어업 행위와 연관된 문화유산으로서 보존할 가치가 있는 곳이다.

2. 사례

1) 황매산 다랑이 논

(1) 가치 분석

경관 유형		내용
자연 명승	산악 경관	• 소규모 분지 • 황매산과 논이 어우러진 연속적 경관
	하천 경관	마을 옆으로 소하천이 흐름
	생물 서식지	• 서쪽 사면에 산철쭉 군락이 있음 • 매년 5월 철쭉 축제가 열림
역사문화 명승	역사문화 경관	• 도로에서 조망하면 파노라마 경관을 형성 • 500년 동안 일구어 자연스럽게 형성된 문화경관 • 종속에 관한 전설이 있으며 당산제, 풍년제 등을 지냄

(2) 개발 측면의 종합적인 가치
   ① 조망점에서 바라본 마을과 다랑이 논의 경관이 매우 우수함
   ② 대부분 수전(水田), 석축으로 구성된 곳이 보존되어 있음
   ③ 복합 관광지로 개발할 가치가 있음

2) 문항리 독살군

(1) 가치 분석

경관 유형		내용
자연 명승	산악 경관	• 전형적인 계단식 농경지 • 독살에서 조망되는 산과 다랑이 논 경관의 우수성
	해안도시 경관	• 해안과 지평선, 섬, 독살이 연결된 경관이 우수 • 섬과 연결된 독살이 독립된 형태로 뛰어난 경관 형성 • 이안류 현상과 어우러진 경관 • 해안선의 만입과 돌출이 심하여 굴곡이 있고 섬과 반도형태가 발달 • 인접한 도서의 영향으로 파식대 발달 • 간석지 분포 : 갯벌에서 유실된 모래와 자갈
	생물 서식지	• 냉온대 및 한대식물이 광범위하게 분포 • 곰솔, 곰솔-굴참나무 군락, 곰솔-소나무 군락
역사문화 명승	역사문화 경관	• 국내 독살 중 비교적 형태가 잘 유지되고 있고 문항리에 20여 개소의 독살이 무리로 분포 • 해안 및 섬과 조화된 경관 • 전설이 전해 내려옴 • 매년 당산제, 동제 개최

(2) 개발 측면의 종합적인 가치
   ① 남해의 가천마을 다랑이 논과 죽방렴을 연계하여 관광자원으로 활용
   ② 독살을 포함한 체험 관광지로 개발할 가치가 있음
   ③ 자연경관인 바다와 전통어업문화 보존 측면의 가치

3) 대동 염전

(1) 가치 분석

경관 유형		내용
자연 명승	산악경관	• 그림산 정상과 주변 능선에서 보이는 형제바위 • 떡메산, 성치산, 그림산 등 소규모 산 분포

경관 유형		내용
자연 명승	해안도서 경관	• 내륙의 산지에 발달한 간석지 • 해안 침식 및 퇴적지형, 풍화지형 발달 • 헤드랜드, 파식대, 해식애가 전형적으로 발달 • 복잡한 리아스식 해안 • 인공호수가 있음
역사문화 명승	역사문화 경관	• 1984년 한국 최초로 국내 최대규모의 비금도 주민염전조합 결성 • 한국 최초로 개발한 천일염 염전 • 현재 등록문화재 제362호로 지정·관리 • 당제, 산제, 장승제, 거리제를 지냄

　(2) 개발 측면의 종합적인 가치
　　① 주변 지역의 관광자원과 문화재를 연계
　　② 복합 관광지로 개발할 가치가 있음

3. 결언

조상들의 삶의 터전이었던 전통 산업경관을 그대로 보존하고 후대로 계승하는 것은 한국 고유 문화경관의 가치를 재발견하고 한민족의 전통성을 유지하는 일이 된다. 과거에 행해졌던 농촌과 어촌생활을 실제로 체험할 수 있는 장소이기도 하므로 지역의 문화유산을 현실적으로 보존하면서 효과적으로 활용할 방안이 제시되어야 할 것이다.

▶▶▶ 91회 3교시 1번

랜드스케이프 어버니즘(Landscape Urbanism)의 관점에서 「경관법」에 의해 수립되는 경관계획의 주요 내용들을 경관분석 접근방법론적 맥락에서 고찰하시오.

1. 개요

경관계획은 국토의 체계적인 경관 관리, 지역성 있는 경관의 창출 및 쾌적한 환경을 조성하고자 수립한다. 경관계획의 주요 내용 중 경관분석 접근방법론적으로 논할 수 있는 것은 경관자원의 조사·평가, 경관 형성의 전망과 대책 수립이다.

2. 경관계획의 목적 및 주요 내용

1) 경관계획의 목적

   (1) 국토 경관의 체계적 관리

   (2) 지역성, 정체성 있는 경관의 창출

2) 경관계획의 주요 내용

   (1) 경관계획의 목표 설정

      계획의 기본 방향, 목표 설정

   (2) 경관평가와 대책 제시

      ① 경관자원의 조사와 평가

      ② 경관 형성의 전망과 대책 수립

   (3) 기타 관리 · 운용 사항

      ① 경관지구와 미관지구의 관리와 운용

      ② 행정관리, 경관협정, 경관사업

3. 경관계획의 경관분석 방법론적 접근

1) 경관분석론으로 접근 가능한 경관계획

   (1) 경관자원의 조사와 평가

   (2) 경관 조성 및 형성의 전망과 대책 수립

2) 랜드스케이프 어버니즘 관점에서의 도시경관과 경관분석법

도시경관계획	경관분석방법	경관분석의 내용
산 조망 경관계획	시각 미학적 분석	• 경관 고도 분석 • 스카이라인 분석 • 뷰(View) 확보
야간 경관계획	사회 행태적 분석	• 시각적 복잡성, 선호도 • 장소와 조명의 어울림
	현상학적 분석	랠프의 장소성 분석
수변 경관계획	사회 행태적 분석	• 개인적 선호도와 인지성 파악 • 환경 복잡성과 선호도 조사
	현상학적 분석	장소성과 지역성의 창출

도시경관계획	경관분석방법	경관분석의 내용
건축물 경관계획	시각 미학적 분석	• 인간척도, 휴먼스케일 • 틸의 연속적 경관
	생태학적 분석	• 맥허그의 생태적 적지 분석 • 자연 생태적 요소 분석
가로 경관계획	시각 미학적 분석	뷰(View)와 비스타(Vista)의 파악과 형성
	생태학적 분석	• 레오폴드의 특이경관 분석 • 경관 희귀성 분석

4. 도시경관의 질 향상을 위한 기본 방침 및 경관요소

1) 기본 방침

   (1) 생태적 건전성 유지
   (2) 심리적·시각적 아름다움을 고려한 설계
   (3) 지역성, 정체성이 있는 공간 조성

2) 도시경관에 활용 가능한 경관요소

   (1) 점적 경관요소
      ① 경관의 최소 구성단위
      ② 가로수, 하천, 도로, 가로

   (2) 선적 경관요소
      ① 연속적 축을 형성, Network 형성
      ② 가로수, 하천, 도로, 가로

   (3) 면적 경관요소
      ① 동질 경관구역 형성
      ② 산지, 도시공원, 대규모 빌딩 숲

5. 세부방안

1) 녹지와 오픈 스페이스 보전

   (1) 적지 분석으로 자연 훼손 최소화
   (2) 담장을 허물어 녹지 및 근린공원 조성

2) 구역별 세부 경관지침 마련

   (1) 경관협정, 통일된 가로 조성, 정체성 확보

(2) 옥외광고물, 간판 규제, 랜드마크 도입

3) 공간 유형에 맞는 시설의 도입

   (1) 국가유산구역 : 여백의 미를 강조, 최소한의 시설 설치
   (2) 빌딩 숲 : 다채로운 경관 도입
   (3) 도시 수공간 : 조명을 활용한 랜드마크 형성
   (4) 시설의 공간 적합성과 선호도 증진으로 정체성 확보

4) 건축물의 높이 제한

   (1) 건물의 스카이라인 보호
   (2) 총량 규제, 용적률 관리
   (3) 가로구역별 높이 규제
   (4) 입면차폐도 관리

6. 결언

랜드스케이프 어버니즘의 관점에서 도시경관은 인공과 자연이 함께 조화된 하이브리드 경관이 조성되어야 한다. 경관계획 시에 경관분석 접근방법론적 맥락에서의 세심한 고찰을 통해 지속가능한 도시경관의 형성과 이용을 도모해야 할 것이다.

▶▶▶ 68회 3교시 5번

도시 경관계획에 있어 점·선·면적 경관자원 분류에 대해 각각 그 예를 들고 관리방안을 논하라.

1. 개요

도시 경관계획은 역사·문화적으로 우수한 경관을 보전하며, 훼손된 경관을 개선·창출하기 위한 것이며 시가지·역사문화·수변·가로·야간경관을 대상으로 한다.
점적 경관자원은 건축물, 조형물 등이며, 면적 경관자원은 산림, 마을숲, 전통마을, 호수 등이 있다.

2. 도시 경관계획의 목적 및 지향점

1) 목적

(1) 우수한 경관자원 보존
　① 역사 · 문화경관
　② 명승, 옛 고을 등

(2) 훼손 경관 복원
　① 건축물이 밀집된 노후지역
　② 도시 기능 쇠퇴지역

(3) 새로운 경관 창출
　신도시, 택지개발 지구 등

2) 지향점

구분	내용
아름다움(Beauty)	시각적 아름다움
쾌적함(Amenity)	편의성, 깨끗함에서 오는 느낌
정체성(Identity)	차별화, 개성 부여
이미지(Image)	이미지 강화, 특화, 쇄신

3. 점 · 선 · 면적 경관자원의 분류 및 사례

구분	특징	사례
점적 경관	초점 경관, 지표 경관	• 상징 조형물, 기념비, 시계탑 등 • 광장, 옥상정원
선적 경관	• 선형의 경관 • 점적 경관의 집합	• 산책로, 하천, 계류, 성곽도로 • 가로수길, 올레길 등
면적 경관	• 규모가 있는 경관권역 • 일정한 면적 차지	• 저수지, 산림, 시가지 • 국립공원, 유원지, 리조트 등

4. 도시 경관계획 · 관리의 대상과 문제점

1) 도시 경관계획 · 관리의 대상

구분	내용
역사 · 문화경관	• 전통마을, 명승 • 경주, 익산, 공주 등의 한옥마을
시가지 경관	• 무질서한 경관 정비 • 난개발 방지
수변 · 가로경관	• 경관축 형성 • 연결성 강화 및 확장 도모
야간경관	• 이질적 경관 관리 • 빛 공해 방지 • 생태환경 저해요인 제거

2) 도시 경관계획 · 관리의 문제점

(1) 무질서한 스카이라인

(2) 국가유산의 존재감 축소

(3) 녹지면적 축소

5. 도시 경관 관리방안

1) 경관 관련 법 · 제도 정비

(1) 경관심의, 경관협정, 경관조례의 현실화

(2) 지구단위계획 중심의 도시계획

(3) 경관지구, 미관지구, 고도제한 현실화

2) 녹지면적의 확대

(1) 정원 조성, 옥상 · 벽면녹화

(2) 녹시율, 녹피율, 녹적률 증대

3) 환경 · 생태적, 심미적 관리 강화

(1) 건축물의 배치, 주거단지의 색채, 도시의 색채 고려

(2) 바람길 확보

(3) 일조권, 조망권 확보

6. 결언

경관자원은 경관거점, 경관축선, 경관권역별 자원을 말하며 지역성·역사성 보존과 주민참여를 통한 자원보전의 기반을 구축하는 것이 매우 중요하다. 경관·미관지구에 대한 특별관리, 경관심의제도의 강화, 경관문화사업 시행, 지역 특성 경관사업관리 등으로 다양한 지원책이 발전되어야 할 것이다.

▶▶▶ 100회 4교시 5번

경관계획 수립 시 조망점(주요 관찰지점)을 정하고 이를 기준으로 계획을 수립하는 것이 효율적이다. 객관적이고 합리적인 조망점 선정과정에 대해 설명하시오.

---

1. 개요

조망점은 조망대상을 바라보는 지점이다. 조망은 랜드마크를 바라보는 조망과 어떤 지점에서 바라보는 경관, 즉 전망을 보전하기 위한 계획이 있다. 조망 보존은 특정경관이나 경관요소로의 시점을 보호하는 것이다. 경관평가에서 가장 기본적으로 수행되어야 하는 것이 조망점의 선정이다.

2. 조망의 개념과 조망점 선정의 중요성

1) 조망의 개념

   (1) 경관과 관찰자 사이에 일정한 틀이 존재
   (2) 시선 유도, 시야의 부분적 제한

2) 조망점 선정의 중요성

   (1) 공간의 개념 강화와 빠른 공간인지를 도움
   (2) 경관 선호도 및 경관가치 향상

3. 객관적·합리적인 조망점 선정과정

1) 조망점 선정기준 설정

   (1) 조망성
   (2) 공공성
   (3) 경관 변화성

2) 각각의 선정기준 평가지표 제시
   (1) 조망성 평가지표
       ① 거리와 방향에 따라 경관과 조망 가능한 지역 추출
       ② 가시거리, 조망 방향 등을 평가지표로 삼음
       ③ GIS를 통한 분석
   (2) 공공성 평가지표
       ① 공적 활동이 일어나는 장소 설정
       ② 행정시설, 교육시설 등
   (3) 경관 변화성 평가지표
       조성 전후 자연경관의 변화율 분석

3) 예비 조망점 선정
   (1) 가장 넓은 범위에서 대상지를 조망할 수 있는가
   (2) 5차선 이상의 도로가 가장 넓은 면적을 지니고 있는가
   (3) 예비 조망점 선정 시 전문가 의견 반영

4) 조망점 선정
   (1) 각각의 예비 조망점에서 경관변화율 분석
   (2) 경관변화가 큰 지역을 중심으로 최종 조망점 선정

4. 결언

조망점은 경관을 좀 더 아름답게 감상할 수 있도록 하는 지점이다. 경관을 평가할 때 좀 더 객관적인 기준을 설정하는 것이므로 조망점의 위치를 어떻게 설정하느냐에 따라 경관 감상자가 느끼는 경관은 여러모로 달라지게 된다. 따라서 도시경관의 질을 결정하는 변수가 될 수 있다.

> ▶▶▶ 79회 4교시 1번
> 도시지역에서 녹피율(Green Coverage)을 높일 수 있는 방안에 대해 서술하시오.

1. 개요

녹피율은 녹지로 덮인 토지면적의 비율로 도시지역 생태·경관의 건강성에 대한 척도이다. 특히, 도시지역의 녹피율은 고밀·과잉 개발로 지속적인 감소 추세에 있으며 그에 따라 환경의 질이 하락하고 있다. 이에 대한 대안으로 녹피율을 높이는 방안은 방치된 공간 또는 유휴지 녹화와 입체녹화가 있다.

2. 녹피율의 개념 및 역할

1) 개념
   (1) 녹지 피복 면적의 비율
   (2) 평면적인 녹화면적 비율

2) 역할
   (1) 도시 열섬 완화
      ① 이산화탄소 흡수·저장
      ② 도시 발생 열의 분산
   (2) 생태환경 개선
      ① 생물서식처 제공
      ② 번식처, 은신처, 휴식처 기능
   (3) 도시민의 레크리에이션 공간 기능
      ① 녹지 부족으로 인한 갈증 해소
      ② 도시민의 건강 및 녹색 복지 증진

3. 도시지역에서 녹피율을 높일 수 있는 방안

1) 법·제도적 방안
   (1) 「국가공원법」 신규 제정
      ① 국가의 기념적 사업에 적용
      ② 국가의 재정지원

(2) 환경지표 적용 강화
- ① 생태면적률 적용기준 상향
- ② 녹지용적률 제도 도입
- ③ 녹지총량제 시행
- ④ 무분별한 개발 차단

2) 실천 방안

(1) 건축물 녹화
- ① 옥상 및 벽면녹화
- ② 인공구조물 및 옹벽 녹화

(2) 자투리 공간 공원화
- ① 쌈지공원, 마을마당의 사례참조
- ② 가로정원 및 띠 녹지 조성
- ③ 유휴 부지 녹화

(3) 주민참여 유도
- ① 그린오너제도 도입
- ② 지역주민의 실명 사용
- ③ 관리 · 녹화 인센티브 제공

(4) 지역 거버넌스 구축
- ① 지역주민의 주도로 활성화
- ② 녹화계약의 확대

4. 사례

1) 서울시 천호동 성당 옥상녹화

(1) 녹화계약 체결
(2) 재정 및 기술지원
(3) 지방자치단체 50 : 주민 50 매칭

2) 대구시 담장 허물기 사업

(1) 담장을 허물고 주차공간 확보
(2) 가로 혼효림 조성
(3) 띠 녹지 증대

5. 결언

도시지역은 자연 공간에 비해 상대적으로 녹지의 비율이 낮다. 녹피율은 지표면의 피복 여부로 녹지의 확보 정도를 결정하는 기준이다. 도시지역에 완벽한 생태계를 단기간에 완성하는 것을 목표로 하는 것보다 식물을 이용하여 인공지반을 피복 후 녹피율을 높여서 도시 녹지 생태계의 질을 높일 수 있는 기반을 마련하는 방향으로 접근하는 것이 중요하다.

▶▶▶ 63회 4교시 2번

설계를 위한 조사·분석 시 생태적 조사·분석에 대해 아는 바를 상술하시오.

1. 개요

조경계획·설계는 모든 옥외공간을 대상으로 자연과 인공물의 조화를 통해 지속가능하고 환경친화적인 계획을 만드는 것이다. 물리 생태적·사회 행태적·시각 미학적 분석에 기초하여 기본계획, 기본설계 및 실시설계, 설계평가 등의 단계로 수행한다.

생태적 조사분석은 자연의 질서와 환경의 질을 높이기 위한 과정으로 개발사업의 기회성과 제한성을 분석한다.

2. 자연형성과정의 원리와 분석단계

1) 에너지 순환

    (1) 엔트로피의 법칙을 적용
    (2) 순환과 흐름의 효율화가 목표

2) 제한인자

    (1) 성장을 멈추게 하는 외부인자를 말함
    (2) 모든 조건의 한계치임
    (3) 생태설계의 방향성 제시

3) 생태적 결정론

    (1) 환경 적응에 대한 문제 제기
    (2) 형성과정의 형태를 지배함
    (3) 개발의 기회와 제한조건을 분석

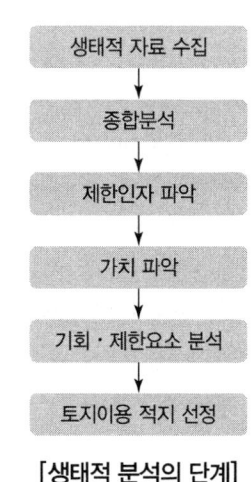

[생태적 분석의 단계]

3. 자연형성과정의 분석요소와 상호관계

1) 지형

    (1) 계획구역 내의 물리적 지세를 파악

    (2) 고저도, 경사분석도, 지형단면도를 이용

    (3) 예비조사와 현장답사로 종합적인 지형을 파악

2) 지질

    (1) 지질학적 작용, 위치, 패턴, 분포를 파악

    (2) 지질사, 지질단면도, 암석의 성질과 분포도, 블록 다이어그램 작성

    (3) 기존 자료에 기초하여 현장조사 실시

3) 토양

    (1) 지역의 환경조건과 토지이용 반영

    (2) 정밀토양도, 산림토양도 등을 이용

    (3) 토양단면 샘플을 조사하여 토양도와 비교

4) 수문

    (1) 식생 형성에 극적인 영향을 줌

    (2) 지표수도면, 집수구역도, 지하수도 등을 이용

    (3) 강우, 증발, 하천 유입·유출 등을 분석

5) 식생

    (1) 식생군락의 패턴과 분포를 파악

    (2) 식생분포도, 식생구조도, 녹지자연도 이용

    (3) 환경에 예민하게 반응하므로 환경지표로 사용

    (4) 보존지역 설정, 개발지 한정 등을 결정하는 요소

6) 야생동물

    (1) 식생과 밀접한 관련이 있음

    (2) 먹이사슬과 피라미드에 중요한 역할

    (3) 서식처, 산란처 등을 조사

7) 기후

    (1) 다른 모든 요소에 영향을 줌

    (2) 기온, 강우, 일조 등

    (3) 토지 이용, 시설물 배치 등에 적용

4. 생태적 조사·분석을 설계에 응용하는 방안

1) 생태도시 조성

    (1) 자연 생태적 특성과 인공 환경적 특성이 통합된 도시

    (2) 에너지 소비, 폐기물 배출의 최소화

    (3) 재활용의 생활화, 자연생태계 회복 추구

2) 생태마을 운영

    (1) 에너지를 절약하고 역사·문화 등이 존재하는 공동체 경영

    (2) 친환경 농업과 주거 달성

    (3) 생태관광 활성화

3) 자연형 하천과 습지, 연못 조성

    (1) 나무, 돌, 흙 등의 자연재료를 이용하여 복원

    (2) 자연 공간 조성

        ① 수변 완충녹지대

        ② 자연형 하천 호안 및 제방복원

5. 결언

생태적 조사·분석은 지역을 지배하는 주요 자연요소와 그 힘을 파악하고 사업 시행이 환경에 미치는 영향을 추정하는 것으로서 생태적 계획의 기초가 된다. 생태적 계획은 기능과 경제성 중심의 토지이용계획이 갖는 환경적 문제점을 보완하여 환경친화적 도시를 구축하는 데 필수적이다.

조경기술사

> **78회 3교시 5번**
>
> 형태심리학에서의 '도형과 배경(Figure and Ground)의 원리'를 조경설계에 적용시킬 수 있는 방안을 사례와 함께 설명하시오.

1. 개요

도형과 배경에서 도형은 물체로 인지되는 전경이며, 배경은 도형의 바탕이 되는 것으로 두 요소의 관계가 명료하면 지각성이 커진다. 면적이 작을수록, 밝기 차이가 클수록 쉽게 도형으로 인지된다. 도형과 배경은 지각·인지의 과정에서 인지되는 요소로서 사람의 움직임에 따라 가변적이다.

2. 도형과 배경의 관계 및 인지조건, 특징

1) 도형과 배경의 관계

   (1) 도형은 물체와 모양으로 인지되는 전경임
   (2) 배경은 도형의 바탕이 되며 도형에 비해 약한 인상을 지님
   (3) 전경과 배경이 명료할 경우 인지성이 커짐

2) 도형의 인지조건

   (1) 크기와 면적이 작을수록 인지성이 높음
   (2) 밝기 차이가 큰 부분이 인식하기 좋음
   (3) 규칙적이고 자극을 주는 도형

3) 도형과 배경의 특징

   (1) 지각과 인지의 과정
       감각기관의 인지와 심리적 반응을 유발하는 과정
   (2) 경관인지의 가변성
       사람의 이동에 따라 도형과 배경이 수시로 변함

3. 도형과 배경의 활용 기본원칙과 세부 디자인 요소

1) 도형과 배경의 활용 기본원칙

   (1) 강조하고 싶은 요소를 도형으로 만듦
   (2) 도형과 배경의 차별성 극대화
   (3) 배경을 간결하게 설계

2) 세부 디자인 요소

  (1) 수직과 수평의 대비

    ① 수평형의 Mass 식재군락 조성

    ② 수직형, 첨형의 강조요소 배치

    ③ Mass 식재군락은 배경, 수직요소는 도형의 기능

  (2) 색채의 대비

    ① 짙은 상록관목의 군식 배치

    ② 기념 글귀, 이미지, 다양한 꽃으로 표현

    ③ 관목 식재는 배경요소로 화초는 도형으로 사용

  (3) 로고(Logo)의 반복적인 사용

    ① 문화의 거리 조성 시 상징물 도입

    ② 형태, 색채, 문자를 활용하여 맥락 형성

    ③ 거리는 배경이 되고 상징물은 도형으로 인지됨

4. '도형과 배경의 원리'를 조경설계에 적용시킬 수 있는 방안

1) 강조 효과

  (1) 전제조건

    ① 도형은 인식의 명확성이 큼

    ② 도형으로 인지 시 강조효과

  (2) 기념비 주변 관목 식재

    ① 상록관목 군식과 밀식

    ② 기념비는 도형으로 관목은 배경으로 하여 기념비를 강조

2) 차폐효과

  (1) 전제조건

    ① 도형에서 배경으로 전환될 때는 인식의 수준이 낮아짐

    ② 인식의 명확성이 떨어지면 차폐

  (2) 녹지구역 내 관리시설 벽면녹화

    ① 녹지구역 내에 있는 불완전 요소 제거

    ② 주변과의 동질성 추구

3) 유도효과
   (1) 전제조건
      ① 선형을 도형으로 바꿈
      ② 보행 시 가독성, 인식성 증대
   (2) 포장 표면에 동선유도선 표시
      ① 보색을 활용한 동선유도 패턴
      ② 주의집중, 명시 효과

5. 결언

도형과 배경은 지각과 인지의 과정을 설명할 수 있는 도구이고 이를 활용하여 조경공간을 설계할 수 있으며 바람직한 경관으로 시선을 유도하고 그렇지 않은 경관을 배경으로 전환하여 이용할 수 있다.

▶▶▶ 99회 3교시 6번

경관의 심리적 특성 분석을 위한 경관선호도 평가·측정방법 중 쌍체 비교(Paired Comparison)법과 리커트 척도(Likert Scale)법에 대해 설명하시오.

1. 개요

쌍체 비교는 두 가지 요소를 비교하고 검토하여 타당성을 검증하는 방법이다. 리커트 척도는 상황, 사물 등에 대한 응답자의 태도를 조사할 때 이용한다. 일정한 상황에 관해 응답자가 기술한 후 그 내용에 대해 동의하거나 동의하지 않는 정도를 답하도록 해 결과를 얻는다. 또한 문항에 대한 응답자의 태도 및 인식에 대한 반응의 정도를 알아보기 위해 실시한다.

2. 미적 반응의 개념과 중요성

1) 개념
   (1) 아름다움에 대한 반응 측정
   (2) 경관을 보고 심리적으로 반응하는 정도
   (3) 미적 반응 측정은 경관평가와 같은 의미

2) 중요성

(1) 경관의 미적 질에 관련

(2) 추상적 개념을 정성적으로 분석

(3) 경관에 대한 선호도와 만족도를 결정하는 자료가 됨

3. 쌍체 비교법

1) 특성

(1) 이용자가 경관평가 시 일관성을 지닌다는 가정에서 출발

(2) 측정 과정에서 발생하는 변이 고려

(3) 변이는 정규분포를 지님

2) 측정방법

(1) 쌍체를 구성하는 2개의 자극 중 하나를 선택

(2) 경관에 대해 느끼는 평가치의 분포로 경관의 아름다움을 계산

(3) 중복되는 부분이란 경관미 판단 시 혼동하는 부분을 말함

(4) 중복의 정도는 아름답다고 느껴 선택된 횟수의 비례로 나타냄

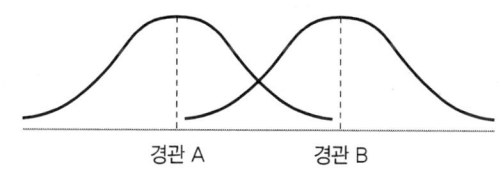

[경관미 분포의 중복 정도]

4. 리커트 척도

1) 특성

(1) 등간척으로 각 구간의 차이는 같은 것으로 간주

(2) 구간 차이를 심리적 차이의 크기로 봄

(3) 심리적 크기의 정도를 상대적으로 비교

2) 측정방법

(1) 측정대상에 대한 태도를 일반적으로 5개 구간으로 나눔

(2) 경관평가 시에는 10개 구간 이내에서 자유롭게 적용

(3) 태도에 해당하는 번호 선택으로 결과 도출

[리커트 척도의 5개 구간]

3) 이용방법
(1) 설문 조사를 통한 심리검사
(2) 응답자의 인식 정도 및 태도와 반응을 알 수 있음

5. 결언
쌍체 비교법과 리커트 척도는 모두 경관에 대한 이용자의 감각 정도 또는 심리적인 변동을 측정하는 데 쓰는 방법이다. 이용자의 감각 수준에 대하여 측정할 때 의미가 대비되는 어휘를 결합하거나 여러 단계로 나눠 긍정적·부정적인 인지의 정도를 측정하는 것이다. 이는 비물리적인 감각을 물리적인 척도로 바꾸어서 실제 계획에 적용할 수 있도록 했다는 데 의미가 있다.

▶▶▶ 120회 4교시 4번

생태 심리학에서 행태적 장(Behavior Setting)에 대해 설명하시오.

1. 개요
Behavior는 행태로 해석할 수 있으며 행태란 특정 상황에서 나타나는 특정 행동 패턴을 말한다. 행동 패턴은 '반복적으로 관찰된 사람들의 행동 양식'이다. 어떤 지역에 존재하는 행태적 장은 사용자에 따라 더 많은 기능을 창출하고 제공하며 공공영역의 기능은 행태장치, 즉 행태적 장의 영향을 크게 받는다고 볼 수 있다.

2. 행태적 장의 개념과 구성요소

1) 행태적 장의 개념
(1) 생태 심리학의 기본 연구 단위
(2) 장소뿐만 아니라 장소 내 운영 프로그램도 포함
(3) 물리적이며 시간적인 경계가 있음

2) 행태적 장 구성요소

   (1) 행동 패턴(Behavior Pattern)
   (2) 건축 패턴(Pattern of Built Form)
   (3) 시간(Time)

3. 행태적 장으로서 광화문광장에 대한 분석

1) 광장의 역사

   (1) 도시 생활의 중심지로서 고대부터 존재
   (2) 그리스의 아크로폴리스, 로마의 포럼
   (3) 정치, 집회, 상업의 중심지, 종교·문화 활동의 중심지

2) 공공영역의 기능

구분	내용
정치적 기능	특정 집단의 정치적 성향 또는 이익을 위한 기능
일반적 기능	광장의 일반적 이용을 지원하는 기능
학습 기능	• 사회에 널리 알리고자 하는 기능 • 역사적 사실에 대하여 학습을 하는 기능

3) 광화문광장의 기능

구분	내용
정치적 기능	시위와 집회를 할 수 있는 기능
일반적 기능	휴식, 촬영, 산책, 놀이, 보행을 지원하는 기능
학습 기능	홍보, 캠페인, 시설이용, 관찰 등의 기능

4. 행태적 장으로서 광화문광장에서 일어나는 행태 분석

1) 정치적 기능과 실제 행태

   (1) 1인 시위 및 천막 시위
   (2) 집회 개최

2) 일반적 기능과 실제 행태

   (1) 아이를 동반한 가족 단위 방문객, 연인, 관광객이 많음
   (2) 광화문 앞, 잔디밭, 분수 등을 배경으로 사진 촬영
   (3) 야간에 바닥분수의 조명을 배경으로 사진 촬영

(4) 벤치에 앉아 분수를 바라보며 쉼
(5) 행사 시 중앙에 무대와 천막을 설치

3) 학습 기능과 실제 행태
   (1) 광장 내에 조성된 역사적 조형물을 학습 자료로 이용
   (2) 이순신 장군 동상, 세종대왕 동상, 표석 등을 관찰
   (3) 천막을 치고 홍보 또는 캠페인 진행

5. 결언

조경 분야에서는 도시 내의 일정 공간의 규모와 기능 그리고 질을 파악하여 녹지를 조성하게 된다. 이를 통해 물리적 요소와 연관된 행태를 유도하고 이용자에게서 긍정적인 반응을 끌어내어 적정한 수준의 만족도를 유지하면서 선호도가 높은 행태적 장을 조성하는 데 그 목적이 있다.

▶▶▶ 91회 4교시 1번

「도시공원 및 녹지 등에 관한 법률」에 의한 도시 공원녹지계획을 그린 인프라(Green Infrastructure)의 개념과 기능, 구축전략 관점에서 비판하고 전략별 디자인 사례를 기술하시오.

1. 개요

도시 공원녹지계획은 도시지역에 분포하는 공원녹지와 관련된 사항을 종합적으로 설명함으로써 공원녹지의 확충·관리·이용 방향을 제시하기 위하여 수립한다. 도시 공원녹지계획에는 계획의 목표, 방향의 설정, 공원녹지의 종합적 배치사항, 공원녹지의 수요·공급, 녹화 등에 관한 사항 등이 포함된다.

2. 도시 공원녹지계획의 주요 내용

1) 계획의 수립 목적
   (1) 도시지역의 공원녹지에 관련된 사항을 종합적으로 제시
   (2) 공원녹지의 확충·관리·이용 방향 제시

2) 내용

   (1) 계획의 목표와 방향 설정

      지역 특성 및 인구와 산업의 변화 반영

   (2) 공원녹지의 종합적 배치

      ① 녹지의 배치와 네트워크 형성

      ② 공원녹지의 축과 망 형성에 관한 사항

   (3) 공원녹지 확충·관리·이용 방향

      ① 공원녹지의 수요와 공급, 도시녹화 사항

      ② 녹지의 보전·관리·이용에 관한 사항

3. 그린 인프라의 개념 및 기능

1) 그린 인프라의 개념

   (1) 도시의 기초가 되는 친환경 구조기반

   (2) 인프라스트럭처 중 친자연적 측면의 기반

2) 그린 인프라의 기능

   (1) 생태적 측면

      ① 도시 내의 물질순환의 기반

      ② 친자연형 도시의 하부구조

   (2) 기능 보조적 측면

      ① 도시의 모든 활동을 간접적으로 지원

      ② 하드웨어로서 소프트한 도시 활동을 도움

4. 그린 인프라 구축전략 관점에서의 비판

1) 그린 인프라에 대한 개념 부재

   (1) 친환경 하부구조로서의 그린 인프라에 대한 규정 미비

   (2) 그린 인프라의 구체적 범위 설정 미비

2) 종합적 배치 관련 내용의 구체성 부족

   (1) 배치, 축, 망의 형성만 언급

   (2) 구체적인 관련 사항에 대한 설명이 부족

   (3) 개략적 방향 설정, 실천방안 부재

3) 기존 인프라와 연계성 부재

(1) 기존 인프라와 신규 인프라의 연계 활용에 대한 내용 부재

(2) 인프라 관리와 운용에 대한 방안 미비

5. 건강한 소통의 공간 용산공원 디자인 사례

1) 거점으로서의 그린 인프라 마련

(1) 국민에게 개방된 생태공간

(2) 복원과 재생의 의미 부여

2) 인프라의 축과 망 체계를 확보

(1) 남산과 한강을 연결하는 녹지축 복원

(2) 자연적인 물길과 습지의 복원

(3) 도시 내 거대한 그린 인프라 역할 수행

6. 결언

그린 인프라는 과거의 평면적인 녹지 네트워크 개념에서 벗어나 다양한 방향으로 접근하고 있는 녹지의 바람직한 미래상이다. 도시 기반시설 등의 기존 인프라스트럭처를 녹지와 결합하는 것이 관건이므로 회색 인프라를 어떻게 이용하느냐에 따라 인프라 구축의 성패가 좌우된다고 할 수 있다.

▶▶▶ **127회 3교시 1번**

POST COVID-19 이후 변화될 '생활권 녹지체계의 조성모델'을 제시하시오.

1. 개요

생활권 녹지체계란 도시민들이 거주하는 지역이나 장소에서 쉽게 접할 수 있는 녹지공간을 체계화한 것을 말한다. 생활권 녹지의 유형은 가로공간, 화단, 옥상 텃밭, 잔디밭, 근린공원, 소공원 등으로 다양하다. 강도 높은 사회적 거리 두기가 시행된 후부터 이러한 공원이나 녹지에 대한 이용비율이 꾸준히 상승하였고 지방자치단체에서도 생활권 공원녹지 조성사업을 다양하게 전개하고 있다.

2. 코로나19와 생활권 녹지체계의 관계

1) 질병 확산 방지의 대안
(1) 인구 밀도를 완화
(2) 공기를 여과하는 '도시의 허파로서의 공원'
(3) 녹색갈증 해소를 통한 면역력 향상

2) 전염병과의 인과관계 요인
(1) 사람의 신체적·환경적 조건
(2) 비만
(3) 기저질환 또는 호흡기 질환
(4) 미세먼지 농도

3. 서울시 초록길 프로젝트

1) 등장 배경
(1) 코로나 팬데믹 등으로 다양해진 시민의 여가 수요에 선제적으로 대응
(2) 기존 공원녹지 활용방식에서 벗어나 보다 유연한 형태의 선형 숲길 네트워크를 고안

2) 목적
(1) 팬데믹 장기화로 지친 시민들이 숲, 공원 등을 어디서나 가깝게 향유하도록 함
(2) 특수한 상황으로 생활반경이 제한될 때에도 쉽게 집 앞에서 녹지에 접근하도록 함

3) 프로젝트 내용
(1) 서울 전역의 숲, 공원, 정원, 화단을 유기적으로 연결
(2) 도시를 촘촘하게 잇는 선형 길 완성
(3) 2026년까지 총 2,000km 규모의 녹지 네트워크 길을 시민에게 제공

4) 핵심전략
(1) 초록이 부족한 길은 '더 만들기'
  ① 산림과 도심 곳곳에 추가로 길 발굴, 명소 길로 만들어 지역 활력을 불어넣음
  ② 코로나 이후 이용객이 증가한 '서울 둘레길', '서울형 치유의 숲길' 연장
  ③ '고가차도 하부 그린아트길', '서울 아래 숲길'을 새로 조성
(2) 시민이 쉽게 이용할 수 있도록 기존 길은 '더 열기'
  ① 공원과 산림 내의 오래된 길과 가파른 길을 체계적으로 정비·개선

② 이용하기 쉽고 편한 길로 변화
③ '근교 산 등산로'와 '하천 생태숲 길' 등을 대상으로 함

(3) 단절되고 떨어진 길은 '잘 잇기'
① 파편화된 녹지를 회복하고 단절된 길을 이음
② 시민에게 건강한 보행환경을 되돌려 줌
③ '생활권 가로숲 길', '녹지축 연결로'의 가로수 수형 조절 등

4. 미세먼지 저감을 위한 도시 내 바람길 조성

1) 제5차 국토종합계획
(1) 미세먼지 저감을 위한 생활환경 개선
(2) 그린 인프라 도입
(3) 국토계획과 환경정책을 통합하여 정책의 일관성 확보

2) 바람길 조성 방향
(1) 바람길 계획과 국토·환경계획을 연계하여 바람길 또는 바람통로 설정
(2) 계획을 위한 조사·작성·평가 등 단계별로 세부방안 마련

3) 바람길 조성방안
(1) 조사단계
① 국토·환경계획에서 도시 미기후, 바람길, 바람통로와 관련된 조사항목 설정
② 대기오염 측정자료와 모델링 결과를 활용하여 대기 흐름 분석
③ 차갑고 신선한 공기를 위한 보전지역 설정

(2) 작성단계
① 조사단계에서 제시한 바람길의 공간적 범위를 고려
② 국토·환경의 보전축과 개발축을 설정
③ 공간적인 도시기후 정보를 이용하여 토지이용, 녹지축, 도시공원 등 실제 토지이용과 연계할 수 있도록 상위계획과 하위계획을 연계

(3) 평가단계
① 바람길과 관련된 내용을 평가항목에 추가
② 정량적 바람길 평가기법 개발 후 지침 마련

5. 결언

코로나 팬데믹 이후로 집 안에만 갇혀 있던 사람들이 집 근처의 녹지를 찾는 비율이 현저하게 늘어났다고 한다. 모처럼 대표적인 도시 오픈 스페이스인 근린공원이나 녹지 등의 본래 기능을 재확인하게 된 것이다. 녹지의 접근성과 일상성에 대한 중요도가 높아진 만큼 그린 인프라의 세부화를 통한 실천이 중요하다 하겠다.

▶▶▶ 66회 3교시 1번

대도시 근교에 대규모의 국제 전시장을 계획하고자 한다. ① 전시장과 박람회장의 차이점, ② 전시장 계획 시 고려되어야 할 조경사항을 기술하시오.

1. 개요

전시장은 전시참가자를 유치하여 행사를 개최하는 곳이며 박람회장은 생산품의 발전 및 산업진흥을 위해 제조한 물품을 판매하고 선전하는 곳을 말한다. 전시장은 박람회장을 포함하며 토지이용계획, 시설이용계획 등을 할 때 고려해야 할 사항이 있다. 대규모 전시장 계획의 성공을 위해서는 계획사항의 단계적 추진, 홍보, 주변 관광지와의 연계 등이 필요하다.

2. 전시장과 박람회장의 차이점

구분	전시장	박람회장
법규	「건축법」에 따른 문화 및 집회시설	• 건축법 • 전시장의 하부항목에 포함
범위	• 미술관, 박물관, 박람회장, 전시장, 체험관 • 일반 전시장부터 판매·홍보장소까지 포함	• 산업 생산물품에 국한해 선전하고 판매하는 곳 • 통상적인 명칭은 엑스포라고 함
운영형태	전시 주최자가 참가자를 유치해 전시하는 장소	박람회에 참여하는 업체들이 모여 전시와 판매를 겸함

3. 전시장 계획 시 고려사항

1) 토지이용계획 시 고려사항

(1) 축 설정

① 공간구획을 고려한 토지이용 축 설정

②	도시공간에서 균형을 이루도록 기본구조를 마련
③	개개 축마다 주제를 부여해 공간특성을 살림

(2) 구역설정
①	축으로 지역 설정 후 세부구역 설정
②	주동선 · 보조동선 · 비상동선의 유기적 연결을 우선시함
③	인간행태에 따른 보행특성을 충분히 반영

2) 시설이용계획 시 고려사항

(1) 기본 방향
①	지역 정체성이 뚜렷한 전시 · 문화시설계획
②	배리어프리 디자인으로 시설의 안정성 확보
③	축선 및 공간마다 특성 있는 CIP 계획

(2) 기본전시시설, 상주시설 설치
①	친환경 자재와 공법을 적용
②	전시 후 철거 및 재이용에 따른 유지관리비 고려

(3) 휴게 및 지원시설
①	공간과 축선이 중첩되는 지면에 휴게 · 편의시설 설치
②	시설이용 반경을 고려한 균등한 배치

4. 순천만 정원박람회 계획

1) 전통적 공간구성원칙 차용

(1) 축선 설정 시 자연경관에서 차경 도입
(2) 장풍득수를 고려하여 해안에 차단림 조성

2) 지속가능한 시설계획

(1) 유니버설디자인의 원리 및 제품을 적용
(2) 박람회 후 시설이용계획 수립
(3) 주변 관광자원과 연계한 교통시스템

3) 생태적 지속성 유지

(1) 순천만 생태습지의 특성을 살림
(2) 식재계획 및 비오톱계획에 반영된 개념
(3) 저탄소사회 구현을 위한 친자연적 소재 도입

5. 결언

전시장은 축 설정, 구역 구분, 동선계획 등을 기능적으로 구성해야 하는 대표적인 공공시설이다. 일반 대중이 이용하는 만큼 표지와 상주시설, 휴게시설 등도 합리적으로 배치해야 한다. 2013년 순천만 국제정원박람회가 개최되었는데, 이 공간은 전통적인 공간 구성원리를 바탕으로 지속가능한 정원 기능 발휘 및 생태적인 계획을 기본으로 만들어진 대표적인 박람회장이다.

▶▶▶ 72회 2교시 5번

공동주택단지 개발 시 단지계획 · 설계의 기준을 만족시키며 이용자들의 안정성, 건강성, 기능성을 수행할 수 있는 단지계획의 목표를 제시하시오.

1. 개요

최근 공동주택단지 계획은 주민의 건강하고 안전한 삶을 위해 자연과 상생하는 공간을 조성한다는 목표를 중심으로 수립되고 있다. 이용자의 안전성 · 건강성 · 기능성 수행을 위해 기후변화에 친화적이고 재해에 대비한 계획이 필요하다. 친환경 주택단지 조성을 위한 세부사항으로 LID 우수 체계, 바람길 확보 및 자원 재활용 등이 있다.

소비자의 요구에 따른 공동주택단지의 차별화는 2000년대부터 시작되었으며 그 흐름이 현재까지 이어지고 있다.

2. 공동주택단지 개발방향

1) 저영향(Low Impact) 개발

    (1) 자연 훼손 최소화
    (2) 자연 생태계에 대한 영향 경감

2) 높은 수준의 접촉빈도(High Contact)

    (1) 인간과 자연공간의 접촉 최대화
    (2) 녹색 갈증 해소, 도시의 쾌적성 향상

3. 공동주택단지 계획의 목표

구분	내용
비전	• 자연과 함께 상생 · 공존 • 주민의 삶의 질 제고
목표	• 저탄소 녹색단지 실현 • 기후변화 친화단지 • 생물다양성 증진
전략	• 절토 · 성토 최소화 • 보행자 우선 동선 체계 • 일조권, 채광, 조망권 확보 • 녹지 네트워크 구축 • LID 우수 순환체계 • 파노라믹 스카이라인 형성

4. 공동주택단지 계획 · 설계기준

구분		내용
안전성	자연재해로부터의 안전성	• LID 우수 순환체계 확보 • 소규모 분산식 빗물관리
	범죄로부터의 안전성	• CPTED 설계 • 자연적 감시, 접근통제 • 영역성 강화, 활용성 증대
건강성	쾌적한 주거환경	• 공원 및 녹지면적 증대 • 옥상조경, 벽면녹화, 녹시율 증대
	대기오염 정화	• 환경정화수종 식재 • 이산화탄소 저장고, 그린 허브(Green HUB)
	생물다양성 증진	• 수생 · 육생 비오톱 조성
기능성	바람길 확보	• 단지 배치와 건축물의 다양성 확보 및 차별화 • 파노라믹 스카이라인 확보
	채광 · 일조 · 조망권 확보	• 절토 · 성토 최소화
	빗물 저류	• 중수도 활용 • 조경용수, 소방용수로 활용

5. 친환경 주택단지를 위한 세부사항

구분	내용
토지이용 및 교통체계	• 자연지형 순응 • 절토 · 성토 최소화 • 대중교통 환승체계 • 접근성, 연계성 확보 • 에너지 사용 최소화
동선 · 보행체계	• 보행 우선 동선체계 • 교통 정온화 System • 자전거 전용도로 • 스쿨존 · 실버존의 속도 제한
녹지체계	• 입체녹화를 통한 녹시율 증대 • 옥상녹화, 건축물 내구성 강화 • 벽면녹화 단지의 브랜드화 • 내건조경으로 물 사용 최소화
수체계	• LID 빗물 시스템 • 소규모 분산식 빗물 순환 • 레인가든, 식생 체류지, 생태연못
에너지 및 어메니티 계획	• 열병합 시스템 확보 • 폐기물 재자원화 • 바람길 확보 • 커뮤니티 공간 조성 • 텃밭, 힐링 · 소통의 장소 마련

6. 결언

과거 한국의 공동주택단지 외부환경계획은 획일적이고 빈약한 계획 내용 및 관리 소홀로 주거환경의 질 저하가 있었는데, 가장 큰 문제는 규격화, 단일화, 획일화, 단조로움 등으로 지역적 특성이 없는 것이었다. 공동주택 외부환경의 차별화를 원하는 새로운 수요에 대한 경쟁력을 확보하기 위해서 다방면의 개발방안이 필요하다.

> ▶▶▶ 124회 2교시 3번
>
> 국토계획 표준품셈의 조경특화계획 중 '단지 조경계획'의 정의와 주요 업무 내용을 단계별로 설명하시오.

1. 개요

교통, 학군 등을 중시했던 과거와 달리 조경, 건폐율, 녹지율 등 환경여건이나 커뮤니티 구성이 단지 선택의 중요 기준으로 작용하고 있다. 최근 신축아파트는 기존 아파트에서는 볼 수 없는 조경공간 설계로 입주민의 심리적인 안정을 꾀한다. 주거단지 외부에서 누리고 즐기던 주거와 관련된 생활요소를 모두 단지 내에서 경험할 수 있다. 조경공간, 주차공간, 도서관, 카페, 수영장, 피트니스센터 등이 계획되어 거주민의 편의성과 커뮤니티 형성 측면에서 향상된 주거환경을 선보이고 있다.

2. 단지 조경계획의 정의 및 대상

1) 단지 조경계획의 정의

   일련의 개발사업 공간에 대한 공원·녹지 전반에 관한 계획

2) 단지 조경계획의 대상

   (1) 「도시 및 주거환경정비법」에 의한 도시재생사업
   (2) 「도시개발법」에 의한 도시개발사업
   (3) 「산업입지 및 개발에 관한 법률」에 따른 국가산업단지, 일반산업단지, 농공단지, 첨단산업단지, 준 산업단지 개발사업
   (4) 주거환경 또는 산업입지에 관련된 토지개발사업

3. 조경특화계획의 정의, 업무 범위 및 추진절차

1) 조경특화계획의 정의

   일정한 부지에 대하여 조경식재 또는 조경시설물 배치를 통하여 다른 단지와 차별화하는 전략적 성격의 계획

2) 업무 범위

구분	내용
주택단지 조경계획	기본계획, 기본설계, 실시설계
산업단지 조경계획	기본계획, 기본설계, 실시설계

4. 추진절차 모식도

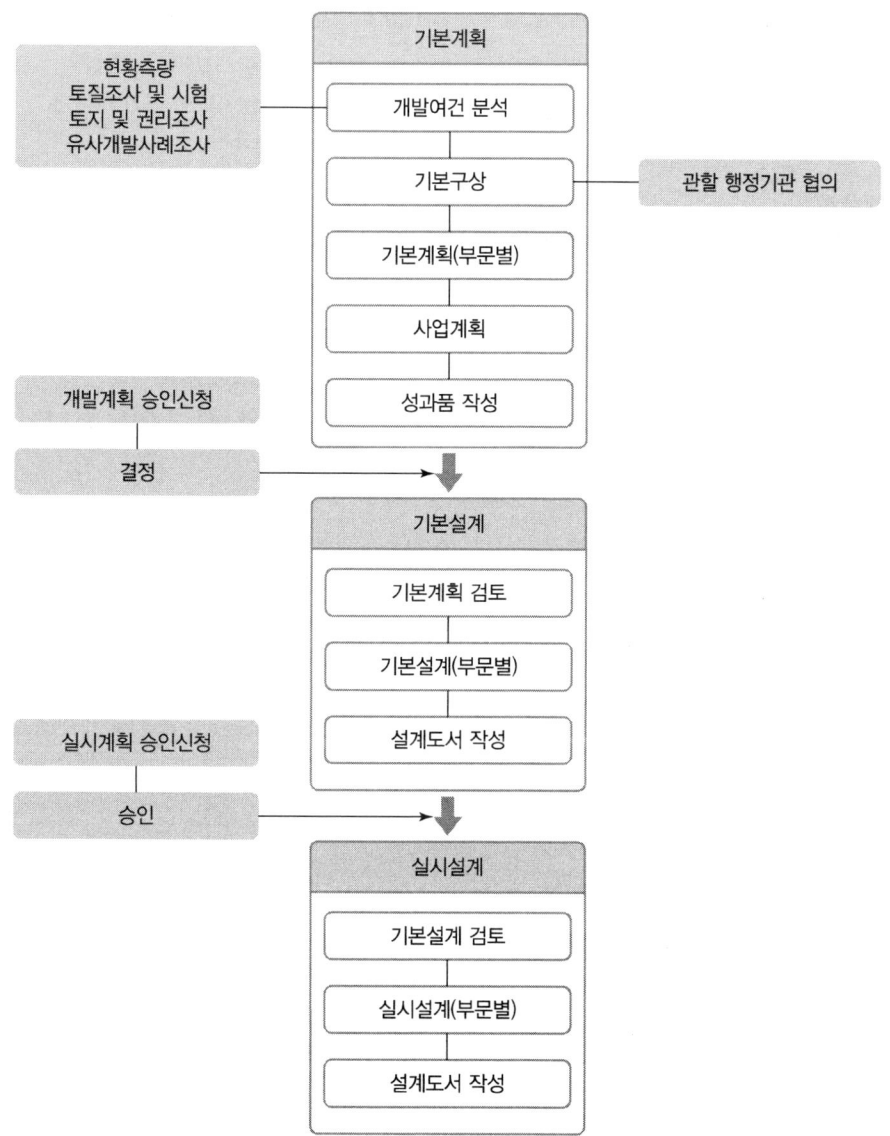

5. 주요 업무 내용

구분		내용
개발여건 분석	자연환경조사	• 수계, 토양 및 지질, 지형·지세 등 • 기온, 강수량, 풍향, 풍속, 천기일수 등 • 기타 식생 등 경관조사
	인문환경조사	• 배후지의 인구변화 • 관련 법규 및 계획 검토 • 토지이용현황, 교통시설, 기반시설 조사 • 역사성 등 지역 성격 조사
	종합분석	• 제반 현황의 종합적 분석 • 개발 잠재력 및 문제점 검토
기본 구상	개발방향 설정	• 개발 잠재력에 의한 개발 방향 설정
	계획 개념 설정	• 계획 개념 도출 • 주제 및 특화전략 수립
	토지이용체계 구상	• 공간 구성체계 설정 • 토지이용 구상안 작성
	동선체계 구상	• 이용자의 공원 이용체계 구상 • 토지이용에 따른 기능별 동선 구상
	유치시설 종류 및 규모 설정	• 적정 수용능력 판단 • 시설 종류 및 규모 설정
기본계획 (시설지별)	토지이용계획	• 공간 구성체계 설정 • 토지이용 종합계획 수립
	교통동선계획	• 공간별 동선체계 설정 • 동선계획
	시설물 배치계획	• 주요 시설물 배치계획
	식재계획	• 식재계획
	공급처리시설계획	• 상하수도, 전기통신 등 공급처리방안
사업계획	사업투자계획	• 개략공사비 산정 • 공종별, 재원별, 단계별, 연차별 투자계획
	관리운영계획	• 환경보전방안 제시 • 관리체계 및 대책 제시 • 운영방안 제시

6. 주거 쾌적성을 위한 특화 단지계획 사례

1) 한화 포레나 수원 장안 : 미세먼지 저감 특화 단지

   (1) 포레나 블루 에어 시스템
   거주자의 의류나 신발, 차량 등에 부착된 외부 오염물질이 실내로 들어오는 것을 차단해 쾌적한 주거환경을 제공

   (2) 지하주차장 미세먼지 저감 시스템 '차량 에어커튼' 적용

   (3) 동 출입 구간에는 '주 출입구 에어커튼' 적용
   건물 내로 진입하는 입주민의 의류 등에 따라오는 외부의 오염된 공기를 차단

   (4) 동 출입구 전 구간에는 '시스템(클린) 매트' 도입
   거주자의 진입·출입 시 신발에 부착된 미세먼지, 흙 등의 이물질을 떼어내 실내 유입을 막는 시스템

2) 검단 넥스트 시티 AA16BL 현대건설

   (1) 단지 내 조경 면적률 64%로 숲속 공원 조성
   (2) 넥스트 팬데믹을 대비한 커뮤니티 및 활성화 플랜 수립
   (3) 개인 정원 테라스하우스, 조명에너지 25% 절감 특화계획 등의 주거단지계획

3) 더샵 디어엘로

   더샵 필드, 팜 가든, 페르마타 가든 등 포스코건설의 조경특화시설 적용

7. 결언

최근 아파트의 품격이 조경공간의 디자인에 달렸다고 생각하여 건설사마다 조성하는 단지의 특화브랜드까지 개발하면서 특화계획을 수립하는 데 집중하고 있다. 이러한 흐름은 주거공간에 대한 기준과 선호하는 외부공간이 바뀌고 단지 내부의 자연공간을 중시한 데에서 시작되었다고 할 수 있다.

> ▶▶▶ 106회 2교시 2번

쌈지공원, 마을마당, 한 평 공원의 도입배경과 주요 특징을 설명하시오.

1. 개요
쌈지공원, 마을마당, 한 평 공원은 국가나 지방자치단체가 추진하고 있는 마을 만들기, 녹색도시 만들기 추진 시에 지역 주민 및 시민단체와 협력하여 공원녹지를 조성하고 운영하는 공공사업이다. 지역주민 또는 시민이 주체가 되는 지역 활성화, 주민이 직접 참여하는 환경 보전 등의 활동이 대세를 이루면서 등장하였다. 환경 개선 또는 공원녹지 조성, 각종 도시문제 해결 등을 위하여 주민의 적극적 참여나 제안 등을 유도하고 녹색 거버넌스의 대중화를 할 수 있다는 장점이 있다.

2. 정의 및 의의

1) 정의

구분	내용
쌈지공원	대지 내 공지를 일반 대중에게 상시 개방하고 인접 대지 내 공지와 공동으로 조성하거나 주요 보행 결절점 주변에 조성하는 공원
마을마당	도시 내에서 잘 이용하지 않는 자투리땅을 이용하여 주민을 위한 휴식공간을 제공
한 평 공원	시민연대가 신한은행의 지원을 받아 걷고 싶은 도시 만들기의 일환으로 조성

2) 사업시행의 의의

　(1) 시민의 관심 제고와 녹색 거버넌스의 대중화
　　　① 공원녹지의 조성 및 관리에 조경 분야가 앞장서야 함
　　　② 지역의 문화 및 환경단체, 원예 · 화훼단체 등 다양한 단체의 참여
　　　③ 기업과 개인이 참여할 수 있는 사회적 틀 형성
　　　④ 지도자 양성 프로그램, 명예감독관 참여제도, 지역별 협약 등의 운영

　(2) 사회 시스템 및 제도적 여건 개선
　　　① 녹색 거버넌스의 일반화
　　　② 창조적 아이디어 수용
　　　③ 기금 모금 등 행정 지원 시스템 구축

　(3) 기업의 사회 공헌 점수 반영
　　　① 지방자치단체 사업 발주 시 사회공헌 정도 평가
　　　② 기업의 지역사회 공원녹지 조성에 대한 기여도를 현실적으로 반영

3. 사업의 내용

1) 쌈지공원

(1) 계양구 효성동 177-6 쌈지공원
  ① 마을숲 조성의 일환으로 쉼터 조성
  ② 벚나무 식재
  ③ 정자와 긴 의자, 지압판 설치

(2) 의정부 호원동 신흥마을 쌈지공원
  ① 의정부시가 추진한 G&B 프로젝트
  ② 낡은 주택들 사이에 잔디와 화목 식재
  ③ 공원 한쪽에 텃밭 조성

2) 한 평 공원

(1) 2021년 10월 경남 양산시 사업 대상지 23개소 선정 완료
(2) 2021년 제3회 '제천 한 평 정원 페스티벌' 개최
(3) 2021년 순천시 제7회 '대한민국 한 평 정원 페스티벌' 개최
(4) 2020년 8월 달성군 천내천 고향의 정원
(5) 서울 도봉구 쌍문동 제37호 푸른숲속공원 조성

3) 마을마당

(1) 홍제 1동 고은공원 : 운동기구와 의자 설치
(2) 북가좌 1동 까치공원 : 사각정자, 조합놀이대
(3) 충정로 3가 주민쉼터 : 운동시설, 의자 등
(4) 홍은동 표방골공원 : 운동시설, 앉음벽 등을 설치
(5) 상계동 마을마당 : 사각정자, 조합놀이대, 앉음벽 등

4. 결언

녹색도시 만들기의 사회적인 분위기 속에서 그린트러스트 운동, 100만 평 공원 운동, 한 평 공원운동, 서울숲 사랑모임 등 모범적인 녹색거버넌스 사례가 늘어나고 있다. 시민의 삶의 질과 도시민의 녹색 복지를 실현한다는 측면에서 작은 규모의 녹지를 조성하는 공공사업은 조경 분야에서 주목해야 할 과제라 할 수 있다.

▶▶▶ 96회 3교시 3번

공원녹지의 수요분석방법에 대해 구체적으로 설명하시오.

1. 개요

공원녹지 수요를 파악하는 것은 공원녹지에 대한 필요량과 접근성에 대한 불균형을 해소하고 공원녹지 공간을 함께 즐길 수 있도록 하기 위하여 필요하다. 공원녹지에 대한 관심이 늘어나고 공익적 가치가 커지면서 지방자치단체가 이에 부응하기 위하여 분주하다. 그동안 추진되지 못했던 공원녹지 사업들이 추진되고, 특히 도시 내 또는 도시 주변의 근린공원에 대한 수요가 폭발적으로 증가하고 있다.

2. 수요의 정의 및 수요분석의 목적

1) 수요의 정의

    (1) 어떤 재화를 일정한 가격으로 사려고 하는 욕구
    (2) 욕구 또는 필요를 충족시키는 재화의 양

2) 공원녹지 수요분석의 목적

    (1) 이용자의 수요에 대응
    (2) 적정한 공원녹지 수요량 산출
    (3) 공원녹지를 누릴 기회를 배분

3) 공원녹지 수요의 유형

    (1) 표출된 수요
    (2) 잠재적 수요
    (3) 비교 수요
    (4) 기준에 따른 수요

3. 주민의식 및 수요조사, 공원녹지 수요분석

1) 주민의식 및 수요조사

    (1) 설문지, 전화설문, 공청회, 인터넷 등에 의하여 주민들의 성향, 요구사항 등을 분석하여 도표로 제시
    (2) 설문에 경관, 자연환경 보존과 개발, 여가요구 등에 대한 주민의 성향과 요구를 포함
    (3) 적절한 사회조사방법을 택하여 자료의 타당성을 높임
    (4) 분석내용에 따라 공원녹지기본계획 수립 방향을 정리하고 계획과제 도출

2) 공원녹지 수요분석 내용

구분	내용
녹피율 분석	녹피율(%) = 녹피면적(m^2) ÷ 도시지역 면적(m^2) × 100
공원녹지율 분석	• 도시 전체 공원녹지율(%) = 공원녹지 면적(m^2) ÷ 도시지역 면적(m^2) × 100 • 시가화 지역 공원녹지율(%) = 공원녹지 면적(m^2) ÷ 시가화지역 면적(m^2) × 100
1인당 공원면적 산정	1인당 공원면적(m^2) = 공원면적(m^2) ÷ 인구수
공원의 서비스 수준 분석	• 지역 내 공원의 위치, 접근성, 이용 수준, 이용 상황 등을 조사 • 생활권별 서비스 수준을 도면 및 표로 만듦
이용자의 수요분석	설문지, 전화 설문, 공청회, 인터넷 등에 의하여 주민들의 성향, 요구사항 등을 분석하여 도표로 만듦
레크리에이션 추세분석 및 수요시설과 프로그램	과거 레크리에이션 추세와 미래의 수요 예측 그리고 이에 따른 옥외 레크리에이션 시설 및 프로그램을 제시

4. 결언

한국은 1인당 생활권 녹지면적이 세계보건기구가 권고한 기준에 미치지 못한다는 결과가 있다. 서울지역만 보더라도 최근 질 좋은 녹지의 면적은 극단적으로 줄어드는 추세에 있는데, 오히려 공원녹지에 대한 일반 대중의 수요는 증가하고 있다. 과거 면적에 대비하여 이용자 수를 산정했던 획일적인 기준에서 벗어나 지역주민의 공원녹지에 대한 인식의 정도와 이용수준, 바라는 유형 등을 세밀하게 조사하여 정확한 수요를 계산하고 주민의 욕구를 충족시키는 것이 중요하다.

MEMO

• Professional Engineer Landscape Architecture •

CHAPTER

05

조경설계 1

- 121회 4교시 3번
- 123회 4교시 2번
- 111회 4교시 5번
- 70회 4교시 1번
- 66회 4교시 6번
- 78회 4교시 1번
- 123회 3교시 4번
- 93회 3교시 3번
- 127회 4교시 2번

CHAPTER 05 조경설계 1

조경기술사 논술 기출문제풀이

▶▶▶ 121회 4교시 3번

공원에 적용하는 "장애물 없는 생활환경(BF : Barrier Free) 인증" 범주에 있는 '편의시설' 항목에 대한 평가항목과 평가기준에 대해 설명하시오.

1. 개요

장애물 없는 생활환경 인증, 즉 배리어 프리 인증제도는 어린이, 노인, 장애인, 임산부뿐만 아니라 일시적 장애인 등이 개별시설물, 지역에 접근·이용·이동함에 있어 불편을 느끼지 않도록 계획·설계·시공·관리 여부를 공신력 있는 기관이 평가하여 인증하는 것을 말한다. 일상생활 공간에서 장애물을 제거하여 도시의 모든 시설에의 접근성을 높이고 공간 이용 기회의 균등성을 보장하기 위한 제도이다.

2. 편의시설의 개념 및 평가목적, 설치장소

1) 편의시설의 개념

   이용자에게 유익하거나 편한 환경이나 조건을 갖춘 시설

2) 편의시설 설치장소

   (1) 왕복 6차로 이상 도로의 보도
   (2) 왕복 4차로 이상 도로의 보도
   (3) 왕복 2차로 이상 도로의 보도
   (4) 보차공존도로
   (5) 보행자전용도로
   (6) 공원

3. 공원의 편의시설에 대한 평가범주, 평가항목 및 평가기준

1) 평가범주

(1) 편의시설

① 접근 및 이용성

② 공원시설

③ 기타 설비

2) 공원의 편의시설에 대한 평가항목 및 평가기준

범주	평가항목	평가기준
접근 및 이용성	시설까지의 접근로	공원 내 시설에 접근하기 쉬운 위치 평가
	공원시설의 주 출입구	공원시설의 주 출입구로 안전하고 편리하게 접근하여 진입 가능한지 정도를 알기 위해 주 출입구의 높이 차이와 기울기 평가
공원시설	장애인을 배려한 공원 (놀이공간)	장애인 등이 이용할 수 있는 화단 혹은 놀이공간 등의 공원시설 설치 평가
기타 설비	휴식공간	장애인 등이 접근 가능한 위치에 휴식공간 설치 평가
	매표소·판매기·음료대	장애인 등이 이용 가능한 매표소, 판매기, 음료대의 적정 구조 평가

4. 시설까지의 접근로 평가

1) 평가목적

공원 내 시설은 장애인 등의 접근 및 이용이 가능하여 모두가 함께 공원을 즐길 수 있도록 계획되어야 함

2) 평가방법

공원 내 시설에 접근하기 쉬운 위치에 있는지에 대한 평가

3) 산출기준

(1) 평점 = 시설위치의 평가등급에 해당하는 평가항목 점수로 평가

구분	시설까지의 접근로	평가항목 점수
최우수	주 산책로에서 눈에 잘 띄도록 위치 및 유도 안내 표시가 설치되어 있으며 안전보행로로 연결	1.0
우수	주 산책로와 이격되어 있으나 유도안내 표시가 설치되어 있으며 안전보행로로 연결	0.8
일반	주 산책로와 이격되어 있으나 안전보행로로 연결	0.7

(2) 주 산책로와 인접해 있다 함은 주 산책로에서 시설의 입구가 바로 보임을 말함
(3) 주 산책로에서 따로 접근로를 두어 시설로 접근할 경우 접근로는 '보도 및 접근로' 일반 이상의 기준을 따르며 일반 미만일 경우 등급 미부여
(4) 공원시설이 없는 경우의 점수산정은 접근 및 이용성을 제외한 공원시설의 편의성 – 공원시설 평가점수비율을 항목의 점수에 적용, 이를 평가점수로 산정함

> 시설까지의 접근로 부문의 평가점수 = $B \times \left(\dfrac{C}{A-B}\right)$
> - A : 공원시설의 편의성 – 공원시설 전체 점수 합계
> - B : 공원 내 시설로의 접근 및 이용성부문 점수 합계
> - C : 공원 내 시설로의 접근 및 이용성을 제외한 공원시설의 편의성 – 공원시설 부문 평가점수

4) 제출서류

(1) 예비인증
① 해당구간 보도의 이용편의시설 설치 배치도
② 휴게의자의 입면도 및 측면도
③ 상기의 제출서류 중 평가항목의 조건을 만족하는 서류를 제출

(2) 본인증
예비인증 시와 동일

5. 결언

국가나 지방자치단체가 신축하는 청사, 문화시설 등의 공공건물 및 공공이용시설 중 대통령령으로 정하는 시설의 경우 의무적으로 BF 인증을 받도록 하고 있다. 그러나 사용승인을 받은 국가·지방자치단체 시설 중 인증받은 시설은 10곳 중 단 3.5곳에 불과한 것으로 나타났다. 장애인, 노인, 임산부 등이 개별시설물이나 지역을 이용함에 있어 불편을 느끼지 않도록 해야 할 의무가 주어졌음에도 실적은 미비한 상황이다. 유인책 마련 또는 인증 활성화를 위한 근본적인 방안을 마련해야 할 것이다.

> ▶▶▶ 123회 4교시 2번
>
> 설계 VE(경제성 검토)의 개념, 목적, 효과를 설명하고, 설계의 조직 구성, 설계 VE 검토 업무절차(준비단계, 분석단계, 실행단계)와 내용을 설명하시오.

1. 개요

설계 VE(Value Engineering)는 가치공학 방법(Method of Value Engineering)을 바탕으로 설계 결과물의 효용성과 경제적 가치를 극대화하기 위해 실시하는 통합적인 설계 접근방법이다. 체계적인 가치분석을 하게 되는데, 준비단계(Pre-Study) · 분석단계(VE Study) · 실행단계(Post-Study) 의 순서로 시행한다.

2. 설계 VE의 개념, 목적, 효과, 주요 내용

1) 개념
   (1) 프로젝트에 대한 대안이나 설계안을 기능 중심으로 분석하는 과정
   (2) 기능분석 시 최소의 생애주기 비용이 되도록 하는 계획 · 설계기법

2) 설계 VE의 목적
   (1) 설계의 기능과 비용 분석
   (2) 최소 비용으로 최대의 기능을 발휘할 대체안 모색

3) VE 적용의 효과
   (1) 부분 구성요소가 아닌 프로젝트 전반에 대한 점검
   (2) 공정과정의 생산성 향상에 집중하므로 기업이익 증대에 기여
   (3) 개선결과를 데이터로 만들어 기업의 건설 노하우 축적

4) 설계 VE의 검토사항
   (1) 프로젝트에 참여하지 않는 사람으로 팀을 구성
   (2) 기본계획 · 기본설계 · 실시설계 단계의 도면 검토
   (3) 대안 분석
      ① 구조 및 기능 파악
      ② 기능에 대한 가격 결정의 타당성
      ③ 설계의 오류
      ④ LCC 절감을 목적으로 한 대체안 작성

5) 설계 VE의 대상
(1) 총공사비 100억 원 이상인 건설공사의 기본설계 및 실시설계를 하는 경우
(2) 총공사비 100억 원 이상인 건설공사의 시공 중 총공사비 또는 공종별 공사비를 10% 이상 조정(단순 물량증가나 물가변동으로 인한 변경은 제외)하여 설계를 변경하는 경우
(3) 총공사비 100억 원 미만인 건설공사에 대하여 발주청이 필요하다고 인정하는 건설공사의 설계를 하는 경우

6) 가치향상 유형
(1) 원가 절감형 VE 활동
(2) 기능 향상형 VE 활동
(3) 혁신형 VE 활동
(4) 기능 강조형 VE 활동

3. 가치설계 과정

1) 준비단계(Pre-Study)
(1) 검토조직 편성
  ① 발주청 담당자, VE 리더(검토조직 책임자), VE 팀원(검토조직 구성원), 퍼실리테이터(Facilitator) 참여
  ② VE 가능자 : 설계감리자, 발주청 소속 직원, 검토업무경력이 있거나 유사한 업무 수행자, VE 자격 소지자
(2) 검토 대상 신청
(3) 검토 기간 설정
(4) 오리엔테이션, 현장답사
(5) 워크숍 계획수립
(6) 사전 정보 분석
(7) 제시해야 하는 자료
  ① 설계도(설계도 없을 시 스케치), 지형·지질자료
  ② 설계기준, 표준시방서, 전문시방서, 공사시방서, 설계업무지침서 등

2) 가치 분석단계(Value Engineering Study)
(1) 기능 필요 여부를 중점적으로 판별해 개선안을 도출
(2) 창조적 접근단계

(3) 프로젝트의 전체적 비용 배분과 기능 분석
(4) 기능의 유형과 성질 분석
(5) 선정한 대상에 대한 정보수집
(6) 아이디어 창출과 평가
(7) 대안 구체화
(8) 제안서 작성 발표

3) 실행단계(Post Study)
(1) 비용 절감 관련 자료를 발주처에 제출
(2) 발주처에서는 자료 검토 후 VE 내용을 설계에 반영하도록 지시하고 수정설계 진행

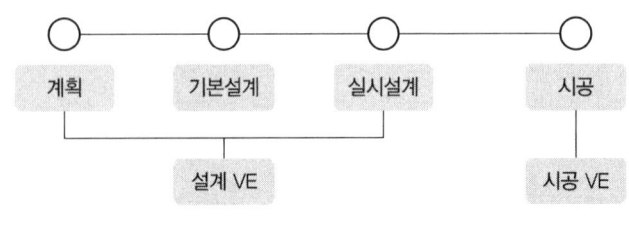

[설계 VE와 시공 VE의 단계]

4. 결언

설계 VE는 지식정보사회의 구조에 맞는 설계 프로젝트를 진행하기 위해 관련된 다량의 정보 구득 및 순환 가능한 디자인을 기본적인 개념으로 하고 있다. 목적물에 영향을 미칠 수 있는 여러 가지 요소를 포괄적으로 다루는 포용적 설계 검토를 수행하여 미래 창조사회 구축에 기여해야 할 것이다.

▶▶▶ 111회 4교시 5번

조경 포장에 요구되는 성능기준과 재료별 특성에 대해 설명하시오.

1. 개요

포장은 지반에 자연 또는 인공 포장재를 사용해 일정한 면적을 덮는 작업을 말한다. 도시공간을 디자인할 때 필수 불가결한 경관 요소라고 할 수 있다. 면이나 선으로 경계를 만들어서 공간을 한정·강조·보완하며, 방향 지시로 보행 편의성을 제공하는 장점이 있는 반면에 불투수 면적의 증가로 인한 강우 유출량 증가, 미기후 변화 등의 단점이 있다.

2. 요구성능 항목, 고려사항, 재료별 특성

1) 요구성능 항목

(1) 안전성능

(2) 사용성능

(3) 내구성능

(4) 유지관리성능

(5) 환경적합성능

(6) 시공성능

2) 포장설계 고려사항

(1) 필요 강도에 적합한 재료선정 및 구조설계와 같은 물리적 요소와 포장 평면의 문양설계 같은 조형적 요소를 동시에 고려하여 포장의 여러 조건과 기능 및 효과를 충족시켜야 한다.

(2) 아스팔트 콘크리트포장에는 교통조건, C.B.R, 환경조건, 노상 지지계수 및 서비스지수 등을, 강성포장에는 교통조건, C.B.R 및 응력 조건 등을 고려한다.

(3) 포장 평면의 문양설계는 색채, 질감, 형태, 척도 및 주변 시설과의 조화 등 여러 조형 요소를 고려하여 설계한다.

3) 재료별 특성

구분	내용
강회 다짐	• 소석회에 풍화토나 모래 섞은 진흙을 물로 반죽해 다짐 • 문화재 주변 등 보존가치가 있는 장소, 전통 건축물 지붕과 기단 등에 사용
마사토	• 운동장, 산책로, 보도 등에 사용 • 토양 이탈이 쉽고 먼지 발생
시멘트 콘크리트	• 아스팔트 콘크리트와 비교해 시공이 간편하고 공사비 저렴 • 표면처리를 꼼꼼히 해야 하며 이음새 처리가 어려움
아스팔트 콘크리트	• 교통량이 많은 장소에 시공 • 아스팔트 유제에 석분과 쇄석 및 잔골재 혼합
인조잔디	• 특수 매트가 부착된 인조잔디를 기층 위에 포설 • 미끄럼이 적고 편안한 보행이 가능함
점토 벽돌	• 점토의 가소성을 이용한 재료 • 자연스러운 질감과 색채로 다양한 문양을 나타낼 수 있음

구분		내용
콘크리트 블록	보도블록	• 시멘트 콘크리트보다 질감이 우수하고 시공 간편 • 대규모 보도 포장에 적합
	소형 고압블록 (Interlocking Paver, ILP)	• 고압으로 성형된 소형 콘크리트 블록 • 강하고 견고하며 질감과 색채가 다양해서 포장 패턴을 구성하기 쉬움
타일		• 세라믹 타일은 표면이 매끄러워 보행 위험이 있음 • 옥외공간에는 표면에 요철이 있는 것을 사용
투수콘		• 아스팔트 유제에 다공질 재료를 혼합해 투수 가능 • 가로수에 수분 공급이 가능하고 겨울철 결빙을 방지
폴리우레탄		• 합성수지 • 탄력성이 좋아 육상경기장, 롤러 스케이트장, 산책로에 시공
화강석		• 사고석, 화강석 포석·판석·블록 등 • 차도에는 사고석과 화강석 판석을 주로 사용
호박돌·조약돌 콩자갈		• 자연석 중 큰 것은 자연형 산책로의 디딤돌로 사용 • 작은 돌은 시각적 질감이 아름답고 보행 질감이 독특함
흙 다짐		• 흙을 단단하게 다져서 시공 • 보행 질감이 좋고 자연스러우나 유지관리 어려움

3. 포장유형별·재료별 성능기준

1) 포장유형별 성능기준

구분	내용
보도 포장	• 미끄럼을 방지하면서도 걷기에 적합할 정도의 거친 면을 유지해야 함 • 요철이 없도록 하여 걸려 넘어지지 않도록 함 • 태양광선을 반사하지 않아야 하며 색채의 선정 시에도 이를 고려 • 건조 후 균열이 생기면 안 됨
자전거도로 포장	• 바퀴가 끼일 우려가 있는 줄눈 또는 배수시설을 자전거의 진행 방향에 평행하게 설계하지 않음 • 포장면의 종단경사는 2.5~3.0%를 기준으로 하되, 최대 5%까지 가능 • 횡단 경사는 1.5~2.0%를 기준으로 함 • 투수성 포장인 경우는 횡단 경사를 설치하지 않을 수 있음
차도 및 주차장 포장	• 차도용 포장면의 횡단 경사는 아스팔트 콘크리트포장 및 시멘트 콘크리트포장의 경우 1.5~2.0%, 간이포장도로는 2~4%, 비포장도로는 3~6%를 기준으로 함 • 차도용 포장면의 종단경사는 도로의 설계속도와 지형에 따라 다르게 함

2) 재료별 성능기준

구분		내용
콘크리트 블록 포장재	콘크리트 조립 블록	• 보도용은 두께 6cm로, 차도용은 두께 8cm로 함 • 품질과 규격은 「KS F 4419」(보차도용 콘크리트 인터로킹 블록)에 따름
	시각장애인용 유도 블록	선형 블록은 유도표시용으로, 점형 블록은 위치 표시 및 감지·경고용으로 사용
	포설용 모래	포설용 모래는 투수계수 10^{-4}cm/sec 이상으로 No. 200체 통과량이 6% 이하
투수성 아스팔트 혼합물		투수계수 10^{-2}cm/sec 이상, 공극률은 9~12% 기준
컬러 세라믹, 유색 골재 혼합물		• 표층 골재는 입경 1.0~3.5mm의 구형으로 된 것으로서 내구성, 내마모성, 내충격성 및 흡음성이 있는 것으로 함 • 접합제(Binder)는 에폭시수지, 폴리우레탄수지 등의 합성수지에 적당한 첨가제와 적색, 녹색 등의 안료를 더한 것으로, 열경화성·열가소성이 있고 부착성능이 우수한 것으로 함 • 프라이머와 표층의 결합제 및 탑코트제제는 같은 종류의 수지를 적용 • 불투수성일 경우 표층 다음에 탑코트제제를 적용
점토 바닥 벽돌		• 흡수율 10% 이하, 압축강도 20.58MPa 이상, 휨강도는 5.88MPa 이상의 제품 • 점토 타일의 경우에는 콘크리트 등의 보조기층을 설계
석재타일		• 「KS L 1001」(도자기질 타일)의 규정에 적합한 자기질·도기질·석기질 바닥타일 사용 • 표면에 미끄럼 방지 처리가 되어 있는 것을 사용
포장용 석재		압축강도 49MPa 이상, 흡수율 5% 이내의 것
포장용 콘크리트	포장용 콘크리트	재령 28일 압축강도 17.64MPa 이상, 굵은 골재 최대치수는 40mm 이하
	줄눈재	• 줄눈용 판재는 두께 10mm의 육송 판재 또는 삼나무 판재를 기준으로 함 • 포장 줄눈용 실링재(Sealant)는 피착재의 종류에 따라 적합한 것을 사용하며, 특별히 정하지 않은 경우 탄성형 실링재로 함 • 채움재(Joint Filler)는 신축이음용을 사용
	용접 철망	「KSD 7017」(용접철망 및 철근격자)의 규정에 적합한 용접철망 중 평평한 철망을 사용
	기타 재료	국토교통부의 「도로 포장설계·시공지침」에 따름
포장용 아스팔트		국토교통부의 「도로 포장설계·시공지침」에 따름

구분		내용
포장용 고무 바닥재	충격흡수 보조재	• 합성고무 SBR(스티렌·부타디엔 계통 합성고무)은 두께 0.5~2mm에 길이 3~20mm를 표준으로 함 • 접합제(Binder)는 고무 중량의 12~16%로 하여 입자 전체를 코팅해야 함
	직시공용 고무바닥재	• 고무 입자는 각각이 1mm 미만, 서로 교차했을 때 3mm 미만으로 함 • 접합제(Binder)는 고무 중량의 16~20%로 함
	인조잔디	인화성이 없는 재료로 제작된 것이어야 함
	고무블록	「KS M 6951」(재활용 고무블록)에서 규정한 품질기준에 따름
마사토		화강암이 풍화된 것으로 No.4(4.75mm)체를 통과하는 입도를 가진 골재가 고루 함유되어 다짐 및 배수가 쉬운 재료로 함
놀이터 포설용 모래		• 입경 1~3mm 정도의 입도를 가진 것 • 먼지, 점토, 불순물 또는 이물질이 없어야 함
흙시멘트 포장재		포장재료는 제조업자의 지침에 따름
경계 블록	콘크리트 경계블록	• 보차도 경계블록과 도로 경계블록으로 나누어 적용 • 「KS F 4006」(콘크리트 경계블록)에 의해 경계블록 종류별로 적합한 휨강도와 5% 이내의 흡수율을 가진 제품이어야 함
	화강석 경계블록	압축강도는 49MPa 이상, 흡수율 5% 미만, 겉보기비중은 2.5~2.7g/cm^{3}이어야 함

4. 결언

성능기준은 한계 상태의 성능을 객관적으로 설명하는 데 유용하다. 포장이라는 시설물의 기능 유지를 위해서 어느 정도의 범위로 그 성능을 설정할 것인가가 핵심이 된다. 설계자는 구조물의 중요도에 따라 부여해야 할 성능의 범위를 미리 알고 선택하여 적용할 수 있다.

> **▶▶▶ 70회 4교시 1번**
>
> 각종 공사를 하다 보면 당초 예기치 못한 상황이나 여건변동으로 당초 설계내용을 변경시키는 경우가 있다. 공사계약 일반조건 제13조 규정에 따른 설계변경의 사유를 기술하시오.

1. 개요

설계서의 내용이 불분명하거나 누락, 오류, 상호모순이 있을 때 그리고 공사현장의 상황이 설계서와 다른 경우, 또 신기술이나 공법 등을 적용하였을 때 공기 단축과 공사비 절감에 효과적인 경우, 발주기관의 요청이 있는 때는 설계변경을 하게 된다.

설계변경을 할 때는 법으로 정해진 설계변경 기준과 절차에 따라 적절하게 변경해야 한다.

2. 설계변경의 개념 및 설계서의 종류

1) 개념
   (1) 당초 설계안의 내용을 어떤 이유로 인하여 변경하는 작업
   (2) 수량, 공종, 공정, 내용 등을 수정
   (3) 현장여건의 변동, 공사물량 증가, 기본계획의 변경에 따른 변경

2) 설계서의 종류
   (1) 설계도면 : 공사목적물에 대하여 구체적으로 표현한 결과물
   (2) 공사시방서 : 기술적인 사항 설명
   (3) 현장설명서 : 현장 특이사항 표기, 시방서에 표기하기 어려운 사항 명시
   (4) 공종 및 목적별 물량 내역서 : 품목, 규격, 수량, 단위 등의 표현

3. 공사계약 일반조건에 따른 설계변경 사유

1) 설계서의 내용 불분명, 누락·오류·상호모순
   (1) 도면과 내역서의 내용 모순
   (2) 설계서의 물량 또는 공사내용의 오류
   (3) 도면 누락사항, 물량산출의 오류

2) 현장상태와 설계서 간 상이
   (1) 지질, 용수, 공사현장의 현재 상태

(2) 폭우, 장마, 폭설 등 자연 기상조건의 변화로 인해 발생

3) 새로운 기술과 발전된 공법 사용

　(1) 공사비 절감 효과

　(2) 공사기간 단축 등 현저한 영향을 미칠 경우

4) 발주기관의 필요에 의한 변경

　(1) 사업계획 등을 변경

　(2) 사업의 규모, 물량, 내역서의 내용 수정

　(3) 주민숙원사업 요구 등의 민원 발생

4. 설계변경방법

1) 설계서 정정 · 보완

　(1) 설계서의 내용이 불분명한 경우

　　① 설계자의 의견 청취와 의도를 파악해야 함

　　② 발주기관이 작성한 단가산출서 등을 검토

　(2) 설계서에 세부사항이 누락되거나 오류가 있는 경우

　　① 설계서를 세밀하게 검토

　　② 현장조사, 계약 목적물의 기능을 확보할 수 있도록 보완

　(3) 설계도면, 공사시방서, 현장설명서는 일치하고 물량내역서와는 불일치 시
　　　설계도면, 공사시방서, 현장설명서, 물량내역서와 내용을 일치시킴

　(4) 설계도면과 공사시방서, 현장설명서 상이, 물량내역서와 설계도면이 다를 때

　　① 최선의 공사 시공을 위해 설계도면과 공사시방서, 현장설명서 확정

　　② 확정된 내용에 따라 물량내역서를 일치시킴

2) 현장상황에 따른 설계변경

　(1) 지질, 용수, 지하매설물 등 공사현장 상태 보고

　　① 현장상태를 감독에게 보고하고 원인 파악

　　② 암반 돌출 등 특수한 상황 발생 시 변경

　(2) 현장상태 확인 후 설계서 변경

　　공법 변경, 공기 연장 등 시행

3) 신기술·신공법을 적용한 설계변경

(1) 공사비 및 공사기간 단축 효과
  당초 설계와 동등한 수준 이상의 기능과 효과를 가진 기술

(2) 효과를 증명할 수 있는 자료 제출
  제안사항, 공사비 절감, 공기 단축 효과에 대한 내용

4) 발주기관의 필요에 의한 설계변경

(1) 해당 공사에 일부 변경이 수반되는 추가공사 발생
(2) 특정 공정 삭제, 공정계획이나 시공방법 변경

5. 결언

설계변경 사유가 발생하면 설계자의 의도나 디자인에 반영하려는 목적 등을 묻고 발주기관과 시공사 간 충분한 협의를 통해 현장여건에 맞는 공법과 공사 물량으로 변경하여 당초 계획·설계 시 의도했던 공사목적물의 본질을 유지하는 것이 가장 중요하다.

▶▶▶ 66회 4교시 6번

식재계획 시 적용하는 수목의 층상구조(層狀構造)에 관하여 모식도를 그려서 설명하시오.

1. 개요

수목의 층상구조는 식생의 수직적인 층구조를 도식화하여 단면도로 표현한 것을 말한다. 초본층은 한 층, 관목층은 초본과 관목의 2층 구조로 이루어지며 숲은 초본층·관목층·아교목층의 층 구조로 발달이 진행된다. 성숙한 온대 낙엽활엽수림은 초본층·관목층·아교목층·교목층(수관층)의 4층 구조로 발달한다. 지표면에 습기가 많은 숲에서는 이끼가 발달하여 5층 구조가 되기도 한다.

2. 생물군계와 숲의 층상구조

1) 생물군계

(1) 생물군계마다 지역의 기후와 우점종이 다르게 나타남
(2) 사바나 초원은 수목층과 초본층의 2~3층 구조
(3) 성숙한 열대우림은 초본층, 관목층, 아교목층, 교목층, 돌출목층의 5층 구조

2) 숲의 층구조

　　(1) 식물의 키로 구분하나 수고가 층 구조의 절대적 기준은 아님

　　(2) 입지조건과 교목성 수종의 높이에 따라 구분

　　(3) 습한 곳에서는 이끼층이 발달

3) 층구조에서의 수고

　　(1) 교목층 : 8m 이상의 교목으로 구성

　　(2) 아교목층 : 5~8m의 아교목성 또는 교목성 수목으로 구성

　　(3) 관목층 : 1.5~5m의 수목

　　(4) 초본층 : 초본과 1.5m 이하의 어리거나 작은 나무들

3. 숲의 층상구조 구성요소와 생태적 특성

1) 교목층

　　(1) 우점종으로 군락에 따라 명칭을 결정

　　(2) 숲 하층의 빛과 수분이 수목의 공간분포를 조절

　　(3) 동물의 서식지 제공

　　(4) 수관층 아래는 발달 가능성이 있는 수목으로 구성

　　(5) 교목층 : 신갈나무, 젓나무, 피나무, 서어나무 등

　　(6) 아교목층 : 까치박달, 당단풍 등

2) 관목층

　　(1) 수관층에 비해 빛이 감소되어 내음성이 큰 식물 분포

　　(2) 아교목성 수종과 교목성 수종의 어린나무가 출현

　　(3) 숲의 미래를 결정할 수 있는 수종 분포

　　(4) 수고에 따라 1층과 2층으로 구분할 수 있음

　　(5) 생물에게 질 좋은 서식지 제공

　　(6) 생강나무, 노린재나무, 철쭉

3) 초본층

　　(1) 초본식물과 어린 목본식물로 구성

　　(2) 빛이 적어서 내음성이 큰 식물 분포

　　(3) 온대 낙엽수림에서는 일시적으로 임상에 빛이 많이 들어오는 이른봄에 생활사를 완성하는 식물 분포

(4) 초본과 여름에 초본층의 구성이 다름
(5) 애기나리, 단풍마 등

[Canopy Drip Line]

[Contilevered]

[Advanced]

4. 결언

다층식재가 과다 식재의 가능성을 억제할 수 있다는 점을 생각할 때 수량 위주가 아닌 질적인 측면도 식재구조 결정 시 고려해야 할 것으로 보인다. 또한 식재밀도뿐 아니라 적절한 유기적 관계를 갖는 다층식재 면적을 도입해야 할 것이다.

조경기술사

▶▶▶ 78회 4교시 1번
우리나라에서 조경수로 이용되고 있는 소나뭇과 수종의 종류를 들고(7종류 이상), 각 수종의 조경 소재로서 용도와 형태적·생태적 특성을 설명하시오.

1. 개요
소나무는 한국인에게 정서적으로 가장 친숙한 전통경관요소로 수형이 아름답고 상징성이 강해 한국적인 경관을 조성하는 데 적합하여 조경공간에 빈번하게 식재되고 있다. 보통 높이 3.5m, 흉고직경 1.8m까지 성장하는 상록교목으로 맹아에서 나오는 잎의 개수에 따라 2엽·3엽·5엽으로 구분한다.

2. 소나무의 생태적 위기 및 활용의 장단점

1) 소나무의 생태적 위기
(1) 기후 온난화로 인한 이상기후 발생으로 고사위험 증대
(2) 아교목층과 교목층의 낙엽활엽수와 경쟁에서 밀려 쇠퇴
(3) 개발로 인한 무분별한 벌채
(4) 가로수종의 염화칼슘 피해

2) 소나무 활용의 장단점
(1) 장점
  ① 한민족의 정서에 부합
  ② 문화경관 수종으로서의 가치가 높음
  ③ 잎이 마주나서 음양의 조화를 이루는 음양수라고 하며 신성한 나무로 여김
(2) 단점
  ① 유통가격이 다른 수종에 비해 비쌈
  ② 병해에 약해 유지관리비용 요구
  ③ 대기오염에 취약
  ④ 수시 양분공급 및 관수 필요

3. 소나뭇과 수종

1) 2엽송
(1) 소나무
  ① 늘푸른바늘큰키나무, 상록침엽교목

② 표고 1,300m 이하에서 자생
③ 북부의 백두산과 개마고원을 제외하고 전 지역에 자생
④ 5월에 개화하며 꽃은 노란색으로 열매는 다음해 9~10월에 익음
⑤ 극양수로 광선 요구도 높고 그늘에서는 생장이 더딤

(2) 반송
① 중용수로서 적정한 습윤지의 토양 선호
② 지표면에서 여러 줄기로 갈라져 부채 형상으로 생장
③ 수고가 낮고 정형적임

(3) 곰솔
① 해안지방에 자생. 바닷바람과 염분에 강함
② 깊은 산골을 제외하면 내륙지방에서도 잘 자람
③ 수피의 색이 검고 겨울눈과 새싹은 흰색이며 솔잎이 억세고 뻣뻣함

(4) 방크스소나무
① 양수로서 맹아력이 우수함
② 내한성, 내건성 있음
③ 방풍림, 집단식재, 음지식재

2) 3엽송

(1) 백송
① 생장이 더디고 이식이 어려움
② 양수로서 산성토 선호
③ 흰색 · 회색 · 녹색의 수피를 지님
④ 기념수, 독립수, 표본식재에 사용

(2) 리기다소나무
① 양수, 북미 대서양 연안이 원산지
② 나무의 재질이 나쁘고 송진이 많아 펄프재로도 쓰일 수 없음
③ 굵은 줄기에서도 새싹이 여기저기 다발로 돋아남
④ 생장이 빨라 서식지역에 따라 생태계 파괴의 우려도 있음

(3) 솔송나무
① 음수, 비옥한 사양토 선호
② 생장이 더디지만 이식은 쉬움

③ 회색·적갈색의 수피가 갈라지는 것이 특징
④ 기념수, 위요식재

3) 5엽송

(1) 잣나무
① 보통 해발고도 1,000m 이상의 지역에 분포
② 한국에서는 북쪽 해발 600~900m 지역에 서식
③ 일본 등에서는 해발 2,000~2,600m에 서식
④ 성목(成木)의 수고는 20~50m, 수관 폭 1~2m
⑤ 수피는 흑갈색을 띰

(2) 섬잣나무
① 늘푸른바늘잎나무, 원추형
② 잣나무에 비해 잎이 짧고 딱딱함
③ 수고 5m 정도
④ 양수, 중용수
⑤ 건조지 생육이 가능함, 이식 용이

(3) 스트로브잣나무
① 북아메리카 원산, 수고 15~30m
② 암수 한 그루로 4월에 꽃이 핌
③ 줄기가 곧고 가지가 사방으로 고르게 나므로 관상수로 많이 이용
④ 잎은 길이 10~15cm로 잣나무에 비해 가늘고 부드러움
⑤ 양수이며 비옥한 토양 선호

4. 결언

지구 온난화로 인한 환경변화로 인해 20~30년 뒤에는 한반도의 소나무종이 멸종할 것이라는 설이 우세하다. 현재 고온화로 천이과정상 쇠퇴하는 것은 사실이지만 적절한 조림작업이 동반된다면 앞으로 상당기간은 소나무 군락이 유지될 수 있을 것이다.

▶▶▶ 123회 3교시 4번

중부지역의 공원, 주거단지 등 조경 설계에 이용되는 주요 수종(산사나무, 왕벚나무, 마가목, 회화나무, 모감주나무)의 학명, 개화 시기, 열매, 조경적 가치에 대해 설명하시오.

1. 개요

따뜻한 겨울 날씨가 이어지면서 연중 가장 추운 달로 꼽히는 1월에도 중부지방 평균 기온이 영상에 머무르는 이상 난동이 계속되고 있다. 따뜻한 남서풍이 계속해서 유입되어 서울의 1월 평균 기온은 2007년 이후 13년 만에 처음으로 영상을 기록하였다. 이러한 기후변화에 따라 중부지방에 식재하는 수종도 점차 현재와는 다른 수종으로 변화될 것으로 예측하고 있다.

2. 온대지역 기상 조건과 중부수종

1) 온대지역의 기상 조건

(1) 지리적으로는 회귀선(回歸線)과 극권(極圈)에 끼어 있는 지대
(2) 온대는 일반적으로 기온이 온난함
(3) 계절의 변화가 크고 4계절이 뚜렷이 나타남
(4) 현대 문명이 발달한 나라는 온대에 많음

2) 중부지역

(1) 경기 남부
(2) 서울, 인천
(3) 충북, 충남 북부
(4) 경북 북부

3) 중부수종

(1) 가중나무, 계수나무, 느릅나무, 느티나무, 꽃사과
(2) 대추나무, 독일가문비, 매화나무, 메타세쿼이아, 목련, 목백합
(3) 박태기나무, 밤나무, 배나무, 병꽃나무, 복숭아나무, 사과나무, 산딸나무, 산철쭉, 삼각 단풍
(4) 수수꽃다리, 스트로브잣나무, 앵두나무, 이팝나무, 자귀나무, 잣나무, 조팝나무
(5) 쪽동백, 참나무, 청단풍, 층층나무, 은단풍, 플라타너스
(6) 향나무, 화살나무, 황매화

3. 주요 수종 : 산사나무, 왕벚나무, 마가목, 회화나무, 모감주나무

1) 산사나무

   (1) 장미목 > 장미과 > 산사나무속
   (2) 낙엽활엽교목
   (3) 학명 : *Crataegus pinnatifida Bunge*
   (4) 일본, 중국, 평안도, 함경도, 강원도, 경기도 북부 및 경상북도에 분포
   (5) 주로 경기도에서 확인되며 제주도에도 있음
   (6) 꽃은 잎이 핀 다음 4~5월에 피고 지름 1.8cm로서 백색 또는 담홍색
   (7) 이과(梨果)는 둥글고 지름 1.5cm로서 백색 반점이 있고 9~10월에 빨갛거나 노랗게 익음
   (8) 열매가 많이 달려 꽃 못지않게 아름답고, 한 개의 이과 안에 보통 3~5개의 종자가 있음
   (9) 꽃과 열매가 아름다워 정원수나 공원수로 심음
   (10) 독립수로 적합하며 주택정원의 테라스 부근에 식재

2) 왕벚나무

   (1) 속씨식물 > 쌍떡잎식물강 > 장미목 > 장미과 > 벚나무속
   (2) 낙엽활엽교목
   (3) 학명 : *Prunus yedoensis Matsum.*
   (4) 원산지는 아시아로 제주도와 전남 대둔산에서 자생하는 특산종
   (5) 꽃은 4월 초순~중순에 잎보다 먼저 피며 백색 또는 홍색을 띰
   (6) 열매는 핵과로 구형이며, 지름은 7~8mm이고, 검은색으로 6~7월에 성숙
   (7) 한꺼번에 피는 꽃이 매우 아름다움
   (8) 목재는 조직이 치밀하고 비틀어지지 않아 가구재, 기구재, 건축내장재로 씀
   (9) 공원수, 독립수, 가로수, 군식용으로 적합

3) 마가목

   (1) 장미목 > 장미과 > 마가목속
   (2) 높이 6~8m까지 자라는 낙엽활엽관목
   (3) 학명 : *Sorbus commixta Hedl.*
   (4) 러시아, 일본, 경상남북도 지역에 주로 분포
   (5) 꽃은 5~7월에 피고 백색
   (6) 9~10월에 붉은색으로 성숙하는 지름 5~8mm의 둥근 이과
   (7) 도로변 녹지 및 가로수, 공원수, 정원수, 절지, 분재 등에 이용

4) 회화나무

   (1) 장미목 > 콩과 > 고삼속
   (2) 낙엽활엽교목
   (3) 학명 : *Sophora japonica L.*
   (4) 중국이 원산지
   (5) 양수이고 토심이 깊고 비옥한 곳을 선호
   (6) 내한성과 내공해성이 강하고 병충해가 적은 편
   (7) 꽃은 8월에 피며 원뿔모양 꽃차례로 가지 끝에 달리고 길이 15~30cm
   (8) 녹음수 또는 정자나무로 쓰임, 공원수, 가로수로 적합
   (9) 수형이 아름다워 정원수로 이용해도 좋음

5) 모감주나무

   (1) 무환자나무목 > 무환자나무과 > 모감주나무속
   (2) 낙엽활엽소교목
   (3) 학명 : *Koelreuteria paniculata Laxmann*
   (4) 일본, 황해도 및 강원도 남부
   (5) 꽃은 6~7월에 피고 원뿔모양 꽃차례로 길이 25~35cm로 가지 끝에 달림
   (6) 열매는 삭과로 꽈리와 비슷하며 길이 4~5cm이고 3개로 갈라짐
   (7) 열매 안에 윤이 나는 둥글고 검은색을 띤 종자 3개가 들어 있고 9월 초~10월 초에 성숙
   (8) 추위와 공해에 강하고 양분요구도가 낮아 척박지에서도 잘 생육
   (9) 토양에 관계없이 잘 자라나 양지바른 곳을 좋아함
   (10) 내조성과 내염성, 내건성이 대단히 강함
   (11) 가로수, 공원수, 정원수

4. 결언

과거 중부지방에서 식재되는 조경수와 가로수 수종이 획일적이어서 지역적인 경관의 특성이 드러나지 않는다는 비판이 있었다. 지역 경관의 향상을 위해서 여러 방면으로 노력하고 있으나 수종의 정체성과 식재의 한계는 여전히 남아 있다. 경관다양성을 창출하기 위해서 다양한 수종의 특성에 대해서 알아야 할 필요가 있다.

> ▶▶▶ 93회 3교시 3번
>
> 빛 공해 방지 및 도시조명관리의 관점에서 본 야간경관조명의 문제점과 계획 및 관리방안에 대해 설명하시오.

1. 개요

야간 경관조명은 광원을 사용하여 야간의 경관에 대한 이용자의 사물에 대한 시인성 향상 및 통행의 안전성 확보 그리고 경관미 증진효과를 높이려는 목적으로 설치하는 시설이다. 빛공해란 인공조명의 과도함으로 인해 야간에 하늘의 별빛이 보이지 않는 데서 생겨난 개념으로 최근 지방자치단체의 성과 위주의 과도한 야간경관조명사업의 발주로 여러 가지 빛공해 관련 문제점이 발생하고 있다.

2. 야간경관조명의 문제점

1) 빛공해 측면

   (1) 시각적 불쾌감
   - ① 지역경관과 맞지 않는 광원 및 조명방식
   - ② 과도한 조도와 휘도
   - ③ 디자인의 부조화

   (2) 사생활 침해
   개인영역 등에 조명 투과

   (3) 생태계 교란
   - ① 야간조명으로 번식능력 저하
   - ② 주야의 사이클 파괴, 생육장애 유발
   - ③ 철새이동경로 변경
   - ④ 식물과 야행성동물의 생체패턴 파괴

2) 도시 조명관리 측면

   (1) 경관계획 불일치
   - ① 계획성 없는 성과 위주의 사업 발주
   - ② 도시 및 지역경관계획과 괴리

   (2) 유지관리비용 증가
   - ① 도시에너지의 과다 소비
   - ② 탄소배출 과다

③ 엔트로피 과다 배출
  (3) 전문성 부족
    경관조명에 대한 전문지식이 없는 주체가 사업을 시행

3. 야간경관조명 계획방법

1) 빛공해 방지계획
  (1) 생물의 생태성을 고려
    ① 식물의 광합성 주기를 배려
    ② 곤충의 생육습성 조사 및 반영
    ③ 생태계 보호지역은 조명 배제
  (2) 적정한 장소 선정
    ① 용도지역에 맞는 조명 설치
    ② 비오톱 주변 경관조명 지양 원칙
    ③ 반드시 조명이 필요한 지역에만 설치
  (3) 휴먼스케일 계획
    ① 영역성 분석 및 적절한 조명 배치
    ② 인간에게 쾌적하고 아름다운 경관 제공

2) 도시조명관리계획
  (1) 조명경관지침 수립
    ① 구체적·세부적인 기준 마련
    ② 지역의 특수성과 정체성 반영
    ③ 도로, 주택, 중심지, 녹지 조명의 구분
  (2) 효율적 경관조명 운영계획 수립
    ① CIP의 적용으로 공간별 조명 차별화
    ② 적재적소 및 설치 위치 분석
    ③ 적정한 광도, 조명시간 조정
    ④ 인구 및 도시의 규모, 범죄 발생빈도 등을 반영
  (3) 조명계획의 전문성 강화
    ① 경관조명 전문가 영입
    ② 조명 관련 전문교육, 시찰
    ③ 시범사업 실시, 지속적 모니터링

4. 야간경관조명의 관리방안

1) 빛공해 방지

(1) 생태적 영향 조사 · 분석
　① 주기적 관찰 리포트 작성
　② 생태적 영향을 경감하도록 계획 조정

(2) 옴부즈맨 제도 활용
　① 시민의 간접적 · 직접적 개입 유도
　② 조명 선호도 조사 결과 반영
　③ 신문고 제도 활용

(3) 토지용도별 조명기준 적용
　① 도시의 구조변화에 따른 유동적 관리대책 수립
　② 영역성, 용도별 광도, 조사각, 광원 등 기준 적용

2) 도시 야간경관 관리

(1) 지속적 모니터링
　① 조명시간, 조사각 등을 조사
　② 지속적 관리체제 구축

(2) 경관조명 관련 위원회 운영
　① 도시조명관리 및 계획 관련 자문기능 등 수행
　② 지역경관과 조명계획을 검토하는 기능

(3) 전문관리조직 구성
　① 별도의 예산과 인력 확충
　② 조명의 유지와 관리를 위한 조직 구성

5. 결언

최근 한 지방자치단체에서 역사 · 문화촌 조성사업을 시행하였는데, 적정한 계획기준이나 뚜렷한 개념 없이 마구잡이식 조명사업이 발주되었다. 박물관과 강을 잇는 선형 공원, 녹도에 휘황찬란하게 고가의 LED 광원을 사용하는 등 조성된 야간경관이 요구하는 기능 및 지역 생태계 보전에 대한 배려가 없어 예산을 낭비하였다는 비판이 일고 있다. 조명의 긍정적 · 부정적 기능을 예측하고 부정적인 영향은 미리 방지하는 계획을 수립하는 것이 중요하다고 본다.

▶▶▶ 127회 4교시 2번

조경공간에 휴게시설 조성의 설계원칙과 설계 시 고려사항을 설명하시오.

1. 개요

휴게시설이란 이용자의 휴식을 목적으로 설치하는 시설을 말하고 휴게시설을 배치한 공간을 휴게공간이라고 한다. 휴게시설은 전체적인 동선체계 및 공간특성을 파악하여 휴식 및 경관 감상이 쉽고 개방성이 확보된 곳에 배치하며, 점경물로서 효과를 높이는 경우 시각의 초점이 되는 곳에 배치한다. 그리고 지역 여건, 주변 환경, 휴게공간의 특성과 규모 및 인접 휴게공간과의 기능을 고려하여 시설의 종류나 수량을 결정한다.

2. 휴게시설의 종류 및 설계목표, 설계원칙

1) 휴게시설의 종류

   (1) 그늘시렁(퍼걸러)
   (2) 원두막
   (3) 의자
   (4) 야외탁자
   (5) 평상
   (6) 정자

2) 휴게시설 설계목표

   (1) 적정한 인간척도, 기능성, 미관성, 안전성, 표준성, 내구성 및 환경친화성 달성
   (2) 설계목표가 서로 대립하거나 모두 충족시킬 수 없는 경우에는 안전성과 기능성을 먼저 충족시키도록 함

3) 휴게시설 설계원칙

   (1) 주변 건물, 가로환경, 공간특성 등 물리적 요인, 기온, 강우, 바람 등 기상요인을 고려
   (2) 미학적 원리를 이용하여 개별시설, 시설의 연속, 시설 간의 조합에 의해 미적 효과를 얻을 수 있도록 하며 통합 이미지를 연출하기 위하여 CI(Cooperation Identity)를 적용할 수 있음
   (3) 시설의 기능과 환경구성 요소로서의 조형성을 고려하여 설계하며, 시설 개체로서 뿐만 아니라 주변 시설이나 수목과의 연계성을 확보
   (4) 불필요한 재료의 사용을 가급적 줄이고 유지보수가 용이한 형태로 디자인하도록 함

3. 휴게시설 설계 시 고려사항

1) 일반기준

(1) 시설별로 본래의 설치목적에 부합되도록 설계하며, 복합적인 기능을 갖는 경우 본래의 기능을 먼저 충족시키도록 함

(2) 주요 시설은 현장 조립이 가능한 시설의 설치를 원칙으로 하되 시설물 사이에 색상, 자재, 마감방법 등이 서로 조화를 이루도록 설계

(3) 시설의 형태는 표준화된 형태 또는 조형적인 형태로 할 수 있으며, 조형적인 형태로 설계할 경우 이 설계기준을 적용하지 않을 수 있음

(4) 그늘시렁, 그늘막, 정자 등 지반의 지내력이 요구되는 시설은 지반의 허용지내력을 고려하여 침하되지 않도록 하며, 연약지반일 경우에는 「20.4 얕은 기초의 설계」에 따름

(5) 그늘시렁, 그늘막, 정자 등의 시설에 사용되는 기둥이나 보의 단면형태는 재료특성 및 용도에 따라 달리 적용

(6) 목재의 경우 보의 단면은 폭과 높이의 비를 1/1.5~1/2로 하고, 기둥은 좌굴 현상을 고려하여 좌굴 계수(재료의 허용 압축응력×단면적÷압축력)는 2를 적용하며, 세장비(좌굴장/최소 단면 2차 반경)는 150 이하를 적용

(7) 지붕이 있는 휴게시설의 경우에는 지붕녹화를 설치하여 친환경적으로 조성하거나 에너지효율을 높일 수 있는 구조로 함

2) 안전기준

(1) 뾰족한 부분이나 돌출된 부위는 둥글게 마감하거나 뚜껑을 씌우도록 함

(2) 시설물의 모서리는 둥글게 마감

(3) 시설물 기초의 크기나 결합방법은 넘어지거나 가라앉지 않도록 함

3) 치수

(1) 휴게시설의 설계는 인간공학적인 요소를 고려

(2) 이용자의 직접적인 접촉을 통하여 이용되는 의자와 야외탁자는 공업진흥청의 국민표준체위 조사보고서의 내용을 적용하여 적합한 치수를 설정

4) 기초

휴게시설이 넘어지거나 붕괴되지 않도록 충분한 크기, 깊이, 체결방법으로 설계

4. 결언

주 5일 근무제 시행으로 여가시간이 늘어나고 쉼에 대하여 예전과는 다른 시각으로 바라보기 시작한 까닭에 도시 내에서 휴식공간의 중요성이 더욱 커졌다. 또한 「산업안전보건법」 개정으로 사업주의 휴게시설 설치가 의무화되었다. 이러한 새로운 흐름에 발맞추어 조경 분야에서도 휴게기능뿐만 아니라 경관과의 조화, 에너지 사용량 절감 등 여러 측면을 고려한 다기능의 휴게시설이 필요하다고 본다.

MEMO

CHAPTER 06

조경설계 2

- 87회 3교시 1번
- 120회 3교시 6번
- 123회 4교시 1번
- 106회 3교시 6번
- 123회 3교시 1번
- 69회 3교시 2번
- 96회 3교시 5번
- 79회 2교시 6번
- 114회 4교시 2번
- 126회 4교시 6번
- 65회 2교시 1번
- 123회 2교시 4번
- 75회 4교시 2번
- 115회 3교시 5번
- 114회 3교시 1번
- 91회 2교시 5번
- 97회 4교시 5번
- 124회 4교시 5번
- 82회 2교시 5번
- 76회 2교시 4번
- 90회 2교시 3번
- 115회 3교시 6번
- 118회 3교시 4번
- 127회 3교시 5번
- 84회 2교시 6번
- 100회 2교시 4번
- 127회 3교시 3번

CHAPTER 06 조경설계 2

조경기술사 논술 기출문제풀이

▶▶▶ 87회 3교시 1번

임해매립지 식재지반조성에 대해 설명하시오.

1. 개요

임해매립지는 모래나 진흙을 제외한 기타 재료가 모두 통기 불량 상태이다. 준설토로 인해 염분 함량이 높고 바닷바람 압력으로 표층 토양이 이동함에 따라 수목의 생육환경으로는 바람직하지 않은 것이 문제이다. 따라서 염분, 건조, 바람 등 입지에 따른 환경과 매립토의 성분, 지반 침하, 배수불량 등 토양의 물리적·구조적 문제점 개선을 위한 식재기반 조성이 필요하다.

2. 임해매립지의 환경 특성

1) 입지의 특성

(1) 염해, 운무

(2) 조풍해, 비사

(3) 낮은 지하수위

2) 토양 구조적 특성

(1) 지반침하

(2) 염류 상승

(3) 불량토 반입

3. 임해매립지 식재지반 조성

1) 방풍·방사시설

(1) 바람·모래 피해가 우려되는 지역에 설치

(2) 식재 방풍림, 방사망 설계

2) 관수

   (1) 지하의 염분 확산 방지

   (2) 토양수분 부족에 대응

   (3) 식재지 관수시설 계획 필요

3) 식재지반

구분	내용
준설토 식재지반	• 제염이 용이하도록 심토층에 배수시설 설치 • 교목은 1.5m 이상, 관목 1.0m 이상 식재토심 확보 • 초본 및 잔디 0.6m 이상의 식재토심 확보
전면객토 식재지반	• 식재밀도가 높은 곳, 준설토 위 전체 면적을 객토 • 준설매립토 염분 확산방지를 위해 객토 사이에 차단층 설치 • 교목 1.5m 이상, 관목 1.0m 이상의 식재토심 확보 • 초본 및 잔디 0.6m 이상의 식재토심 확보 • 식재토심 확보 곤란 시 마운딩으로 생육최소토심 확보
부분객토에 의한 식재지반	• 식재 밀도가 낮은 곳에 적용 • 교목 1.5m 이상, 관목 1.0m 이상의 식재토심 확보 • 초본 및 잔디 0.6m 이상의 식재토심 확보 • 바닥넓이 : 교목 근원직경의 15배, 관목 수관폭의 1.5배 이상

4. 결언

임해매립지는 얕은 바다를 메워 육지화한 곳으로 수목이 자라기에는 입지적·토양구조적 문제로 인한 환경여건이 열악한 지역이다. 따라서 식재하기에 적합하지 않은 토양 및 주변 환경을 수목 생육이 가능하도록 바꾸는 것이 관건이다. 그러기 위해서는 기반을 조성하기 전에 먼저 세밀하게 토양현황 조사를 실시해야 하겠다.

▶▶▶ 120회 3교시 6번

친환경적 가로설계를 위한 기법을 녹지체계, 수체계, 미기후 등의 측면에서 설명하시오.

1. 개요

친환경적 가로설계는 도시의 가로, 가로의 자연환경, 보행자, 생물이 함께 공존할 수 있는 가로를 말한다. 차량이 지나는 도로와 인접대지를 포함한 보행환경의 개선에 대한 관심이 높아지면서 보행과 휴식 그리고 경관향상을 목적으로 하는 친환경적 가로설계가 시작되었다.

2. 가로설계요소와 친환경적 가로설계의 방향

1) 가로설계요소

(1) 녹지

(2) 물

(3) 미기후

(4) 생물종

(5) 지형 · 토양

2) 친환경적 가로설계의 방향

구분	내용
녹지	• 비오톱과 연계하여 녹지 네트워크 구축 • 오픈 스페이스 조성 • 녹도 배치와 다층 식재
물	• 수자원 보전 방향으로 계획 • 가로습지와 친수공간 조성 • 수순환 네트워크 구축
미기후	• 바람통로 조성 • 쾌적한 대기환경 유지 • 지역과 장소에 따라 바람 차단 및 풍향 조절
생물종	• 다양한 생물종 유입 도모 • 생물이 생존 가능한 도시 생물서식공간 조성
지형 · 토양	• 자연지형 보존, 기존 토양 활용 • 토양개량

3. 친환경적 가로설계방법

1) 녹지

(1) 가로 주변의 대규모 녹지와 가로수를 연결

(2) 가로녹지축 형성

(3) 면형 녹지, 점형 녹지, 선형 녹지를 연결

2) 물

(1) 우수 저류지 조성

(2) 기존의 자연적인 저류체계 보존

(3) 가로변 실개천 등 소규모 수공간과 가로수 식재공간을 연결

3) 미기후

(1) 초화류, 지피식물 식재를 이용한 미기후 완화

(2) 토지의 투수성 증대

4) 생물종

(1) 조류 비오톱, 꿀벌, 잠자리 등의 곤충을 위한 비오톱 배치

(2) 주로 비상하여 이동하는 동물을 위한 징검다리 비오톱 설계

5) 지형 · 토양

(1) 토양침식을 최소화하거나 방지하는 수목식재

(2) 수질오염물질의 침전을 돕는 식재

4. 결언

자동차 중심의 가로구조로 인하여 도시의 보행자는 차량으로 인한 교통사고, 소음, 매연 등에 노출되어 있다. 보행환경의 질적 저하로 인한 도시 전체의 어메니티 저하는 가로공간의 환경을 개선해야 한다는 움직임으로 전환되었다. 다양한 기능을 가지고 있는 가로공간을 만들어 도시 보행자의 다양한 요구와 행태를 수용할 수 있어야 할 것이다.

▶▶▶ 123회 4교시 1번

보행자시설계획에서 보행자 전용도로의 성립배경과 기능, 구성형식에 대해 설명하시오.

1. 개요

미국에서는 1960년대 이후 주거단지 내에 보차혼용도로가 처음 배치되었으며 서구 유럽에서는 주거환경의 질적 향상과 생활권에서의 안전성 및 쾌적성 확보에 대한 일반인의 관심이 증가하면서 도시 또는 주거단지 내에 보행자 전용도로를 계획하게 되었다.

한국에서는 1960년대 이후 서구의 주거단지 개념을 도입하여 쿨데삭과 보행자 전용도로를 공동주택단지 내에 계획하기 시작하였다. 1986년 이후 수도권에 신도시 개발을 적극적으로 추진하게 됨에 따라 보행공간을 조성하고 입체적으로 보도와 차도를 분리하면서 보행 안전을 강화한 보행자 전용도로가 유행하게 되었다.

2. 보행자 전용도로의 성격 및 계획 방향

1) 보행자 전용도로의 성격

(1) 장소성 : 가장 가까운 거리를 목적에 따라 이동할 수 있어야 함
(2) 연속성 : 주간 및 야간 보행의 연속성을 확보해야 함
(3) 기능성 : 동선으로 보행자를 집중시키거나 분리
(4) 상징성 : 지역의 랜드마크 또는 장소별 상징성을 띔

2) 보행자 전용도로의 계획 방향

(1) 일반도로의 교통 기능 보완
(2) 보행체계의 유기성 확보
(3) 도심, 부도심, 학교, 하천 등의 공간 연계성 확보

3. 보행자 전용도로의 기능

1) 환경보호

(1) 차량의 통행 억제로 대기오염 감소, 교통소음 감소
(2) 기능적 시설물로 우수한 경관의 보호 및 향상

2) 사회적 교류 공간 제공

(1) 주거단지의 커뮤니티 공간 조성
(2) 어린이, 노인, 신체장애자에 대한 서비스

3) 사회적 이미지 증진

(1) 도시미의 질적 향상
(2) 미관과 이미지의 고급화

4) 교통량의 경감

(1) 단지 내 최단거리 이동 가능
(2) 단지 내 중심지, 주변 공간으로의 접근성 향상

4. 보행자 전용도로의 구성 형식

1) 도심형

   (1) 최소 6m 이상의 폭 필요
   (2) 직선형 또는 곡선형으로 구성
   (3) 도시에서의 유동적인 활동이 많으므로 과다한 시설물 설치는 규제
   (4) 보행집결지와 연접 시 소규모 광장 조성

2) 주거형

   (1) 중심지에서 주거지로 연결 시 도로 폭은 3~6m로 조성
   (2) 공간 변화를 위해 부분적 곡선으로 설치
   (3) 진입부에 문주 설치로 차량 주차·정차의 방지

3) 녹도형

   (1) 최소 폭 3m 이상, 자전거 이용 시 폭 6m 이상
   (2) 폭원의 변화와 자연스러운 곡선형으로 편안한 분위기 조성
   (3) 주변 오픈 스페이스와 유기적인 연결
   (4) 계단 설치 시 경사로 병행 설치

5. 결언

이제 보행자 전용도로는 단순히 걷는 공간이 아닌 도시 내에서 다양한 보행수반행위를 수용할 수 있는 문화공간으로 변모하고 있다. 하지만 좁은 도로에서 자전거 통행과 보행이 충돌하는 등 편안한 보행을 지속할 수 없는 도로구조와 교통체계가 문제가 되고 있으므로 합리적인 통합방안 모색이 필요하다.

▶▶▶ **106회 3교시 6번**

국제공모를 통해 제시된 대형공원의 생태적 설계개념과 기법에 대해 사례를 들어 설명하시오.

1. 개요

국제공모는 조경 설계의 현재 수준과 시대적 요구를 파악할 수 있는 일종의 도구 역할을 한다. 최근 도시의 설계 대상지로서 대형공원이 급증하면서 국제공모를 통한 설계의 중요성이 커졌다. 대형공원

은 말 그대로 면적이 넓고 규모가 큰 공원을 지칭한다. 현대 도시에서 대형공원의 주된 기능은 생태성과 자족성이며 이 공원의 지속가능성은 공원과 도시가 함께 성장하면서 도시에 필요한 여러 가지 기능을 충족시키는 데 있다.

2. 도시 대형공원의 규모와 기능

1) 도시 대형공원의 규모

(1) 미국
① 500acre 이상의 공원
② 약 61만 2,000평

(2) 한국
① 근린공원의 10만m^2 이상을 대형으로 규정
② 근린공원 이상 규모의 공원은 대형공원의 조건에 부합

2) 도시 대형공원의 기능

(1) 녹지에 의한 산소 공급
(2) 물 저장 및 순환성 확보
(3) 화재, 지진 등의 재해 발생 시 피난처 제공
(4) 시각적 개방감과 녹음 제공

3. 국제공모를 통해 제시된 대형공원

1) 행정중심복합도시 국제공모 당선작 "the City of the thousand Cities"

(1) 생태적 설계의 개념
① 도시를 환상형으로 설계
② 도시 중심에 녹지공간 배치
③ 도시 전체를 20여 개의 생활권(2만~3만 명 거주)으로 나눔

(2) 생태적 설계기법
① 중앙공원의 공간을 구분
② 여러 형태의 공원을 조성
 • 테마형 공원 : 수목원, 호수공원 등으로 조성
 • 이용형 공원
 • 생산·이용형 텃밭

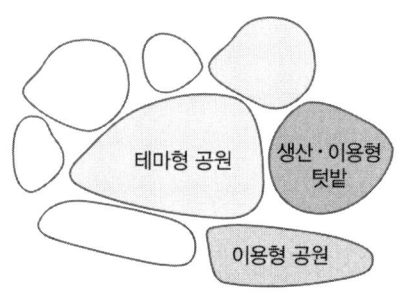

[중앙공원의 공간 구분]

2) 용산공원 설계 국제공모 당선작 "Haeling the Future Park"
   (1) 생태적 설계의 개념
      ① 오랜 기간 군사기지로 사용되어 훼손된 경관과 녹지축을 복원
      ② 남산에서 한강으로 이어지는 지역 녹지체계 형성
      ③ 녹지축의 형성과 진화 그리고 다양한 비오톱의 연속적 구성
   (2) 생태적 설계기법
      ① 남북 생태축을 중심으로 복원하는 숲
         • 공원의 전체 골격을 형성하는 숲
         • 지형과 햇빛의 정도에 따라 세 가지로 구성
         • 기존의 수목을 보존하고 묘목을 식재
         • 자연적으로 생태천이가 진행되도록 함
      ② 초지와 잔디
         • 공원 내에서 가능한 모든 종류의 활동을 지원하기 위해 잔디밭 조성
         • 평소 운동 또는 휴식 공간으로 활용하고 필요 시 행사공간으로 전환
         • 초지에서 계절에 따른 수종의 변화를 경험하도록 함
      ③ 지속가능한 물순환체계
         • 중앙호수를 비롯한 여러 개의 연못, 실개천 등의 다양한 수공간 조성
         • 수공간을 유기적으로 연결해 물순환체계 구축
         • 습지, 저류지, 빗물정원 등 물을 관리할 수 있는 시스템 도입

4. 결언

도시의 대형공원은 도시민의 삶의 질을 향상하는 데 기여하고 도시 활성화를 돕는 도시 내에서 필수 불가결한 계획요소로서 인식되고 있다. 위의 사례에서 보듯 다양한 관점에서 조성된 대형공원이 시간이 지남에 따라 도시와 함께 성장할 수 있도록 법·제도적인 뒷받침이 있어야 할 것으로 보인다.

> ▶▶▶ 123회 3교시 1번

국토교통부에서 추진하는 스마트시티의 개념과 사업추진 전략에 대해 설명하시오.

1. 개요

스마트시티는 공통적으로는 제4차 산업혁명시대의 혁신기술을 활용하여 시민들의 삶의 질을 높이고 도시의 지속가능성을 높이며 새로운 산업을 육성하기 위한 플랫폼을 말한다. 미래형 도시로서 급변하는 사회와 정책의 변화에 발맞추어 가기 위한 일종의 도시 모델이다. 이와 관련하여 이미 스마트시티 추진 전략을 통하여 도시 성장단계별 맞춤형 조성 및 도시 확산의 기틀을 마련하였다.

2. 스마트시티의 정의, 등장 배경 및 계획 수립 방향

1) 스마트시티의 정의

도시의 경쟁력과 삶의 질의 향상을 위하여 건설 · 정보통신기술 등을 융합 · 복합하여 건설된 도시 기반시설을 바탕으로 다양한 도시서비스를 제공하는 지속가능한 도시

2) 스마트시티 등장 배경

(1) 저출산, 고령화 심화
(2) 저성장, 공유 경제 등 산업 구조 변화
(3) 기후변화와 환경오염으로 지속가능한 도시 모델에 관심
(4) 제4차 산업혁명으로 초연결 지능사회 출현

3) 스마트시티계획 수립 방향

(1) 우수한 정보통신기술을 바탕으로 한 도시 조성
(2) 신도시 중심의 전략적 U-City 추진
(3) U-City 계획의 한계 극복을 위해 '스마트 도시' 정책으로 재편
(4) 거버넌스 구축

3. 스마트시티 사업의 추진 전략

1) 도시 성장단계별 접근

(1) 국가 시범도시는 제4차 산업혁명 융합 · 복합 신기술 Test Bed
(2) 혁신 산업 생태계 조성을 균형 있게 추진
(3) 기존 도시에 테마형 특화단지 조성

2) 도시 가치를 높이는 맞춤형 기술 접목
(1) 시민 체감도가 높은 상용기술을 노후 도심과 기존 도시에 적용
(2) 미래기술은 국가 시범도시에 적용
(3) 스마트 파킹, 제로 에너지 건축
(4) 네트워크, 빅데이터, 인공지능 활용

3) 민간 투자, 시민참여, 정부 지원 강화
(1) 과감한 규제 개선, 혁신 창업 생태계 조성
(2) 거버넌스 구축, 클라우드 펀딩 도입
(3) 규제 개선을 위해 「스마트도시법」 개정

4. 결언

스마트시티는 미래학자들이 예측한 21세기의 새로운 도시 유형으로서 컴퓨터 기술 발달로 도시 구성원 간 네트워크가 완벽하게 갖춰져 있고 교통망이 거미줄처럼 효율적으로 짜인 것이 특징이다. 학자들은 현재 미국의 실리콘 밸리를 모델로 삼아 앞으로 다가올 스마트시티의 모습을 그려나가고 있다.

▶▶▶ 69회 3교시 2번

생태연못 조성기법 중 소동물 서식공간 조성방법 및 수생식물을 4가지로 분류하여 설명하고 도시(圖示)하시오.

1. 개요

소동물 서식공간은 생물이 생활하고 번식할 수 있는 비오톱으로 생태계 내에서 징검다리 생태통로의 역할을 한다. 비오톱은 목표종이 서식할 수 있는 공간, 은신처, 먹이, 물 환경 등을 조성하고 야생종, 향토종을 식재한다. 수생식물은 정수역에서 사는 추수식물과 부유·부엽식물, 물속에 서식하는 침수식물이 있다.

2. 생태연못의 개념 및 역할

1) 개념
(1) 생물이 생활하는 공간

(2) 곤충, 조류, 양서·파충류 등 소동물의 비오톱
(3) 은신처, 번식처

2) 역할

구분	내용
경관적 역할	• 징검다리 생태통로 • 생물다양성 증진에 기여
공학적 역할	• 열섬완화, 우수 저류·침투 • 소음경감, 습도조절
생태적 역할	• 관상성 향상 • 시각적 경관 창출

3. 소동물 서식공간 조성방법

구분	내용
목표종 선정	• 계획가이드종 선정 • 핵심종, 중추종, 깃대종 • 나비, 잠자리, 개구리 등
입지 선정	• 비점오염 유입 가능지역 배제 • 주변 산림경제지역 설정 • 비오톱 간 네트워크 가능지역
은신처·번식처	• 셸터 역할을 할 수 있는 공간 조성 • 다공질 공간, 자연석을 쌓은 돌무덤 • 고사목 다발, 통나무 놓기, 횟대 설치
먹이 제공	• 곤충, 조류 등의 먹이 도입 • 밀원·식이식물로 마가목, 산사나무, 느릅나무, 조팝나무, 찔레, 작살·좀작살나무 식재
수 공간	• 수심 30cm~1m 이상으로 동결심도 고려 • pH, BOD, SS의 농도 확인, 수질 확보 • 수원 확보, 상수도·우수·중수 사용
식재	• 주로 향토종 도입 • 버드나무, 느티나무, 회화나무 등 • 맥문동, 수호초, 꽃창포, 수크령 등 자생초화 식재

4. 수생식물 분류

구분	내용	
특징	• 부풀어 있는 줄기와 잎 • 기공이 발달하지 않은 대신 통기조직 발달 • 호흡을 위한 잔뿌리가 수평으로 뻗음	
역할	• 포식자로부터 은신 • 자정기능 • 야생경관 창출	
유형	추수식물	갈대, 부들, 줄, 사초, 고랭이
	부엽식물	연, 수련, 가시연꽃, 마름
	부유식물	생이가래, 개구리밥, 부레옥잠
	침수식물	나사말, 검정말, 물수세미

5. 결언

생태연못은 수공간에서 생식과 생육을 하게 되는 생물에게 필요한 서식공간이다. 생태연못 조성 시 대상지의 내부 및 외부 환경을 생물종에 적합한 환경으로 조성하는 것이 중요하다. 도시화로 사라진 자연 습지를 대체할 수 있는 공간으로 자연 친화적인 환경 학습장과 여가 공간을 제공한다는 장점이 있다.

▶▶▶ 96회 3교시 5번

환경부에서 제시하는 생태통로 설치 후 실시하는 모니터링의 방법 및 활용방법에 대해 설명하시오.

1. 개요

생태통로는 야생동물들이 자유롭게 이동할 수 있도록 도로 위로 산과 연결하여 다리를 놓거나 도로 아래로 굴을 파서 마련해 놓은 통로를 말한다. 개발을 위해서 파괴한 자연지형과 대규모 산림이 여러 지역으로 분단되면서 생물이 살고 있던 서식지도 함께 분리되는데, 이때 필요한 시설이 생태통로이다. 생태통로 설치는 사전에 현황조사를 해야 하며 설치 후 모니터링은 필수이다.

2. 모니터링의 목적과 생태통로의 유형

1) 모니터링 목적

   (1) 생태통로 조성 후에 발생하는 효과 측정
   (2) 생태통로의 문제점 파악
   (3) 생태통로를 제대로 이용하지 못하는 동물을 위한 개선안 제시
   (4) 생태통로와 유도 울타리 인근에서 동물교통사고가 발생하는 동물에 대한 대책을 세움

2) 생태통로 유형

   (1) 육교형 생태통로
   (2) 터널형 생태통로
   (3) 식생형 생태통로

3. 모니터링 시 고려사항

1) 조성 전과 후를 비교

   (1) 생태통로 조성 전에 해당 도로 구간에서 실시된 동물이동 및 동물교통사고 관련 모니터링 자료가 있을 경우는 최대한 동일 방법을 사용한 모니터링 실시
   (2) 생태통로 조성 후의 효과를 조성 전과 비교·확인
   (3) 생태통로의 효과를 객관적으로 판단

2) 모니터링 주기

   (1) 조성 후 3년 동안 계절별 1회 이상 정기적으로 실시
   (2) 3년 후에는 연 1회 이상 점검

3) 무인센서 카메라를 이용할 경우

   (1) 조성 후 3년 동안 계절별로 1개월 이상 카메라가 작동되도록 함
   (2) 3년 후에는 연 1개월 이상 작동시킴

4. 생태통로 모니터링 방법 및 결과 활용방법

1) 모니터링 방법

   (1) 족적판을 이용한 발자국 조사
      ① 족적판은 통로 양쪽 끝까지 연속적인 패턴으로 설치
      ② 발자국의 수와 방향 확인

(2) 무인센서 카메라
① 생태통로를 이용하지 못하는 종을 위해서 설치
② 생태통로 내외부에서 모니터링 실시
(3) 원격 무선 추적
(4) 포획 후 재포획
(5) 눈 위의 발자국 조사
(6) 동물교통사고 조사

2) 모니터링 결과 활용방법
(1) 인접 지역에 서식하는 동물과 생태통로를 이용하는 동물종 확인
(2) 생태통로를 이용하지 못하거나 이용도가 적은 동물을 파악
(3) 효과가 미진할 시 해결책 마련
(4) 로드킬 발생종 파악을 통하여 유도 울타리 등의 침입 방지 시설물 등을 보완
(5) 생태통로 관리기관에서는 모니터링 결과를 생태통로 관리대장에 정리하여 연 1회 환경부에 제출

5. 결언

생태통로는 도시 또는 산림 내에 서식하는 포유류 등의 종 다양성을 파악할 수 있고 관찰기록을 남김으로써 시민들에게 생물의 존재와 통로 이용 상태를 알리며 생태계 및 산림 보전의 중요성 및 생물 보호의 중요성을 상기시키는 기능이 있다. 그러나 현재 생태통로를 조성한 후 관리가 제대로 안 되어 통로에 기대했던 생태적 기능을 하지 못하는 곳도 있는 것이 사실이다. 설치보다는 설치 후의 주기적인 관리 및 모니터링에 신경을 써야 하겠다.

▶▶▶ 79회 2교시 6번

자연형 호안의 개념을 간략하게 설명하고 수변 · 수생식물을 포함한 단면 모식도를 Non-Scale로 표현하시오.

1. 개요

자연형 호안은 해당 지역의 지형 · 지리와 수리 · 수문 조건에 순응하여 자연적으로 생성된 호안의 형

태를 모방하여 인공적으로 조성하는 호안으로서 육상과 수상의 전이 생태계이다. 자연형 호안을 지닌 생태하천은 생물다양성을 높이고 하천 및 호안 주변의 미기후를 개선하고 어메니티를 향상시킨다. 기존 지형 보존, 침식 방지, 생물을 위한 다양한 유형의 생태계 조성, 지속적 모니터링과 생태적인 보완기법을 적용하여 조성한다.

2. 자연형 호안의 개념과 기능

1) 자연형 호안의 개념

(1) 지형·지리와 수리·수문에 순응한 호안
(2) 자연적 재료와 수생식물의 조화
(3) 육상과 수상의 전이생태계

2) 자연형 호안의 기능

(1) 생태계의 순환 강화
  ① 육상과 수상 생태계의 연결
  ② 종, 물질, 에너지 순환 활성화

(2) 미기후 개선과 어메니티 향상
  ① 주변 기온과 습도 조절
  ② 자연경관과의 감흥 교감

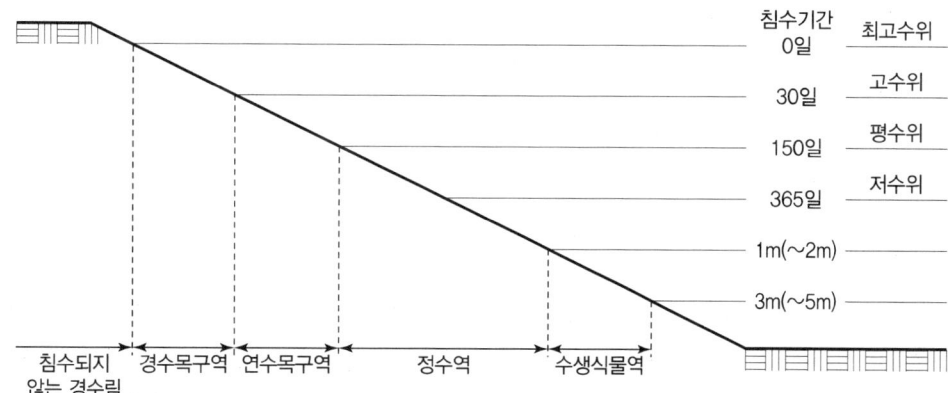

[수생식물 분포지역과 수위]

3. 자연형 호안의 조성방법

1) 지형 여건에 따름

    (1) LID 기법을 적용

    (2) 수리·수문의 변화 수준에 맞춘 유연한 설계

    (3) 하천 및 호안 스스로의 형태 찾기

2) 자연재료를 이용한 침식 방지

    (1) 집중류가 센 곡선 호안을 대상으로 함

    (2) 돌쌓기, 돌망태 공법 등의 물리적 방법 사용

    (3) 갯버들, 갈대 등을 돌 틈에 식재하여 보완

3) 확산류가 있는 곡선 내부 호안

    (1) 식생롤 설치와 코어넷 피복

    (2) 부들, 갈대, 줄의 식재

4) 생태계 조성

    (1) 주변 자생식물과 천이종 도입

    (2) 수생식물대, 정수식물대 조성

    (3) 다양한 미세서식처 조성

    (4) 네트워크를 통한 종 이입

5) 지속적 모니터링과 보완

    (1) 최소 3년마다 모니터링 실시

    (2) 지역의 경관 변화에 대하여 지속적 감시

4. 결언

원칙적으로 자연형 호안은 완벽한 설계가 불가능한데, 이유는 하천의 수리·수문조건이 계절에 따라 계속 변하기 때문이다. 최대한 지형에 순응한다는 기준을 세워 조성하고 지역 생태계와 연계하여 만들되 하천 및 호안의 지형 또는 생태 변화에 유연하게 대처하도록 한다. 그리고 주기적인 모니터링을 통해 감시하면서 생태적 안정성 확보에도 힘써야 한다.

> ▶ ▶ ▶ 114회 4교시 2번
>
> 수변공간 조성을 위한 강우 패턴과 첨두 홍수량과의 관계를 설명하고, 생태적 전이지대로서 수위변동 구간 특징을 설명하시오.

1. 개요

수변공간은 물이 있는 강가나 시내 또는 하천의 가장자리 공간을 말하고 홍수기에 발생하는 유량 중 하천의 어떤 지점에서 발생한 최대유량을 첨두 홍수량이라 하는데, 일반적으로 유역 출구에서의 최대 유출량을 지칭하는 경우가 많다. 치수 목적의 시설물 중 비행장 배수로, 도시 우수 관거, 도로 암거, 주차장 배수시설의 크기 등을 설계하려면 첨두 홍수량을 알아야 한다.

2. 수변공간의 정의

1) 수변공간의 기능

(1) 오픈 스페이스 기능

(2) 레크리에이션 기능

(3) 경관 형성

(4) 환경오염 저감

2) 수변 공간 조성을 위한 고려사항

(1) 수변 공간에서 바깥으로 월류 방지

(2) 도시 홍수의 발생 가능성을 염두에 두고 설계

(3) 지역주민을 위한 여가와 생태공간 제공

(4) 수변림(Riparian Forest) 조성

3. 강우 패턴과 첨두 홍수량의 관계

1) 유역, 강우 패턴, 피복유형에 따른 변동

(1) 유역의 면적 및 경사, 강우 강도, 식생 피복 정도 등에 의해 영향을 받음

(2) 강우 강도가 셀수록 첨두 홍수량 증가

(3) 강우 빈도가 잦을수록 첨두 홍수량 증가

(4) 강우 유출계수는 강우의 규모나 지표면의 피복 유형에 따라 달라짐

2) 다목적 수변공간 조성

(1) 탄소 흡수기능, 수질 정화기능 등을 지닌 친환경 공간으로 조성

(2) 옛 물길, 폐 하천부지, 수변구역 내의 매입 토지 등 국공유지를 활용
(3) 수변공간 본연의 기능을 되찾고 수생태계 보전

4. 생태적 전이지대로서 수위변동 구간의 특징

1) 수위변동 구간의 특징
   (1) 주기적인 하천수의 범람
   (2) 물, 영양염류, 생물 등을 상호 교환
   (3) 치수와 토지이용의 목적으로 건설된 제방에 의하여 하천의 횡적 연결성 훼손
   (4) 다양한 생활형의 수생식물과 습생식물이 우점

2) 수위변동 구간의 환경여건
   (1) 지형
      ① 하천의 최저고도와 제방 높이까지 다양한 지형 형성
      ② 하천의 폭과 깊이가 일정하지 않고 계속 변동
      ③ 하천 본류와 홍수터 단면의 형태가 다름
   (2) 수리
      ① 연중 침수기간은 하천이 입지한 지역에 따라 다름
      ② 연중 침수되는 지점, 침수가 전혀 되지 않는 지역 등이 있음
   (3) 토양
      ① 건조한 토양부터 수분 포화상태의 토양까지 다양함
      ② 토양 산도는 약산성 또는 약알칼리성을 띰
      ③ 하천 본류에서는 모래 함량, 홍수터에서는 미사와 점토 함량이 높음
   (4) 식물 분포
      ① 습생 · 정수 · 부엽 · 부유 · 침수식물 분포
      ② 다년생 식물의 분포 폭이 넓음
      ③ 갈대, 부들, 물억새, 달뿌리풀, 버드나무, 오리나무 등
      ④ 식물은 물속 또는 물가 등 물이 있는 곳에 분포

5. 결언

수변공간은 대규모 강우 시 하천의 월류를 막는 완충지대의 역할을 하고 경관 형성 및 오픈 스페이스를 제공하는 등 여러 가지 기능을 한다. 최근 수변공간의 가치에 대해 재조명되는 경향이 나타나고 있으므로 도시 재해 방지 및 문화공간 조성 차원에서 수변공간의 기능을 다변화할 필요가 있다.

> ▶▶▶ 126회 4교시 6번
>
> 물의 연출기법은 낙수형, 분출형, 유수형, 평정수형으로 구분할 수 있다. 각각의 특성, 연출유형 등을 설명하시오.

1. 개요

수경 공간 연출은 물이 지닌 조형성과 유동성, 반영미, 투명성을 이용하여 어떤 형태를 물로써 창출하여 경관에 아름다움을 부여하는 행위를 말한다. 수경을 연출할 수 있는 시설은 분수, 풀, 연못, 개울, 인공폭포, 벽천이 있고 연출의 주된 요소로 물의 속성, 물을 담는 용기, 공간의 성격, 자연환경 등을 들 수 있다. 수경 연출기법은 평정수, 낙수, 유수, 분출형과 혼합형이 있으며 연출의 목표와 공간의 상황에 따라 적합한 형태를 선정한다.

2. 수경시설의 개념 및 연출요소

1) 개념

    (1) 정주환경에 물을 도입하여 장식
    (2) 사운드 스케이프(Sound Scape)를 창출
    (3) 시각적·청각적 경관의 융합과 조화 도모

2) 수경 연출요소

    (1) 물의 속성
        ① 침투성, 냉습성 등 물리적 특성을 지님
        ② 상징성 및 심리적 효과 부여

    (2) 물을 담는 용기의 디자인
        ① 수조의 형태
        ② 수조의 규모
        ③ 용기의 질감, 색채, 깊이

    (3) 설계 공간의 분위기
        ① 공간의 성격 및 규모
        ② 폐쇄성, 접근성, 조망의 정도

    (4) 자연환경
        ① 태양의 고도, 방위각
        ② 풍향, 풍속

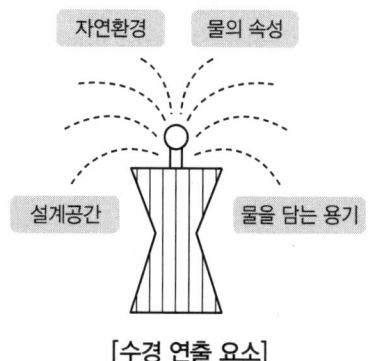

[수경 연출 요소]

③ 지형, 식생

3. 수경 공간 연출기법

1) 평정수 기법

(1) 풀(Pool)과 못 등에 담겨 잔잔한 표면을 형성
(2) 높은 반영성과 수평성이 특징
(3) 휴식과 평정의 느낌 형성
(4) 공간에 차분함 부여

2) 유수(流水) 기법

(1) 흐르는 물을 이용
(2) 수로 등의 바닥 구배를 이용
(3) 움직임, 방향, 에너지를 상징
(4) 활동성, 경쾌함, 흥미 창출

3) 낙수(落水) 기법

(1) 높이가 있는 곳에서 아래로 떨어짐
(2) 시선 유인 및 음향효과가 탁월함
(3) 자유낙수, 방해낙수, 사면낙수

4) 분출형 기법

(1) 수압을 이용하여 위로 뿜어 올림
(2) 강한 수직성, 격렬함 표현
(3) 조명이 더해지면 시너지(Synergy) 효과가 있음
(4) 단일 구경식, 기포식, 분사식, 수막식

5) 혼합형

(1) 평정수와 다른 형태를 혼용
(2) 연출형태에 변화를 주어 다양한 경관 창출 가능

4. 결언

공동주택 단지 내의 조경시설이 정서함양 및 자연체험 기회를 제공하고 단지 내의 환경 쾌적성을 높인 다는 측면에서 수경시설에도 관심이 집중되고 있는데, 물의 유동성은 친환경 설계를 하기에 적합한 요소로 조명 및 음악 또는 색채와 결합했을 때 다양한 경관연출이 가능하다는 것이 장점이라 할 수 있다.

▶▶▶ 65회 2교시 1번

에너지 절약형 조경계획기법을 논하시오.

1. 개요

도시의 고에너지 소비 시스템은 온실가스 배출량이 많아 기후변화에 심각한 악영향을 끼친다. 에너지 과다소비의 원인은 자동차 중심의 문화, 냉난방 시스템 가동, 과도한 야간 조명 설치, 생활가전의 증가, 기후 온난화로 인한 고온, 저온의 심화 등을 들 수 있다. 도시공간의 에너지 절약은 도시숲 배치, 빗물을 재이용하는 도시로의 전환, 인간 중심의 보행로 조성 등으로 달성할 수 있다.

2. 도시의 에너지 과다소비의 원인과 환경영향

1) 에너지 과다소비의 원인

   (1) 과잉 생산체계로 인한 이산화탄소 배출
   (2) 화석연료 사용으로 인한 연소량 증가
   (3) 비효율적 온도조절체계
   (4) 녹지량과 물의 부족으로 인한 고온화·저온화

2) 고에너지 시스템의 환경영향

   (1) 지구 온난화 가속
   (2) 도시 열섬현상 심화
   (3) 도시환경 쾌적성 파괴

3. 에너지 절약형 조경계획의 방향

1) 압축·에너지 소비 제로 도시

   (1) 복합용도개발로 에너지 효율화 강화
   (2) 태양열 또는 풍력을 이용한 에너지 자족
   (3) 생태적 도시구조로 전환

2) 저에너지 계획과 정책 수립

   (1) 기본구상단계부터 에너지 소비량 고려
   (2) 전략환경평가 시의 에너지 기준 마련

3) 에너지 절약형 생활습관 유도

   (1) 시민모임 활성화와 행정 지원 강화

   (2) 에너지 절약에 대한 인센티브 제공

4. 에너지 절약형 조경계획기법

1) 양택론과 비보론 적용

   (1) 장풍득수에 유리한 입지 선정

   (2) 수림대의 양이 풍부한 곳을 선택

   (3) 기가 허한 곳은 생태적 비보수법 적용

2) 채광과 바람 조절

   (1) 건물의 남향 배치 및 인동간격 유지

   (2) 북향에 상록수 식재로 방풍효과

   (3) 동서향은 그늘을 만드는 낙엽수 식재

   (4) 남향은 채광과 통풍을 위해 식재하지 않음

3) 도시숲 조성

   (1) 환경정화수종으로 넓은 녹지 확보

   (2) 다층구조와 네트워크로 질 향상

   (3) 토양 생태계 보존으로 자연 물질순환 유도

   (4) 고사목, 돌무더기 등 미세 비오톱 연계

4) 레인시티 조성

   (1) 소지형 설계와 자연배수 시스템 구축

   (2) 기존 지형에 의한 물 흐름 보호

   (3) 저류·침투시설 확충과 정화시스템 구축

5) 보차공존도로체계 구축

   (1) 인간 중심의 가로 조성

   (2) 보행과 자전거 통행 위주의 도로계획

5. 결언

물질문명에서 기인한 에너지 소비는 생태계와 인간 환경을 파괴하고 인류의 생존까지 위협하고 있다. 환경과 에너지 과소비 문제는 인공적인 도시구조 개편, 정부정책의 친환경화, 에너지 절약 시스템 구축 등 총체적 방법을 사용해 해결해야 한다. 풍부한 도시숲 조성, 우수 순환체계 도입, 에너지 절약형 주거단지 조성, 그린 교통체계 구축 등이 대안이 될 수 있다.

▶▶▶ **123회 2교시 4번**

벽면녹화를 녹화의 형태에 따라 구분하고, 형태별 도입기준 및 도입수종에 대해 설명하시오.

1. 개요

벽면녹화는 도시 개발이나 주택단지 건설 시의 대규모 지형 변경으로 발생하는 단이나 장벽과 도시 내에 설치된 수직적 구조물에 식물을 심는 것을 말한다. 벽면의 유형은 건축물의 옹벽, 건축물 베란다 공간, 콘크리트 구조물의 벽면, 방음벽, 담장, 계단 측면의 벽, 펜스 등이 있다. 수종 선정 시에 고려해야 할 사항은 열이나 반사광에 강할 것, 내건성·내공해성·부착성이 있을 것, 식물의 생육속도가 빠를 것 등이다.

2. 벽면의 환경특성

1) 강한 일조량과 바람

 (1) 장시간의 직사광선을 받음

 (2) 가림막 등의 부재

 (3) 국지적인 광풍, 돌풍, 북서풍 등이 과다

2) 수분과 영양분의 부족

 (1) 생존과 생육을 위한 유효토심 확보 곤란

 (2) 수분과 양분을 장기간 저장 불가

3) 영구 음영지 공간 발생

 (1) 도시 건축물의 배치와 형태에서 오는 단점

 (2) 일조량의 부족으로 광합성량이 모자라 생장 둔화

3. 형태별 도입기준 및 도입수종

1) 건물의 기부 또는 하단에 식재

 (1) 건물 벽체의 아래쪽에 식재기반을 만듦

(2) 부착반 또는 덩굴손 등을 이용하여 등반하는 식물 식재
(3) 담쟁이, 송악, 헤데라, 마삭줄

2) 트렐리스 또는 메시 활용
(1) 녹화입면 바로 앞에 트렐리스나 메시, 와이어를 부착
(2) 보조재 없이 수직 등반이 어렵거나 하중이 있는 식물에 사용
(3) 줄기감기형이나 덩굴감기형의 식물에 적용
(4) 등나무, 포도나무, 남오미자

3) 하수형 식재
(1) 건축물의 옥상에 식재기반 조성
(2) 식물이 생장할 때 아래로 처지는 특성을 이용
(3) 아이비, 인동덩굴, 붉은인동

4. 벽면녹화공간 유지관리

1) 녹화시설 유지관리
(1) 배수설비의 상태 확인
(2) 방수층의 방수재 접합부 점검
(3) 관수설비의 기능 점검

2) 식재 관리
(1) 관수, 시비, 제초
(2) 전지, 전정
(3) 병충해의 종류, 발생 및 확산의 정도

5. 결언

옥상녹화는 지표면에서 2m 이상 떨어진 곳이나 테라스 하부녹화, 건축물 상부녹화를 녹화로 간주하며 옥상녹화면적의 3분의 2를 조경면적으로 인정하고 있다. 그러나 벽면녹화는 녹화작업인데도 이러한 규정이 없다. 건축물 건설로 인해 발생하는 인공벽면에 대한 생태적인 시공방법과 신공법에 대한 지속적인 연구, 식물재료에 대한 실험 등과 함께 벽면녹화에 대한 실제적인 규정 마련이 중요하다고 생각한다.

▶▶▶ 75회 4교시 2번

도심지 녹지공간 확충을 위한 기존 건축물의 녹화방안 중 토심 20cm 이하에 적용 가능한 건축물 상부의 녹화구조 단면을 제시하고, 옥상녹화 보급의 효과를 설명하시오.

1. 개요

옥상녹화는 건축의 옥상부에 녹지를 조성해 도시공간에 부족한 녹지를 확보하는 점적인 생물서식처 조성방법이다. 도시 내의 생물서식공간으로서 생물다양성 증진, 인공성 완화 등의 역할을 수행한다. 설계·시공 시 건축 구조체에 미치는 토양층과 수목의 하중, 방수와 관수, 토양층의 토심과 구조 등을 유의해야 한다.

2. 토심 20cm 이하에 적용 가능한 건축물 상부의 녹화구조 단면

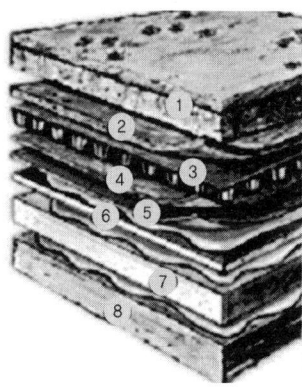

① 토양층(배양층)
② 습기유지층
③ 배수판(빗물저장층)
④ 보호직물층
⑤ 탑시트 방수층
⑥ 기초패널
⑦ 단열층
⑧ 구조체

[경량형 녹화구조]

1) 녹화구조를 구성하는 층의 명칭

   (1) 토양층(배양층)

   (2) 습기유지층

   (3) 배수판(빗물저장층)

   (4) 보호직물층

   (5) 탑시트 방수층

   (6) 기초패널

   (7) 단열층

   (8) 구조체

2) 토심 20cm 이하 녹화의 특성

 (1) 자연 상태와 유사하게 관리·조성
 (2) 이끼류, 다육식물, 초본류 및 화본류 등 적용
 (3) 하중부하는 단위면적당 120kgf/m^2 내외
 (4) 녹화 목표, 기후조건 등에 따라 시비 등 최소한의 유지관리 필요

3. 옥상녹화의 개념 및 식재식물 조건

1) 옥상녹화의 개념

 (1) 지상부의 녹지공간 부족현황을 보완할 수 있는 공간
 (2) 도시 생태계의 인공성 완화 수단

2) 식재식물 선정을 위한 전제조건

 (1) 천근성으로 건조지나 척박지에서 잘 자라는 것
 (2) 성장 속도가 느리고, 병충해에 강한 수종
 (3) 유지관리가 쉬운 수종
  ① 관목 : 철쭉, 꽝꽝나무, 돈나무, 눈향나무, 눈주목, 호랑가시나무
  ② 지피식물 : 잔디, 아이비, 맥문동, 비비추, 옥잠화

4. 옥상녹화를 위한 구조적 조건

1) 하중

 (1) 고정하중 : 옥상녹화를 조성하기 위해 필요한 물품
 (2) 이동하중 : 사람, 기구, 이동 등의 무게
 (3) 풍하중 : 바람의 저항
 (4) 식물의 성장하중 : 식물의 생장속도와 생장특성에 따른 하중 차이 발생

2) 방수

 (1) 건축물의 구조체에 수분이 침투하거나 이동하지 않도록 차단해야 함
 (2) 옥상녹화 시스템의 내구성을 좌우하는 요인임

3) 배수

 (1) 옥상의 평면에 1%의 경사를 두어야 함
 (2) 식재면은 2%의 경사를 둠

4) 토양층

    (1) 하중을 고려한 토양층의 경량화가 필요

    (2) 토양의 비옥도를 조정

    (3) 경량토를 포설한 후 마사토 등 비중이 있는 재료를 덮어 비산을 방지

5. 옥상녹화 보급의 효과

1) 자연생태계 복원

    (1) 소규모의 비오톱으로서 생물종다양성 증진에 기여

    (2) 도시 생태계의 연결성 증대

2) 도시환경 개선

    (1) 도시의 쾌적성을 높임

    (2) 도시 열섬현상 완화

    (3) 대기 및 수질정화

3) 에너지 절약 효과

    (1) 건축의 냉난방 에너지 절약

    (2) 건축물의 외부 배출열 저감

    (3) 수목의 피복에 의한 빛의 반사량을 조정

4) 사회적 효과

    (1) 거주민의 휴식공간 제공

    (2) 공공공간 역할을 겸할 수 있음

    (3) 주민의 소속감 고취 및 방범효과 증대

6. 결언

옥상녹화는 사회적·교육적·생태적·물질적으로 도시에 많은 혜택을 부여한다. 근래에는 서울시와 지방자치단체에서 옥상녹화를 적극적으로 장려하고 녹화 시 다양한 인센티브를 주는 규정을 마련하는 등 다양한 각도에서 옥상녹화사업을 지원하고 있다.

▶▶▶ 115회 3교시 5번
공원, 녹지공간에 적용 가능한 빗물 관리시설을 침투 · 여과 · 유도시설로 구분하고 공간별 활용방안을 제시하시오.

1. 개요
빗물 관리시설이란 빗물을 저장하여 유출을 줄이면서 지반으로 침투시키는 시설이다. 물 환경 회복을 유도하여 친환경적인 치수를 실현하기 위한 인공적인 시설로서 침투 · 여과 · 유도를 주요 기능으로 운영하는 시스템을 구성하게 된다. 빗물 관리시설은 녹지대, 공공이용시설, 주차장, 자전거도로 등 도시 내 여러 유형의 공간에 적용할 수 있다.

2. 빗물 관리시설의 개념 및 목적, 활용

1) 개념
(1) 빗물을 저장하여 외부 관로로 유출되는 배수량을 줄이는 시설
(2) 저류 빗물이 지반으로 침투되도록 만든 시설

2) 목적
(1) 물 환경 회복 유도
(2) 생태적인 치수 실현 및 재해 방지
(3) 도시 물 순환 및 적합한 토지이용 유도

3) 여러 측면에서의 활용

구분	내용
주민	건물의 신축, 증축 · 개축, 리모델링 시 사전점검 기준
계획가 · 전문가	설계안 작성 전에 빗물 관리시설에 대하여 고려
공공 또는 지방자치단체	인가 · 허가, 지구단위계획 시 참조

3. 공원 · 녹지공간에 적용 가능한 빗물 관리시설

1) 빗물 침투시설
(1) 빗물을 지표면 아래로 침투시키기 위한 시설
(2) 침투 및 일시 저류 효과가 있음
(3) 침투통, 침투트렌치, 침투형 빗물받이

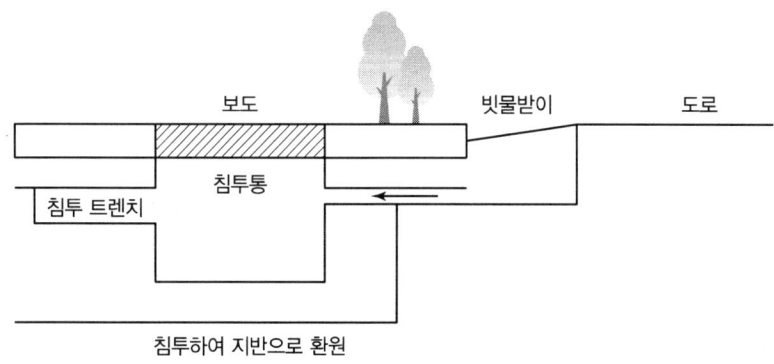

[빗물 침투시설]

2) 빗물 여과시설

   (1) 빗물에 있는 오염물질을 걸러 낸 후 저장하는 시설

   (2) 가뭄 발생에 대비

   (3) 지하수 오염 방지

   (4) 투수성 포장, 그린-블루 루프, 레인가든, 침투형 가로수, 침투정

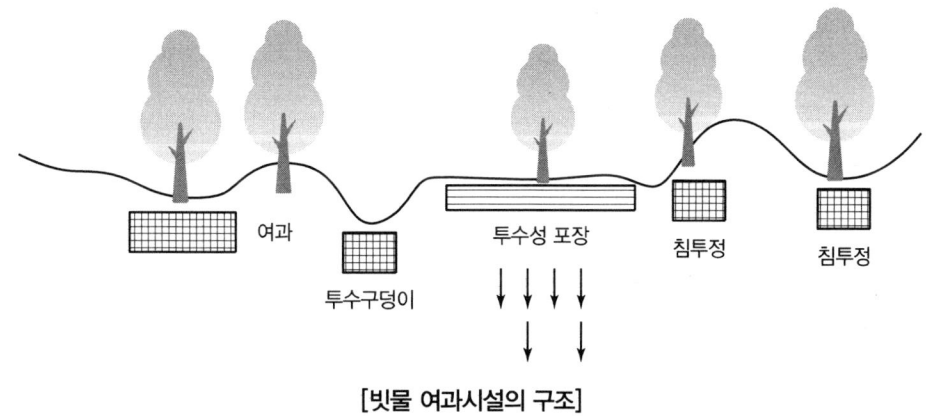

[빗물 여과시설의 구조]

3) 빗물 유도시설

   (1) 여과 · 저류 · 침투하기 위하여 빗물을 유인하는 시설

   (2) 생태적 유도를 통한 배수 시스템

   (3) 인공관로 및 관거 지양

   (4) 빗물 유도시설을 적절히 조합

   (5) 생태수로, 생태도랑, 경사면 침투시설, 식생수로, 잔디수로, 포장수로, 실개천

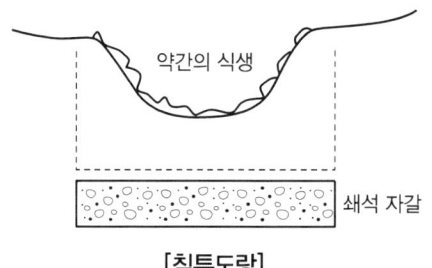

[침투도랑]

4. 빗물 관리시설의 공간별 활용방안

1) 식생이 있는 지역, 녹지대 구간

   (1) 자연지반, 지형을 이용한 투수 구덩이, 빗물정원 조성
   (2) 식생 수로 조성을 통한 물 순환체계 구축
   (3) 녹지사면에 침투 구덩이 설치
   (4) 저류 연못, 습지로 오염물질 정화

2) 공원 이용시설 구간

   (1) 침투통, 침투형 가로수, 침투정 도입
   (2) 포장 경계부에 투수층 설치
   (3) 측구 형태의 침투시설 설치
   (4) 보행로와 녹지를 연결한 수로
   (5) 투수 포장재 및 주차장 저류 시스템

3) 주차장, 자전거도로 등의 공간

   (1) 도로변에 수로 설치
   (2) 보도 경계면에 침투시설 설치
   (3) 투수성 포장, 지상 저류조 설치

5. 결언

빗물 관리시설은 불투수 표면을 줄이고 빗물 유출량을 줄여 도시의 지반 아래로 침투시켜 자연적인 저장을 유도하는 시설이다. 단순한 하나의 시설이 아니라 도시 전체의 관점에서 빗물의 순환 및 물 순환을 고려하여 시스템을 구축해야 한다. 효율적인 설치로 도시의 고온 환경 개선, 미기후 조절, 경관 향상 등 다양한 측면에서 기능을 발휘하도록 해야 할 것이다.

> **▶▶▶ 114회 3교시 1번**
>
> ## 통합 물관리 방향을 설명하고 조경전문가 참여방안에 대해 논하시오.

1. 개요

「물관리기본법」 시행으로 통합 물관리를 위한 법률적 추진기반이 마련되었으며 유역 중심의 물관리 정책 추진이 본격화되었다. 통합 물관리란 도시 내의 물을 통합하여 관리할 수 있는 시설을 설치하여 개발 이전의 수문 상태로 되돌리려는 정책 방향을 말한다. 수량관리 위주의 정책으로 인한 수질오염, 생태계 파괴 등의 문제점을 통합 물관리를 통해 개선하려는 것이다.

2. 통합 물관리의 개념과 국토 정책의 방향

1) 개념

   수량, 수질, 물이용 관리, 생태계, 사회적·경제적 관리를 아우르는 통합적 물관리

2) 물관리와 관련한 국토 정책의 방향

   (1) 지속가능한 국토 환경 조성
   (2) 신기후체제에 대한 견실한 이행체계 구축 등이 해당
   (3) 이원화된 물관리의 통합 및 참여 기반으로의 전환을 통한 안전한 물 환경 조성

3. 통합 물관리의 방향과 전략

1) 통합 물관리의 방향

   (1) 물관리 일원화
   (2) 유역기반의 통합적인 물관리
   (3) 지속가능 물관리 행정체계 구축
   (4) 물 순환 건강성 확보
   (5) 물 수요와 공급의 조화로운 통합
   (6) 주민참여 거버넌스 확립

2) 통합 물관리 전략

   (1) 물정보 조사·관리·분석
   (2) 물 변동 예측 및 운영
   (3) 수자원시설 유지 및 안전관리
   (4) 유역·하천·저수지 수질관리

(5) 취수원 수질관리
(6) 정수처리시스템 최적화
(7) 데이터를 기반으로 한 지능형 관망 운영
(8) 맞춤형 공업용수 관리
(9) 하수처리 운용 효율화

4. 통합 물관리와 관련한 조경전문가 참여 방안

1) 통합 물관리의 특징

(1) No Impact 개념을 넘어선 관리
(2) 물관리의 적응성 및 유연성 확보

2) 통합 물관리의 주요 조경기법

(1) 저장 공간을 건설해 빗물을 모아 땅속으로 천천히 침투시킴
(2) 빗물을 최대한 많이 담을 수 있도록 움푹 파인 식재지를 만들기도 함
(3) 생태적으로 양호하게 연계된 환경 구성

3) 통합 물관리 기능을 하는 조경공간

(1) 다공질 포장, 투수성 포장
(2) 레인가든
(3) 생태 저류지 및 빗물 저류 식생대
(4) 식생 수로, 잔디 수로
(5) 옥상 · 벽면녹화
(6) 침투 식생대
(7) 투수성 포장

5. 결언

환경부는 통합 물관리를 위하여 조직개편을 시행했으며 지방자치단체의 물 관련 행정조직 또한 중앙정부의 체계와 효과적으로 연동할 수 있도록 하는 정책을 수립하고 시행 중이다. 과거의 분산되고 지엽적인 물관리에서 벗어나 총체적인 관점에서 미래의 필수자원인 물관리를 시작한다는 점에서 매우 바람직한 방향이라고 본다. 조경공간은 도시 내에서 물을 자연적으로 저장하고 순환시킬 수 있는 유일한 요소이므로 녹지 조성을 통해 통합 물관리에 동참해야 하겠다.

▶▶▶ 91회 2교시 5번
저탄소 녹색성장 시대의 녹색단지 계획기법에 대해 설명하시오.

1. 개요
저탄소 녹색성장은 화석 연료에 대한 의존도를 낮추고 청정에너지의 사용과 보급을 확대하여 온실가스를 적정 수준 이하로 줄여 경제 발전과 환경보전이 조화를 이루도록 하는 성장을 말한다. 이와 관련하여 「저탄소 녹색성장기본법」을 제정하여 운용하고 있다. 탄소 배출의 근원 중에 상당한 비중을 차지하는 것이 공동주택단지이므로 거주지에서의 탄소 배출량을 줄이기 위한 녹색단지계획의 중요성도 높아지고 있다.

2. 저탄소 녹색성장의 의의와 방향
1) 의의
   (1) 에너지 사용량 최소화
   (2) 이산화탄소 배출 감축
   (3) 새로운 성장동력 개발

2) 방향
   (1) 에너지 고효율화
   (2) 현저한 이산화탄소량 감축
   (3) 국가 차원에서 에너지 안보 강화
   (4) 기후변화 대응을 통한 성장

3. 녹색단지 계획기법
1) 단지 내부 공간의 녹화
   (1) 가로수 활용
      ① 가로수와 연계한 가로식재대 조성
      ② 중앙분리대, 보행광장 설치
      ③ 가로수 주변에 플랜터 조성으로 식재의 다양성 확보
      ④ 가로수 2열 식재, 복층식재
      ⑤ 교통섬을 가로공원으로 조성
      ⑥ 보행환경 개선사업 추진

(2) 단지 주변 지역의 녹화 증대
　① 주거지 주변의 녹지량을 늘림
　② 담장 허물기로 주차장 및 녹지 확보
　③ 생활가로 조성
　④ 잔디 주차장 만들기
　⑤ 아파트의 열린 녹지 조성

(3) 단지 내 녹지 조성
　① 전면 녹지는 초본 · 관목 · 교목으로 계층 조성
　② 건물 후면과 측면 공간에는 메타세쿼이아 등으로 녹음 식재
　③ 수목의 생장특성을 고려한 식재간격 확보 및 유지
　④ 식재밀도와 수목의 대기 정화량을 고려한 계획

2) 건축물녹화

(1) 벽면녹화
　① 건축물 벽체의 전부 또는 일부에 식재
　② 식물의 광합성 작용으로 탄소 흡수
　③ 건물 주변의 열섬현상 완화
　④ 식물과 토양이 태양열을 차단하여 단열효과
　⑤ 여름철 30%의 에너지 절감

(2) 옥상녹화
　① 무겁고 관리가 어려운 교목은 식재 자제
　② 가벼우면서 열악한 환경에서 잘 자라는 자생종 관목류 식재
　③ 잔디, 이끼, 세덤류 등을 식재

3) 자투리 공간 활용

(1) 출입구
　① 산딸나무, 이팝나무, 소나무 등을 식재
　② 회양목 식재
　③ 출입구의 시각적 개방성을 줄이지 않는 범위 내에서 식재

(2) 쉼터
　① 쥐똥나무, 벚나무, 튤립나무, 회양목 등을 식재
　② 출입구보다는 상대적으로 넓은 녹지 확보

③ 녹시율과 탄소 흡수율을 높일 수 있음

4. 결언

온실가스 증가의 결과인 지구 온난화로 인하여 기온이 상승하고 빙하가 녹고 해수면이 높아지며 세계 각지에서 가뭄과 폭우, 태풍 등의 자연재해가 증가하고 있다. 현대의 거주생활에서도 에너지와 자원 과소비로 인한 환경부하 물질 발생 및 온실가스 배출은 여전히 계속되고 있다. 온실가스를 줄이기 위한 저탄소 사회로의 전환이 중요한 만큼 주거단지의 녹색화에 대한 구체적·세부적인 방법론이 중요하다 하겠다.

▶▶▶ 97회 4교시 5번

파4홀 골프코스의 표준평면도를 작성하고 골프코스의 공간별 성격과 조경식재 개념을 도식하여 설명하시오.

1. 개요

골프는 경관을 감상하며 경기를 진행하는 운동으로 여러 형태의 공간이 조성된다. 골프코스는 18홀 단위가 표준이며 파3홀, 파4홀, 파5홀 등으로 구성한다. 골프코스 내에 조성되는 공간은 티잉 그라운드(티잉 구역), 스루 더 그린, 퍼팅 그린, 페어웨이, 러프, 워터해저드 등이 있으며 골프경기를 위한 공간에 식재를 하는 것이므로 공간의 성격이나 기능 및 분위기에 따라 도입하는 수종이나 초종 및 식재 패턴이 달라야 한다.

2. 골프코스의 공간별 성격

공간구분	성격
티	• 대기하거나 경기를 시작하는 지점 • 코스 주변 경관 조망, 휴식장소
그린	• 골프경기의 종착지 • 경기에 고도로 집중하기 위한 위요 필요
페어웨이	• 배수기능과 경관기능이 있음 • 넓은 면적에 지피식물 피복으로 변화를 줌
러프 및 해저드	• 골프경기의 흥미 고취를 위해 의도적으로 도입 • 특이지형 또는 수공간 배치로 경기 방해의 기능

3. 파4홀 골프코스를 구성하는 공간과 조경식재

1) 골프코스의 구조

   (1) 18홀

   (2) 파3홀 4개, 파4홀 10개, 파5홀 4개

2) 1홀의 구성요소

   (1) 티

   ① 시작 지점이므로 지표성 부각

   ② 공간감 형성을 위한 위요 식재

   ③ 휴식을 위한 경관성 향상

   (2) 그린

   ① 골프경기의 최종 목적지라는 성격을 강화

   ② 위요 및 경계표시

   ③ 정적 공간의 성격으로 홀인을 위한 집중을 도움

   (3) 페어웨이

   ① 자생초지 조성

   ② 거리감을 알리기 위한 수목 식재

   ③ 지표식재 도입

   (4) 러프

   ① 기존 수림대 보전해 활용

   ② 지형에 순응하여 비정형적인 외곽선을 살림

   ③ 생태천이의 과정을 고려

   ④ 탄소 흡수량이 많은 수종 선정

   (5) 워터해저드

   ① 기존 수체계, 수공간 보전

   ② 자연배수체계를 이용한 수위 유지

   ③ 자생 초화류, 수생식물 식재

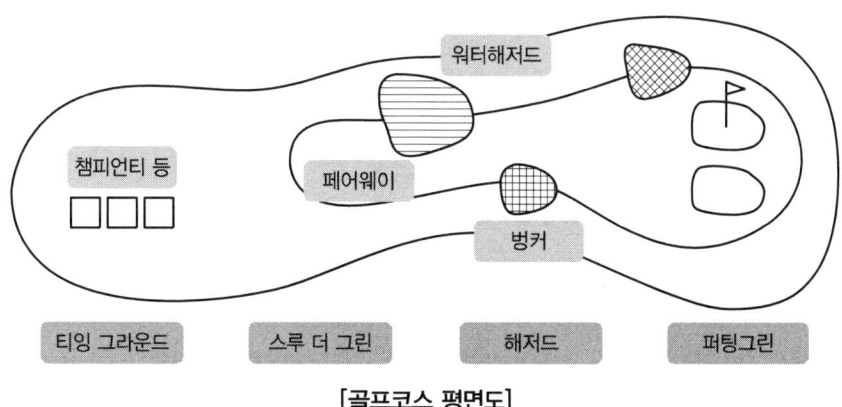

[골프코스 평면도]

4. 결언

골프장은 골프경기의 난이도를 조절하고 흥미를 북돋우기 위하여 인공지형을 만들고 경관 형성 및 경기의 기능확보를 위해 수목과 잔디를 식재하는 대규모 경기장이다. 지형 및 지리의 여건과 특이성 및 수문체계에 순응한 골프코스의 형태가 필요하며 골프장 내부 및 주변의 자연환경과 인공환경을 융합하는 방향으로 설계해야 한다.

▶▶▶ 124회 4교시 5번

통합놀이터의 의미, 가치 및 참여디자인의 프로세스와 모니터링에 대해 설명하고 대표사례를 쓰시오.

1. 개요

통합놀이터는 장애를 이유로 소외되거나 차별받지 않고 놀이터에서 놀이의 주체가 될 수 있는 곳 또 모든 어린이가 자유롭게 어울리며 놀이터의 주인이 될 수 있는 곳을 말한다. 이는 '모두를 위한 디자인'을 콘셉트로 하는 유니버설디자인과 통합의 가치를 바탕으로 디자인을 하게 된다. 아이들이 다양한 신체기능을 사용하여 여러 가지를 경험하게 함으로써 통합을 이룰 수 있도록 하는 것이다.

2. 통합놀이터의 정의, 의미, 가치

1) 통합놀이터의 정의

공간기획부터 장애아동과 비장애 아동의 통합을 염두에 두고 만드는 놀이터

2) 통합놀이터의 등장 배경
    (1) 놀이터의 환경이 장애아동에게는 불편
    (2) 장애아동을 바라보는 주변의 시선
    (3) 대부분의 놀이시설은 비장애아동 기준으로 조성
    (4) 장애아동의 놀이공간 접근성 저하

3) 통합놀이터의 놀이시설물
    (1) 누워서 타는 그네와 시소
    (2) 휠체어 이용자도 탈 수 있는 턱없는 회전무대

3. 통합놀이터 참여디자인의 프로세스와 모니터링

1) 기획단계
    (1) 놀이터 조성에 적절한 공간 유형을 찾음
    (2) 통합을 위한 장소 선택이 매우 중요
    (3) 운영주체의 전 과정에의 참여
    (4) 놀이시설의 문제점 및 법규를 함께 검토해 나갈 전문가 필요

2) 구상단계
    (1) 조성 후 놀이터 내에 장애 관련 표기
    (2) 통합을 강요하기보다 통합을 할 수 있는 환경 조성이 중요
    (3) 기획단계에서 선정한 공간 유형에 따라 방문대상을 철저히 조사·분석
    (4) 조성기간을 길게 잡고 단계별로 조성

3) 설계 및 시공단계
    (1) 통합놀이터 관련 가이드라인 마련
    (2) 놀이기구의 난이도 다양성 확보
    (3) 다양한 놀이기구 제공으로 여러 유형의 아동이 이용
    (4) 식재는 군식 또는 외곽부 배치

4) 운영 및 유지관리단계
    (1) 통합놀이터에 대한 홍보
    (2) 놀이시설 내에서의 통합프로그램 운영
    (3) 통합놀이환경에 대한 이해를 도움
    (4) 유지관리 인력 확보와 자체 모니터링

4. 무장애 통합놀이터 사례

   1) 서울대공원의 '꿈틀꿈틀 놀이터'

      (1) 한국 최초의 무장애 통합놀이터
      (2) 2~3인이 함께 탈 수 있는 바구니 모양의 그네
      (3) 의자형, 바구니형 등 다양한 형태의 그네를 설치
      (4) 휠체어 이용자도 탈 수 있는 그네
      (5) 턱이 없는 회전무대
      (6) 중증 장애인부터 키 작은 아이들까지 모두 즐길 수 있음

   2) 노원구의 '초록 숲 놀이터'

      (1) 세이브 더 칠드런의 캠페인 '놀이터를 지켜라'의 일환
      (2) 아이들과 주민이 함께 만든 창의놀이터
      (3) 30명의 장애아동이 있는 초록 어린이집 원장의 제안으로 구성
      (4) 어린이집 내에서는 놀 수 있으나 밖에서 놀 수 없는 현실 반영
      (5) 노원구청과 이용자 등 민관이 협력

5. 결언

   사회적 통합의 일환으로 통합 놀이터를 조성하는 분위기나 실제 현장에서 장애아동의 놀이시설 방문은 현저히 낮은 수준이라고 한다. 이러한 사실은 강제성을 띠는 통합놀이터 설치 의무화보다 훨씬 중요한 것이 있다는 것을 보여주는 것이라 할 수 있다. 부정적인 인식에 의한 이용자의 태도 장벽과 심리적 장벽을 없애 장애아동과 그 가족의 접근성을 높이는 것이 필요하다.

▶▶▶ 82회 2교시 5번

주택지를 통과하는 자동차도로 설계 시 각종 환경의 악영향을 저감시킬 수 있는 설계적 차원에서의 개선방안을 제시하시오.

1. 개요

   보차공존도로는 주택지를 통과하는 차량의 통행을 제한하여 단지의 가로환경 개선과 함께 거주민에게 친근한 이미지를 부여하는 공간이다. 차량의 통행량 증가로 인한 보행자의 사고 발생 가능성과 차

량 운행으로 인한 소음, 대기오염 등의 환경문제가 증가하여 이를 해결하기 위해 도입되었다. 기존 시가지와 신시가지에 자유롭게 계획할 수 있지만 주변 지역과 주거지 도로의 연계성 확보가 필요하고 차량 통행 제한으로 인해 다른 지역으로 교통량이 집중되는 단점이 있다.

2. 보차공존도로의 특징과 계획 효과

1) 보차공존도로의 특징

(1) 보행자 통행 위주의 공간
(2) 차량 통행의 엄격한 제한
(3) 도시민의 생활공간 역할
(4) 도로 연석 사용이 필요 없음
(5) 굴곡형 또는 굴절 선형의 구조
(6) 방해요소 설치
(7) 구간 시작 지점에 보차공존도로 입구 표시

2) 보차공존도로의 계획 효과

(1) 차량 통행 억제로 교통사고 및 소음 감소
(2) 기존 통행량을 낮춤
(3) 사회적 소통공간 제공
(4) 가로공간의 어메니티 증진
(5) 주민참여에 의한 도로 유지관리 가능

3. 보차공존도로의 유형별 특징

1) 보차분리형 도로의 특징

(1) 차량 운행에 필요한 곳
(2) 불특정 다수의 통행이 되는 곳
(3) 단차를 이용한 보행과 차량의 분리
(4) 보행자의 안전성과 쾌적성 확보
(5) 국지도로의 위계를 확보해야 하는 곳

2) 보차융합형 도로

(1) 이용자가 한정되는 주거지역
(2) 보도와 차도를 동일한 레벨로 계획
(3) 포장재료, 색상과 질감 차이로 구분

(4) 식생, 볼라드, 주차공간 등 구분

4. 보차공존도로의 설계방법

1) 차량 속도 경감
(1) 굴곡·굴절기법 : 지그재그형, S형 도로로 서행 유도
(2) 햄프 설치 : 물리적인 충격을 주어 차량 속도 감소
(3) 미니로터리의 기능 : 차량 직진 방지로 서행 유도
(4) 차도 차단 및 좁힘 : 주행 방해시설 설치로 진입 제한, 운행 제어

2) 보차공존도로 식재기법
(1) 쾌적함을 위한 녹음 조성
  ① 보행 시의 쾌적성 부여
  ② 미기후 조절, 탄소 흡수

(2) 내공해성 수종 식재
  ① 대기오염에 강한 종 선정
  ② 은행나무, 플라타너스 등

(3) 척박한 지역에 강한 수종
  토심이 부족하므로 생존력이 강한 수종 선정

(4) 다층식재 구조 형성
  ① 관목과 교목을 적정 비율로 식재
  ② 식재지의 완충기능, 공간형성기능 극대화
  ③ 생태적 비오톱의 기능

(5) 경관의 변화에 따른 계절감 창출
  ① 꽃과 열매 등의 색채 이용
  ② 상록수와 낙엽수의 혼식으로 공간감 형성
  ③ 시계열적 경관 조성

5. 결언

기존 주거단지 내의 보차공존도로의 도입은 녹지 확충, 정서적 공간 제공 등의 장점이 있다. 또한 차량 통제로 인해 쾌적함은 증진되나 기존 차량 도로의 면적이 감소되는 문제점이 있다. 보차공존도로 조성 시 주차공간이나 주행공간의 축소에 따른 적절한 대안이 마련되어야 한다.

> ▶▶▶ 76회 2교시 4번
>
> 자동차전용도로 조경의 식재유형을 분류하고 그중 터널조경기법에 대해 상세히 설명하시오.

1. 개요

자동차전용도로는 고속도로와 같이 차량의 이동만을 위한 도로를 말하며 식재를 이용하여 주행의 안전을 도모할 수 있다. 자동차전용도로에 도입할 수 있는 식재기법은 시선유도 식재, 지표식재, 차광식재, 명암순응식재가 있다. 터널공간은 주행 중 안전사고 예방을 위해, 특히 운전자의 시야가 명암의 변화에 적응할 수 있도록 돕는 명암순응식재가 필요한 공간이다.

2. 자동차전용도로 조경의 목적과 기능

1) 자동차전용도로 조경의 목적

　(1) 운전자의 안전성 확보와 보호
　　　① 도로구조의 안전성을 우선 확보
　　　② 사고발생 시의 영향 최소화

　(2) 도로 경관 형성을 통한 주행 환경 개선
　　　① 위험한 지역을 미리 알림
　　　② 선형 변형의 인지를 도움
　　　③ 자각 효과 최대화, 졸음 방지

　(3) 도로 내 자연환경 도입
　　　① 비탈면 및 임연보호식재
　　　② 생물서식처 조성
　　　③ 도로의 인공성 완화

2) 자동차전용도로의 기능

　(1) 주행 기능
　(2) 사고방지 기능
　(3) 경관향상 기능
　(4) 환경보전 기능

3. 자동차전용도로의 식재유형

1) 시선유도 식재
(1) 노면형태와 방향의 인식을 도움
(2) 인터체인지나 곡선형의 구간에 적용
(3) 동일종 교목 열식 처리

2) 지표식재
(1) 휴게소, 표지판, 차선분리구간을 알림
(2) 향토수종으로 지역성 강화
(3) 대경목, 독립수 식재

3) 차광식재
(1) 반대편 차선의 전조등 불빛 차단과 눈부심 완화
(2) 중앙분리대 식재 시 도입
(3) 향나무, 주목, 회양목 등 지엽의 밀도가 높은 상록관목 식재

4) 명암순응식재
(1) 도로 주행 중 명암 변화에 의한 시각 혼란 방지
(2) 터널진출입 공간에 적용
(3) 상록교목의 열식, 진입부의 식재대 폭 충분히 확보

4. 터널조경기법

1) 터널조경기법의 목적
(1) 시야 부적응으로 인한 교통사고 방지
(2) 시야 확보 및 운전자 주의 환기 효과
(3) 명암적응시간의 확보

2) 터널조경기법
(1) 명암순응 조절구간 배치
  ① 시야조절구간 100~300m
  ② 터널진입공간은 식재대를 길게 조성
(2) 상록교목 식재
  ① 잎이 떨어지는 낙엽수는 지양

② 반사 우려가 있는 고명도 수종 배제
③ 주로 소나무, 잣나무, 측백나무, 가이즈카향나무 등 이용

(3) 식재패턴의 공간별 변화
장소에 따라 군식, 열식, 차폐식재 등 적용

(4) 경관조명 적극 이용
① 진입부, 출입부 부문에 경관조명 추가 배치
② 푸르킨예 현상 방지를 위해 붉은색 조명으로 암순응 시간 단축

5. 결언

터널의 진입부와 출입부는 도로 주행 중 사고발생의 가능성이 비교적 높은 곳이다. 따라서 운전자의 눈부심을 방지하고 선형을 확실하게 인지할 수 있도록 조성하는 것이 중요하다. 진출입부의 식재대를 충분한 길이가 되도록 계획하고 빛 반사에 의한 현휘, 차선의 왜곡된 인지 등을 방지해야 한다.

▶▶▶ 90회 2교시 3번

「자전거 이용 활성화에 관한 법률」상 자전거전용도로의 설계기준 중에서 설계속도, 폭원(갓길 포함), 곡선반경, 종·횡단구배를 제시하시오.

1. 개요

자전거도로는 자동차 중심의 도시교통체계에 의한 오염, 혼잡, 에너지 소비 증가 등의 문제점이 야기되는 것에 의해 필요성이 제기되었으며 자전거전용도로는 차도 및 보도와 자전거도로를 분리해 자전거 통행에만 이용하는 도로로서 자동차도로와 비교할 때 가장 안전한 통행 수단이다. 설계구성요소로는 설계속도, 폭원, 곡선반경, 종단·횡단구배, 노면포장, 안전시설, 부대시설 등이 있으며 이들의 통합적 설계가 요구된다.

2. 자전거도로의 유형

1) 자전거전용도로

(1) 자전거만 통행 가능
(2) 시설물에 의해 차도 및 보도와 구분

2) 자전거 · 보행자 겸용도로

　(1) 자전거외 보행자도 통행

　(2) 시설물에 의해 차도와 구분, 별도 설치

3) 자전거 · 자동차 겸용도로

　(1) 자전거 외 자동차도 일시적으로 통행 가능

　(2) 차도에 노면표시로 구분하여 설치

3. 자전거전용도로의 설계기준

1) 설계 시 우선 고려사항

　(1) 도로 및 연도지대의 제반 시설과의 관계

　(2) 도시권역에 따른 이용유형과 수요

　(3) 도로의 지형여건과 유니버설 디자인 측면의 고려

2) 설계속도와 곡선반경

　(1) 30km를 원칙으로 하되 여건별로 조정

　(2) 속도와 경사에 따른 정지시거 확보

　(3) 곡선반경은 설계속도에 의해 결정됨

$$R = \frac{0.0079\,V^2}{\tan\varnothing}$$

여기서, R : 곡선반경(m)
　　　　V : 설계속도(km/h)
　　　　$\varnothing$: 기울어진 각도

설계속도	곡선반경
10~20km/hr	5~12m
30km/hr	27m
40~50km/hr	47~74m

3) 폭원기준

　(1) 이용행태를 고려하여 일방향 양측설계를 지향

　(2) 지역 여건과 수요를 고려하여 결정

구분	도시지역	지방지역
도로의 폭	1.2~2.4m	1.5~3.0m
측방여유	0.5~1.0m(차도와 보도 양측 모두)	
분리공간	• 50km/h 이하 : 0.2m • 50km/h 이상 : 0.5m	

4. 결언

자전거도로는 30km/hr 이상의 설계속도와 1.5m 폭원 등의 기준을 제시하여 이용자의 안전과 편의를 도모한다. 분산된 자전거전용도로의 설계기준을 일원화하고 도로 주변의 식재기준을 강화하여 이용자가 자전거 통행로 및 그린웨이로서의 공간과 동적 체험경관을 경험하도록 하여 자전거 이용확대와 생물다양성 증대의 목적을 달성할 수 있도록 다각도의 노력이 필요하다.

▶▶▶ 115회 3교시 6번

도시농업의 정의 및 유형과 입지조건에 따른 도시 텃밭 계획 시 설계기준을 설명하시오.

1. 개요

도시농업은 도시공간의 일부분에 마련한 소규모 공간에 농업을 할 수 있는 토지기반을 마련한 후 작물을 심고 재배하고 결과물을 수확하는 일련의 작업을 말한다. 이때 도시 내부의 농지는 농산물을 공급하는 생산성이 있는 토지가 되며 생태적 측면에서 빗물의 흡수와 토지 내 순환, 도시 열섬화 방지, 공기 정화, 재해 발생 시의 피난장소 제공 등 도시에 필요한 기능을 담당할 수 있다.

2. 도시농업의 정의 및 필요성, 도시농업시설

1) 도시농업의 정의

    도시지역에 있는 토지, 건축물 또는 다양한 생활공간을 활용해 농작물을 경작·재배하는 행위

2) 도시농업의 필요성

    (1) 소규모 녹지공간 이용 활성화
    (2) 자원의 자급자족과 유통거리 축소
    (3) 인공지반 녹화를 통한 환경개선
    (4) 거주민 간 사회적 교류공간 제공

3) 도시농업시설

    (1) 도시 텃밭, 도시농업용 온실·온상·퇴비장
    (2) 관수 및 급수 시설, 세면장, 농기구 세척장
    (3) 그 밖에 이와 유사한 시설로서 도시농업을 위한 시설

3. 도시농업의 유형

1) 주택 활용형
(1) 주택·공동주택 등 건축물에 인접한 토지를 활용
(2) 주택·공동주택 등 건축물의 내부·외부, 난간, 옥상 활용

2) 근린 생활권
(1) 주택·공동주택 주변의 근린 생활권에 위치한 토지
(2) 주말 텃밭, 주말 농장

3) 도심형
(1) 도심에 있는 고층건물의 내부·외부 등을 활용
(2) 도심에 있는 고층건물에 인접한 토지 활용
(3) 빌딩, 옥상 텃밭

4) 농장형·공원형
(1) 1,500m^2 이상
(2) 공영도시농업 농장, 민영도시농업 농장
(3) 기존의 도시공원을 활용

5) 교육형
(1) 30m^2 이상
(2) 학생의 생태학습과 농업 체험 목적
(3) 학교의 공지나 건축물 부속공간을 활용

4. 입지조건에 따른 도시 텃밭 계획 시 설계기준

구분	내용
소규모 텃밭	• 7m^2 • 크기가 작고 생육기간이 짧은 작물을 재배 • 생산량이 많은 작물 • 여러 회차 수확하는 작물 • 이어짓기 피해가 작은 작물
중규모 텃밭	• 15m^2 • 식물 크기가 크고 생육기간이 긴 작물을 재배 • 가족이 좋아하는 채소를 선택하여 재배 • 3~4개의 구획으로 나누어 생육기간이 비슷한 작물을 묶어서 재배하고 관리

구분	내용
대규모 텃밭	• 20m² • 마늘, 양파 등 기본적인 채소를 선택 • 땅심을 높여주는 콩과 채소 선택 • 가꾸는 노동력이 적게 드는 작물 선택 • 마늘과 같은 월동작물 선택 가능 • 관리 필요성이 큼

5. 텃밭 유형

1) 주말 텃밭

(1) 일정 면적에 과채류를 재배하는 수준

(2) 텃밭 가꾸기 작업에 참여하는 시민들은 다양한 작물과 농업 프로그램을 원함

(3) 단순한 쌈 채소 등을 재배하는 것에서 다양한 작물 재배를 체험하는 공간으로 발전

2) 학교 텃밭

(1) 자연과 생명의 소중함을 일깨우는 장소

(2) 공간이 협소하다는 구조적인 문제가 있음

(3) 농업공동체를 꾸려 네트워크화할 수 있음

(4) 텃밭 프로그램과 학교급식재료 또는 조리실습재료 공급망과 연계

3) 치유 텃밭

(1) 치유기능의 확산을 위하여 주말 텃밭의 발전적인 모델 역할

(2) 도시 근교의 폐교나 휴경지 활용

(3) 도시민의 참여 활성화 및 이용 확산을 위해 교육과 홍보 프로그램 필요

(4) 입장료, 이용료 발생에 대한 이용가치 분석 필요

6. 결언

도시 안에서 농업활동을 할 수 있게 되면서 작게나마 도시의 환경 개선, 도시 공동체 회복 등의 부가 기능도 발견하게 되었다. 단순한 농업작물 재배가 아닌 도시민의 참여와 교류를 통한 지역 공동체 형성 및 심리 치유 공간으로도 발전할 수 있다는 것은 장점이라 할 수 있다.

> **▶▶▶ 118회 3교시 4번**
>
> 「건축법」의 규정에 의해 범죄예방 설계 가이드라인을 적용하고 있는바, 이에 대한 일반적 범죄예방기준 및 공간별 공동주택의 설계기준을 설명하시오.

1. 개요

범죄예방 설계 가이드라인은 개별 건축물에 대한 범죄예방 설계기준의 방향과 원칙을 제시하고 있으며 특별한 경우를 제외하고는 권고사항에 해당한다. 적절한 도시계획과 건축물 설계를 통해 대상 부지의 방어적 공간의 성격을 높여 범죄 발생률을 줄이는 종합적인 범죄예방 전략이다. 잠재적인 범죄 발생 위험에 대한 불안감을 해소하는 것이 목적이다.

2. 일반적 범죄예방 설계기준

1) 지역 및 부지 사전 검토

　　(1) 주요 범죄 유형과 특성 파악 후 범죄 위험 평가
　　(2) 유형별 범죄의 본질에 대한 이해
　　(3) 범죄 유형 분석 및 설계기준 적용 시 전문가의 참여 고려

2) 영역성 확보

　　(1) 공적·사적 장소 및 공간의 위계와 성격을 명확히 인지시킴
　　(2) 경계부나 출입구는 색채 및 바닥 레벨의 변동 등으로 공간의 전이를 알림
　　(3) 지역의 용도를 명확히 하여 이미지 강화

3) 접근 통제

　　(1) 외부인의 진입·출입 차단
　　(2) 주요 시설은 자연적 감시가 가능한 구조로 설계
　　(3) 출입구에는 통제와 인지를 위해 수목을 심거나 조형물 설치

4) 활동의 활성화

　　(1) 외부활동 활성화를 위해 유도 공간계획 및 시설 연계
　　(2) 커뮤니티 증진을 위한 시설 배치
　　(3) 유해한 영향을 최소화하는 계획

5) 조경
(1) 건축물과 1.5m 이상 간격을 두고 식재
(2) 창문을 가리거나 수목이 침입 도구로 이용되지 않도록 함
(3) 경비실에서 외부 조망 시 시야가 개방되도록 설계
(4) 감시시설의 시야를 저해하지 않는 식재

6) 조명
(1) 부지의 출입구 또는 경계에서 건물 출입구까지의 진입로에 설치
(2) 식물을 식별하기 쉽도록 보행로에 조명 설치
(3) 빛의 투사 각도를 조절하여 빛 공해 방지

7) 방범시설
(1) 범죄 취약공간을 중심으로 CCTV 설치
(2) 긴급 상황에 대비하여 비상벨, 경관제품 구비

8) 유지관리
(1) 관리되지 않는 공간이 없도록 하여 범죄 발생 가능성을 줄임
(2) 유지관리의 질을 높여 주민의 책임의식 강화
(3) 사용자의 일탈 행위 억제

3. 범죄예방을 위한 공간별 공동주택 설계기준

1) 단지 출입구
(1) 출입구는 영역의 위계가 명확하도록 계획
(2) 출입구는 자연 감시가 쉬운 곳에 설치
(3) 출입구의 조명은 출입구와 출입구 주변에 연속적으로 설치

2) 담장
(1) 사각지대나 고립지대가 발생하지 않도록 계획
(2) 자연 감시가 가능하도록 투시형 담장 등을 설치
(3) 울타리는 수고 1~1.5m 이내인 밀생 수종을 일정 간격으로 식재

3) 부대시설
(1) 부대시설은 주민 활동을 고려해 접근과 감시가 용이한 곳에 설치
(2) 어린이놀이터는 사람의 통행이 잦은 곳, 각 세대에서 볼 수 있는 곳에 배치

(3) 어린이놀이터 주변에 경비실을 설치하거나 폐쇄회로 텔레비전 설치

4) 지하 주차장

　(1) 자연 채광과 시야 확보가 용이하도록 선큰 천창 등을 설치

　(2) 기둥과 벽면은 가시권을 늘리고 사각지대가 생기지 않도록 함

5) 조경

　(1) 사람의 출입에 대한 자연 감시가 가능하고 숨을 공간이 없도록 계획

　(2) 건물에서 1.5m 이상 간격을 두어 식재

4. 결언

「건축법」이 화재에 집중하여 건축물에 미치는 위험을 규정한 것에 비해 범죄예방 가이드라인은 위험의 범위를 확장했다는 데 의의가 있다. 범죄예방설계는 대상 부지 또는 공간의 방어적 설계를 통해 1차적으로 범죄를 예방하는 기능을 한다. 거주민이 안전하고 편리하게 공간을 이용할 수 있도록 합리적·포용적인 계획이 필요하다.

▶▶▶ 127회 3교시 5번

실내식물의 공기정화 메커니즘과 이에 해당하는 식물 10종을 설명하시오.

1. 개요

생태학적 위기를 맞고 있는 현대사회는 과다 소비와 폐기에 의한 수질오염, 토양오염, 대기오염 등의 발생으로 외부환경에 대한 피해가 위험수위를 넘고 있다. 실내의 생활환경에서도 여러 가지 인공물질에 의한 환경오염 폐해가 나타나고 있다. 또한 실내에서 생활하는 시간이 늘어나면서 실내의 환경에 관심이 증가하고 있다. 실내식물을 이용한 공기정화는 친환경적인 방법으로서 기온 상승 방지, 소음 경감, 심리 안정 등 여러 가지 부가기능을 기대할 수 있다.

2. 실내식물의 기능

1) 환경조절 기능

　(1) 그늘 제공으로 과다한 광량 차단

　(2) 실내 공기정화와 유동성 증대

(3) 소음 조절 및 외부에서의 유입물질 차단

2) 온도 · 습도조절 기능

　　(1) 증산작용으로 고온의 실내에서는 온도를 낮춤
　　(2) 적정 온도 이하에서는 식물체의 열을 외부로 전달하여 온도를 올림
　　(3) 상대습도가 높을 때는 증산량을 줄임

3) 공기정화 기능

　　(1) 다수의 식물이 CO_2, NO_2, NH_3, $HCHO$ 등을 흡수
　　(2) 폼알데하이드, 벤젠 등의 오염물질 흡수
　　(3) 실내 분진 제거

4) 실내 유해환경 형성 방지

　　(1) 음이온 발생 경감
　　(2) 전자기기에서 방출되는 유해 전자파 차단

3. 미세먼지 발생원인

1) 화석연료의 연소

　　(1) 연소 과정에서 발생하는 황산화물이 근본적인 원인
　　(2) 이 물질이 대기 중의 수증기나 암모니아와 결합할 때 생성

2) 자동차의 배기가스

　　(1) 배기가스에서 방출되는 질소산화물
　　(2) 대기 중의 수증기, 암모니아, 오존 등과 결합 후 반응하여 발생

3) 조리 과정 중의 가스

　　(1) 음식물 조리 중 발생하는 연기
　　(2) 가스레인지, 전기 그릴, 오븐 등 사용으로 발생

4. 실내식물의 공기정화 메커니즘

1) 광합성 작용으로 이산화탄소 흡수

　　(1) 식물은 광합성 작용을 하여 CO_2를 흡수
　　(2) 산소와 물을 수증기의 형태로 밖으로 배출
　　(3) 이때 기공은 이산화탄소뿐만 아니라 다른 휘발성 기체도 흡수

2) 미세먼지 저감

    (1) 미세먼지는 식물잎 앞면 왁스층에 흡착
    (2) 증산작용으로 잎의 왁스층이 끈적끈적해지면서 미세먼지가 붙음
    (3) 초미세먼지는 잎 뒷면의 기공으로 흡수

3) 휘발성 유기화합물 제거

    (1) 대기 중의 다른 물질과 반응하여 없어짐
    (2) 식물의 음이온은 양이온인 미세먼지와 결합하여 크기가 커짐

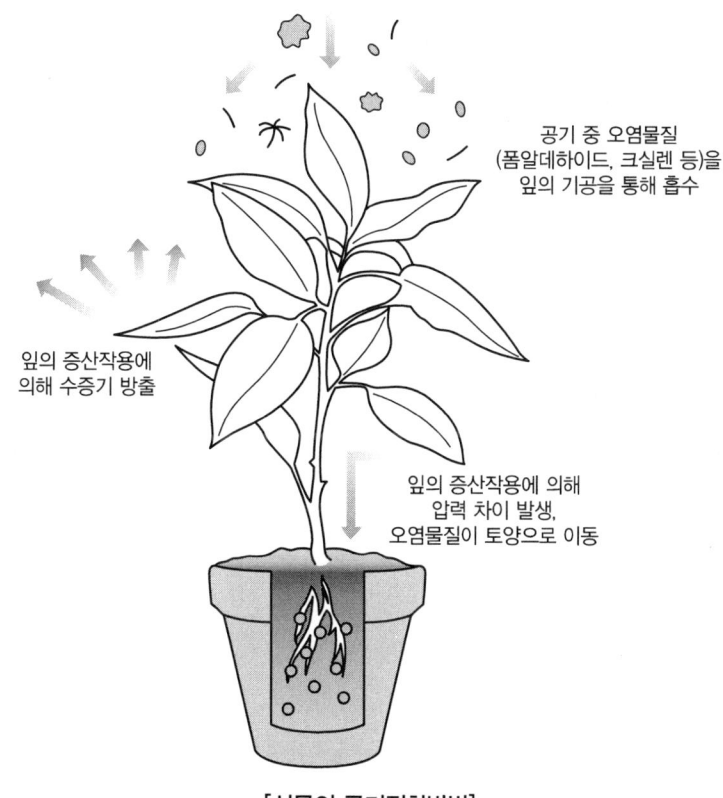

[식물의 공기정화방법]

5. 공기정화 기능이 있는 실내식물

1) 관음죽

    (1) 야자과
    (2) 원산지 : 한국, 일본, 중국 남부
    (3) 학명 : *Rhapis excelsa*

(4) 생육조건
　① 낮은 광도 : 300~800Lux
　② 생육온도 16~20℃, 겨울 최저온도 : 7℃, 생육습도 : 40~70%
　③ 생장 높이 : 200cm, 생장 너비 : 70cm
　④ 비료를 요구하며 생장 속도는 느림
　⑤ 관리 요구도는 보통
　⑥ 병충해 : 응애, 깍지벌레

2) 팔손이나무
　(1) 두릅나뭇과 팔손이속 상록활엽관목
　(2) 학명 : *Fatsia japonica*
　(3) 원산지 : 한국, 일본
　(4) 바닷가의 산기슭이나 골짜기에 자생
　(5) 그늘진 곳과 적당한 습기가 있는 비옥한 곳에서 잘 자람
　(6) 공해에 강하며 내조성이 있고 입지의 영향을 잘 받지 않음

3) 넉줄고사리
　(1) 양치식물 고사리강 고사리목 넉줄고사리과
　(2) 원산지 : 아시아, 아프리카 등의 열대·아열대 지역
　(3) 학명 : *Davallia mariesii T. Moore ex Baker*
　(4) 산지의 그늘진 곳이나 나무에 붙어 자람
　(5) 반그늘에서 생육이 좋으며 대기 중 습도가 높아야 함

4) 보스턴 고사리
　(1) 고란초과의 관엽식물
　(2) 원산지 : 열대지방
　(3) 학명 : *Nephrolepis exaltata 'Bostoniensis'*
　(4) 작은 잎이 달린 잎자루가 부드럽게 늘어짐
　(5) 다른 고사리처럼 습하고 어두운 곳을 좋아함
　(6) 적절한 빛과 수분 조건만 갖추어지면 잘 자라고 관리 요구도 낮음

5) 아글라오네마
　(1) 천남성과
　(2) 원산지 : 말레이시아, 타이, 필리핀

(3) 학명 : *Aglaonema commutatum*

(4) 생장 높이 : 50cm, 생장 너비 : 30cm

(5) 삽목, 분주 등으로 번식

(6) 생육조건

 ① 빛 요구도

  • 낮은 광도 : 300~800Lux

  • 중간 광도 : 800~1,500Lux

  • 높은 광도 : 1,500~10,000Lux

 ② 생육온도 : 21~25℃

 ③ 겨울 최저온도 : 13℃ 이상, 생육습도 : 40~70%

 ④ 비료를 요구함

 ⑤ 병충해 : 응애, 깍지벌레, 온실가루이

6) 산호수

(1) 장미목 자금우과 자금우속 상록활엽소관목

(2) 중국 남부, 대만, 말레이시아, 필리핀, 일본, 제주도

(3) 백색의 꽃이 핌

(4) 학명 : *Ardisia pusilla A.D*

(5) 열매는 지름 5~6mm로 붉은색이며 9월에 성숙

(6) 강한 햇볕 아래에서 잘 자라며 척박한 사질양토를 선호

(7) 내음성이 강하므로 실내식물로 적합

7) 스킨답서스

(1) 천남성과 종자에 속하는 속씨식물

(2) 프랑스령 폴리네시아의 모레아(Mo'orea) 화산섬에서 자생

(3) 사람에 의해 세계 각지로 귀화하여 아열대 지역의 숲에서도 자라게 됨

(4) 흰색, 노란색, 연한 초록색의 다양한 잎을 지님

(5) 적당한 광과 습도만 맞으면 잘 자람

(6) 관리 요구도 낮음

8) 뱅갈 고무나무

(1) 속씨식물 쌍떡잎식물강 쐐기풀목 뽕나무과 무화과나무속

(2) 원산지 : 아시아, 인도

(3) 서식지 : 열대지역

(4) 크기 : 약 30m

(5) 학명 : *Ficus benghalensis*

(6) 무한정 옆으로 퍼지는 성질이 있음

(7) 잎 색깔은 녹색 · 연두색이고 약간의 독성이 있음

(8) 줄기는 회백색, 달걀 모양의 잎은 뻣뻣함

(9) 병충해에 강함

9) 피토니아

(1) 쥐꼬리망초과

(2) 원산지 : 남아메리카, 페루

(3) 학명 : *Fittonia verschaffelti*

(4) 생장 높이 : 20cm, 생장 너비 : 20cm

(5) 잎의 표면에 줄무늬가 있거나 잎 가장자리에 무늬가 있음

(6) 잎의 색 : 녹색, 연두색, 흰색, 크림색

(7) 번식방법 : 삽목, 분주

(8) 생육조건

① 빛 요구도
- 중간 광도 : 800~1,500Lux
- 높은 광도 : 1,500~10,000Lux

② 생육온도 : 21~25℃, 겨울 최저온도 : 13℃ 이상

③ 습도 : 40~70%

10) 드라세나 맛상게아나(행운목)

(1) 외떡잎식물강 백합과 백합목 드라세나속

(2) 드라세나속에 속하는 여러 종이 있음

(3) 옥수수 잎과 비슷하게 생겼다고 하여 'Corn Plant'라고 하기도 함

(4) 초봄 또는 12월경 개화하나 매년 피지는 않음

(5) 자생지에서 6m 이상까지 자람

(6) 수경 재배로도 잘 자람

6. 결언

식물을 키우는 사람들을 대상으로 설문조사를 한 결과 공기정화를 위하여 식물을 기른다는 답변이 전체의 58%를 차지했다고 한다. 실내에 식물 화분을 4~5개 정도만 놓아두어도 4시간 안에 초미세먼지 농도가 20% 이상 낮아진다고 하는 연구 결과도 있다.
생태적 특성과 환경조건을 고려하여 실내에 배치할 식물을 선정하는 것이 중요하다.

▶▶▶ 84회 2교시 6번

실내조경은 주거·업무·상업공간뿐만 아니라 치유역할 등으로 다양하게 활용되고 있다. 치유정원(Healing Garden)의 효과와 조성방법을 논하시오.

1. 개요

실내조경은 인공적인 구조물 안에 수목 및 초화류, 조형물 등을 식재 또는 배치하여 외부와 유사하게 식물을 감상하는 것을 말하며 치유정원은 원예식물을 도구로 삼고 인간의 감각을 이용하여 신체적·정신적 장애가 있는 사람들에게 심리적·정신적 치유를 유도하는 정원을 말한다. 실내공간에서 장식적·심미적·건축적 기능을 기대할 수 있고 공간에 선형미를 부여하며 환경 개선 및 심리치료 효과와 환경교육 효과도 기대할 수 있다.

2. 실내조경의 효과

1) 장식적 효과

　　(1) 선형미, 색채미, 구성 효과
　　(2) 꽃과 잎의 형태미와 향기
　　(3) 식물의 조각물 효과

2) 건축적 효과

　　(1) 공간 분할, 동선 유도
　　(2) 공간 분리 및 차폐로 사생활 보호

3) 환경적 효과

　　(1) 실내 온도의 급변 방지
　　(2) 습도 조절

(3) 부유성 먼지를 흡착하여 제거

4) 교육 및 치료 효과

(1) 자연환경 및 식물에 대한 이해

(2) 아로마테라피 효과

(3) 심리적 긴장감 완화

3. 실내·실외공간 비교 및 역할과 치유정원(Healing Garden)의 효과

1) 실내·실외공간 비교

실내공간	실외공간
• 폐쇄적 환경	• 외부환경에 노출됨
• 건조하므로 인공관수 필요	• 자연 강우
• 광 조건에 제약이 있음	• 자연 태양광 흡수 가능
• 건축구조에 의한 벽면이 있음	• 벽면녹화만 건축벽에 녹화

2) 실내조경의 역할

(1) 장식기능

① 건축재의 모서리 등 인공성 완화

② 꽃과 잎에 의한 시각적 장식 효과와 심미적 기능

③ 식물의 선형미와 색채미 발현

(2) 심리적 기능

① 긴장감 완화, 피로회복

② 정적·동적 감성 유발

③ 향기에 의한 아로마테라피 효과

(3) 건축적 기능

① 경계 형성, 영역 표시

② 동선 유도, 프라이버시 보호

(4) 환경조절 및 정화기능

① 실내습도와 온도조절

② 오염물질 흡수와 정화

③ 미세먼지 흡착

4. 치유정원(Healing Garden)의 효과

1) 식물을 이용 치료
   (1) 촉각·후각·청각을 통해 식물과 교감
   (2) 식물 배양과 육성에 참여
   (3) 정신적·육체적 회복 기간 단축

2) 휴식 및 심리적 안정
   (1) 휴게공간 장식 및 휴식의 도구로 활용
   (2) 녹색갈증 해소로 안정감을 얻음

3) 시각적 쾌적성과 즐거움 제공
   (1) 다양한 색채와 형태를 통해 시각적인 즐거움 제공
   (2) 정원 이용자의 어메니티 향상

4) 심리적인 의욕 고양 효과
   (1) 공동공간의 이용을 통한 교류
   (2) 사회관계 형성을 통한 의욕 증대

5. 치유정원 조성방법

1) 주거공간의 치유정원
   (1) 플랜터 배치 또는 실내화단 조성
   (2) 관목과 초화를 적극적으로 이용
   (3) 식물의 향기·감촉·색채·형태를 감상하는 공간 마련
   (4) 일상생활을 통해서 식물을 통한 정신적 치유

2) 공공공간의 치유정원
   (1) 병원, 노인보호센터, 정신질환자 수용센터 등에 설치
   (2) 위압감을 주지 않는 높이 및 수형을 선택
   (3) 계절별 색채 선택으로 공간 변화와 다양성 창출
   (4) 긍정적 사고를 통한 증상의 완화

6. 결언

실내조경의 개념과 범위가 확대되고 있으며 조성기법 또한 전문화하고 있다. 치유정원은 인위적으로 만들게 되나 자연스럽게 이루어지는 치유를 기대하는 정원이므로 다양한 종류의 식물과 시설물을 잘

활용하고 배치하여 물리적·심리적 치유기능을 극대화하는 공간이 될 수 있도록 지속적인 노력이 필요하다.

▶▶▶ 100회 2교시 4번

대도시 도심의 도로구조물 또는 교각 하부공간에 대한 공간적 특성과 조경계획 시 고려사항, 도입 프로그램 등을 설명하시오.

1. 개요

도로구조물이나 교각 하부공간은 나대지 형태로 방치되어 있고 유해시설의 집중이나 과다한 그늘 등으로 미관 증진이 필요한 공간이다. 하지 시 태양의 고도가 최고일 때도 태양광이 비추지 않아 일조량 부족으로 인해 식물 생육이 어렵고 어둡고 습한 특성이 있다. 내음성 수종의 식재, 조명을 이용한 야간 이용공간 조성, 수경 요소의 배치 등으로 개선할 수 있다.

2. 도로구조물 또는 교각 하부공간의 공간적 특성

1) 경관적 단절

　(1) 수직구조물로 인한 시선 차단
　(2) 녹지공간이 없거나 주변 녹지와 연결 미흡

2) 과다한 음지

　(1) 영구 음지의 성격을 가짐
　(2) 일조량을 기대할 수 없는 곳이 많음

3) 유해시설이 집중된 회피경관

　(1) 무단 쓰레기 투척
　(2) 불법 주차장으로 이용
　(3) 창고 등 불법점용시설로 환경 악화

3. 도로구조물 또는 교각 하부공간 조경계획 시 고려사항

1) 음지성 식물 도입

　(1) 음지에 내성이 강한 식물 선정

(2) 개화시기를 고려한 식재로 지속적인 개화경관 유지

2) 공공이용공간으로 조성

　　(1) 공용체육시설 설치
　　(2) 주간이용도를 높여 안전성 확보
　　(3) 커뮤니티 공간으로 전환

3) 야간의 안전성 확보

　　(1) 셉테드(CPTED) 도입으로 안전성 확보
　　(2) 경관조명 설치로 가시성을 높임

4) 도입식물에 적합한 환경 조성

　　(1) 생육에 필요한 식재지반 조성
　　(2) 주기적인 관수, 제초, 시비
　　(3) 고온과 저온에 견디는 식물 선정

4. 도입 프로그램

1) 내음성 수종 식재

　　(1) 보상점 및 광포화점이 낮은 수종 선정
　　(2) 강음수, 음수 식재
　　(3) 주목, 회양목, 맥문동, 수호초 등

2) 조명을 이용한 경관연출

　　(1) 도시미, 인공미와 자연미의 조화
　　(2) LED를 이용한 색채조명 도입
　　(3) 반사거울 등으로 태양광 유입

3) 수경관 요소 도입

　　(1) 캐스케이드 및 분수 설치
　　(2) 친수공간으로 활용
　　(3) 우수저류시설로 겸용

4) 접근성 높은 소공간으로 활용

　　(1) 체육공간, 휴식공간으로 활용
　　(2) 주변 녹지 및 보행로와 연계

(3) 환경조각, 벽화 등을 도입

5. 도로구조물 또는 교각 하부공간 활용 사례

1) 다락 옥수

(1) 교량 하부유휴공간 재생 프로젝트

(2) 작은 도서관을 만들고 매주 문화강좌와 공연 개최

(3) 어린이 체험 프로그램 운영

(4) 선포털시스템과 거울반사시스템을 조합하여 교량 하부로 태양광이 비치도록 함

[다락 옥수의 선포털시스템]
출처 : https://blog.naver.com/thesunportal/222735924946

2) 미추홀구의 미추홀체육관

(1) 인천대로 교량 하부공간 재생 프로젝트

(2) 교량 하부에서 배출되는 빗물과 조류 배설물 등으로 민원이 많았던 곳

(3) 주민을 위한 운동기구와 조명 설치

6. 결언

지방자치단체마다 도시 구조물 하부공간을 활용하기 위하여 적극적으로 대안을 내어놓고 있다. 한 지방자치단체에서는 지역 주민을 위한 문화공간으로 만들어 호평을 받고 있다. 이러한 분위기에 발맞추어 작은 화단이나 텃밭을 조성하여 식물 가꾸기 체험을 하거나 농작물을 수확할 수 있는 공간으로 꾸미는 것도 바람직하다고 본다.

> ▶▶▶ 127회 3교시 3번
>
> 다년생 숙근 초화류를 중심으로 정원을 조성하고자 한다. 건조지, 반음지, 습지 및 인공지반(옥상) 등 공간별 환경 특성, 설계 및 유지관리 방안에 대해 설명하시오.

1. 개요

정원을 만드는 목적은 일상생활에서 다양한 수목과 꽃을 통하여 시각적인 즐거움을 얻기 위함이다. 초화류는 일년생과 다년생으로 구분할 수 있는데, 숙근 초화류로 조성하는 정원은 일년생 초화류로 조성하는 정원보다 입체감이 크며 계절에 따라 다양한 색채와 크기의 초화를 배치하게 되므로 경관미 또한 뛰어나다.

2. 다년생 숙근 초화류의 특성과 종류

1) 특성

(1) 다년생 초화류는 몇 년 동안 생존
(2) 개화기간은 일년생 초화에 비해 짧음

2) 다년생 숙근 초화류의 종류

구분		내용
봄	복수초	• 5~15cm로 자라고 4~5월에 노란색의 꽃이 핌 • 중부, 남부, 제주도 등의 산골짜기, 숲속 그늘에 분포 • 햇빛이 잘 드는 양지와 습기가 약간 있는 곳을 선호
봄	크림슨 클로버	• 콩과식물로 50cm 정도로 자람 • 6~7월에 피는 자주색의 꽃이 매우 아름다움 • 잎의 길이는 2~5cm로 작은 잎이 달림 • 척박한 토양에 질소를 공급하는 기능이 있음
여름	금계국	• 꽃이 황금색 달걀처럼 생겼다고 하여 붙은 이름 • 꽃은 밝은 노란색이고 잎은 긴 타원형 • 30~60cm 정도이며 90cm까지도 자람 • 잎은 전체적으로 부드러운 곡선형
여름	접시꽃	• 아욱과 접시꽃속(Althaea)의 두해살이풀 • 중국 서부 지역이 원산지 • 흰색, 분홍색, 붉은색, 노란색 등의 꽃이 핌 • 온대 지역에서 관상용으로 널리 재배

구분		내용
가을	러시안 세이지	• 보라색 계열의 꽃 • 다소 긴 형태로 자람 • 어떤 정원에도 어울리고 잘 자람 • 햇빛이 충분하고 배수가 잘되는 곳을 선호
	아네모네	• 개화기간이 6~8주로 상당히 긴 편 • 분홍색, 흰색의 꽃이 핌 • 특유의 아름답고 섬세한 분위기를 지님 • 자리 잡은 후에는 유지관리가 쉬움

3. 건조지, 반음지, 습지 및 인공지반(옥상) 등 공간별 환경 특성

1) 건조지

   (1) 강수량이 증발량보다 적은 건조기후 지역에 나타남

   (2) 연 강수량 500mm 미만의 지역

   (3) 토양이 대체로 건조하고 식생이 드묾

   (4) 토양생성작용이 미약하여 토양층이 얇게 형성되기도 함

2) 반음지

   (1) 간접적으로 들어오는 빛을 장시간 받을 수 있는 장소

   (2) 실내의 비교적 밝은 거실 창가나 베란다

   (3) 강한 광선을 좋아하지 않는 반음지 식물이 자람

3) 습지

   (1) 항상 습기 또는 물에 젖어 있는 땅

   (2) 유기물이 반 분해된 상태로 남아 있을 수 있음

   (3) 이탄 습지, 점토질 토양이 많음

   (4) 함수율과 유기물 함량이 높음

4) 인공지반(옥상)의 환경 특성

   (1) 자연 관수와 배수가 불가능

   (2) 콘크리트의 알칼리성 영향을 받을 수 있음

   (3) 하중을 줄이기 위해서 인공토양과 자연토양을 혼합

   (4) 수목이나 초화류 식재 시 피트모스나 퇴비를 섞어 기반을 만듦

4. 초화류 정원 설계

1) 초화류 정원의 유형

   (1) 평면화단
   (2) 자수화단
   (3) 입체화단
   (4) 특수화단
   (5) 그 외 다양한 형태의 화단

2) 초화정원의 식물

   (1) 일년초가 대부분이나 일부 숙근초와 관상용 식물, 열대 식물을 사용할 수 있음

   (2) 일년초
      백일홍, 메리골드, 아게라텀, 베고니아

   (3) 이년초 혹은 이년초 같은 숙근초
      금어초, 에리시멈, 디기탈리스, 델피늄

   (4) 구근류
      ① 전년도 가을에 심는 추식 구근 : 튤립, 수선화, 히아신스, 무스카리
      ② 해당 연도 봄에 심는 춘식 구근 : 글라디올러스, 달리아, 칸나

3) 초화정원 설계 시 사전 확인사항

   (1) 부지에 대한 사전 조사
      ① 광 조건을 분석
      ② 양지, 반그늘, 음지인지 구분
      ③ 광 조건에 따라 관목과 숙근 초화 등 식물 종류를 결정

   (2) 토양 배수 조건
      ① 화단의 흙을 30cm 폭과 깊이로 파내고 물을 부은 후 모두 빠져나가도록 함
      ② 3~4시간이 지나도 물이 잘 빠지지 않는다면 배수가 안 되는 것
      ③ 60cm 정도 깊이에 유공관 매립 후 인근 배수구로 연결하여 배수 유도

   (3) 식물 생육을 위한 토양기반 조성
      ① 배수성 · 보습성 · 통기성을 고려
      ② 기존 토양과 상토, 모래, 부엽토 등을 적절히 혼합
      ③ 화단 면적이 넓을 때는 흙 둔덕을 조성하여 입체감을 줄 수 있음

(4) 풍향과 풍량 고려
　　① 바람이 심한 곳은 담장이나 수벽을 조성하여 막음
　　② 담장과 수벽은 위요감을 형성할 수 있음

4) 초화정원의 디자인
　(1) 정형식 또는 비정형 정원으로 선정 후 수반되는 식재 관련 요소를 결정
　(2) 비정형 정원은 자연스러움을 위해 관목, 잔디 등을 섞어 심음
　(3) 일반적으로 봄·여름·가을의 정원을 계획

5. 숙근 초화류 정원 유지관리 방안

1) 월동 준비
　(1) 초화류는 일반적으로 개화기가 끝난 후의 경관이 불량하여 민원 대상이 됨
　(2) 일년초는 월동이 어려워 주기적 보식과 추가적인 예산 소요
　(3) 다년초의 경우는 월동을 위한 거적 덮기 등 조치로 동해 방지

2) 주민의 직접 참여에 의한 관리
　(1) 초화 입양제 등으로 주민이 직접 관리
　(2) 지역주민이 직접 관수하고 수시로 제초
　(3) 계절에 따라 필요한 초화류 보식 및 시비
　(4) 관리작업을 통해 정원이 주민의 소유라는 것을 인식시킴

6. 결언

도시의 정원은 도시민에게 작은 규모의 녹지를 일상적으로 접하게 하는 효과가 있다. 다양한 형태와 기능을 지닌 정원을 조성하여 도시민이 즐길 수 있도록 하기 위해서는 정원공간 활용의 유연성 및 조성계획의 창의성이 필요하다. 또한 장기적인 관점에서 지속가능한 정원이 되기 위해서 유지관리작업을 어떻게 할 것인가에 대한 고민도 필요하다.

- 64회 2교시 3번
- 121회 2교시 2번
- 127회 3교시 4번
- 126회 2교시 4번
- 126회 4교시 4번
- 108회 4교시 4번
- 88회 4교시 2번
- 84회 2교시 2번
- 126회 3교시 2번
- 87회 3교시 3번
- 94회 3교시 3번
- 118회 2교시 6번
- 87회 4교시 4번
- 115회 2교시 1번
- 100회 2교시 3번
- 118회 4교시 5번
- 88회 2교시 3번
- 97회 4교시 6번
- 96회 3교시 1번
- 102회 2교시 5번
- 118회 2교시 2번
- 66회 4교시 4번
- 84회 4교시 5번
- 100회 4교시 4번

CHAPTER 07 조경시공구조

조경기술사 논술 기출문제풀이

▶▶▶ 64회 2교시 3번

뿌리의 발생이 잘되지 않는 비교적 큰 수목을 2~3년 전부터 준비하여 6월에 이식할 때 준비작업 내용을 설명하고 준비작업, 굴취, 차량운반, 식재, 식재 후 조치 등에 대해 특별시방서를 작성하시오.

1. 개요

큰 나무들이 상처를 입게 되는 경우가 있다. 여름철에 태풍으로 인해 가지가 부러지거나 줄기가 갈라지고 겨울에는 눈이 많이 내려 하중을 못 버텨 줄기가 굽거나 갈라진다. 대형목을 옮기거나 보호수 등을 이식할 때는 생육상태를 보호하기 위해 사전에 나무의 생장에 지장을 주지 않는 범위 내에서 뿌리 보호를 위한 사전처리를 해야 이식 후의 생장에 영향이 없다.

2. 대형수목 이식 시 준비작업

1) 수목의 유형 구분

　(1) 교목, 관목, 상록, 낙엽, 침엽으로 구분
　(2) 교목은 다년생 목질인 곧은 줄기가 있음

2) 수목의 규격 측정

　(1) 수고, 수관폭, 흉고지름, 근원지름 등을 측정
　(2) 기본적으로 수고×흉고지름으로 표시
　(3) 필요에 따라 수관폭, 수관길이, 지하고, 뿌리분의 크기, 근원지름 등을 지정할 수 있음

3) 수목의 건강상태 확인

　(1) 이식에 쉽게 적응할 수 있는지 확인
　(2) 되도록 휴면기에 이식

4) 이식장소 선정

        (1) 이식장소를 사전 점검
        (2) 식재 장소의 토성과 토질, 기상조건 조사
        (3) 건물이나 옆의 수목에 너무 가까운 곳은 피함

    5) 가지치기와 가지묶기

        (1) 굴취 전 가지치기는 약전정
        (2) 병든 가지, 부러진 가지, 약한 가지 제거
        (3) 벌어진 가지는 묶음

    6) 수피보호

        (1) 해충 침투를 막기 위하여 피복 전에 수피에 살충제 살포
        (2) 수간을 적정한 재료로 피복
        (3) 재료 : 마대, 부직포, 종이, 비닐, 진흙

    7) 증산억제제와 잎 훑기

        (1) 과도한 증산을 막기 위해 증산억제제를 잎에 살포
        (2) 실리콘 현탁액 또는 호르몬제 사용

    8) 관수 및 배수

        (1) 굴취 전 수일 내에 관수하여 토양이 너무 마르지 않게 함
        (2) 굴취 후 수목이 수분부족에 시달리지 않게 함
        (3) 토양 과습 시는 흙이 마를 때까지 기다렸다가 분을 제작

    9) 뿌리돌림

        (1) 이식 2~3년 전부터 뿌리돌림 실시
        (2) 잔뿌리 발생을 촉진
        (3) 수관 하부의 주위를 두 부분으로 나눔
        (4) 이식 3년 전, 2년 전으로 나눠 실시

3. 굴취, 차량운반, 식재

    1) 굴취

        (1) 뿌리분을 넉넉하게 굴취
        (2) 잔뿌리의 손상을 최소화해야 함

2) 차량운반

   (1) 운반 시 수분의 과다 증발을 막는 조치 필요
   (2) 수관에서 과다 증발하지 않도록 부직포 등으로 감쌈
   (3) 수목의 흔들림을 막기 위해 차체에 단단히 고정

3) 식재

   (1) 뿌리가 안정적으로 활착되도록 식재 구덩이는 넉넉하게 함
   (2) 유효토심 확보

4. 식재 후 조치

1) 전지 · 전정

   (1) 생리적 조절을 위한 전정 실시
   (2) 수분 불균형을 맞추기 위해 가지와 잎을 다듬음
   (3) 상처 난 가지나 부러진 가지 등을 정리

2) 수간주사

   (1) 수세 쇠약을 막기 위해 실시
   (2) 줄기의 물관부에 액체상태의 영양제 주사
   (3) 약제는 식물생장에 필요한 필수원소와 미량원소 함유

3) 관수

   (1) 뿌리와 토양의 밀착을 위해 적정량 관수
   (2) 충분히 주되 과다하지 않도록 함

4) 줄기 감기와 지주 세우기

   (1) 여름철 고온기에는 밧줄 등으로 줄기 감기 실시
   (2) 뿌리의 활착을 돕기 위해 흔들림이나 도복 방지

5. 결언

대형수목의 이식은 보기보다 매우 까다로운 작업이다. 이미 적응한 환경에서 다른 장소로 옮기는 것이므로 여러 가지 이유로 수목이 받게 되는 스트레스를 줄이기 위해 몇 년 전부터 치밀하게 준비하여 부정적인 영향이 미치지 않도록 해야 하기 때문이다. 조경수는 가능한 한 유목 때 이식하고 성장 후 이식을 할 때는 준비작업을 철저하게 해야 할 것이다.

> ▶▶▶ 121회 2교시 2번
>
> '문화재수리 표준시방서'에 근거한 문화재 조경공사의 시공 시 '굴취'에 관한 표준시방 내용을 작성하시오.

1. 개요

문화재수리 표준시방서는 문화재수리의 원칙과 적용하는 공사의 범위, 담당자의 책무, 현장관리·재료관리·시공관리·안전관리, 수리보고 및 기록유지 등의 문화재 수리에 관한 전반적인 내용을 기록한 문서이다. 문화재 조경공사는 기반조성, 정자, 화계, 연못, 조산, 포장, 수목식재 및 관리, 괴석 등을 설치하는 것을 말하며 문화재수리 표준시방서상 문화재 및 이에 준하는 지역의 조경공사에 적용한다.

2. 지형에 따른 굴취방법 및 이식 전 준비사항

1) 지형에 따른 굴취방법

(1) 전체적으로 둥근 지형일 때
  ① 도로와 접근한 지면에서 시작하여 가장 아래쪽부터 옆으로 이동하면서 굴취
  ② 위쪽으로 갈지자 모양으로 길을 내면서 올라가야 함

(2) 전체적으로 길다란 지형일 때
  지형의 입구부터 길을 만들면서 진입

2) 수목 이식 전 준비사항

(1) 이식수목의 종류와 특성, 수세, 수목의 크기
(2) 토성과 토질, 토양 pH
(3) 이동거리
(4) 굴취방법, 분크기, 운반방법
(5) 기존의 서식환경과 이식하는 곳의 환경

3. 일반적인 수목 이식의 과정

1) 뿌리분의 직경 결정

(1) 근원직경의 3~5배 또는 수종에 따라서 5~10배
(2) 분의 높이는 중앙부의 3배
(3) 분의 가장자리는 근원직경의 2배

2) 뿌리분의 굴취와 후속작업

   (1) 포크레인으로 분의 크기보다 조금 더 넓게 팜
   (2) 직접 분의 모양을 동그랗게 다듬음
   (3) 분 모양을 만든 후 마대를 덮고 고무줄을 감아 조임

3) 상차

   (1) 상차 시 무게는 분의 크기에 따라 결정
   (2) 분의 무게에 따라 상차 시 사용하는 장비를 결정
   (3) 5톤 카고 크레인 등을 사용하여 수목을 들어 올려 상차

4) 하차 및 식재

   (1) 포크레인으로 식재할 장소의 흙을 미리 파놓음
   (2) 수목을 식재할 장소에 내리고 방향을 맞춰 놓음
   (3) 되묻기를 함

5) 죽 쑤기

   (1) 흙으로 덮은 후 토양 속에 생긴 공기층을 없애는 작업
   (2) 호스를 토양 속으로 깊게 찔러 넣어 물을 줌

[죽쑤기]
출처 : https://blog.naver.com/han1110v/222682103121

6) 지주목 세우기

   (1) 뿌리분이 바람에 흔들리면 토양 내에 공극이 발생하고 공기층이 생겨 아직 활착되지 않은 뿌리가 부패할 수 있으므로 이를 방지

   (2) 식재한 수목의 도복 방지

7) 전정과 소독작업

   (1) 수목의 수분 증발산의 균형을 맞추기 위하여 실시

   (2) 수목에 상처 난 부분을 소독

4. 문화재 조경공사 시 '굴취'에 관한 표준시방

1) 가지주

   (1) 수고 4.5m 이상의 수목에 대하여 굴착 시 쓰러질 우려가 있는 경우에는 굴취 전에 가지주를 세움

   (2) 문화재 등에 인접하여 피해를 줄 우려가 있는 경우에는 반드시 가지주를 세워 안전조치 후 굴취

2) 분의 크기

   (1) 뿌리분의 크기는 수종에 따라 다름

   (2) 대체로 해당 근원직경의 4~5배 이상

   (3) 분의 깊이는 세근의 밀도가 현저히 감소된 부위까지로 함

3) 분의 모양

   (1) 뿌리분의 둘레는 원형, 옆면은 수직, 밑면은 둥글게 다듬음

   (2) 심근성 수종은 조개분, 천근성 수종은 접시분의 형태로 만들고 일반적인 나무는 보통분의 형태로 만듦

4) 뿌리의 정리

   (1) 뿌리분의 외부로 돌출한 굵은 뿌리는 약간 길게 톱질하여 자름

   (2) 세근이 밀생한 부분은 가급적 이를 뿌리분에 붙여 보존

   (3) 절단된 뿌리부분은 일그러지거나 깨지지 않도록 하며, 잘린 부분은 칼로 절단하고 도포제 등으로 처리

5) 분뜨기

   (1) 뿌리분 주위는 지표에 대해 수직으로 파내려 감

   (2) 굵은 뿌리는 톱으로, 가는 것은 전정 가위로 깨끗이 잘라가면서 깊이 파내려 감

   (3) 필요한 뿌리분 깊이의 1/2 정도를 판 후 새끼줄로 뿌리분의 허리를 단단히 감음

(4) 곁뿌리를 잘라 곧은 뿌리만 남기고 새끼를 밑바닥으로 돌려 상하 방향으로 비스듬히 감은 후 마지막으로 곧은 뿌리를 자름
(5) 유구가 발견된 경우에는 담당원과 협의하여 적절한 보존조치

5. 결언

문화재조경공사에서 다루는 수목은 종류에 따라서 이식이 까다로울 수 있고 굴취과정은 생각보다 어렵고 복잡한 작업이다. 수목의 크기와 서식환경 등 고려해야 할 사항이 많기 때문이다. 수목을 굴취하기 전에 만반의 준비를 하여 굴취 시 수목에 미치는 영향을 최소화해야 하겠다.

▶▶▶ 127회 3교시 4번

민간부문 공동주택 건설공사 조경감리제도의 개선방안에 대해 설명하시오.

1. 개요

현재 민간부문 공동주택 건설공사 시 공사 분야별로 감리원을 배치하도록 하고 있다. 그러나 조경 분야 감리원 배치는 「건설기술진흥법」과 「주택법」에서 규정하고 있는 것과 「주택건설공사 감리자지정기준」의 내용이 다르다. 이런 점 때문에 공동주택 조경공사의 품질을 관리하기 위한 감리업무를 조경기술인이 수행하지 못하고 토목 또는 건축기술인이 관행적으로 수행하고 있는 것이 문제라고 볼 수 있다.

2. 조경 건설사업관리(감리)와 관련된 법규

1) 「건설기술진흥법 시행령」 제55조(감독 권한대행 등 건설사업관리의 시행)

   (1) 총공사비가 200억 원 이상인 건설공사로서 '300세대 이상의 공동주택 건설공사'에 건설사업관리를 시행
   (2) 즉, 300세대 이상의 공동주택 건설공사의 조경감리 업무에 조경 분야 감리원을 배치

2) 「건설기술진흥법 시행규칙」 제35조(건설사업관리기술인의 배치기준 등)

   (1) 시공 단계의 건설사업관리기술인을 상주기술인과 기술지원기술인으로 구분해 배치
   (2) 공사의 규모 및 공종 등을 고려하여 배치

3) 「주택법 시행령」제47조(감리자의 지정 및 감리원의 배치 등)

   (1) 300세대 이상 주택건설공사에 건설엔지니어링사업자를 감리자로 지정

   (2) 총괄감리원 1명과 공사 분야별 감리원을 각각 배치

3. 조경 건설사업관리(감리)의 현황

1) 1,500세대 이상의 공동주택단지는 매우 드물고 대부분 800세대, 1,000세대, 1,200세대 미만

2) 공동주택 공사의 90%가 넘는 1,500세대 미만의 공사는 토목·건축 분야 감리원이 업무 수행

3) 조경기술인이 건설사업관리(감리)를 수행하지 못하여 대부분의 공동주택 조경의 품질을 관리하지 못하고 있음

4. 조경 건설사업관리(감리)제도의 개선방안

1) 「주택건설공사 감리자지정기준」 개정

   (1) 「건설기술진흥법 시행령」 규정과 동일하게 함

   (2) 즉, 1,500세대 이상을 300세대 이상으로 조정

2) 일자리창출 효과 기대

   (1) 건설사업관리 활성화로 취업기회 마련

   (2) 청년실업 해소, 여성 일자리 제공 등

   (3) 약 1,500~2,000여 명의 일자리 창출

3) 경력 단절 여성 조경기술인의 재취업 유도

   (1) 토목·건축 분야의 여성기술인은 13~15% 정도이고 조경 분야는 35%

   (2) 섬세하고 세밀한 작업에 여성기술인의 경력을 활용

   (3) 감리에 참여하여 공동주택의 품질과 경관이 향상되도록 함

4) 유관기관과 산업계 및 학계의 공동 노력

   (1) 조경발전재단, 한국조경학회, 조경지원센터, 한국조경협회, 조경계 언론기관, 조경식재협의회, 조경시설물설치공사업협의회, 한국건설기술인협회 등

   (2) 현실에 맞지 않는 불합리하고 모순된 법규 개정

5. 결언

건설기술인협회에 등록된 기술인은 약 80만 명 정도이고 그중 조경기술인은 약 3만 6,000명가량 된다. 네 번째로 많은 기술인을 보유하고 있는 분야임에도 불구하고 조경기술인에게 불합리한 법규나 제도가 여러 곳에 산재하고 있다. 조경은 주택과 장소의 부가가치를 결정하는 주요 요인이다. 조경의 영역에 조경전문가가 감리자로 들어가 공정관리·품질관리·안전관리를 수행하여 품격과 수준을 높일 수 있는, 생활권공원과 유사한 개념의 녹지를 조성함으로써 조경의 전문성을 강화하고 홍보하며 공동주택 입주민들에게 많은 혜택이 돌아갈 수 있도록 해야 할 것이다.

▶▶▶ 126회 2교시 4번

공사 클레임 및 분쟁에서의 협상에 의한 해결 방안(Negotiating Settlements)에 대해 설명하시오.

1. 개요

지금까지 한국 건설회사의 해외건설공사 수주는 상당한 실적을 올렸다. 그러나 그 이면에는 저가 수주, 클레임으로 인한 제소 등의 문제가 있다. 그리고 국내 건설사는 해외공사 시 겪는 가장 큰 어려움을 '계약업무 및 클레임 발생'이라고 답하였다.

한국과 정서 및 문화가 다른 해외 건설사는 서양의 문화와 법률에 근거한 국제계약서를 기준으로 업무에 임한다. 따라서 한국 건설시장의 관습과 방식으로 일을 했을 경우 문제가 발생할 수 있다.

2. 클레임(Claim)의 정의 및 유형, 발생요인

1) 정의

계약에서 수량이나 품질 등에 위반사항이 있을 때 이의를 제기하거나 배상을 청구하는 행위

2) 클레임 유형

(1) 계약상의 클레임 또는 계약 클레임(Contractual Claim)
(2) 계약 위반 클레임(Claim for Breach of Contract)
(3) 법률 위반 클레임(Claim in Tort)
(4) 준 계약 클레임(Quasi-Contractual Claim)
(5) 호의적인 클레임(Ex-Gratia Claim)

3) 클레임 발생요인

구분	내용
외부적 위험 (External Risk)	• 외부에서 발생하는 위험요인 • 인가·허가, 민원, 안전, 주변 환경
발주처 조직의 행위 (Clients' Organizational Behavior)	• 발주처 또는 감리단의 공사관리 능력 부족 • 복잡한 절차와 부당한 지시 • 일정 사항에 대한 결정 지연 • 사업자의 문제제기에 대한 부실한 대응
프로젝트에 대한 개념 (Project Definition in Contract)	• 계약서상의 프로젝트에 대한 해석의 차이 • 계약서의 오류 • 계약사항 미준수 • 계약 불이행

3. 클레임 및 분쟁과 관련한 한국 건설사의 문제점

1) 안일한 계약 업무
2) 클레임 관리부실 및 클레임 발생 시 공황상태
3) 임의의 공기단축 공사 및 준공 후 잊어버림
4) 현장 상황에 대한 기록 및 관리부실

4. 클레임 관련 법과 협상의 필요성

1) 클레임 관련 국내법

   (1) 공사계약 일반조건 제51조
   (2) 용역계약 일반조건 제36조
   (3) 물품구매(제조)계약 일반조건 제31조
   (4) "계약의 이행 중 당사자 간에 발생하는 분쟁은 협의에 의하여 해결한다"로 규정

2) 협상의 필요성

   (1) 분쟁해결에 많은 노력과 시간 필요
   (2) 분쟁기간 동안 공기 지연 및 원가 상승
   (3) 소송 시 쌍방 모두 경제적·사회적 피해 발생

5. 협상에 의한 클레임 해결 방안(Negotiating Settlements)

1) 협상 프로세스 체계화

   (1) 협의가 진행될 수 있도록 관련 기관이나 정부 부처의 참여

(2) 지방자치단체의 전문위원회 등을 협상의 장으로 활용
(3) 객관적이고 신뢰성 있는 공공기관과 인증된 외부 전문가 참여
(4) 현장에서 본사까지 유관부서 간 협업체계 구축

2) 건설분쟁조정제도 활성화
(1) 건설분쟁조정위원회 설치
(2) 조정의 공정성을 확보하기 위하여 전문 실무자 위주로 운영
(3) 분쟁 조정 신청을 즉시 해결할 수 있는 전담 사무국 설치
(4) 분쟁조정기구의 적극적 도입

3) 집행력 부여
(1) 조정위원회의 조정 결정의 실효성 확보
(2) 중재를 준비하는 표준적인 절차를 마련하고 이를 준수
(3) 관련 법을 제정하고 프로세스 및 대응원칙을 법제화

6. 결언

국내 건설시장의 포화 및 건설경기 침체로 인하여 해외 건설시장 진출은 피할 수 없는 일이 되었다. 계약체결부터 공사 종료 후까지 클레임 관련 실무자와 공사 참여자, 시공사 등이 체계적·효율적으로 연계되어 클레임 상황에 효과적인 대응을 할 수 있는 선진적 체계가 마련되어야 할 것이다.

▶▶▶ 126회 4교시 4번

공사 수행 시 효율적 노무관리 형태에 대해 설명하시오.

1. 개요

건설공사에서 공정관리를 위한 기본적인 3대 요소는 자재·장비·인력이다. 공사 수행 시의 노무관리는 이 중에서 인력관리의 범주에 포함되는 것으로 공사현장에 필요한 노동력을 관리하고 작업환경, 노동시간, 노동강도 등을 살펴 적정하게 유지함으로써 노동자의 능력을 충분히 발휘하게 하는 일련의 작업을 말한다. 실제 공사현장에서는 투입되는 공사비와 공사기간을 고려하여 조금 더 효율적인 노동력 배분을 하게 된다.

2. 노무관리의 정의 및 필요성

1) 정의

   (1) 노사 간의 관계로 인하여 발생하는 일련의 업무를 처리하는 방식

   (2) 건설공사 현장에 투입되는 인원에 대한 정보와 수 및 작업시간을 관리하는 행위

2) 노무관리의 필요성

   (1) 건설현장의 근로자는 담당 기사의 지시에 따라 일정한 작업에 투입

   (2) 인력의 적정한 배치는 노무비 원가 및 노동생산성에 영향을 미침

3. 건설공사의 기본원가 구성과 노무비 유형

1) 건설공사의 기본원가 구성

   자재 · 장비 · 인력의 투입량 × 단가

2) 노무비 유형

   (1) 원가 구성에 따라 직접 노무비 또는 간접 노무비로 나눔

   (2) 관리방법에 따라 직영 노무비와 간접 노무비로 나눔

4. 건설공사 노무관리의 특성 및 유의사항

1) 건설공사 노무관리의 특성

   (1) 원도급자는 하도급자가 공급하는 노동력에 의존

   (2) 건설공사는 노동집약적 산업이므로 노동자 고용에 위험부담이 있음

   (3) 원도급자는 위험을 분산시키기 위해 하도급자의 노동력을 요구

2) 건설공사 노무관리 시 유의사항

   (1) 직영 작업자와 외주 작업자를 구분

   (2) 상시 고용 작업자와 일용 작업자를 구분

   (3) 현장에서 실행예산 및 공사예정공정표에 따라서 인력동원계획서 작성

5. 공사 수행 시 효율적 노무관리 형태

1) 적재 · 적소에 인력 배치

   (1) 인력 동원 및 작업일과 작업시간 배정

   (2) 적합한 작업에 적정한 인원을 배치

   (3) 노무자 개인의 기능, 시공 경험, 신체조건 등의 특성을 파악

2) 인력의 과다 배치 지양
(1) 과다 배치로 인력손실이 없어야 함
(2) 필요한 장소와 공종에 적정 인력을 배치

3) 건설근로자의 안전 확보
(1) 안전모 착용 의무화
(2) 안전시설 설치 및 상시 점검
(3) 개개인의 능력을 무시한 배치는 안전사고 발생위험을 높임

4) 복리후생 시설 운영
(1) 현장 숙소와 편의시설 운영
(2) 숙소는 노동력 재생산을 위한 휴식처
(3) 숙소의 시설과 관리상태는 근로자의 정착과 작업능률에 영향을 줌
(4) 출퇴근 차량 운행, 작업복 지급, 욕실, 식당, 휴게실 등

5) 관련 서류 구비
(1) 근로계약서 작성
(2) 장애인 여부 확인
(3) 주민등록증, 가족관계증명서, 외국인등록증, 장애인등록증 보관
(4) 출역일보 작성 : 현장 및 용역명, 순번과 직종, 성명, 주민등록번호, 주소, 출역상황 기록
(5) 노무비 대장 작성

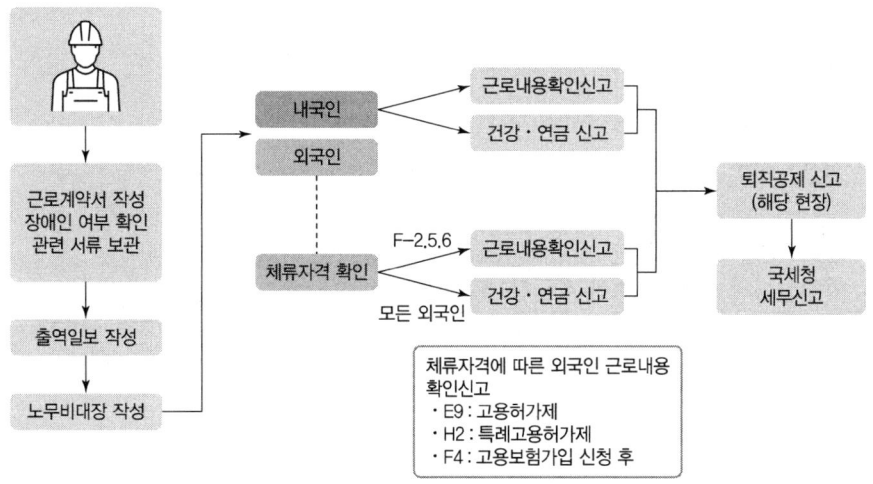

[건설업 노무관리의 흐름]

6. 결언

건설공사의 규모가 커지면서 효율적인 노무관리의 필요성이 매우 커졌다. 노무관리는 근로자에 대한 행정적·실무적 관리를 통합한 관리 분야이다. 최근에는 건설근로자에 대한 정보를 데이터로 관리할 수 있는 건설 노무관리 프로그램도 이용하고 있다.

▶▶▶ 108회 4교시 4번

조경식재 시 안전관리방안에 대해 설명하시오.

1. 개요

건설공사에서는 추락, 토사붕괴, 건설기계에 의한 사고, 나무의 도복에 의한 사고 등 다양한 형태로 사고가 일어난다. 조경식재공사는 여러 단계의 작업을 거치게 되는데, 각 단계에서 재료를 다루는 기술과 시공의 숙련도에 따라 안전사고가 발생할 여지가 있다. 식재 완료 후에도 현장 여건의 변화나 주변 환경 요인으로 인하여 안전사고가 발생할 가능성이 있기 때문에 관리계획을 수립할 때 식재 현장뿐 아니라 현장 주변 환경도 살피고 유지관리 시의 안전성도 확보해야 한다.

2. 안전사고의 원인

1) 자연발생적인 요인에 의한 것

    (1) 추위, 더위
    (2) 태풍, 강풍
    (3) 집중호우, 강설
    (4) 서리, 우박

2) 물리적 요소에 의한 것

    (1) 안전설비의 불량, 협소한 작업장, 환기 불량
    (2) 기계 또는 설비의 정비·점검 미이행
    (3) 기계 공구의 미비
    (4) 기계 운전 시의 부주의

3) 근로자에 의한 것

    (1) 작업 내용이나 과정에 대한 이해 부족

(2) 작업 시 부주의나 업무 태만
(3) 신체의 결함 또는 질병과 피로 누적
(4) 노약자의 근로
(5) 안전모 등 복장 미비

4) 실무 요인에 의한 것
(1) 예산 부족
(2) 잦은 설계변경
(3) 부적기 시공
(4) 지나치게 빠른 시공
(5) 여유 없는 공사기간
(6) 불합리한 단축공사

3. 식재공사의 단계 및 유의사항

1) 식재공사의 단계
(1) 굴취
(2) 수목 운반
(3) 가식
(4) 식재 기반 조성
(5) 수목 식재
(6) 지피식물 · 초화식물 식재
(7) 종자 뿜어붙이기

2) 식재공사 시 유의사항
(1) 작업 수행 시의 안전수칙과 화재, 사고 등의 위급상황 발생 시의 조치사항과 행동요령을 벽면에 부착하여 숙지하도록 함
(2) 작업 전 장비나 공구의 사용법을 숙지
(3) 장비를 사용하면서 다른 곳으로 이동할 때는 반드시 장비의 작동을 멈출 것
(4) 식재에 필요한 복장과 보호구 착용
(5) 장치나 장비의 이상이 발견된 때에는 이상 여부를 알리고 즉시 수리
(6) 장치나 장비의 가동 중에는 정비나 청소를 하지 않음
(7) 사용한 장비나 도구는 제자리에 정리하여 관리
(8) 식재일지를 만들어 특이사항, 장치 및 장비의 고장 유무 등을 기록하고 관리

4. 조경식재 시 안전관리 방안

1) 굴취
(1) 이식할 수목을 굴취하여 운반할 때는 특히 안전에 주의
(2) 야생수목 굴취 시는 지하매설물 위치를 확인하여 훼손이나 파괴, 감전사고 등에 대비

2) 수목운반
(1) 운반경로상의 장애물은 사전 제거
(2) 밑으로 처지는 가지는 줄로 묶어 처지거나 땅에 끌리지 않도록 함
(3) 상하차 방법을 준수하여 수목의 손실이나 사고 방지
(4) 「도로교통법」을 숙지한 후 운반계획을 세움

3) 가식
(1) 가식장 선정기준 및 환경조건을 고려하여 적합한 장소를 선정
(2) 수목의 규격 및 형태, 장비의 접근성을 고려하여 충분한 작업공간 확보
(3) 식재지 내에 배수 불량에 따른 침수구간이 있는지 확인하고 표면배수 유도
(4) 배수 및 통풍 등의 환경조건을 고려하여 가식장을 조성

4) 식재기반 조성
(1) 시공 전 작업에 영향을 줄 수 있는 하중 유형을 검토하고 안전대책 마련
(2) 옥상 등 위험지역에서 시공 시 안전펜스 등을 설치
(3) 식생층의 토양을 지나치게 가벼운 것으로 하지 말 것
(4) 배수, 방수, 관수, 하중을 고려한 계획을 세워 안전사고에 유의

5) 수목식재
(1) 지반침하가 우려될 때는 침하 후 지주목이 움직이지 않도록 함
(2) 바람이 심한 곳에서는 바람의 방향을 감안하여 지주목 설치
(3) 활착 전 쓰러지지 않도록 적정한 토심 확보
(4) 가지 낙하 사고가 발생할 수 있으므로 필요 없거나 방해가 되는 가지는 제거

6) 종자 뿜어붙이기
(1) 현장여건을 파악하고 적합한 녹화방법을 선정
(2) 슬러리 혼합 후 바로 사용해야 함
(3) 파종 후 침식이 우려될 때는 비닐 등 피복지를 덮어 토양이 바람에 날리지 않도록 함

7) 식재 전후 관리

　　(1) 농약이나 비료는 농도, 사용시기, 사용량, 사용방법 등을 반드시 준수

　　(2) 농약 사용 후의 포장재나 용기는 안전하게 폐기

　　(3) 독성이 강한 농약은 별도 장소에 보관

5. 결언

식재공사는 생각보다 까다로운 작업이다. 살아 있는 생물체를 다루면서 작업환경에 따라서 작업자의 안전도 고려해야 하기 때문이다. 굴취 · 운반 · 가식 · 정식 등의 모든 과정에 수목의 도복이나 수목과의 충돌, 상차 · 하차 시 수목 또는 작업도구의 낙하, 토사 붕괴 등의 위험이 도사리고 있다. 공사 계획단계부터 안전 확보에 대하여 철저하게 대비책을 세워야 할 것이다.

▶▶▶ 88회 4교시 2번

조경공사의 주재료인 조경수 생산과 유통에 대한 문제점과 개선방안을 설명하시오.

1. 개요

조경수는 조경공사의 중추를 이루며 기능과 미를 완성하는 중요한 재료로 수형 · 색채 · 계절에 따른 관상 가치 및 환경적응력 등이 충족되어야 한다. 현재 조경수 시장은 생산정보 부족에 의한 과잉생산, 품귀현상 등의 발생으로 생산자와 수요자 간 수급 불안정, 조경공사 진행 차질 등 문제가 발생할 수 있다. 조경수 육성, 수림 조성, 관리 및 생산과 유통 전반의 기술 및 제도의 개선을 통해 시장 수요에 효과적으로 대응하는 산업시스템을 구축해야 한다.

2. 조경수 생산의 문제점

1) 조경수 생산 측면

　　(1) 영세한 경영 규모

　　　　① 대부분 임대 포지 위주의 생산

　　　　② 조기 운영자금 조달목적으로 소형 수목, 관목 위주의 생산

　　　　③ 중대형 수목, 대형 수목 생산은 기피

　　(2) 신품종 개발 기피

　　　　① 신품종은 조달청 고시까지 상당한 시일 소요

② 수요 부재로 인한 개발 의욕 저하

2) 조경수 생산자 정보 부족

(1) 조경수목 수급 현황 정보 인프라 결여
(2) 정부 또는 공공기관 인가 수종만 집중하여 대량생산
(3) 과잉생산에 따른 가격 폭락, 품귀현상 발생

3. 조경수 유통의 문제점

1) 수목 유통정보시스템 부재

(1) 체계적 유통정보 수집 및 전달을 위한 시스템 부재
(2) 중간상인 시장독점으로 유통 효율 저하
(3) 조경수 총괄 전담기구 부재

2) 도매시장 부재

(1) 구매, 이식, 활착 후 장기간 관리를 통해 소비욕구 충족
(2) 안정적인 판매 보장 및 소비자 권익 보호를 위한 직거래 부족
(3) 나무시장 같은 도매시장 성격의 기구 부재

3) 규격화 기준 미비

(1) 유통 기준규격이 흉고직경, 근원직경, 수고 등 형태와 크기 기준
(2) 건강상태, 활력도 등 품질에 대한 평가기준 미흡

4) 조경수 수출 및 수입 문제

(1) 관상 자원의 특성상 원활한 수출 곤란
(2) 수출 시기가 식물 휴지기에 한정되어 연중 수출 곤란
(3) 대외 홍보 부족으로 국내 수종에 대한 인식이 낮음
(4) 일본의 기술력과 중국의 가격 경쟁력에 밀림

4. 조경수 생산·유통문제 개선방안

1) 조경수 법인화 공동체로 경쟁력 강화

(1) 작목반 공동생산 유도로 대규모화·기업화 추진
(2) 조경수 생산을 위한 주요 산업단지 지정과 육성

2) 조경수 영농개선 및 생산의 기계화 추진

(1) 장비, 시설보급 등 자치단체 보조사업 추진

(2) 시설재배 자동화, 시스템 체계화

3) 지역별 조경수 품종 차별화

(1) 지역별 전략품종 육성으로 수종 다양화

(2) 품종별 선도 농가 조직화

4) 조경수 생산자 네트워킹 강화

(1) 세분된 품질표시 기준 마련으로 합리적 체계 확립

(2) 생산자, 연구기관, 설계·시공 인력 간 정보체계 구성

5) 조경공사 중장기 수급계획 마련

(1) 중형·대형 수목을 대상으로 계약재배제도 도입

(2) 국가 직영 양묘장을 활용한 계획생산방안 강구

5. 결언

코로나 상황으로 인해 건설경기가 둔화되어 조경수 유통이 과거보다 더욱 어려워졌다. 우수한 품질의 수목을 생산하고 적극적인 홍보를 통해 소비를 촉진시켜야 할 때라고 본다. 또한 수해와 냉해, 태풍 등 각종 자연재해에 대한 대비 및 지원책을 마련하여 많은 조경수 농가의 생산 시스템 안전성과 지속성을 확보해야 할 것으로 보인다.

▶▶▶ 84회 2교시 2번

조경공사 적산기준의 현황 및 문제점을 설명하고 개선방안을 제시하시오.

1. 개요

조경공사는 토목·건축공사 등 다른 건설공사에 비해 자연적·지리적 조건에 따라 시공조건이 크게 변화되는 특수성이 있으므로 적산기준은 조경공사의 공사비를 적정하게 산정하고 우수한 시공품질을 확보하기 위하여 필요하며 견적 시 일반적으로 적용할 수 있는 기준을 제시한다.

2. 조경공사 적산기준 적용방법

1) 적산기준 적용방법

(1) 적산기준을 원칙으로 하되 지역·시기별 특성 및 자재 수급을 고려하여 조정

(2) 건축, 토목, 설비 등의 관련 공사와 연관되는 부분은 해당 분야의 표준품셈 및 기준 등을 참고

(3) 본 기준은 관계 법령, 국토교통부 표준시방서, 각 중앙관서의 장 또는 그가 지정하는 단체에서 제정한 표준품셈, 건설교통부 제정 조경설계기준, 기타 사회여건 등의 변화에 따라 변경될 수 있으며 변경되는 시한도 계속 보완·개정하기로 함

3. 조경공사 적산기준의 주요 내용

1) 수량의 계산 및 단위

(1) 수량의 단위 및 소수위는 토목 표준품셈 단위표준에 의함

(2) 수량 계산은 지정 소수위 이하 1위까지 구하고 끝수는 사사오입

(3) 절토량은 설계도서상 자연 상태의 양으로 함

(4) 일위대가표 금액란 또는 기초계산금액에서 소액이 산출되어 공종이 없어질 우려가 있어 소수위 1위의 산출이 불가피한 경우에는 소수위의 정도를 조정하여 계산할 수 있음

2) 품의 할증

(1) 토목 표준품셈 1~16에 의하여 세부 공종별 품셈에 조경공사의 특징인 소규모 공사에 대한 품의 할증이 별도로 규정되어 있는 경우에는 규정된 각 할증률을 적용

(2) 규정되어 있지 않은 경우는 품을 50%까지 가산

3) 재료 수량의 할증

(1) 설계수량과 계획수량의 산출량에 운반·저장·절단·가공 및 시공과정에서 발생하는 손실량을 예측하여 부가

(2) 토목 표준품셈 1~9에 의함이 원칙

(3) 발주기관에서 정하고 있는 할증률이 있을 경우 그 할증률 적용

(4) 표준품셈의 각 항목에 재료 할증률이 포함되어 있을 때는 별도로 적용하지 않음

4) 수량산출

(1) 수량산출 범위의 착오 등으로 누락 및 중복되는 일이 없도록 함

(2) 수량산출은 여러 경우를 고려하여 조합 가능

(3) 소단위로 나누어서 산출하고 산출양식, 순서를 통일하여 일정한 방법으로 산출되도록 해야 함

(4) 적용할 일위대가표의 시공단위와 공사비 내역서에 적용할 시공단위가 정확히 일치하는지 여부를 충분히 검토해야 함

(5) 시공단위가 일치하지 않는 경우 심각한 공사비의 착오가 발생하므로 각별한 주의 필요

5) 일위대가표

(1) 표준품셈에서의 단위당 품은 재료의 절대 수요량을 기준으로 함
(2) 가공 및 시공품 등을 적용할 때 할증량에 대한 품을 추가 적용해서는 안 됨
(3) 재료비는 할증량을 포함하고 총 소요량에 단가를 곱하여 산출
(4) 내역서 작성 시 유의사항
    ① 상호 연관성 있는 공사와 같은 공종은 분류
    ② 내역서 작성 시 1식 공사는 가능한 한 지양하고 부득이하게 1식 공사에 대해 작성할 경우는 상한선을 정하여 합리적인 금액으로 조정 가능

4. 결언

조경공사는 목적물 완성을 위한 공종 범위가 넓고 조경공간의 특성에 대한 미적인 고려나 다품종 소규모 공종을 반영한 적산기준이 필요한데 이러한 기준이나 근거에 대한 내용이 토목공사나 건축공사와 비교할 때 현저히 부족하다. 식재공사 시행 시의 표준적인 수목 유지관리기준을 수립하고 유지관리 대가를 내역에 삽입해야 한다.

▶▶▶ 126회 3교시 2번

2022년 신규사업부터 적용하는 조경설계 표준품셈 중 기본 및 실시설계의 업무별 주요 내용(기본업무, 업무정의(세부업무))과 환산계수를 설명하시오.

1. 개요

표준품셈은 말 그대로 공사의 예정가격을 산정할 때 일반적으로 인정하여 적용할 수 있는 기준이며 산출에 필요한 재료 및 공사량 등에 대한 정부고시가격을 모아 정리한 것이다. 표준품셈에 따라 발주기관은 낙찰예정가를 결정하고 건설업체도 적절한 응찰가를 산출한다. 미국, 영국 등 선진국에서는 전문 자격을 갖춘 적산사가 적정 공사비를 산출하고 이에 따라 업체가 공사비를 결정한다.

2. 기본 및 실시설계의 정의 업무별 주요 내용

1) 기본 및 실시설계의 정의

   도시공원, 공동주택 및 대지의 조경, 녹지, 주제형 사업 등 대상지 성격에 따라 수립된 기본계획(Master Plan)을 바탕으로 공사비 등의 기본적인 내용을 설계도서에 표기하는 기본설계와 그 기본설계를 구체화하여 실제 시공에 필요한 내용을 설계도서에 표기하는 과정

2) 기본 및 실시설계의 업무별 주요 내용

기본 업무		업무 정의
조사	각종 조사 등	• 현지 조사 및 답사 • 자연 환경조사 · 분석 • 인문 환경조사 · 분석 • 유사 사례 조사 · 분석 • 종합분석
설계안 작성	대안작성 · 선정	• 도입 활동 및 시설 선정 • 공간 배치구상 • 대안 작성 비교 검토, 확정 ※ 대안작성 · 선정 업무는 기본설계 등 전 단계 업무의 유무에 따라 산정함. 전 단계 성과가 있을 경우 대안작성 · 선정 업무의 70%를 적용
기본설계	기반 설계	• 지형 및 가시설 설계 • 상하수도 설계 • 가로등(공원 등), 통신설비 설계
	식재 설계	• 대상지 성격에 따른 여건 분석 및 식재 공법 선택 • 식재 구상도(개념도) 작성 • 수목 선정 및 배식 설계 • 지피 · 초화류 선정 및 배식 설계
	시설 설계	• 공간별 설계 • 조경시설물 설계 • 조경구조물 설계
	포장 설계	• 대상지별 포장재료, 공법 선정 • 포장 설계
	기본 공사비 산출	• 기본수량 산출 • 기본공사비 산출

기본 업무		업무 정의
성과품 작성	보고서	기본 및 실시설계 보고서
	기본 및 실시설계 도서	• 설계설명서 및 예산서 • 공사시방서 • 설계도면 • 설계내역서 • 단가산출서 • 수량산출서
기술협의	위원회 심의 지원	• VE 심사, 기술심의, 시·도 심의, 경관 심의, 건축 심의 등 심의자료 작성 및 보고 • 의견 수렴 및 조치사항 반영
	주민설명회 자료 작성 등	• 공청회, 주민 설명회 등 자료 작성 • 설명회 개최 및 의견 수렴
	관계기관 협의	발주자 협의 및 민원 검토

3. 환산계수

$$환산계수(\alpha 1) = \left(\frac{면적}{5,000\mathrm{m}^2}\right)^{0.4}$$

1) 환산계수

   기준인원 수에 사업면적을 고려하여 산정한 투입인원의 수

2) 투입인원 수

   환산계수와 대상지 성격 및 업무난이도에 따른 보정계수를 곱함

3) 면적

   (1) 조경 설계에 의한 조성사업이 이루어지는 면적
   (2) 면적 $5,000\mathrm{m}^2$ 이하에서도 적용
   (3) 조사 업무의 면적은 각종 조사 등을 수행하는 면적으로 함

4. 결언

표준품셈은 지금까지 공사금액 산출의 표준화에 기여하였다. 그러나 고정적인 기준 탓에 시장가격의 변동을 수시로 반영하기 어렵고 신기술·신공법 등을 즉각적으로 적용할 수 없다는 것이 단점으로 지적되어 왔다. 이에 표준시장단가 등으로 산출되는 가격의 현실화를 위한 노력을 계속하고 있다.

▶▶▶ 87회 3교시 3번

목재의 사용 환경에 따른 사용 방부제 및 처리방법에 대해 기술하시오.

1. 개요

목재방부제는 목재에 포함되어 있는 성분을 양분으로 이용하는 부후균을 차단하기 위해 사용하는 약제이다. 사용 목적과 적용 수종, 화학적 성질에 따라 수용성·유화성·유용성·유성·마이크로 나이즈드로 구분한다. 약제는 가압식 주입처리방법, 도포처리법, 현장처리법 등으로 처리한다.

2. 목재방부제의 사용 목적

1) 조경시설물의 인위적·자연적 손상 방지
2) 시설물의 내구성 증진
3) 다양한 환경영향에 대한 목재의 저항력 증대

3. 목재의 사용환경에 따른 사용 방부제

1) H1
   (1) 습기에 노출 없는 실내환경
   (2) 부후균 생장 가능성이 없는 환경
   (3) 천공 해충 피해 가능성이 있는 환경
   (4) BB, AAC, IPBC, IPBCP

2) H2
   (1) 지붕이 있는 실외환경
   (2) 가끔 습기에 노출되는 환경
   (3) 천공해충 및 목재 오염균 피해 환경
   (4) ACQ, CCFZ, ACC, CCB

3) H3A
   (1) 실외 비접지로서 강우로부터 보호되는 지상부
   (2) 덮여 있어 보호되는 환경
   (3) 표면이 도료 등으로 도포되어 보호되는 환경
   (4) 표면배수가 잘 되도록 보호된 환경
   (5) CUAZ, CU-HDO, MCQ, NCU

4) H3B

    (1) 강우로부터 보호되지 않는 지상부

    (2) 도료 등이 도포되지 않아 강우에 노출된 환경

    (3) 천공해충 피해 환경

    (4) 목재 가해 균류, 흰개미 피해 예상환경

    (5) ACQ, CCFZ, CU-HDO, MCQ

5) H4A

    (1) 미경작 또는 토양의 접지에 사용되는 환경

    (2) H4B에 비해 부후 조건이 약한 환경

    (3) 목재 가해 균류 및 흰개미 피해 예상 환경

    (4) ACQ, CCFZ, CU-HDO, ACC

6) H4B

    (1) 접지 또는 담수와 접촉하는 곳 등 열화가 극심한 환경

    (2) 극심한 부후가 예측되는 토양

    (3) 민물에 영구적으로 노출되는 환경

    (4) 목재 오염균과 연부후균 피해가 예상되는 환경

    (5) ACC, CCB, CUAZ, CU-HDO

4. 목재의 방부처리방법

1) 가압식 주입처리방법

    (1) 밀폐 용기 내에서 압력을 가감하여 약액 주입

    (2) 저기압 상태에서 침적 후 7~12기압으로 가압

    (3) 사전 건조 → 전배기 → 약액 주입 → 가압 → 후배기 → 양생 → 검사

2) 도포처리법

    (1) 도포 후 목재를 충분히 건조해야 함

    (2) 목재 표면에 약제를 2번 이상 바르거나 분사

    (3) 약제의 침투 깊이가 얕아 임시 방부에 사용

3) 침적법

(1) 목재를 약제에 담금, 오픈 탱크법
(2) 목재 내부까지 방부처리 가능
(3) 가열한 용액에 목재를 넣으면 한증막 효과가 있음

4) 확산법

(1) 수용성 보존제를 바르거나 약제에 침지
(2) 방수지나 비닐로 감싸 2~4주간 확산 유도
(3) 함수율이 높은 목재에 적용

5. 결언

방부처리는 목재의 수명을 연장하는 방법이다. 특히, 실외에 목재를 사용할 경우 습기를 차단하지 않으면 심각한 하자가 발생할 수 있다. 세계 각국이 목재의 지속가능한 이용 확대를 위한 정책을 마련하고 있으므로 한국도 이에 대하여 대응해야 할 것이다.

▶▶▶ 94회 3교시 3번

> 수경시설에 사용되고 있는 방수재료의 종류를 열거하고, 2가지 공법을 선정하여 공법별 특성과 표준단면도(Non Scale)를 제시하고 설명하시오.

1. 개요

수경시설은 서정적·역동적인 감성과 미기후 개선 기능이 있으며 도시미와 인공미가 있는 시설과 자연미를 지닌 시설로 구분한다. 인공미가 있는 시설에는 시멘트액체방수가, 자연미가 있는 수경시설에는 벤토나이트방수공법이 쓰인다. LID 수순환 체계를 조성하기 위해서는 투수성 확보를 통해 지하수를 함양하고 배수 시스템과 연계해야 한다.

2. 수경시설의 기능과 방수재료

1) 수경시설의 기능

(1) 물의 특성을 이용한 감성공간 형성
(2) 열섬현상 등 도시이상기후 완화

(3) 에너지 자족기능 향상

2) 공간별 적용 방수재료의 종류

공간유형	공간특성	방수재료
자연형	• 곡선 위주의 미감 • 지형 보호 • 연못 또는 계류 조성	• 진흙 • 벤토나이트
인공형	• 콘크리트의 기하학적 조형성 강조 • 캐스케이드, 인공분수 등	• 시멘트 • 우레탄

3. 방수공법별 특성과 표준단면도

1) 벤토나이트 방수

(1) 특성

① 자연 친화성을 지님

② 기존 지형 보전이 가능

③ 시공 후 건조가 심할 때 하자 발생

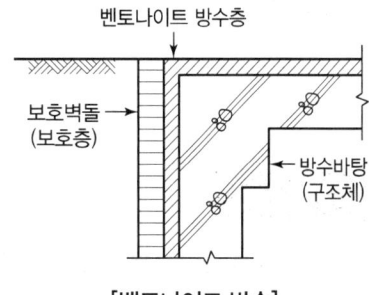

[벤토나이트 방수]

(2) 시공방법

① 방수층과 피복층을 조성

② 진흙, 모래, 돌 등을 포설

③ 주변의 식생을 도입하여 식재

2) 시멘트 액체방수

(1) 구조물 보호

(2) 옥상녹화 방수

(3) 얇은 방수층으로 작업이 쉬움

(4) 방수체계 자체에 생태적인 기능은 없음

(5) 도포 후 보호모르타르 처리 필요

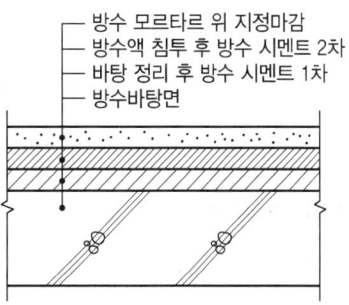

[시멘트 액체방수 단면]

4. LID가 가능한 방수공법 개선사항

1) LID 수순환체계 조성 필요성

(1) 도시 미기후 개선

(2) 에너지 절약

2) LID 수순환체계와 방수의 연계

(1) 물길에 따른 수공간 입지 선정
(2) 지속적 물 공급과 지하수 함양
(3) 투수성 확보로 주변 토양에 물 흡수
(4) 배수체계와 연계하여 물 흐름 보존
(5) 유공관, 생태수로와 방수시스템의 연계

5. 결언

기후변화와 에너지부족은 도시 환경의 건전성을 저하시키고 있으며 이로 인해 자원자족형 도시 중심의 패러다임이 전 세계적으로 확산되고 있다. 방수시스템과 우수저장시설을 연계하여 어느 정도의 투수성을 허용하여 물의 순환을 도모하고 지하수 고갈 등 물 부족 현상을 해결해야 할 것이다.

▶▶▶ **118회 2교시 6번**

조경공사에 사용되는 자연석, 가공석을 구분하여 형태별, 규격별, 마감별 품질기준을 설명하시오.

1. 개요

석재는 지질학적 구조와 성질이 변화되면서 생성된 광물성 재료로 원석의 형성기원이나 생성지역에 따라 특성이 다르다. 크기, 형태, 색채, 질감이 다양하고 목재에 비해 내구성이 높은 것이 장점이며 석재의 성인(成因), 형상, 경도에 따라 분류한다.

2. 자연석의 품질기준

1) 미적인 가치를 지닌 경질의 것
2) 풍화 또는 마모되어 종류별 특성이 잘 나타나는 것
3) 이끼 등 착생식물의 보존이 필요한 산석은 설계서에 이를 명시
4) 경관석은 형태 · 색채 · 질감 및 크기 등을 조사하여 설계에 반영

[자연석의 품질기준]

종류	품질기준
가공 자연석	• 일정한 크기의 깬 돌을 가공해 형태와 질감이 자연석과 비슷하게 만든 것 • 자연석을 대신하여 사용할 수 있음
호박돌	• 하천에서 채집되는 평균지름 약 20~40cm 정도의 강석 • 크기는 용도와 공급 여건을 고려하여 결정
조약돌	가공하지 않은 자연석으로 지름 10~20cm 정도의 달걀꼴 돌
야면석	• 표면을 가공하지 않은 자연석 • 운반이 가능하고 공사용으로 사용될 수 있는 비교적 큰 석괴
자연석 판석	• 수성암 계열의 점판암, 사암, 응회암 • 얇은 판 모양으로 채취하여 포장재나 쌓기용으로 사용되는 석재 • 자연미 등의 미관효과를 연출할 수 있어야 함 • 포장재로 사용할 경우에는 답압에 견딜 수 있는 강도와 내마모성을 가져야 함

3. 가공석의 품질기준

종류		품질기준
다듬돌		• 각석 · 판석 · 주석과 같이 일정한 규격으로 다듬어진 것 • 다양한 분위기 연출을 위해 주변 환경에 적합한 표면마감을 선택
	각석	너비가 두께의 3배 미만으로 일정한 길이를 가지고 있는 것
	판석	두께가 15cm 미만으로 너비가 두께의 3배 이상인 것
견칫돌		• 전면이 거의 평면을 이루고, 대략 정사각형으로 뒷길이 · 접촉면의 폭 · 후면 등이 규격화된 돌 • 접촉면의 폭은 1변 평균길이의 1/10 이상, 면에 직각으로 잰 길이는 최소변의 1.5배 이상이어야 함
사고석		전면이 거의 사각형에 가까우며, 전면의 1변 길이는 15~25cm로서 면에 직각으로 잰 길이는 최소변의 1.2배 이상이어야 함
깬 돌		• 견칫돌보다 치수가 불규칙하고 일반적으로 뒷면이 없는 돌 • 접촉면의 폭과 길이는 전면 한 변 평균길이의 약 1/20과 1/3이 되는 돌

4. 결언

석재는 과거부터 조경공간을 구성하는 중요한 재료로 사용했다. 내구성이 강하고 비중이 크며 자연적인 경관을 조성하는 데 효과적인 재료라고 할 수 있다.

> **87회 4교시 4번**
>
> 자연형 폭포를 조성할 때 고려해야 할 구조적 요소와 시공방법에 대해 논술하시오.

1. 개요

자연형 폭포는 물의 중력 방향에 대한 낙하의 특성을 활용한 자연 친화적인 친수시설이다. 폭포의 흐름과 물이 아래로 낙하하는 성질을 이용해 경관의 시각적 아름다움을 증진시키고 청각적 효과를 통해 이용자에게 상쾌함을 주는 등 동적인 경관을 연출한다.

2. 자연형 폭포의 개념 및 특성

1) 자연형 폭포의 개념

(1) 자연형 친수 시설
    자연지형의 높이차 이용

(2) 물의 특성을 효과적으로 표현
    ① 물이 흐르고 떨어지는 성질을 이용
    ② 시각적·청각적 기능

2) 자연형 폭포의 특성

(1) 설계대상 공간의 지형적 차이 이용
    물의 낙하 특성 활용

(2) 자연자원의 경관적 이용
    수량 확보의 자연성 고려

(3) 바닥면과의 접촉효과 고려
    ① 다양한 질감과 색채로 바닥면 처리
    ② 사운드스케이프와 색채디자인과 결합

3. 자연형 폭포 조성 시 고려사항 및 구조적 요소

1) 조성 시 고려사항

(1) 급수원과 수질
    ① 설계 수질을 설정
    ② 상수·중수·하천수 등을 이용하여 수량 확보

(2) 설계 일반
   ① 물의 연출에 중점
   ② 유지관리 및 점검과 보수가 편리한 형태

(3) 자연형 호안 조성
   ① 자연형태의 호안 조성
   ② 각 요소의 유기적 결합

2) 구조적 요소

(1) 기초부
   ① 철근콘크리트 기초로 기단 구성
   ② 바닥 배수구, 퇴출구 등의 기계장치 필요
   ③ 정화시설 및 급수·배수시설을 포함
   ④ 바닥 조명시설, 전기시설

(2) 구조체 부위
   ① 수직적인 구조체 형성
   ② 철골조 또는 철근콘크리트 공사
   ③ 급수·배수처리시설

(3) 마감부
   ① 자연석 쌓기, 석축, 석재 붙이기, 강화수지 사용
   ② 가장 시각적인 표현의 구간
   ③ 시각·청각의 기능을 극대화하는 자연스러운 마감

3) 기계장치

(1) 자동 급수·배수 시스템
   ① 자동적인 물 공급 시설 및 배수 시설
   ② 오버플로(Over Flow) 시설, 불순물 거름장치
   ③ 겨울철 동결 방지를 위해 퇴수구 설치

(2) 정수·정화시설
   ① 불순물 여과 장치 설치
   ② 수질정화장치 등은 용량에 따라 설치

(3) 전기·조명시설
   ① 수중모터, 수중조명을 위한 변압기 설치

② 누전 차단기 및 옥외제어기 설치

4. 자연형 폭포 시공방법

1) 콘크리트 바닥의 방수 처리
   (1) 완전히 방수되도록 처리
   (2) 폭포의 수량 확보를 위해 필요

2) 구조적 안전성 검토
   (1) 구조적·역학적 안전성 검토 후 외관 결정
   (2) 제작 설치도 및 투시도 사전 검토

3) 시공 시 철저한 검수
   (1) 내구성 있는 재료 사용
   (2) 배수, 전기, 기계 설치 장소에 대한 안전성 확보
   (3) 설계도면과 시공현장의 차이 확인

4) 급수·배수 및 물의 처리
   (1) 물의 양 조절과 물의 힘으로 폭포가 자연스러운 형성이 되는지 파악
   (2) 철저한 방수 처리 및 퇴수구 설치

5) 수중조명
   (1) 변압기 및 안전 제어기 설치
   (2) 조명의 광원 보호

6) 표면 및 마감처리
   (1) 자연적인 형상에 근접하도록 처리
   (2) 투수성 포장재 사용

7) 조경 시설
   (1) 자원과 조화를 이루는 형태
   (2) 친수성 식재로 관목, 아교목 등의 수종 선정

8) 공급수의 수질과 수량
   (1) 물의 연출에 대한 유효수량 결정
   (2) 보충 수원의 위치, 배수, 정화기능 확인

9) 유지관리

(1) 노즐 점검, 수중 모터 펌프의 기능 확인

(2) 주기적 점검과 조치 및 청소

5. 결언

폭포는 자연생태계에서 자연적으로 형성된 것이 대부분이지만 자연형 폭포는 말 그대로 인공적으로 조성하는 조형 시설이다. 규모가 클 때는 장엄하면서도 신비한 분위기를 연출할 수 있을 뿐만 아니라 도시에서 수 경관을 경험할 수 있는 시설이므로 도시공간에 적극적으로 도입할 필요가 있다.

▶▶▶ 115회 2교시 1번

수목 이식 시 하자율을 줄일 수 있는 방법에 대해 서술하시오.

1. 개요

수목을 이식할 때는 식재하고자 하는 수종이 심근성인지 천근성인지를 구분하고 수목이 자라온 환경과 새로 이식하는 장소의 환경에 대한 정확한 조사와 환경여건 파악이 필요하다. 이식작업은 수목 선정, 뿌리돌림, 굴취 및 분매기, 전지 · 전정, 운반, 식재, 지주목 설치의 순서로 시행된다.

2. 조경공사의 하자발생 원인

1) 설계 타당성 조사 미비

(1) 현지의 환경, 토양, 기상조건에 맞지 않는 설계

(2) 동선에 대한 배려가 없는 배식 설계

2) 공사 시의 미비점

(1) 수목의 굴취 · 운반 · 상차 · 하차 시 취급 부주의로 뿌리분과 뿌리 손상

(2) 부적기 식재로 수목의 동결, 고사, 병충해 발생

3) 수목과 시설물 관리 부실

(1) 답압, 가지 꺾기로 인한 인위적 피해

(2) 남향 비탈면에서 일조 과다로 인한 고사

(3) 배수 불량 방치

4) 자연현상에 의한 하자

  (1) 우박, 서리, 태풍 등에 의한 도복, 가지 부러짐

  (2) 고온과 일사에 장시간 노출되어 수간 피소 및 갈라짐

3. 수목 이식 시 하자율을 줄이는 방법

1) 수목 선정

  (1) 용기에서 재배한 수목을 사용

  (2) 환경 내성이 강한 수종 선정

2) 뿌리돌림

  (1) 굴취 전 재배지나 생육지에서 뿌리돌림 후 옮김

  (2) 보통 1~2년 전에 실시

  (3) 굴취 시기는 수목의 특성과 계절에 따라 다르게 적용

3) 굴취

  (1) 뿌리 단근 시 자르는 면을 깨끗하게 자르고 처리해야 함

  (2) 상처 부위는 최소면적이 되도록 직각으로 자름

  (3) 상처가 클 때 치료해야 함

4) 상차

  (1) 수목을 들 때 수피가 벗겨지지 않도록 함

  (2) 특히 대형목은 보호대를 감고 신속히 상차하여 단단히 고정

  (3) 상차가 끝나면 수목의 가지가 밖으로 나오지 않도록 묶어서 정리

5) 운반

  (1) 빠르게 운반해야 함

  (2) 직사광선에 의해 가지와 수피가 타고 바람에 부러지는 것을 방지하기 위해 차광막을 덮음

  (3) 수목의 흔들림을 최소화하고 가능한 한 밤에 시행

6) 하차

  (1) 정식할 곳에 하차하는 것이 가장 좋음

  (2) 당일 식재가 힘든 수목은 서늘한 곳이나 음지에 하차 후 차광막 설치

  (3) 아침·저녁으로 물을 살포하고 전정 후 운반하여 식재

7) 식재

(1) 반입 토양이 오염되었거나 배수 불량일 때는 사용 지양
(2) 배수가 불량한 지역에 식재 시 암거배수를 하고 토양개량제 혼합
(3) 구덩이는 뿌리분의 1.5배, 깊이는 뿌리분 길이보다 15cm 깊게 팜
(4) 봄에는 여름 장마를 대비하여 약간 얕게 식재
(5) 가을에는 겨울철 뿌리 동해를 대비해 약간 깊게 심음
(6) 하절기에는 식재 전에 증산억제제 살포
(7) 대형수목은 유공관을 뿌리 주위에 매설하여 통기와 관수를 원활하게 함
(8) 관수 시 토양과 뿌리분이 충분히 젖도록 함
(9) 발근 촉진제, 살균제 등을 혼합하여 관수하면 적응에 도움이 됨

8) 지주목

(1) 이식이 끝나면 교목은 지주목을 설치
(2) 바람에 의한 도복이나 가지 부러짐 방지

9) 유지관리

(1) 병충해가 발생했을 때는 신속히 방제
(2) 건기의 관수작업은 때를 놓치지 말고 실시
(3) 여름철의 지하주차장 상부 등 인공지반의 관수에 신경 써야 함
(4) 한낮을 피하고 기온이 다소 낮아지는 시간에 관수

4. 결언

수목을 이식할 때는 수분 요구도, 광 요구도, 뿌리의 발근 습성 등 수목 고유의 생리와 토양 물성, 기후와 환경을 충분하게 파악하고 적합한 상태를 고려하여 실시해야 한다.

합리적인 식재관리 시스템 도입, 식물과 토양, 병충해에 대한 기초지식 습득, 자연 및 인문환경 이해 등을 토대로 식물의 하자발생을 줄여야 한다.

▶▶▶ 100회 2교시 3번

조경공사 표준시방서에 명기된 비탈면의 보호공법을 열거하고, 각 공법의 특징과 설계 · 시공 · 유지관리의 고려사항을 설명하시오.

1. 개요

토사의 절취 및 성토로 발생하는 인위적인 비탈면이나 경사도 또는 기상현상 등에 의한 토양침식 등 자연 현상으로 발생하는 자연적인 비탈면이 비탈면 녹화의 대상이다. 녹화는 인공재료나 식물재료를 이용하여 지표면을 안정시키고 식물군락 조성 및 훼손되거나 파괴된 녹지생태계를 대체 · 복원하고 경관을 보전하기 위한 것이다.

2. 비탈면 보호공법의 실시 목적 및 유형

1) 비탈면 보호공법의 실시 목적

(1) 훼손된 비탈면의 생태적 · 경관적 복원
(2) 식물을 위한 안정적인 생육환경 조성

2) 비탈면 보호공법의 유형

(1) 비탈면 보강용 심박기
(2) 비탈면 침식방지망 시공
(3) 비탈면 보호용 격자블록 시공
(4) 낙석 방지망 설치
(5) 조립식 식생블록 쌓기
(6) 식생울타리 설치
(7) 콘크리트 힘줄박기
(8) 돌망태 설치
(9) 기타 비탈면 보호공

3. 조경공사 표준시방서에 명기된 비탈면의 보호공법

1) 비탈면 보강용 심박기

(1) 비탈면에 생육기반재의 안정된 부착 도모
(2) 말뚝, 철근 등의 비탈심을 3~4개/m^2 정도 박음
(3) 비탈면에 연직방향으로 충분히 깊이 박아야 함

2) 비탈면 침식방지망

   (1) 지표면 침식방지와 종자유실방지

   (2) 발아촉진과 활착을 도움

   (3) 종자 뿜어붙이기 후 비탈면 위에서 망을 아래로 굴려 자연스럽게 펼쳐지도록 함

   (4) 방지망은 0.1~0.2m 정도 겹쳐 설치

3) 비탈면 보호용 격자블록

   (1) 소형 수로를 격자상으로 구획하여 지표수를 분산

   (2) 격자블록의 속채움 흙을 확보할 수 있도록 여유 공간 확보

   (3) 배수로를 설치하여 시공면에 물 유입 차단

   (4) 붕괴방지시설 또는 수목보호를 위한 조치

4) 낙석 방지망

   (1) 암반과 밀착시킨 후 견고하게 설치

   (2) 앵커볼트는 천공깊이와 간격을 결정한 후 천공

   (3) 와이어 로프는 팽팽하게 당겨 견고하게 설치

   (4) 암비탈면의 굴곡부에 가능한 한 밀착시킴

5) 조립식 식생블록 쌓기

   (1) 내부에 표토나 생육기반재를 채움

   (2) 비탈면에 일체식으로 쌓아 녹화되도록 함

6) 식생울타리

   (1) 암반 비탈면 소단부 등에 설치

   (2) 수목의 원활한 생육이 가능한 선상의 식생울타리를 설치

   (3) 표토 및 생육기반재를 채움

   (4) 토양수분이 충분히 저장되고 배수가 잘 되도록 함

7) 콘크리트 힘줄박기

   (1) 현장치기 콘크리트 격자를 만들어 급한 기울기면의 표층부 붕락을 방지

   (2) 식물의 생육기반을 조성할 수 있도록 함

   (3) 비탈면의 조건에 따라 생육기반재의 채움깊이를 충분히 확보

8) 돌망태

(1) 설계도서에서 지시한 기울기 및 선형에 맞추어 지반을 고름
(2) 돌망태를 설치하고 철선으로 각각의 돌망태를 연결
(3) 철선을 잡아서 늘려 형상을 유지하고 고정해야 함
(4) 공극이 최소가 되도록 기계나 인력으로 돌을 채워 넣음
(5) 모든 철망과 철선은 이중 감기로 연결

9) 기타 비탈면보호공

(1) 비탈면의 지표면안정 및 보호가 되도록 시공
(2) 경관적 관점에서 조형적으로 시공
(3) 인조암붙이기의 조립이음부분은 제품의 바위색과 동일한 색상과 재료로 빠짐없이 채워 방수
(4) 모르타르 및 콘크리트뿜어붙이기는 시공면에 요철을 주어 자연미를 살림
(5) 새집붙이기 등의 식재공을 병용하기 위해서 충분한 깊이의 식혈을 확보

4. 설계 · 시공 · 유지관리의 고려사항

1) 설계 시의 고려사항

(1) 발아율
(2) 종자 혼파
(3) 토양의 특성
(4) 비탈면의 규모, 경사도
(5) 배수상태, 집수상황
(6) 시공자재의 질 확보

2) 시공 시의 고려사항

(1) 종자의 발아처리 여부
(2) 표면에 멀칭
(3) 지반정리, 잡석, 낙엽 등을 제거 후 비탈면 정리
(4) 살수, 시비, 토양개량 등

3) 유지관리 고려사항

(1) 멀칭재는 설계도서 및 감독자의 지시에 의한 품질 이상의 것 사용
(2) 비료는 농촌진흥청 비료공정규격품 또는 동등 이상의 것 사용
(3) 멀칭, 관수, 시비, 추가보식 실시

(4) 2차 식생의 성립과 점유에 방해되는 외래식물 제거

5. 결언

비탈면이라는 불연속면의 특성을 시공현장에서는 정확히 파악하기 어렵다. 이런 점 때문에 획일적인 경사도로 결정해 버리고 이를 반영하면서 동일한 소재와 공법을 선택하는 것이 문제이다. 비탈면 시공계획 수립 시에는 지형, 기상 등의 환경요인, 비탈면의 유형, 공사 유형별 장단점 등을 종합적으로 고려하여야 한다.

▶▶▶ 118회 4교시 5번

비탈면 녹화공법 중 수목류 식재공법 4가지를 설명하시오.

1. 개요

비탈면은 개발 및 지형 변경 시 성토 및 절토작업에 의해 발생한 인위적 지형으로 지형, 지질, 수분 조건 등에서 차이가 발생하며, 경사로 인한 침식, 붕괴 등 구조적 불안정성을 지니고 있다. 녹화공법은 초본류 식재, 수목류 식재, 종자 뿜어붙이기 등으로 나누며 비탈면의 환경여건에 따라 적합한 방법을 선정하여 시공하게 된다.

2. 비탈면 녹화공사의 목적과 복원 순서

1) 비탈면 녹화의 목적

(1) 침식 및 붕괴 방지

(2) 자연환경 회복

(3) 단절된 생태계 회복

(4) 생물서식공간 조성

2) 복원 순서

(1) 현장여건 조사

(2) 복원목표 설정

(3) 식물 선정, 종자 배합비, 파종량 선정

(4) 기초공 검토

(5) 적용

3. 비탈면 녹화공법의 종류

1) 초본류 식재공법
2) 수목류 식재공법
3) 종자 뿜어붙이기
4) 식생 기반재 뿜어붙이기
5) 기타 공법

4. 수목류 식재공법 4가지

1) 차폐수벽공법

   (1) 식생혈이나 식생구덩이 또는 식생기반을 만들기 어려운 암반면에 시공
   (2) 수목이 벽의 역할을 할 수 있도록 조성하는 방법
   (3) 일정 높이의 교목을 심은 화분을 암반면 바로 앞에 나란히 세워 차폐

2) 소단상객토식수공법

   (1) 암반면 위에 작은 단 설치
   (2) 단마다 토사와 비료를 채워 넣고 묘목을 심음

3) 식생상공법

   (1) 요철이 적은 암반면에 사용, 채석장 녹화에 적합
   (2) 점적·선적 형태로 조성
   (3) 철근콘크리트 상자나 FRP, GRP, RPM 등 합성수지 상자, 인조암, 인조목재, 인조석재, 목재 상자를 식재상자로 이용

4) 새집공법

   (1) 절암 비탈면에 식생지점을 조성하는 방법
   (2) 잡석, 벽돌, 블록 등으로 반원형 제비집 모양의 담을 쌓고 담 안에 흙을 채운 후 묘목을 심음
   (3) 암석 채굴 후 요철이 발생한 지역에 적용

5) 식생반녹화공법

   (1) 비료, 흙, 이탄, 토양안정제 등을 섞은 재료 사용
   (2) 접시형태로 식물을 심을 기반을 만들어 비탈면에 미리 만든 구멍이나 수평 도랑의 바닥에 붙인 후 식물을 심음
   (3) 자연적으로 붕괴된 사면이나 절토 비탈면에 적합

5. 결언

비탈면은 지반의 안정성 강화를 위해 배수기능 확보와 경사완화가 반드시 필요하므로 시공 시 먼저 지반안정을 도모한 후 식재지반을 조성해야 한다. 또한 자연지형을 보존하고 기존의 생태환경을 적극 활용해 생물 서식지 기능을 회복하고 유지할 수 있도록 장기적인 녹화의 관점에서 수목을 선정하고 식재해야 한다.

▶▶▶ 88회 2교시 3번

골프장의 페어웨이를 한국산 잔디로 조성하고자 한다. 조성방법 및 관리에 대해 설명하시오.

1. 개요

최근 국민 생활수준의 향상과 주 5일 근무제 등의 시행으로 여가시간이 확대되면서 골프장 시설면적이 점차 증가하고 있다. 생태적이고 친환경적인 골프장에 대한 업계의 관심도 큰 만큼 여러 가지 시도를 하고 있는데, 그중에서도 자생식물과 잔디를 활용한 조성기법이 부각되고 있다. 한국산 잔디는 난지형 잔디로서 9~10월 이후 황색으로 변하는 특징이 있으며 런너 뿌리에 의해 성장하므로 한지형 잔디와는 다른 관리가 필요하다.

2. 골프장 코스의 구성요소

1) 티잉 그라운드(Tee)
   (1) 골프장에서 처음으로 공을 치게 되는 장소
   (2) 사람들의 출입이 잦으므로 복원력이 있고 다소 거친 잔디 초종을 사용

2) 페어웨이(Fairway)
   (1) 티와 그린 사이에 위치한 선형의 장소
   (2) 녹화가 가능하고 회복력이 있는 잔디 식재

3) 그린(Green)과 벙커(Bunker)
   (1) 골프경기의 최종 목표 지점
   (2) 벙커는 골프경기 시 흥미를 배가시키고 경관 경험을 다양하게 만듦

3. 한국산 잔디의 특성과 종류

1) 생태적 특성

(1) 생장력이 강하고 내건성이 있음
(2) 척박한 땅에서 잘 견디며 런너로 번식
(3) 뿌리줄기라고 하는 근계가 발달
(4) 파종은 어려움
(5) 런너(Runner) 파종이나 줄떼·평떼 시공
(6) 겨울철 눈에 오래 덮여 있으면 설부병이 발생할 수 있음
(7) 고온다습할 때는 라지 패치 발병

2) 한국산 잔디 종류

(1) 갯잔디 : 해안가에 번식하는 잔디
(2) 우산잔디 : 작은 꽃모양을 이룸
(3) 들잔디 : 가장 흔하게 사용하는 잔디, 중지, 야지 등
(4) 비로도잔디 : 고운 표면질감이 특징

4. 한국산 잔디를 사용한 페어웨이 조성방법 및 관리

1) 배수기반 조성

(1) 원지반 다짐 및 지형 조성
  ① 골프경기의 흥미를 돋우기 위해 지형을 변형
  ② 친자연적 지형보존 필요
  ③ 지형, 지세의 최대 보전

(2) 배수시설 조성
  ① 유공관 및 자갈, 부직포 부설
  ② USGA, Pur-Wick 방식 등을 사용
  ③ 구배 조성 후 집수정을 연결

2) 잔디 육성층 조성

(1) 모래, 유기물, 토양을 적정 배분하여 육성 토양층 조성
(2) 잔디의 최소 생육토심 15~30cm를 고려

3) 잔디 식재

(1) 평떼 식재 : 뗏장을 떼꽂이로 고정하여 심은 후 토사로 채우고 다짐
(2) 줄떼 식재 : 뗏장을 1/2~1/3로 잘라서 식재
(3) 런너 식재 : 런너를 잘게 잘라 토양과 함께 묻음

4) 한국잔디로 조성한 페어웨이 관리

(1) 봄에 유기물과 모래를 1 대 3으로 섞어 뗏밥을 줌
(2) 잔디 식재면을 칼로 얇게 자르거나 구멍을 내어 근경 발달을 촉진
(3) 블로잉, 휘핑 등으로 잔디밭의 통기성을 높임
(4) 연 4회 이상 주기적으로 예초와 제초 실시

5. 결언

한국잔디는 우리 고유의 환경에 적응한 생태적 초종으로 대규모로 건설되는 골프장에 도입될 시 자연 지역의 생태적인 교란을 막을 수 있는 수단이 될 수 있다. 골프장의 지형 보존, 오염물질 발생량 저감, 유기적이면서 생태적인 유지관리를 통해 골프장 입지로 인한 환경 파괴를 최소화해야 할 것이다.

▶▶▶ **97회 4교시 6번**

콘크리트 포장줄눈의 종류와 각각의 특징을 설명하고, 설치방법을 도식하여 설명하시오.

1. 개요

콘크리트 포장줄눈은 포장부의 온도변화 시 발생할 수 있는 균열을 막기 위해 만드는 이음새이며 설치 위치에 따라 가로·세로 줄눈으로, 기능에 따라 수축·팽창·시공줄눈으로 구분한다. 시공할 때는 포장재 사이에 모래를 채우고 다진 후 이음재를 넣어 붙이고 양생해야 한다.

2. 정의, 기능 및 역할, 줄눈의 분류

1) 정의

(1) 구조물 및 포장부의 이음새
(2) 콘크리트블록 접합부의 틈

2) 기능 및 역할

　(1) 포장 구조체의 건조·수축에 따른 팽창과 수축 허용

　(2) 신구 콘크리트를 종횡으로 분리

　(3) 비틀림 응력 완화

　(4) 불규칙한 균열을 일정 위치로 유도

3) 줄눈의 분류

기준	종류	내용
설치 위치	가로줄눈	구조물의 가로에 설치하는 줄눈
	세로줄눈	구조물의 세로에 설치하는 줄눈
기능	팽창줄눈·수축줄눈	콘크리트의 팽창·수축을 방지하는 줄눈
	시공줄눈	시공과정에서 발생하는 맹줄눈

3. 콘크리트 줄눈의 종류 및 특징

1) 수축줄눈(Contraction Joint)

　(1) 기능 및 설치 위치

　　① 균열 유도 줄눈

　　② 건조·수축에 의한 균열 방지

　　③ 단면의 변화로 균열이 예상되는 곳에 설치

　　④ 개구부 주위, 옥상 보호 콘크리트, 콘크리트 포장부 등

　(2) 시공방법

　　① 선형의 보도구간 3m 이내, 광장 등은 9m² 이내

　　② 깊이와 폭 : 포장 두께의 1/4, 6~10mm

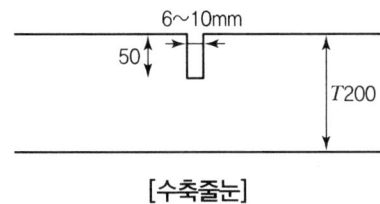

[수축줄눈]

2) 팽창줄눈(Expansion Joint)

　(1) 기능 및 위치

　　① 구조체를 완전히 분리하는 줄눈

　　② 온도변화에 의한 콘크리트의 팽창·수축을 조절

③ 부등침하 및 진동 방지
④ 건물 길이가 긴 경우 설치

(2) 시공방법

① 선형의 보도구간 9m 이내, 광장 등은 36m² 이내
② 포장 경계부에 직각으로 평행하게 설치
③ 필요에 따라 이음판, 지수판 배치

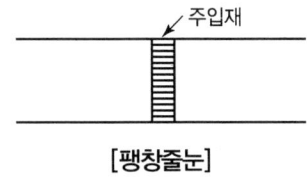

[팽창줄눈]

3) 시공줄눈(Construction Joint)

(1) 기능 및 위치

① 이어 치기를 한 줄눈
② 시공과정에 발생하는 줄눈
③ 기상변화 등으로 각 작업이 중단되었을 때 설치
④ 수축줄눈과 맞춤

(2) 시공방법

① 선형의 보도구간 3m 이내
② 깊이와 폭 : 포장 두께의 1/4, 6~10mm

4. 결언

콘크리트 포장줄눈은 콘크리트 타설 후 기후 및 환경의 변동성에 대응하기 위한 수단이다. 그러나 설계도면에 줄눈 설계가 빠져 있어서 줄눈이 꼭 필요한 데도 현장에서 시공이 안 되거나 졸속 시공되는 경우가 많으므로 이를 확인하는 과정이 필요하다.

▶▶▶ 96회 3교시 1번

토공량 산정방법인 단면법(斷面法), 점고법(點高法), 등고선법(等高線法)의 계산방식을 설명하고 특징을 비교하시오.

1. 개요

토공량의 계산 목적은 생태적으로 균형 있는 토량계산 및 경제적 토공량 계획 수립과 공사비 절감 등이다. 토공량 계산방식은 양단면 평균법, 중앙 단면법, 각주공식에 의한 방법과 구형·삼각 분할법인 점고법, 등고선법이 있다. 선형지역 및 길고 좁은 지형에는 단면법을 적용하고 장방형 및 넓은 지역에는 점고법을 쓰며 저수지 등의 용적 계산 시에는 등고선법을 사용한다.

2. 토량 계산의 목적

1) 균형 있는 절토·성토량 산출
   (1) 균형 있는 토량 계산으로 경제적 토공 달성
   (2) 토양층 파괴를 줄여 생태계 보호

2) 경관 디자인의 변화 도모
   (1) 마운드(Mound) 조성
   (2) 부지의 형태에 맞는 기능적 디자인

3) 공사의 효율화 증진
   (1) 토공사비 절감
   (2) 기계투입 경비나 운반비 절감

3. 토량 계산법의 유형

1) 단면법
   (1) 양단면 평균법, 중앙 단면법, 각주공식에 의한 방법
   (2) 선형 지역에 이용
   (3) 길고 좁은 지형에 적용
   (4) 도로, 철도공사 시 토량 계산

2) 점고법
   (1) 구형 분할법, 삼각 분할법

(2) 장방형 지역에 이용

(3) 넓은 지역, 광장 매립, 땅 고르기 등의 계산법, 택지 조성

3) 등고선법

(1) 등고선상에 나타난 토적 계산

(2) 저수지 등의 용적 계산 시 사용

4. 단면법, 점고법, 등고선법의 계산방식과 특징

1) 단면법

(1) 양 단면 평균법

양 단면 면적을 평균해 양 단면 간의 거리를 곱함

$$V = \frac{L}{2}(A_1 + A_2)$$

여기서, $A_1 \cdot A_2$: 양 단면 면적, L : 양 단면 간의 거리, V : 체적

(2) 중앙 단면법

① 중앙 단면의 면적에 양 단면 간의 거리를 곱함

② 실제 체적보다 적게 계산

$$V = A_0 \times L$$

여기서, V : 체적, A_0 : 중앙 단면 면적, L : 양 단면 간의 거리

(3) 각주공식

① 양 단면이 평행하거나 측면이 평행일 때 적용

② 가장 정확한 값을 도출

$$V = \frac{L}{6}(A_1 + 4A_0 + A_2)$$

여기서, $A_1 \cdot A_2$: 양 단면 면적, A_0 : 중앙 단면 면적

2) 점고법

(1) 구형 분할법

전 구역을 같은 면적의 사각형으로 나눔

$$V = \frac{A}{4}(\sum h_1 + 2\sum h_2 + 3\sum h_3 + 4\sum_4)$$

(2) 삼각형 분할법

전 구역을 같은 면적의 삼각형으로 분할

$$V = \frac{A}{3}(\sum h_1 + 2\sum h_2 + 3\sum h_3 + 4\sum h_4 \ldots\ldots + 8\sum h_8)$$

(3) 등고선법

$$V = \frac{h}{3}[A_1 + 4(A_2 + A_4 + A_{-1}) + 2(A_3 + A_5 \ldots A_{-2}) + A]$$

여기서, h : 등고선 간격, A : 등고선으로 둘러싸인 면적

5. 결언

토량 산출은 인력, 장비 동원 등 공사비와 밀접한 관계가 있으므로 오차 없이 정확하게 산출해야 한다. 대상 부지의 여건, 규모, 토질 등에 따라 산정방식을 결정하고 대규모 골프장은 절토·성토의 균형을 달성하도록 노력하여 친환경적인 건설공사를 해야 한다.

▶▶▶ **102회 2교시 5번**

토양의 물리적·화학적·생물적 성질에 대해 설명하시오.

1. 개요

토양은 지표와 지하부에 존재하는 풍화된 광물질과 유기물의 복합체이다. 환경요소와 장기간 상호작용하여 형성되며 광물질, 유기물 등의 고체, 액체, 그리고 무기물인 기체로 구성되어 있다. 토양생성 요소는 모재, 기후, 지형, 생물요소 및 시간이며 이는 토양의 형태와 종류, 변성과정과 풍화조건을 결정하는 변수가 된다.

2. 토양의 중요성 및 기능

1) 토양의 중요성

(1) 식물의 생육기반

(2) 생육촉진 및 생장 제한요소

2) 토양의 기능

(1) 물질 공급원

(2) 오염물질 정화 및 환경 완충

(3) 홍수 예방과 수원 함양

(4) 토양생물의 서식처 제공

3. 토양의 물리성

1) 토성

(1) 식토, 식양토, 양토, 사질양토, 사토, 실트질 양토

(2) 토양의 입경

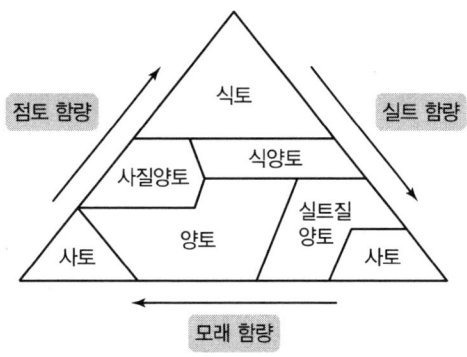

[토양의 삼각 다이어그램]

2) 토양 삼상

(1) 고상 50% : 유기물 45%, 무기물 5%

(2) 액상 25%, 기상 25%

3) 토양공극률

(1) 비모세관 공극은 배수기능과 통기성에 영향을 미침

(2) 모세관 공극은 수분 보유량 결정

4) 토양수분

(1) 결합수

(2) 흡습수

(3) 모세관수

(4) 자유수

5) 토양구조

   (1) 단립구조

      ① 입자가 하나하나 떨어져 있음

      ② 자갈, 모래, 조립질 흙

   (2) 입단구조

      ① 공극이 크거나 결합이 느슨해 가벼운 하중에도 쉽게 파괴

      ② 구조물 설치 지반보다 식물생육기반으로 적합

   (3) 토층

      ① 유기물층, 용탈층, 집적층

      ② 모재층, 모암층

6) 토심

   (1) 생존최소토심

   (2) 생육최소토심

4. 토양의 화학성 결정요인

1) N, P, K 등 무기양분

   (1) 질소, 인

   (2) 칼륨

2) 산도(pH)

   (1) 토양이 산성화되어 있는 정도

   (2) 토양 내의 수소이온 농도의 역비례로 표시

3) 전기전도도(EC)

   (1) 토양에 포함된 염농도의 지표

   (2) 심토는 전기전도도가 낮음

4) 양이온 치환용량(CEC)

   (1) 토양 내의 치환성 양이온의 총량

   (2) CEC가 크면 이온용량이 많음

5. 토양의 생물성 결정요인

1) 토양동물
   (1) 지렁이, 쥐며느리, 땅강아지 등
   (2) 땅속의 유기물을 분해하고 공극을 만듦

2) 토양미생물
   (1) 조류, 박테리아, 방사상균, 곰팡이 등
   (2) 토양유기물과 낙엽의 분해

3) 균근
   (1) 식물의 뿌리와 균근균이 공생관계를 맺고 있는 공생체
   (2) 공생에 의해서 형성된 뿌리의 상태

6. 결언

수분 및 태양광과 함께 토양은 식물이 자라는 데 있어서 필수적인 요소이다. 토양의 상태와 특성을 세밀하게 조사하여 식물의 생육에 적합한 토양환경을 조성하고 환경변화에 대처하며 생육을 지속할 수 있도록 유지관리하는 것이 중요하다.

> ▶▶▶ **118회 2교시 2번**
>
> ## 조경수 식재를 위한 토양 물리성 개량의 대표적인 방법 4가지를 설명하시오.

1. 개요

토양은 지표와 지하부에 존재하는 풍화된 광물질과 유기물의 복합체이다. 환경요소와 장기간 상호작용하여 형성되며 광물질, 유기물 등의 고체, 액체, 무기물인 기체로 구성되어 있다. 토양은 자체적으로 여러 가지 성질을 가지고 있으며 이러한 성질은 식물의 생육에 직접적인 영향을 끼치게 되므로 중요하다.

2. 토양의 기능 및 물리성 결정요인

1) 토양의 기능
   (1) 물질의 공급원

    (2) 오염물질의 정화
    (3) 토양의 물리 · 화학적 특성 결정
    (4) 환경보호기능 수행

  2) 물리성 결정요인
    (1) 토성
    (2) 토양구조
    (3) 토양삼상
    (4) 토양수분
    (5) 토층 및 토심

3. 물리성 개량이 필요한 토양과 토양개량 시 고려사항

  1) 물리성 개량이 필요한 토양
    (1) 사질토, 점질토
    (2) 산성토
    (3) 임해매립지 토양
    (4) 쓰레기매립지 토양

  2) 토양개량 시 고려사항
    (1) 단지 내 유용토, 식재기반 및 부토용 외부 반입토 등은 토양검사를 시행
    (2) 불량토 제거, 양질토양 객토 및 혼입
    (3) 양질토양의 반입이 곤란할 경우 토양개량제를 사용
    (4) 객토량은 수관 범위의 면적을 기준으로 산정

4. 토양 물리성 개량의 대표적 방법 4가지

  1) 성토법
    (1) 외부에서 반입한 흙을 적정한 깊이로 성토
    (2) 주변에 양질의 토양이 있을 경우 빠르게 식재지반 조성 가능
    (3) 운반경비가 많이 소요
    (4) 성토깊이는 수목의 생존최소심도 이상으로 해야 함

  2) 치환객토법
    (1) 원지반이나 토층 하부의 흙을 파내고 외부의 흙으로 교체

(2) 필요한 부분만 다른 흙으로 치환하여 사용

(3) 과습 또는 염분 상승의 위험이 있는 지역은 적용 어려움

(4) 단목객토를 할 때는 충분한 토심과 여유폭이 필요

3) 비사방지용 산흙 피복법

(1) 모래 날림은 토양침식을 발생시켜 황폐화 유발

(2) 해안 간척지는 대부분 넓은 개활지로 비사 위험이 큼

(3) 양토 또는 점질 양토를 덮은 후 지피식물로 피복하여 침식을 막음

4) 사주법(砂柱法)

(1) 하부의 세립 미사질 토층에 파일을 박아 배수를 원활하게 하는 방법

(2) 파일 파이프 안에 모래, 사질양토, 자갈 등을 넣음

(3) 조경용 파이프 : 길이 6~7m, 직경 40cm

(4) 소요 경비가 비싸서 대규모 면적일 경우 사용

5. 결언

식재지의 토양상태는 수목의 생육과 번식을 위해서 필수적인 조건이라고 할 수 있다. 주어진 환경조건을 체계적으로 분석하고 식재지의 여건에 따라 기술적으로 안정성이 있는 식재지반공법을 선택해야 한다.

▶▶▶ 66회 4교시 4번

조경공사 시 표토(表土) 처리의 필요성과 처리방식에 관하여 기술하시오.

1. 개요

표토는 생물이 분해되어 생성되는 유기물과 토양이 자연적으로 섞여 양분이 풍부하고 입단구조가 발달된 토양이다. 또한 1cm 형성에 50년이나 소요되는 귀중한 자연자원이다. 미생물, 매토종자, 토양동물, 식물에 필요한 원소 등을 포함하고 있어 식생기반조성에 적합하다. 토목공사 시 비용 발생을 이유로 표토채집을 등한시하는데, 별도로 표토활용계획을 수립하고 표토 수집과 저장을 내역에 반영하는 등의 강제적 기준이 필요하다.

2. 표토의 개념과 특성

1) 표토의 개념
(1) 유기물과 토양의 혼합된 토양층
(2) 보수성, 배수성, 통기성 등이 우수함

2) 표토의 특성
(1) 토성과 토질의 우수성
① 입단구조 형성으로 공극 발달
② 식물생육에 필요한 양분 풍부

(2) 미생물 생태계 내포
① 생물의 분해를 돕는 여러 미생물 활동
② 매토종자, 휴면종자 포함

3. 표토처리의 필요성과 처리방식

1) 표토처리의 필요성
(1) 식생기반층 조성에 최적 조건
(2) 자연자원의 보호, 재활용
(3) 별도의 토양개량이 필요 없어 경제성 높음

2) 표토처리방식
(1) 표토채취
① 환경영향이 적고 효율성이 높은 채취장소 선정
② 생태계를 훼손하지 않는 범위 내에서 채취

(2) 운반지역 설정
① 배수가 양호한 평탄지로 함
② 풍량과 풍압 등이 적어 건조하지 않은 곳
③ 바람에 의한 토양 비산방지

(3) 가적치 작업
① 최적의 적치 두께는 1.5~3.0m
② 자생식물 피복, 비닐 멀칭

(4) 식생기반층 조성
   ① 표토와 양토의 혼합
   ② 유효토심 확보
   ③ 토양건조의 방지 조치

4. 표토활용 현황 및 활성화방안

1) 표토활용 현황

   (1) 채취비용과 공사기간 준수의 부담감
   (2) 표토 채취 거부
   (3) 표토 토양평가, 재활용 가능 여부 확인 소홀

2) 표토의 활성화방안

   (1) 경제적 가치 인식
      ① 효율적·경제적 자원에 대한 인식 공유
      ② 희소성, 기능성, 생태성, 활용성이 높음
      ③ 시공사, 시민사회의 홍보 필요
   (2) 환경영향평가 강화
      ① 표토평가 및 보고 내용 삽입
      ② 표토재활용 실적을 시공실적에 반영
   (3) 표토 재활용 시 인센티브 부여
      ① 표토인증제도 운영
      ② 입찰 시 가산점 부여 등 제도 활성화

5. 결언

각종 공해와 자연재해의 발생, 토양의 산성화로 인해 토양환경이 열악해지는 탓에 표토의 면적이 점점 줄어들고 있다. 토목공사 시 양토를 채취하는 과정에 표토 채취 과정을 추가한다면 비용과 인력의 낭비를 막아 경제성이 있을 것이다. 표토채취 과정을 공사진행단계에서 의무적으로 수행해야 하는 하나의 과정으로 수용하는 것이 필요하다.

▶▶▶ 84회 4교시 5번

투수성 포장재의 종류를 생태면적률 기준으로 분류하고 각각 단면도를 도시하고 설명하시오.

1. 개요

도시의 포장표면은 일반적으로 콘크리트 또는 아스팔트 등의 비투과성 재료로 마감되어 있다. 또한 투과성 재료로 포장되었으나 하부구조가 불투수 포장면으로 이루어진 공간이 상당히 많다. 예를 들어, 인터록킹블록 포장과 같이 투수 포장으로 인식되기 쉬운 유형은 실제는 불투수성이라서 집중호우 시 투수기능을 기대하기 어렵다. 생태면적률은 이러한 도시 지반의 불투수성을 개선하고 생태적인 수 순환을 도모하고자 마련한 지표이다.

2. 투수 포장의 필요성과 설계 시 주의사항

1) 투수 포장의 필요성
(1) 도시 지표면의 불투수화
(2) 지표면 증발산 시스템 왜곡
(3) 도시 내의 물순환 기능 부재
(4) 도시 고온화 및 고온화에 따른 환경문제 발생
(5) 생물서식처의 기능을 기대할 수 없음

2) 포장 설계 시 주의사항
(1) 포장시설의 재료는 가능하면 투과성이 있는 재료 사용
(2) 시공장소의 필요기능에 따라 적합한 포장재를 선정
(3) 수목 주변은 투과성이 있는 포장재로 설계
(4) 탐방로 설계 시 이용이 집중되는 곳에는 내구성 높은 재료 사용

3. 투수 포장재의 분류

1) 부분 포장
(1) 자연지반녹지 위에 보행공간의 확보를 위해 식물의 생장이 가능하도록 한 포장
(2) 자연지반 위에 식물의 생장이 가능한 포장공법을 적용
(3) 식물의 생장이 가능한 식생블록, 중공블록, 잔디블록 등

(4) 자연지반 위에 식물이 생장할 수 있는 면적이 1/2 넘게 부분 포장을 한 경우도 부분 포장 유형으로 산정

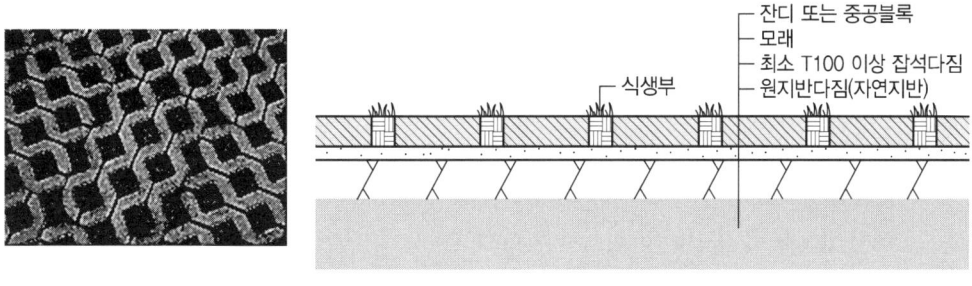

[부분포장(가중치 0.5)]　　　　　　　　　[부분포장 단면도]

(5) 자연지반녹지 위에 바닥재를 사용하여 부분포장을 하는 경우 순 포장면적이 전체 포장면적의 50%를 넘지 않아야 함
(6) 자연지반 위에 식물의 생장이 가능한 포장공법을 적용한 경우도 전면적으로 식생이 피복되거나 순 포장면적이 50%를 넘지 않아야 함
(7) 식생부는 외부의 마찰이나 하중 발생 시 블록이 밀리지 않도록 최대한 밀실하게 설치하여 식생부의 축소를 방지하여야 하며, 식생부 설치 후 모래를 부분적으로 살포하고 안정화될 때까지 모래 위의 통행 관리 필요

2) 전면 투수포장

(1) 마사토, 모래, 자갈 등 자연골재를 물다짐하여 조성한 자연골재 투수포장이나 투수 소재를 이용해 포장면 전체를 투수 가능하게 조성한 공간
(2) 포장면 전체를 통해 공기와 물이 통과되지만 식물의 생장은 불가능한 유형
(3) 마사토 포장면, 모래사장, 쇄석 포장면, 투수 아스콘, 투수 콘크리트, 투수블록 등을 전면 시공한 경우 해당

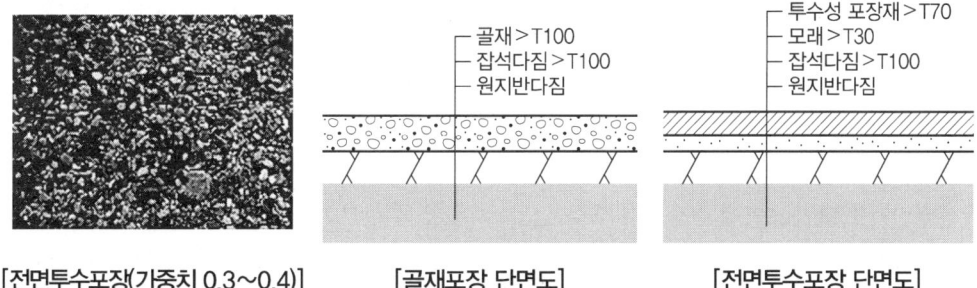

[전면투수포장(가중치 0.3~0.4)]　　[골재포장 단면도]　　[전면투수포장 단면도]

(4) 공간 유형의 표준단면 구성인 원지반다짐 및 잡석다짐, 보조기층으로서 모래층의 기준은 국토교통부 표준시방서에 따름

(5) 포설은 전압을 고려하여 설계두께의 30%를 더한 두께로 고르게 하여야 함
(6) 포설이 정확히 된 곳은 균일한 밀도를 가질 수 있도록 고르게 다지고 다짐 후 표층의 두께 오차는 ±10%를 벗어나지 않아야 함
(7) 30초 동안의 유출수의 양을 메스실린더로 측정한 투수계수(mm/s)에 따라 0.3 또는 0.4의 가중치를 부여하며 투수계수는 KS F 4419 기준을 따라 측정하여야 함
(8) 포장면의 용도에 따라 전면포장의 두께는 보도는 60mm, 자전거도로는 70mm, 주차장 또는 광장은 100mm 이상으로 시공되어야 하며, 투수성능에 있어 초기 포장면의 80% 이하로 저하되지 않도록 유지보수 및 관리가 되어야 함

3) 틈새 투수포장
(1) 포장 소재의 투수 또는 불투수 여부에 상관없이 포장재의 틈새로 투수 가능하게 포장한 경우
(2) 틈새를 조성하기 위해 이형블록을 사용하거나 보조재를 사용하는 경우 해당
(3) 시공과정에서 투수 골재를 충진하여 틈새를 시공한 경우도 해당
(4) 틈새로 투수기능을 가지는 이형블록, 세골재로 틈새를 시공한 사고석 포장 등

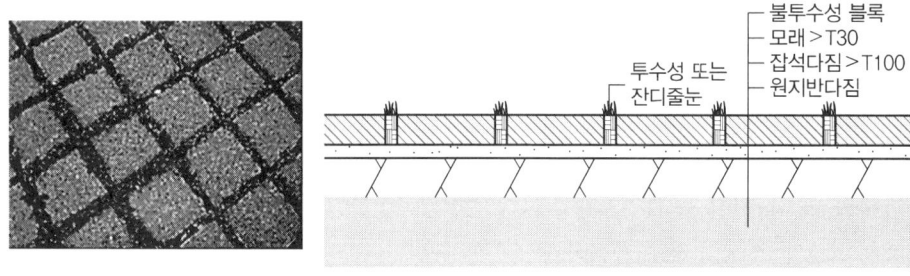

[틈새투수포장(가중치 0.2)]   [틈새투수포장 단면도]

(5) 공간 유형의 표준단면 구성인 원지반다짐 및 잡석다짐, 보조기층으로서의 모래층의 기준은 국토교통부 표준시방서를 따름
(6) 블록 깔기용 모래의 입도는 2~8mm, 블록 줄눈 채움용 모래의 입도는 3mm 이하로 함
(7) 포장재 사이의 틈새는 10mm 이상으로 하고, 투수기능이 우수한 세골재로 충진

4. 결언

생태면적률 도입 초기에 현장에서 투수포장을 시공할 때 상부와 하부재료의 질이 달라 가중치 적용과 계산에서 혼란이 발생하는 경우가 잦았다. 지표면에 대한 공간 유형과 적용기준을 조금 더 세분화하고 정확도와 현실성을 높여야 하며 시공현장에서 혼란이 발생하지 않도록 상세한 설명이 기록된 메뉴얼을 배포할 필요가 있다.

▶▶▶ 100회 4교시 4번

놀이시설물 또는 체육시설물의 탄성포장재의 종류, 제조 및 시공 시 문제점, 종류별 표준단면도를 제시하시오.

1. 개요

탄성포장재는 일반 포장재에 비해 충격을 완화하는 회복기능이나 소음을 완화하는 기능이 강한 포장재를 말한다. 활동이나 이용이 집중되어 안전을 보장해야 하는 어린이놀이시설, 학교, 산책로, 등산로, 공공체육시설 공간에 주로 적용한다. 조달청은 청소년의 건강과 환경문제에 직결된 탄성포장재, 우레탄 바닥재, 인조잔디에 대한 규격정비작업을 시작했다.

2. 탄성포장재, 우레탄 바닥재, 인조잔디에 대한 설명

1) 탄성포장재

(1) 합성고무, 우레탄 칩을 우레탄 바인더와 혼합
(2) 콘크리트, 아스팔트, 아스콘 위에 포장해 탄성과 방음효과를 얻음
(3) 고무분말, 우레탄 칼라칩, 폴리우레탄 등으로 구성
(4) 경화제, 안료 등을 첨가제로 사용
(5) 자전거도로, 보행로, 산책로, 놀이터, 체육시설에 적용

2) 우레탄 바닥재

(1) 방수와 탄성이 요구되는 장소에 사용
(2) 실내외 주차장, 사무실, 공장, 운동장 트랙 등
(3) 내수성, 내충격성, 내마모성이 뛰어남

3) 인조잔디

(1) 내구성이 강한 나일론, 폴리프로필렌 섬유 사용
(2) 내후성, 내광성, 내마모성이 우수
(3) 색상이 천연잔디와 유사하고 오염이 잘 되지 않음
(4) 골프장, 운동경기장, 놀이터 등에 시공

3. 제조 · 시공 시의 문제점

1) 탄성포장재, 잔디(Pile), 접착제, 백코팅재 등에 대한 기준 없음
2) 금속 및 이물질의 포함 : 수은, 산화아연, 납, 프탈레이트 등 검출

3) 소재 세척수로 인한 2차 오염물질 배출

4) 용융공정상 폐기가스 발생

5) 생산공정 중 스크랩 발생

6) 바인더 및 안료의 화학성, 유독성

4. 개선방안

1) 녹색기준 준수

　(1) 소재 재활용 시 정확한 선별 분리

　(2) 금속이나 유기물 등의 이물질 제거

　(3) 유해물질 배출기준 준수

2) 세척수의 정화

　(1) 세척수 정화시설 구축

　(2) 2차로 발생하는 수질·토양오염 방지

3) 폐기가스 집진설비 구축

　(1) 소재 용융이나 가소 시 발생하는 가스 처리

　(2) 프탈레이트 가소제, 포름알데하이드, PM10 등 대기오염물질 처리

4) 폐기물질 처리

　(1) 스크랩 물질의 공정 중 재처리

　(2) 중금속 및 부유물질 처리

　(3) 소음과 악취 발생 차단

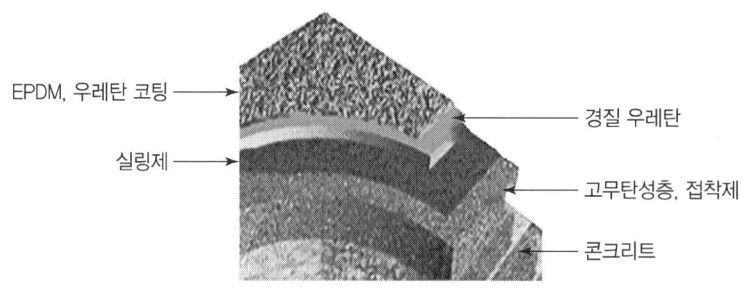

[우레탄 탄성포장재 주요 구성]

5. 결언

조달청 품질관리단에서 점검한 결과, 탄성포장재 점검대상 98건 중 51건이, 인조잔디 점검대상 20건 중 15건이 규격미달로 나타나는 등 포장재에 대한 품질관리 강화의 필요성이 나타났다. 이는 업체 자체의 규격으로 생산·납품·시공하는 관행에서 비롯된 것이므로 탄성포장재의 생산·납품·검수·설계·시공·유지관리의 전 과정을 통합적으로 관리할 수 있는 기준이 필요하다.

MEMO

CHAPTER 08

조경관리

- 123회 3교시 6번
- 69회 4교시 6번
- 78회 2교시 5번
- 114회 3교시 6번
- 100회 3교시 2번
- 88회 3교시 5번
- 90회 2교시 4번
- 114회 3교시 5번
- 121회 2교시 3번
- 127회 4교시 6번
- 68회 2교시 3번
- 123회 2교시 3번
- 103회 2교시 2번
- 87회 2교시 2번
- 94회 3교시 4번

CHAPTER 08 조경관리

▶▶▶ 123회 3교시 6번

공원 녹지공간의 안전관리사항 중 발생하는 사고의 종류를 재해 성격별로 구분하고, 사고에 대한 방지대책에 대해 설명하시오.

1. 개요

공원녹지는 불특정 다수의 사람들이 이용하기 때문에 이용자 상호 간 또는 이용자가 시설을 이용할 때 예측하지 못한 사고가 발생하고 이용자가 상해를 입는 경우가 있을 수 있다. 공원녹지를 적절하게 관리하는 것은 이용자를 위한 최소한의 배려이다. 각종 편의를 제공하면서 이용자의 요구사항을 파악하여 안전성을 확보하면서 효율적인 공간 운영을 하는 것이 중요하다.

2. 공원 녹지공간에서 발생하는 사고의 종류와 원인

1) 설치 하자에 의한 사고

구분	내용
시설 구조 자체의 결함	시설물의 접합부에 손가락 끼임 등
시설 설치의 미비	고정되지 않은 시설물의 도복
시설 배치의 불합리성	그네의 위치를 잘못 설정하여 이용자의 충돌 유발

2) 관리 하자에 의한 사고

   (1) 시설의 노후·파손에 의한 것

   (2) 위험한 장소에 대한 안전대책 미비에 의한 사고

   (3) 이용시설 외의 시설의 쓰러짐 및 낙하에 의한 것

   (4) 위험물 방치에 의한 사고

   (5) 동물의 탈출 등에 의한 것

3) 이용자·보호자·주최자 등의 부주의에 의한 사고
  (1) 유아, 아동의 감독·보호 불충분에 의한 것
  (2) 행사 주최자의 관리 불충분에 의한 것
  (3) 이용자의 부주의나 부적절한 이용에 의한 것

4) 자연재해에 의한 사고
  (1) 번개, 태풍, 홍수 등의 기상재해에 의한 것
  (2) 불가항력적인 원인에 의해 발생

3. 사고 방지대책 및 사고처리

1) 사고 방지대책
  (1) 설치하자에 대한 대책
    ① 안전하도록 시설 설치 시 구조, 재질, 배치 등을 고려할 것
    ② 설치 후 이용상황, 이용빈도 등을 관찰
    ③ 제작과정이나 설치상태에 문제가 있을 때는 보강

  (2) 관리하자에 대한 대책
    ① 시설의 노후·파손, 이용시설 외의 시설 전도 및 낙하에 대한 대책 수립
    ② 위험물 방치 등에 의한 사고 방지
    ③ 체계적·계획적 관찰 및 점검
    ④ 적정 인원의 감시원과 이용지도원 배치

  (3) 이용자·보호자·주최자의 부주의에 대한 대책
    ① 빈번하게 사고가 발생할 때는 시설개량 또는 안내판 설치
    ② 종합적인 사고방지대책 강구
    ③ 정기적 순찰과 점검을 하고 이용상황 관찰
    ④ 상세한 점검 보고서 작성

2) 사고처리
  (1) 사고자 구호, 응급처치, 구급차 요청, 병원 이송
  (2) 관계자에게 통보
    ① 사고자의 가족이나 보호자에게 통보
    ② 관리부실에 의한 사고는 상세한 설명을 하여 차후 법적인 문제 발생을 방지

(3) 사고상황의 파악과 기록
   ① 사고 후 책임소재를 명백히 하기 위하여 사고 경위와 상황을 정확하게 파악
   ② 상황에 따라 사진촬영, 진술서 받기, 녹음기 등으로 상황 기록
   ③ 이용자 또는 관리자의 책임 여부를 가리기 위해 목격자의 주소, 성명도 확보

(4) 배상대책
   ① 배상대책에 대한 연구 · 검토는 꾸준히 지속되고 있음
   ② 시설 설치 불량, 관리 부실, 지도 미비 등이 원인인 사고는 피해자에게 배상
   ③ 배상책임보험 적용 여부와 사고의 인정 등도 중요

4. 결언

공원녹지를 운영할 때 안전사고 발생으로 인하여 이용자에게 피해가 가는 상황은 어떤 일이 있어도 방지해야 한다. 이를 위해서는 공원녹지를 관리할 때 안전 확보를 최우선으로 하고 사고발생에 대한 세밀하고 꼼꼼한 계획과 대처가 필요하다. 그리고 공원녹지의 환경을 파괴하는 이용자의 행동을 제어하고 처벌하는 것, 이용자의 행태를 긍정적인 방향으로 유도하는 것도 안전사고발생을 막는 효과가 있다.

▶▶▶ 69회 4교시 6번

국립공원 이용자 관리(Visitor Management)를 위한 방안은 크게 직접적(Direct, Software) 관리와 간접적(Indirect, Hardware) 관리로 구분할 수 있다. 두 유형에 대한 장단점과 각 유형에서 사용되는 관리수단의 예를 5가지 이상 나열하시오.

1. 개요

국립공원이란 자연풍경을 대표하는 경승지를 국가가 법으로 지정하고 유지 · 관리하는 공원을 말한다. 국립공원은 자연환경을 보호할 뿐만 아니라 국민의 레크리에이션 지역으로 쾌적한 활동과 이용자 만족도를 보장하기 위한 별도의 관리체계 구축이 필요하다. 국립공원 이용자 관리란 국립공원의 수용능력의 관리를 의미하는 것으로 공원의 물리적 · 생물적 환경과 이용자의 행락의 질에 심각한 악영향을 주지 않는 범위 내에서 이용을 유도하는 관리방법을 말한다.

2. 레크리에이션 관리시스템의 종류

1) 이용자 관리(Visitor Management)

⑴ 레크리에이션 수요를 창출하는 주체는 이용자

⑵ 집단 차원의 관심과 요구에 부응

⑶ 이용자 수는 자연자원의 이용한계와 서비스 유형 및 수준을 결정하는 주요 변수

2) 자연자원 관리(Resource Management)

⑴ 이용자의 만족도를 결정짓는 요소

⑵ 자원의 특성과 이용자의 심리적 반응 고려

3) 서비스 관리(Service Management)

⑴ 가용자원을 활용한 서비스

⑵ 이용자의 활동 조정

3. 직접적 이용관리

1) 개념

⑴ 이용자의 이용행태, 개인의 선택권을 제한하고 통제

⑵ 유형적 · 가시적 관리 유형

2) 장점

⑴ 자연 생태적 보존가치가 있는 구역은 직접적 이용관리를 통해 환경 보존

⑵ 활동의 제약을 통해 이용자 간 상충 방지

⑶ 정책적 접근으로 공원의 수익 증대

3) 단점

⑴ 다소 엄격한, 활동의 제약과 제한이 있음

⑵ 이용자의 자율적 · 자발적 프로그램 구성이 어려움

4) 직접적 이용관리 수단

⑴ 세금 및 입장료 부과

⑵ 시간 · 요일별 예약제 도입(예 광릉수목원)

⑶ 이용자별 이용장소 및 구간 지정(예 중랑 캠핑숲)

⑷ 구역별 순환개방에 의한 휴식기 확보

⑸ 캠프파이어 등의 위험활동 제한

4. 간접적 이용관리

1) 개념
(1) 이용행태를 조절하되 개인의 선택권을 존중하고 간접적 조절방안 제안
(2) 무형의 비가시적 관리 유형

2) 장점
(1) 특정한 제약과 제한의 완화로 이용자의 자율성 존중
(2) 선택 결과의 긍정적·부정적인 측면으로부터 관리자의 부담 경감

3) 단점
(1) 이용자, 공간, 동선 등의 상충
(2) 이용 부주의로 인한 자연생태환경 훼손

4) 간접적 이용관리수단
(1) 생태의 기본개념 교육
(2) 집중적인 이용시설이나 장소의 증설 및 감축
(3) 구역, 계절, 탐방로에 따른 요금 차별화
(4) 홍보물을 활용한 이용 홍보 및 주의사항 안내
(5) 행락 허가 시 사유서 제출

5. 이용자 관리의 효율화를 위한 방안

1) 이용자의 레크리에이션 경험과 질을 극대화
(1) 경험의 질 향상을 위한 자연적·사회적 환경 관리
(2) 공간 활용과 체험을 하는 이들을 위한 다기능 공간 구획과 동선체계 분리
(3) 선택과 집중을 통한 공간 특화

2) 이용 프로그램 운영
(1) 이용에 대한 정보 제공
(2) 교육 프로그램 개선과 활성화
(3) 이용 분포와 안전 확보

3) 이용자의 행태 특성에 대한 이해
(1) 다변화되는 현대생활에서 레크리에이션 공간을 찾는 이용객의 다양한 수요에 맞춤
(2) 요구수준, 참여 유형, 지각패턴과 특성을 이해하여 관리시스템에 적용

4) 집단의 특성을 고려한 소통과 관계 형성

　　(1) 이용의 선택과 집중

　　(2) 뛰기, 걷기, 책 읽기, 음악 감상, 자연관찰 등의 프로그램 가동

　　(3) 각 행태와 공간, 장소 간의 관계 형성

6. 결언

국립공원 이용자는 생활 패턴의 변화와 여가시간 증대, 장년층의 대체 레크리에이션 유형 부족으로 급격하게 증가하였다. 따라서 현재는 공간의 수용력을 초과하지 않도록 이용객을 조절하고 관리수단을 이용하여 규제하면서 탐방로 신설 등을 추진하고 있다. 국립공원 관리를 효율적으로 시행하기 위해서는 대상지 주변의 관광자원과 상품 등과의 연계를 통한 수평적 탐방 프로그램을 증설하고 이를 계속 활성화할 필요가 있다.

▶▶▶ 78회 2교시 5번

> 귀하가 도시공원의 조경관리 책임자라고 할 때, 연간 유지관리 작업계획과 개략적인 기자재 소요품목을 포함한 관리운영계획을 작성하시오.

1. 개요

조경관리는 공원 등 조경작업이 행해진 공간에서 운영 및 이용을 관리하여 대상지의 질적 수준 유지와 향상을 위한 작업이다. 유지관리의 내용은 조경수목의 생육상태에 관한 점검과 시설물의 관리이며, 운영관리는 조직관리와 재무관리가 있다.

2. 유지관리의 개념과 도시공원 운영계획

1) 유지관리의 개념

　　(1) 어떤 사물의 수준을 유지하는 시스템

　　(2) 사물의 질을 효율적으로 유지하는 프로그램

2) 도시공원 운영계획

　　(1) 조직관리

　　　① 조직 구성

② 연간 · 월간 · 주간 작업량 분류
③ 과거의 실적을 토대로 추정
④ m²당, ha당 소요되는 연간 관리인원을 산출
⑤ 조직 간 협조체제 구성
⑥ 관리과, 공원과, 도시계획과 등을 구성

(2) 재무제도의 구축
① 예산 및 공공재산 관리
② 공원 운영에 필요한 수입과 지출의 관리

3. 기자재 소요품목을 포함한 관리운영계획

1) 도시공원의 수목관리계획

(1) 조경수목관리
  수목의 생육상태 점검

(2) 관수
① 일반 관수는 자연 강우에 의존
② 갈수기를 대비하여 집중관리수목을 분류
③ 이식목은 주일 간격으로 관수를 실시
④ 노거수는 점적 관수시설을 설치

(3) 시비
① 연 1회, 늦가을에 유기질 비료 시비를 실시함
② N, P, K가 고루 포함된 거름을 줌
③ 수목의 결핍 증상에 따라 대량원소를 시비
④ 미량원소는 토양시비, 엽면시비, 수간주사를 이용

(4) 병충해 방제
① 병충해에 대비하여 사전에 충분한 영양분을 공급
② 정기적으로 소독 실시
③ 병충해 발견 즉시 조치하고 구제작업 시행
④ 친환경 농약 사용, 생물학적 방제 실시

(5) 전정
① 춘계 전정은 화목류의 꽃이 진 후 전정
② 하계 전정은 수관의 통풍을 원활하게 하기 위해 실시

③ 생울타리 등의 형태 유지를 위한 전정
④ 웃자란 가지 제거 및 넝쿨성 식물의 상태 점검

2) 도시공원의 시설물 유지관리계획

(1) 시설물 관리
① 시설물의 훼손과 망실 방지
② 파손 시설물의 보수 및 하자 예방

(2) 의자
① 결합 상태 및 볼트 조임 상태 점검
② 파손된 부위를 보수하거나 교체

(3) 음수전
① 급수전 관의 연결상태 조사
② 퇴수구 막힘 점검, 정기적인 청소 실시

(4) 유희시설
① 베어링 그리스 주입, 정기적인 도장 실시
② 볼트 누락 및 파손 부위 교체
③ 노후화된 시설물은 교체 배치

4. 결언

공원관리는 수목관리와 시설물관리로 구분되며, 수목의 생육 유지를 위한 조치와 시설물 파손에 대한 보수작업을 위주로 한다. 유지관리에 있어서 사후관리보다 예방 차원의 사전관리가 더욱 중요하다고 사료되며 적정한 재료의 선택과 정확하고 세밀한 시공 그리고 파손 시 즉시 조치 등이 중요하다.

> ▶▶▶ 114회 3교시 6번
>
> 수목이 성장함에 따라 뿌리가 포장 등을 올리고 손상시킬 수 있어 이에 대한 절단(전정) 시 수목의 반응에 미치는 요소를 설명하시오.

1. 개요

수목이 장기간 자라게 되면 상부의 체적이 커지게 되는데, 이때 뿌리도 함께 자라서 식재 당시보다 훨씬 큰 규모가 된다. 이때 표토가 조금씩 유실되어서 굵은 뿌리가 토양 외부로 노출되거나 가로수의 뿌리가 생장하여 커지면서 포장이나 수목보호홀덮개 등을 들어 올리고 뿌리가 노출되는 경우가 있다. 뿌리 상승이나 노출현상은 자연적인 것이므로 뿌리가 노출되었다고 해서 성급하게 절단하는 것은 위험하다.

2. 뿌리가 노출되는 경우

1) 장기간에 걸친 토양 유실 시
(1) 장기간에 걸쳐서 표토가 서서히 유실되면서 뿌리가 드러남
(2) 생육에 영향이 별로 없음

2) 이식공사 등에 의한 뿌리 노출 시
(1) 이식공사 등으로 뿌리분 등을 만들 때 노출
(2) 뿌리 절단으로 급작스런 수분손실 등이 발생할 수 있음

3) 정원수나 가로수의 뿌리 상승
(1) 나무가 자라면서 뿌리가 비대해짐
(2) 비대해진 뿌리가 포장면이나 수목보호홀덮개를 들어 올림

4) 부지 정지 시의 절토작업에 의한 노출
(1) 부지를 정돈하기 위해 흙깎기를 할 때 노출
(2) 굴착기 등 장비에 의해 뿌리가 잘린 경우도 있음

3. 노출된 뿌리 절단 시 수목의 반응에 미치는 요소

1) 잔뿌리 제거
(1) 과도한 잔뿌리 제거는 양분과 수분의 흡수와 이동을 차단
(2) 수관과 가지뿐 아니라 뿌리생장도 위협

2) 강우
    (1) 집중호우가 내릴 경우 배수가 늦을 수 있음
    (2) 뿌리에 빗물에 잠겨 호흡 불가, 양분·수분 이동 불가
    (3) 뿌리 썩음 우려 및 도복 위험

3) 바람
    (1) 강한 바람은 노출된 뿌리에서 수분증발을 촉진
    (2) 뿌리의 목질화, 뿌리가 마르면서 고사
    (3) 고사 후에는 양분과 수분 흡수 불가

4) 병해충
    (1) 절단 부위로 바이러스나 균 등이 침투
    (2) 전염성병이나 생리병을 일으킬 수 있음
    (3) 식물조직 부패로 수목의 지지기능 저하
    (4) 2차 감염 발생과 확산

5) 복토
    (1) 표토 바로 아래에 있는 세근에 영향을 미침
    (2) 공기유통을 막아 세근이 호흡할 수 없음

6) 오염된 토양
    (1) 독성물질이 있을 경우 뿌리에 생육 장애를 일으킴
    (2) 폐기물, 강산성·염기성 물질에 의한 피해

4. 뿌리 노출에 대한 대응

1) 뿌리 조사
    (1) 정밀하게 상태 점검이 필요한 지점은 삽 등을 이용해 인력 조사
    (2) 수세약화 등 수목의 상태 파악
    (3) 생리적 피해가 원인인지 판별
    (4) 고사 또는 생존 부위를 정밀하게 조사

2) 자갈 포설
    (1) 자갈 높이로 발에 걸리는 부분을 가림
    (2) 자갈이 완충재 역할을 하여 뿌리에 미치는 충격 완화

(3) 흰색 자갈은 야간에 잘 보여서 보행사고를 막을 수 있음

3) 전정
(1) 상부와 하부의 T/R율을 맞추기 위해 전정
(2) 수관의 잎에서 수분의 증발을 막음

4) 전정 후 처리
(1) 부후균의 침입 방지 : 우수프론과 메르크론 1,000배액으로 소독
(2) 방수처리 : 콜타르, 크레오소트, 그리스, 페인트, 밀랍 등 유성도료를 바름

5. 결언

안전한 보행 환경 조성을 위해 실시하는 자치구의 가로수 뿌리정비사업이 오히려 보행자의 안전을 위협하고 있다는 지적이 잇따르고 있다. 지나친 뿌리절단 때문에 지하부가 노출되어 미관이 손상되고 수목이 전도되었기 때문이다. 이에 따라 오히려 보행자의 사고 위험이 커졌다. 수목관리 시에는 수목의 생태와 주변 환경, 수목 생육의 변동 원인, 안전성 등을 세밀하게 파악하여 그에 맞는 적절한 조치를 취할 필요가 있다.

▶▶▶ 100회 3교시 2번

조경수목의 주요 병해 및 충해를 4가지씩 들고 방제법에 대해 설명하시오.

1. 개요

병해란 수목이 병원균 등에 감염되어 정상적인 생육에 방해를 받게 되어 입는 피해를 말하며 충해는 특정 해충이 식물 조직을 가해하면서 입게 되는 피해를 말한다. 계절에 따라 발생하는 병해와 충해는 여러 가지가 있고 방제법도 다르다. 병충해를 막기 위해서는 건강한 유묘를 기르고 식재 후에 생육환경을 살피면서 꼼꼼한 유지관리작업을 하는 것이 중요하다.

2. 조경수목의 주요 병해와 증상

1) 그을음병
(1) 곰팡이에 의한 발병
(2) 동화작용 방해로 잎과 줄기 표면의 착색

(3) 낙엽송, 버드나무, 포플러, 대나무에 발병

2) 빗자루병

(1) 벚나무, 대추나무, 살구나무 등
(2) 마이코플라스마, 자낭균이 원인
(3) 꽃과 열매가 열리지 않으며 잎이 총생

3) 줄기마름병

(1) 수피상처를 통한 세균 감염
(2) 감염 부위 궤양 및 잎마름
(3) 밤나무, 자작나무, 은행나무 등에 발병

4) 흰가루병

(1) 잎 뒷면 흰색 반점 발생
(2) 배롱나무, 팽나무, 단풍나무에 발병

3. 조경수목의 주요 충해와 증상

1) 솔잎혹파리 피해

(1) 유충이 소나무와 해송의 솔잎 기부에 벌레혹을 만듦
(2) 수액과 즙액을 빨아먹으며 기생
(3) 솔잎의 생장이 정지되고 기부가 팽창하여 비대해짐
(4) 건전한 잎이 작아지며 병이 진행되면 잎과 줄기가 말라죽음

2) 오리나무잎벌레 피해

(1) 유충과 성충이 동시에 잎을 갉아먹음
(2) 피해 입은 수목은 부정아가 나와 대부분 소생
(3) 2~3년 피해가 지속되면 고사

3) 하늘소 피해

(1) 수간에 구멍을 내어 산란하거나 기생
(2) 재선충 등의 기주로 활동
(3) 잎이 떨어지고 가지가 고사

4) 소나무좀 피해

(1) 소나무에 가장 흔한 병 중 하나

(2) 뿌리기부를 뚫고 들어가 기생
(3) 체관, 헛물관 파괴
(4) 곰팡이 기생이 원인

4. 병해 방제법

1) 그을음병
    (1) 병원체를 제공하는 진딧물, 깍지벌레 구제
    (2) 통기, 과습, 비료, 질소 함량에 유의해야 함
    (3) 만코지수화제, 지오판수화제 희석 후 살포

2) 빗자루병
    (1) 병든 가지 제거 후 보르도액, 만코지수화제 살포
    (2) 심한 경우는 감염목을 제거해야 함

3) 줄기마름병
    (1) 만코지수화제, 지오판수화제 등을 10일 간격으로 살포
    (2) 수세회복을 위한 비배관리

4) 흰가루병
    (1) 3월 초순에 미리 방제
    (2) 석회유황합제(이른 봄), 만코지수화제, 지수판수화제 살포

5. 충해 방제법

1) 솔잎혹파리 방제
    (1) 발생 초기에 살충제 살포
    (2) 오메톤 액제, 포스팜 액제 50%를 수간 주사
    (3) 혹파리먹좀벌과 혹파리살이먹좀벌 이용
    (4) 박새, 진박새, 쑥박새 등 포식성 조류의 서식환경 조성

2) 오리나무잎벌레 방제
    (1) 디프액제, 나크분제를 수관에 살포
    (2) 성충을 포살, 알집 채취해 소각
    (3) 천적 이용 방제

3) 하늘소 방제

　(1) 감염개체 소각, 훈증, 파쇄 등으로 제거
　(2) 약제 살포

4) 소나무좀 방제

　(1) 메타유제 등을 수관에 살포
　(2) 헤믹입제 등을 뿌리에 주사

6. 결언

온난화로 병충해의 가해 범위가 넓어지고 가해대상은 점점 많아지면서 예측과 방제가 어려워지고 있다. 말벌의 개체수 증가로 꿀벌이 줄어드는 등 특정 종 개체수의 급격한 증가와 감소 등은 고유 생태계를 소리 없이 파괴하고 개체의 감소 이유를 찾기 어려운 경우도 발생하고 있다. 방제가 어려워지고 있는 만큼 포괄적인 대응과 병충해의 발생예측이 매우 중요하다.

▶▶▶ 88회 3교시 5번

수목은 갖가지 요인에 의해 피해를 받을 수 있는데, 그중 기상적 피해에 대해 설명하시오.

1. 개요

조경수목은 열악한 도시환경에서 생육하는 것이 대부분이며 산림보다 환경피해를 입기 쉽고 기상 조건이 생육에 직접적인 영향을 끼친다. 기상적 피해는 저온과 고온, 바람, 낙뢰, 건조 및 과습, 해안가의 염해 등이 있다. 수목은 피해 요인별로 특이한 병징을 보이지는 않으므로 정확한 원인 규명과 조치를 위한 판별능력이 필요하다.

2. 수목의 비전염성 병의 정의와 발생원인

1) 정의

　(1) 수목의 비정상적 상태
　(2) 해충에 의한 병 및 전염성 병을 제외한 모든 병을 총칭

2) 비전염성 병의 발생원인

　(1) 기후 원인 : 고온, 저온, 바람, 홍수, 낙뢰, 태풍

(2) 물리적 원인 : 토양의 배수 불량, 투수 불량, 통기 불량
(3) 화학적 원인 : 영양결핍, 높은 산도
(4) 생물적 원인 : 기생생물, 병균, 야생동물, 해충
(5) 인위적 원인 : 오염, 기계 충격, 답압, 화재 등

3. 수목의 기상적 피해 유형

1) 고온 피해

   (1) 잎과 수피가 햇빛에 타들어감
   (2) 불수투 포장으로 인한 지표면 온도 상승
   (3) 집중적인 일사광을 받음

2) 저온 피해

   (1) 냉해와 동해
       ① 냉해 : 빙점 이상 온도의 저온 피해
       ② 동해 : 빙점 이하 온도의 저온 피해
       ③ 잎이 고사해 잎 끝이 갈색을 띰
       ④ 내한성을 고려한 수종 선택 필요

   (2) 만상과 조상
       ① 만상 : 늦봄에 발생하는 서리 피해
       ② 조상 : 가을 첫 서리에 의한 피해
       ③ 수목의 내성 저하 시 오는 조상의 피해가 큼

   (3) 상열
       ① 겨울철 수간 동결 시 심재와 변재 부위의 수축 불균형으로 발생
       ② 수간의 표피가 갈라짐
       ③ 침엽수보다는 활엽수에 자주 발생

3) 바람과 낙뢰에 의한 피해

   (1) 풍해
       ① 활엽수보다 인장강도가 약한 침엽수의 피해 큼
       ② 미리 가지치기하여 예방
       ③ 바람이 강한 지역에 심근성 수목 식재
       ④ 풍도 조성으로 수목의 도복 방지

(2) 낙뢰
① 수목의 종류에 따라 피해도가 다름
② 수목에 피뢰침 설치

(3) 건조, 과습, 염분에 의한 피해 및 대책
① 생장 감소와 조기낙엽 발생
② 도로변 염화칼슘에 의한 염해
③ 환경을 고려한 수목 선정과 적기 적정 관수
④ 스프링클러 설치와 배수체계 조성
⑤ 해안에 녹지를 조성할 때는 내염성 수종 식재

4. 결언

수목의 기상적 피해의 원인은 저온, 고온뿐 아니라 바람, 낙뢰, 건조, 염해 등 다양하다. 식물 피해에 대한 정확한 파악을 위해서 다각도의 조사가 필요하며 식재 전에 철저한 환경조사로 적지 식재를 하는 것과 피해 발견을 위한 주기적인 점검을 하는 것이 중요하다.

▶▶▶ 90회 2교시 4번

흡즙성 해충과 천공성 해충의 예를 각각 3가지 들고, 피해 증상 및 방제방법을 설명하시오.

1. 개요

조경수목에 피해를 주는 해충의 종류와 증상은 매우 다양하며 방제방법도 다르다. 해충의 식물체 가해 습성에 따라서는 흡즙성·천공성·식엽성·충영형성 해충으로 분류한다. 흡즙성 해충은 수목의 줄기나 잎의 수액을 빨아먹으며 피해를 입히는 해충이고 천공성 해충은 수간 또는 기부에 구멍을 뚫어 수목의 생육을 방해하는 해충이다.

2. 흡즙성 해충의 종류와 피해 증상, 방제법

1) 흡즙성 해충의 종류

(1) 진딧물
① 주로 봄철에 발생

② 잎과 가지에서 수액을 빨아 먹음

③ 열매나 꽃을 감상하는 수종을 주로 가해

④ 개미와 상리공생

(2) 깍지벌레

① 깍지를 형성하여 흡즙

② 성충이 되어 탈출

③ 과실수를 주로 가해

(3) 응애류

① 먼지처럼 작은 형체를 가짐

② 눈에 잘 띄지 않음

③ 진딧물과 같이 그을음병을 유발

2) 피해 증상

(1) 잎이 말리거나 잎 뒷면에 벌레집을 형성

(2) 급격히 조기낙엽되거나 부분적으로 줄기가 마름

(3) 전체적으로 수세가 약해지면 심할 경우 고사

3) 방제법

(1) 천적을 이용

(2) 진딧물은 무당벌레를 살포해 포식하게 함

(3) 피해 입은 개체를 모아 소각

(4) 봄에 메티온 유제 등을 수관과 수간에 살포

3. 천공성 해충의 종류와 피해 증상, 방제법

1) 천공성 해충의 종류

(1) 하늘소류

① 수간에 구멍을 뚫어 산란하거나 기생

② 재선충 등의 기주로 활동

(2) 복숭아 유리나방

① 수간을 돌아가며 갉아먹음

② 벚나무 등 장미과의 수종을 주로 가해

(3) 소나무좀
　　　　① 소나무에 가장 흔한 병 중 하나
　　　　② 뿌리기부를 뚫고 들어가 기생
　　　　③ 체관, 헛물관을 파괴
　　　　④ 곰팡이균 기생이 원인

　2) 피해 증상
　　　(1) 영양분과 수분이동 불가로 생육 지연과 불량
　　　(2) 잎이 빨리 떨어지고 부분적으로 가지 고사

　3) 방제법
　　　(1) 감염개체 소각·훈증·파쇄하여 제거
　　　(2) 천적을 이용하거나 백강균 등 미생물 제제 활용
　　　(3) 메타유제 등을 수관에 살포
　　　(4) 테믹입제 등을 뿌리에 주사

4. 결언

조경수목의 효과적인 관리를 위하여 조경수목에 피해를 입히는 병과 해충의 유형과 증상 및 기본적인 판별방법과 방제법을 알고 있어야 한다. 온난화로 인하여 해충의 발생시기가 점차 빨라질 것으로 예측되고 있는 만큼 더욱 세심한 관리가 필요하다. 수목이 건전하게 생장하도록 다층구조 수림 조성을 통해 생물다양성을 높이는 것도 중요하다고 본다.

▶▶▶ **114회 3교시 5번**

IPM(Integrated Pest Management, 해충종합방제)에 대해 설명하시오.

1. 개요

해충종합방제는 수목이나 농작물 따위에 피해를 주는 해충을 여러 단계와 방법을 종합적으로 적용하여 예방하거나 없애는 작업을 말한다. 화학 약제를 대량으로 또 반복적으로 사용한 결과 어떤 해충은 특정 화학성분에 대하여 내성을 갖게 되었고 의도하지 않았던 2차 피해가 발생하였다. 이 때문에 약제의 살포량을 줄이면서 방제 효율을 높일 수 있는 방법을 찾게 되었는데, 그것이 종합방제법이다.

2. IPM 방제의 개념 및 필요성

1) 개념
(1) 종합방제, 방제의 체계적 접근
(2) 해충 종합관리전략

2) IPM 방제의 필요성
(1) 고독성 약제를 대규모로 살포
(2) 해충이 약제에 대한 내성 획득
(3) 토양 내의 농약 잔류문제

3. IPM 방제기법 기본 메커니즘과 특성, 수집사항

1) IPM 방제기법의 기본 메커니즘
(1) 주요 해충은 천적을 이용하여 생물적 방제
(2) 2차적인 해충 제거는 다른 방제법이나 약제를 선택적으로 적용

2) IPM 방제기법의 특성
(1) 경제적 피해 허용수준과 여러 가지 기술 조합
(2) 단일 방제로 해충이나 잡초에 내성이나 저항성이 생기는 것을 차단
(3) 경제적 피해수준 이하로 해충 관리

4. IPM 방제기법의 내용

1) 경종적 방제법
(1) 식물이나 작물에 있는 여러 가지 오염물질을 제거하거나 줄이는 것
(2) 잡초는 해충의 1차 감염원이 될 수 있으므로 잡초의 성장을 억제하고 제거
(3) 감염식물을 제거
(4) 수목 이동 전 소독

2) 생물적 방제법
(1) 천적의 대량사육과 방사
(2) 천적의 피식자를 탐색하는 능력과 수반응 능력이 좋아야 함
(3) 적정 살포 시기와 살포량에 주의
(4) 예 온실가루이좀벌의 온실가루이 식이

3) 화학적 방제법

(1) 대부분의 살충제는 독성이 강함
(2) 특정 시점에 선택적으로 살충제 사용
(3) 우화하는 성충이나 알에서 깨어나는 유충에 5~7일 간격으로 약제 살포
(4) 동일 계통의 약제는 계속 사용을 피함

5. 결언

지금까지 인류는 보다 많은 생산을 위한 방법을 찾기 위해 그에 관한 기술개발에만 주력하였다. 그런 탓에 그에 따르는 부작용은 무시하였다. 그 결과 각종 오염은 물론 생산물 자체의 안전성도 위협받게 되었다. 한국도 농약과 화학비료의 사용량은 점진적으로 감축하고 퇴비 등 유기질 비료를 중시하는 환경보전형 방제의 방향으로 전환되고 있다.

▶▶▶ 121회 2교시 3번

노거수 생장을 위협하는 인자들과 건강 위험도 평가방법을 설명하시오.

1. 개요

천연기념물에 의한 보호수 및 노거수는 수령 100년 이상의 노목, 거목, 희귀목으로 특별히 보호하거나 증식할 가치가 있는 수목을 말한다. 고령화로 인한 수세 약화, 자연재해에 의한 손상, 부주의한 이식, 성토·절토에 의한 뿌리고사로 수세가 약화되어 있는 경우가 많으므로 관리할 필요성이 있다. 영양공급, 증산량의 균형 유지, 관수와 배수조건 개량, 성토와 절토 방지 및 피해대책 수립, 상처 난 수간 및 수피 치료 등으로 관리한다.

2. 노거수의 생장을 위협하는 인자

1) 자연적 원인

(1) 고령화로 인한 수세 약화
(2) 태풍 등 자연재해
(3) 바이러스 등에 의한 병해 및 충해

2) 인위적 원인

　(1) 이식과정상의 손상

　(2) 과다한 성토 · 절토에 의한 뿌리 고사

3. 노거수의 건강성 분석 시 점검 항목

1) 수형상태

　(1) 노거수의 전형적 수형상태 판정

　(2) 판정 가능한 객관적 근거 구축 필요

　(3) 가지 부러짐, 수형 일그러짐, 수형 완전 파괴 등

2) 수관상태

　(1) 수관 투영도(Integrity) 판정

　(2) 수관이 온전하게 유지된 상태, 90% 유지, 일부분 훼손, 많이 훼손된 상태

3) 수피 상태

　(1) 수피 상태의 건전성을 판단

　(2) 가벼운 정도의 훼손과 상처가 있는지, 대형 상처로 쇠약한 상태인지 판단

4) 뿌리의 노출 상태

　(1) 지면 위로 뿌리의 노출 정도를 판단

　(2) 10% 미만 노출, 20% 미만 노출, 20% 이상 과다 노출 상태로 구분

5) 수분과 영양

　(1) 수분환경조건과 영양분 공급상태 판단

　(2) 강수량을 100% 활용할 수 있는 자연환경, 강수 이용이 가능한 반자연 환경(투수 콘크리트), 강수가 유출되는 환경 등으로 구분

6) 훼손도

　(1) 인위적 간섭에 의한 1차적 · 2차적 피해 기록

　(2) 간접적 이용, 휴식, 다수의 부착물, 불투수성 자재 사용

7) 병충해

　(1) 지상부의 병충해 피해를 파악

　(2) 잎과 가지의 피해 정도를 %로 구분

8) 지면상태와 지면재료

　(1) 주위 5m 이내에 가장 많은 토지 유형과 환경조건 파악
　(2) 흙, 자갈, 쇄석, 시멘트, 콘크리트 포장, 보도블록 포장 등

9) 오염도와 오염원

　(1) 토양오염과 기타 환경 오염 정도 측정
　(2) 오염의 진행 여부와 경중 판정
　(3) 원인이 되는 오염물질의 양과 유형 파악

10) 감시등급 판정

　(1) 10가지 항목의 평가점수를 바탕으로 노거수의 감시수준 결정
　(2) 평가점수는 5등급(Ordinal Scale)으로 구분하여 점수를 산정
　(3) 매우 양호 1점, 양호 2점, 보통 3점, 불량 4점, 매우 불량 5점 부여
　(4) 40점 이상 절대 감시, 20~39점 주요 감시, 20점 미만 일반 감시로 구분

4. 노거수 관리방안

1) 수세 회복 및 영양공급

　(1) 시비로 무기영양분 공급
　(2) 미량원소 투여

2) 증산량의 균형 유지

　(1) 상처 난 가지, 도장지, 부러진 가지 제거
　(2) 엽량 감소로 증산량 저감

3) 관수 및 배수조건 유지와 개선

　(1) 수세와 뿌리 상태에 따른 양 조절
　(2) 성토층 배수, 배수시설 설치

4) 병충해 발생 처리

　(1) 살균제, 살충제 사용
　(2) 해충에 의한 상처치료
　(3) 상처가 발생한 수간 치료

5) 토양 답압 억제

　(1) 충격과 인위적 손상을 방지

　(2) 토양 멀칭 실시

　(3) 동물과 사람의 침입 방지

　(4) 수목보호시설과 울타리 설치

5. 결언

예로부터 한 자리에서 오랜 동안 자란 수목은 우리 민족에게 단순한 수목이 아니라 신적인 존재로 인식되었다. 그래서 수목을 함부로 베어내지 않았고 마을에 큰 행사가 있거나 재난이 발생했을 때는 노거수에 제사를 올리는 것이 당연한 것이었다. 노거수의 건강상태와 위협인자를 면밀히 파악하는 것은 노거수 관리에 있어서 기본이라 할 수 있다.

▶▶▶ 127회 4교시 6번

「문화재수리표준시방서」의 식물보호공사 중 '수목상처치료'에 대해 설명하시오.

1. 개요

「문화재수리표준시방서」는 문화재수리의 원칙과 적용하는 공사의 범위, 담당자의 책무, 현장관리, 기록유지 등의 문화재 수리에 관한 전반적인 내용을 기록한 문서이다.

수목 상처치료란 수목에 직접·간접으로 발생한 상처를 치료하는 일로, 외과적 치료(Tree Surgery) 개념의 광의적 범위인 상처치료, 가지치기, 지지대 설치, 줄당김 및 쇠조임 등을 포함하는 작업이다.

2. 수목의 상처치료를 위한 준비

　1) 일반사항

　　(1) 부후부 제거는 CODIT모델에 기초한 공법 적용

　　(2) 쇠락한 수목은 원인조사 후 생육활성화를 위한 조치를 먼저 함

　　(3) 공동의 자연건조가 어려운 경우에는 공동충전을 하지 않음

　　(4) 부작용이 많은 지제부나 큰 공동의 충전은 담당원과 협의

2) 재료

  (1) 살충, 살균, 방부제, 방수제는 가능한 시중 완제품 사용

  (2) 부작용이 없고 효과가 있는 약제를 사용

  (3) 발근촉진제는 액제, 도포제, 부착형 등 다양하게 사용할 수 있음

  (4) 공동충전, 표면처리 등은 설계도서에 따름

3) 조사

  (1) 수목의 생육상태, 주변 환경, 상처 발생원인 등

  (2) 해당사업으로 인하여 수목 생육이 미치는 영향 여부 조사

  (3) 상처의 상태를 세밀하게 점검하고 설계도서와 비교 검토

  (4) 실제 조사내용과 설계도서가 다를 경우 담당원과 협의하여 설계도서 수정

3. 상처치료 본격 시공

1) 부후부 제거

  (1) 미분해된 조직은 자기방어기능이 있으므로 완전 부후 조직만 제거

  (2) 체인톱과 같은 기계사용 지양

  (3) 살아 있는 조직을 함부로 제거해서는 안 됨

  (4) 불가피하게 발생한 상처는 티오파네이트메틸 도포제 등을 바름

2) 살충 · 살균 · 방부 처리

  (1) 살충제 : 침투 가능한 다이아지논 등을 200~500배 정도 희석하여 살포

  (2) 살균제 : 액제와 도포제를 중복 사용할 수 있음. 활동에 관여하는 부위는 독성이 적은 약제 사용

  (3) 큰 공동에서는 독성이 강한 약제는 사용하지 않음

  (4) 약제처리 : 2~3회 반복하되 완전 건조 또는 경화된 후 다음 단계를 진행

3) 방수처리 · 보호창 설치

  (1) 방수제 : 완전 건조된 후 접착력이 강한 재료를 3회 이상 도포

  (2) 보호창 설치 : 충전을 하지 않는 지제부 주변 또는 줄기의 큰 공동상구에 함

  (3) 보호창 : 공동 내부의 건조가 용이하고 수시로 점검 가능하도록 설치

4) 공동부 충전

  (1) 마감 처리 후 충분히 건조된 것을 확인한 다음 시행

  (2) 우레탄폼은 1회에 원액 3L 미만으로 충전

  (3) 공동충전의 높이는 상구 가장자리 형성층 아래로 함

(4) 수피가 두꺼운 수종에서는 형성층보다 높이 충전되지 않도록 함

(5) 부작용이 우려되는 지역에는 파이프로 간이검사구를 설치

5) 충전부 표면처리

(1) 기존 목질부와 이탈, 충전물의 갈라짐, 찢어짐 등이 없도록 함

(2) 동물의 피해가 예상되는 지역에서는 튼튼한 재료를 추가

(3) 표면 도포는 3단계로 나누어 시행하되 완전 경화된 후 다음 단계를 처리

(4) 표면처리는 형성층보다 낮아야 함

(5) 표면이 이탈되거나 갈라지지 않도록 끝마무리

4. 결언

과거에는 노거수의 병해충 피해로 공동이 발생했을 때 시멘트를 넣어 치료하였는데, 이 방법이 수목의 생태를 무시한 방법이라는 비판이 일면서 기본적인 처치만 하고 공동 내부를 자연상태로 비워두기도 한다. 수목치료는 상처 발생 즉시 조치가 되어야 하며 감염을 막는 것이 가장 중요하다.

▶▶▶ 68회 2교시 3번

식재된 수목을 관리함에 있어 시비(비료주기)는 충실한 성장을 위한 지속적인 관리공종이다. 식물생육에 필요한 양분의 검증요령과 N, P, K(질소, 인산, 칼리)의 양분 결핍증세를 기술하시오.

1. 개요

시비는 식물의 대사작용에 필요한 무기양분을 인위적으로 공급하는 것으로 양분은 식물의 생존과 생육에 필수적인 기능을 한다. 식물은 양분 결핍 시 나타나는 증상과 병해나 충해 감염 시 나타나는 증상이 유사하여 정확한 증상과 원인 판별을 위한 검증이 필요하다. 질소(N)·인산(P)·칼리(K)는 식물의 필수무기양분 14가지 중 대량으로 필요한 원소로 다른 원소로 대체가 불가능하며 결핍 시 식물이 고사한다.

2. 식물생육에 필요한 양분검증요령

1) 육안 관찰

(1) 외형이나 외부에 표출되는 증상으로 판별

(2) 진단결과의 오류 가능성 높음

2) 시비 실험
(1) 잎의 표면에 부족한 원소를 도포
(2) 양분을 흡수시킨 후 회복 정도 관찰

3) 토양분석
(1) 토양심도 분석
(2) 10cm 깊이의 토양층을 채취
(3) 채취한 토양 내의 양분함량 측정

4) 엽분석
(1) 가장 정확한 결과를 기대할 수 있음
(2) 잎을 채취하여 포함된 양분함량 분석

3. 질소·인산·칼리의 양분 결핍증세

1) 질소 결핍증세
(1) 잎 전체의 황화현상
(2) 성숙한 잎이 빨리 낙엽이 됨
(3) 활엽수의 잎이 작아짐
(4) 가지가 가늘어지고 짧아짐
(5) 열매 조숙현상 발생
(6) 생장속도의 지연

2) 인산 결핍증세
(1) 잎이 적색이나 자주색으로 변함
(2) 침엽수는 수관 아래부터 낙엽
(3) 잎의 왜성화, 조기낙엽현상
(4) 뿌리의 정상적인 발달 지연

3) 칼륨 결핍증세
(1) 성숙엽에 결핍증상 먼저 발생
(2) 활엽수 잎이 황화된 후 검은 반점이 나타남
(3) 침엽수 잎의 길이가 짧아짐

(4) 잎 표면에 주름이 잡힘
(5) 개화량 감소, 열매 크기 작아짐
(6) 가지가 말라죽음

4. 결언

시비는 식물 유지관리 측면에서 필수적인 과정으로, 특히 도시 내에서 인공적으로 녹지를 조성할 경우에 토양 내의 양분부족이 되기 쉬우므로 주기적으로 점검하고 필요한 양분을 공급해야 한다. 양분부족은 육안 판단보다 정량적이고 정확한 검사결과를 도출하는 방법으로 검증하는 것이 좋다.

▶▶▶ 123회 2교시 3번

잔디밭 갱신작업의 필요성 및 기계적인 갱신작업의 종류와 배토 작업의 목적에 대해 설명하시오.

1. 개요

잔디밭 갱신작업은 토양층의 통기를 원활히 하고 표토층을 개량하기 위한 작업을 말한다. 잔디가 피복되어 있는 표토와 토양층의 수분 및 공기의 유통을 돕는 조치를 취하고 축적된 대치(Thatch)를 제거해야 한다. 잔디의 품질과 생육의 유지, 표층과 뿌리 부근 토양의 개량, 병해충의 감염 방지, 잡초 발생 및 토양 건조를 방지할 목적으로 실시한다.

2. 잔디밭 갱신작업의 필요성

1) 잔디의 건전성 유지

   (1) 잔디의 생육속도 조절
   (2) 잔디의 색과 길이 및 강도의 유지

2) 표층과 뿌리의 토양 개량

   (1) 토양 갱신과 잔디면 갱신
   (2) 토양의 구조와 토질 등 물리성 개선

3) 병충해 감염 방지

   (1) 과습과 토양 건조 방지

(2) 토양 공기의 원활한 이동과 산소공급

4) 지면 청소 효과

(1) 고사엽, 탈락엽, 예초엽 제거
(2) 토양에 산소가 공급되어 혐기성 환경형성 차단

3. 잔디밭 갱신작업

1) 코어 에어레이션(Core Aeration)

(1) 천공형의 통기 개선방법
(2) 집중적인 이용으로 인해 단단해진 토양에 적용
(3) 잔디의 생육이 왕성한 시기에 실시해 생리적인 피해를 줄이는 것이 좋음

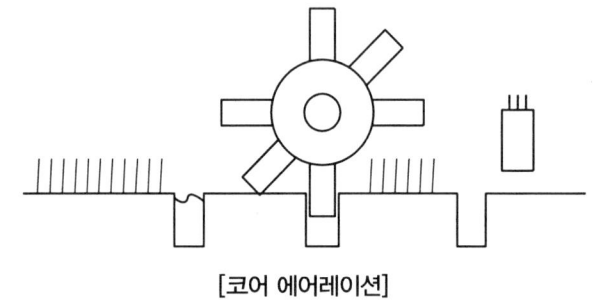

[코어 에어레이션]

2) 슬라이싱(Slicing)

(1) 칼로 토양을 얇게 베어주는 작업
(2) 나이프 형태의 플래이트(Plate)로 잔디밭 표층을 5~15cm로 절단

3) 스파이킹(Spiking)

(1) 끝이 뾰족한 장비를 사용해 토양에 구멍을 내는 것
(2) 구멍을 낸 후 토양을 제거하지 않으므로 다시 막힐 우려가 있음

4) 디태칭(De-thatching)

(1) 옆으로 뻗는 포복경을 끊어줌
(2) 잔디의 직립생장을 돕는 방법

5) 브러싱(Brushing)

(1) 잔디 표면 정리작업
(2) 회전축에 부착된 여러 개의 브러시를 고속 회전

(3) 고사한 잎, 예초된 잎을 걷어 올림

6) 스위핑(Sweeping)

(1) 진공 흡입기로 잔디 잎을 빨아들여 청소하는 작업

(2) 잔디밭 표면에 쌓인 잎을 제거

7) 배토(Top-dressing)

(1) 잔디에 떼밥을 뿌려 표토층을 개량하는 작업

(2) 보통 1~10cm 이상의 두께로 배합토를 잔디 표면에 뿌림

8) 시비

(1) 유기물 첨가로 대치(Thatch)의 축적 감소

(2) 잔디의 생육기나 번성기에 실시

4. 결언

잔디는 조성 후 사용 시기, 이용빈도 및 정도, 관리체계에 따라 부분적인 개선이 불가피할 때가 있다. 잔디 관리방법에는 시비, 예초, 제초, 관수, 통기작업 등이 있으며 합리적·효율적으로 관리가 시행되어야 한다.

▶▶▶ 103회 2교시 2번

수목 전정(가지치기)에 대한 기본원칙과 계절별 전정방법을 설명하고 계절별로 전정이 가능한 수종 7가지를 기술하시오.

1. 개요

전정(Pruning)은 도구를 가지고 수목의 가지와 잎, 뿌리 등을 잘라내는 방법으로 수목의 체적을 조절하고 형태를 가다듬는 작업이다. 가지의 지나친 번성을 막고, 수목 식재 목적과 생장속도에 맞는 크기와 형태로 조정하게 된다. 수목 지상부와 지하부의 수분과 영양의 균형을 유지하며, 집단 식재 시 생장할 수 있는 일정한 면적을 확보하고 훼손되거나 병든 가지를 제거하거나 수목의 개화와 결실 촉진을 위해 사용한다.

2. 수목 전정에 대한 기본원칙과 계절별 전정방법

1) 수목 전정에 대한 기본원칙

　(1) 형태 : 중심이 되는 가지의 생육지원

　(2) 생육환경 : 채광과 통풍 도모

　(3) 무용지 제거 : 대생지, 평행지, 안으로 휘는 가지, 아래로 자라는 가지 등

　(4) 수세관리 : 나무 체적의 20% 이하로 전정해 수세 쇠약 방지

　(5) 유목 전정으로 수형조절

2) 계절별 전정방법

　(1) 동계전정

　　① 11월 초순~12월 초순 또는 2월 하순~3월 하순에 실시

　　② 기본 수형을 유지하면서 가지 솎기를 하는 전정

　　③ 온대성 낙엽활엽수를 대상으로 함

　(2) 하계전정

　　① 동계전정 보조기능

　　② 채광 및 통기조절과 개선을 위한 솎기

　　③ 과다하면 수세약화 우려가 있어 약전정

3. 계절별로 전정이 가능한 수종 7가지

1) 봄

　(1) 소나무, 애기주목

　(2) 잎 끝을 가위로 자르면 빛바랜 색으로 마름

　(3) 5월 중하순경에 손으로 눈이나 순을 꺾음

2) 여름

　(1) 향나무

　　① 원추형, 원뿔형 등 기본 수형계획 수립

　　② 도장지, 역지, 교차지 제거

　　③ 통풍과 채광을 위한 내부공간 확보

　　④ 고사한 잎 제거

　(2) 가이즈카향나무

　　① 기존 수형을 유지하면서 다듬기와 가지 솎기

　　② 수간 내부를 전정해 통풍과 채광을 도움

3) 가을

(1) 자작나무와 단풍나무

(2) 이른 봄에 가지를 치면 수액이 흘러나옴

(3) 늦가을이나 초겨울 또는 잎이 완전히 나온 후 전정

4) 겨울

(1) 배롱나무, 사계장미, 무궁화

(2) 그해의 새 가지에 화아분화가 되어 꽃피는 수종이 대상

(3) 꽃이 진 후부터 다음해 새싹이 나오기 전까지 실시

(4) 겨울에 강전정해도 지장 없음

4. 결언

전정은 단순한 가지 자르기 작업이 아니다. 전정 작업 시 고려해야 할 사항도 많고 무엇보다도 적기에 전정을 하여 수목이 스스로 생장을 지속할 수 있도록 돕는 것이 중요하다. 수종에 따라, 계절에 따라 그리고 수목의 입지환경에 따라 적절한 전정방법을 선택하고 가지치기 수량도 조절해야 하는 만큼 세심한 주의가 필요하다.

▶▶▶ 87회 2교시 2번

조경 식재공사의 하자발생요인을 계획 및 설계단계, 시공단계, 유지관리단계로 구분하여 기술하고 효율적인 하자발생 저감대책에 대해 논하시오.

1. 개요

조경공사 하자는 설계내용의 현장 부적합성, 부주의한 시공, 유지관리 소홀로 인해 계획·설계, 시공, 시공 후 관리 단계에서 수목 및 시설물에 결함이 발생하는 것을 말한다. 조경 식재공사는 살아 있는 수목을 다룬다는 특성상 하자의 원인 규명과 책임소재가 불명확해 보수에 어려움이 있다.

2. 계획 및 설계단계의 하자발생요인

1) 부족한 사전 현장조사

(1) 현장의 기후조사 누락

(2) 구조물의 식물체 간섭현황 조사 필요

(3) 적정 식재밀도 조사 필요

(4) 음수와 양수를 구분해야 함

2) 부적합한 수목 선정

(1) 현장 환경여건에 맞지 않는 수종

(2) 식재밀도를 고려하지 않음

3. 시공단계의 하자발생요인

1) 불량한 수목 반입

(1) 병충해에 감염된 수목 반입

(2) 굴취 · 운반 시 훼손된 수목 식재

(3) 규격미달 수목 반입

2) 수목 생육환경의 부적합

(1) 양분이 부족한 환경

(2) 뿌리의 활착과 생육에 부적합한 토심

3) 공기 지연, 부적기 식재

(1) 선공종 지연으로 인한 공기 지연

(2) 장마기, 동절기 등 부적기 식재

(3) 무리한 공기 단축

4. 유지관리단계의 하자발생요인

1) 식재 후 관리부실

(1) 발주청의 요구에 의한 잦은 수목 이동

(2) 타 공종 공사 시 수목 훼손

2) 소홀한 생육관리작업

(1) 바람이 강하고 많은 지역에 지주목 설치 안 함

(2) 부적절한 시기의 관수

3) 이용자에 의한 하자

(1) 가지 흔들기, 가지 꺾임

(2) 낙엽 발생, 수피 화상 등

5. 효율적인 하자발생 저감대책

1) 명확한 하자보수 기준 마련
(1) 표준시방서의 하자보수 기준 수정
(2) 명확한 수목고사시점을 파악할 수 있도록 함
(3) 육안검사 기준 개정

2) 하자발생 책임소재 명문화
(1) 제3의 기관이 하자 판정
(2) 관리소홀에 의한 하자의 범위를 정확하게 명시
(3) 식물재료의 특성 반영

3) 철저한 기초조사 실시
(1) 설계 전 현장조사 법제화
(2) 기후조건, 생육환경 조사

4) 여유 있는 공기 확보
(1) 탄력적인 식재공사 기간 확보
(2) 원도급사의 식재기간 준수에 대한 인식 확대

5) 생육조건 마련
(1) 비옥한 토양으로 객토
(2) 유기물질이 많은 표토 활용

6. 결언

조경 식재공사는 생물을 이용하므로 어느 정도의 하자발생은 불가피하다. 하지만 하자의 원인 규명, 발생에 대한 책임 소재의 불분명, 불명확한 보수기준으로 인하여 시간적·경제적 피해가 발생하고 있다. 법제화된 하자판정기준을 마련하여 하자판별에 있어 정확성을 기해야 하며 시공기간 역시 법적으로 제재해 하자발생을 최소화해야 한다.

조경기술사

▶▶▶ 94회 3교시 4번

조경 시설물공사에서 발생하는 하자를 공종과 유형별로 분류하고, 그 원인과 저감대책을 설명하시오.

1. 개요

조경 시설물은 조경공간 내에서 공간 이용자의 여러 가지 행위를 수용하고 편리하게 이용하도록 하기 위해 설치되는 물리적인 요소이다. 퍼걸러, 벤치, 음수대, 조명시설, 놀이기구, 수경시설 등이 여기에 해당한다. 조경 시설물공사에서 발생하는 하자는 공종별로 시설물공 하자, 포장공 하자가 있고 유형별로는 자재 하자, 시공 하자로 구분한다.

2. 조경 시설물공사의 공종 및 유형별 하자

1) 공종별 하자

   (1) 시설물공 하자
      ① 장소와 조화되지 않은 시설물 규모
      ② 색채, 질감 등에 의한 이질감 형성

   (2) 포장공 하자
      ① 지장물 사전 조사를 하지 않아 설계변경
      ② 표면배수 불량
      ③ 충분한 다짐을 하지 않아 지표면 침하

2) 유형별 하자

   (1) 자재 하자
      ① 목재 방부약제 용출
      ② 나무의 부패, 뒤틀림, 옹이 발생
      ③ 철재 부식
      ④ 도장면 들뜸 등 상태 불량

   (2) 시공 하자
      ① 시설물 기초의 부실시공
      ② 벤치 등이 흔들림
      ③ 용접슬래그 제거상태 불량
      ④ 느슨한 나사로 연결하여 접합 부실

3. 조경 시설물공사의 하자 발생원인

1) 현장과 설계도면의 불일치

(1) 현장여건 및 지반에 대한 기초조사 불량
(2) 현장특성을 반영하지 않은 획일적 설계패턴
(3) 설계오류사항을 검토하지 않음

2) 관행적인 저가 수주

(1) 최저가낙찰제 및 PQ 제도의 업체 변별력 상실
(2) 저가낙찰로 인한 공사비 부족
(3) 현장여건에 맞는 적절한 기술이나 신기술 반영이 어려움

3) 부적합한 시공일정

(1) 발주처가 요구하는 공기 내 완공을 위한 무리한 일정 수립
(2) 공정관리상 계획기능만 강조
(3) 시공상 문제발생 시 통제기능 발휘 불가

4) 시설물 용도와 구조변경

(1) 무분별한 설계변경 발생
(2) 설계자의 의도와 상관없이 현장에서 임의 변경
(3) 설계자와 시공자의 협의 곤란

4. 조경 시설물공사의 하자 저감대책

1) 설계도면의 시설물 내용 확인

(1) 시설물 유형과 위치 확인
(2) 실제 설치된 시설물의 종류와 수 확인
(3) 설치검사 여부 확인 및 설치 상태와 오류 검사

2) 저가 수주에서 탈피

(1) 업체 변별력을 확보할 수 있는 종합심사낙찰제 적용
(2) 저가낙찰 금지로 충분한 공사비 확보
(3) 현장여건에 맞는 신기술 반영

3) 적절한 시공일정 명시

(1) 시공사와 발주처가 협의한 일정 결정

(2) 공정관리상의 세밀한 계획 수립
　　(3) 시공상 문제발생 시 통제기능 발휘

4) 임의 설계변경 지양
　　(1) 설계안에 대해 현장에서 충분한 분석
　　(2) 돌발적이고 무분별한 설계변경 금지
　　(3) 설계안의 잦은 변경을 차단할 수단 마련

5. 결언

조경시설물의 하자는 사전조사와 시공이 부실할 경우, 또 설치 후 유지관리가 부실한 경우 원인이 되는 사례가 많다. 하자대책의 정합성을 높이기 위해 하자의 발생 원인에 대한 다각도의 분석 및 하자발생을 차단하기 위한 조금 더 세밀하고 현실적인 행정적·제도적 대책이 필요하다.

CHAPTER
09

동양조경사

- 102회 2교시 6번
- 88회 3교시 6번
- 67회 2교시 5번
- 102회 4교시 3번
- 90회 4교시 2번
- 97회 4교시 1번
- 97회 2교시 6번
- 117회 3교시 6번
- 97회 2교시 3번
- 115회 4교시 1번
- 126회 3교시 5번
- 93회 2교시 3번

CHAPTER 09 동양조경사

조경기술사 논술 기출문제풀이

> ▶▶▶ 102회 2교시 6번
>
> 한국 전통조경에 영향을 끼친 사상과 각 사상이 조경문화에 끼친 사례에 대해 설명하시오.

1. 개요

한국 전통조경에 영향을 끼친 사상은 도가사상, 유가사상, 음양오행설, 풍수지리설 등이 있다. 이 사상은 우리 전통사회의 정치체제나 백성의 사회·문화적 가치관에 영향을 미쳤고 전통 주택정원 조성, 궁궐 배치, 연못 조성, 수목 식재기법, 건물의 배치, 지형의 활용형태 등에 직접·간접적으로 표출되었다. 전통정원의 특징으로 나타난 성격은 상징성·실용성·자연성을 들 수 있다.

2. 한국 전통정원에 영향을 끼친 사상

1) 도가사상

   (1) 은일사상, 은둔사상
   (2) 자연주의 사상
   (3) 별서나 서원 조영에 영향을 끼침

2) 유교사상

   (1) 예의와 질서 중시, 남녀의 구별
   (2) 품계석, 단의 고저차, 채와 마당 구분

3) 신선사상

   (1) 불로장생사상
   (2) 봉래, 방장, 영주 등 신선이 산다는 삼신산 조영
   (3) 십장생 문양, 연꽃문양, 사군자 문양

4) 풍수지리설

　(1) 바람을 막고 물을 구한다는 장풍득수의 기본원리

　(2) 주거지의 입지 선정에는 양택풍수

　(3) 배산임수, 마을숲 조성, 화계 축조 등으로 구현

5) 음양오행사상

　(1) 우주만물의 근원을 음과 양으로 파악

　(2) 천원지방 : 하늘은 둥글고 땅은 네모나다

　(3) 연못의 형태를 방지원도로 조성

3. 각 사상이 조경문화에 끼친 사례

1) 도가사상의 상징성

　(1) 모든 배치와 경관요소에 의미가 있음

　(2) 방지원도 : 하늘과 땅을 의미

　(3) 삼신산 : 신선이 산다는 바다를 의미, 불로장생 염원

　(4) 다양한 점경물에 의미 부여. 장수, 극락정토 등

　(5) 십장생, 사군자, 연꽃 등

2) 유가사상의 실용성

　(1) 채소와 약초 재배

　(2) 유교의 영향으로 유실수 식재

　(3) 지형을 보존한 화계, 굴뚝, 담장 등 실용경관 창출

3) 불교사상의 자연성

　(1) 생명을 존중하는 태도

　(2) 모든 만물의 존재와 인연을 중시

　(3) 자연지형 최대로 보존하고 향을 배려한 배치

4. 결언

한국의 전통 주택공간 및 조경공간 조성에 영향을 끼친 철학사상과 종교사상은 여러 가지 요소를 사용하여 구체적으로 표현되었고 이것으로 인간이 바라는 바를 나타내었다. 전통주택 내부에 첨경물을 두거나 건축물의 난간 등에 문양을 조각하는 것, 도시구조나 왕릉의 구조 결정 시 일정한 원칙을 따르는 것이 그것이다.

> ▶ ▶ 88회 3교시 6번

풍수지리의 이론에 근거한 환경설계적 접근기법에 대해 설명하시오.

1. 개요

풍수지리설은 지역의 자연환경과 교통·문화를 나타내는 지리적 이론과 도시와 촌락, 주택과 분묘의 위치를 정하는 풍수이론이 합쳐진 주거이론이다. 이상적인 생활환경을 선택하고자 건물터를 잡거나 건물을 배치할 때 그리고 주택 내외부 공간 조성 시 기의 조화를 도모하였다. 사람과 땅의 관계를 중요시하여 산·물·방위·사람을 기본요소로 여기는 것이 특징이다.

2. 풍수지리설의 내용 및 형식이론, 유형

1) 풍수지리설의 내용

(1) 장풍과 득수
(2) 터 주위의 산과 물을 풍수적으로 구분
(3) 터의 길흉과 토지의 허와 실을 판별
(4) 비보와 엽승

2) 형식이론

(1) 간룡법
(2) 장풍법
(3) 득수법
(4) 정혈법
(5) 좌향론
(6) 형국론

3) 유형

(1) 양택풍수
① 살아 있는 사람을 위한 거주지 선정
② 도성, 마을, 사찰, 서원 등의 터를 정함

(2) 음택풍수
① 죽은 자를 위한 묘지 결정
② 무덤, 부도, 태실의 위치로 좋은 곳을 찾음

CHAPTER 09 동양조경사 403

③ 땅속의 혈을 찾아내는 방법

3. 풍수지리 이론에 근거한 환경설계적 접근기법

1) 간룡법

   (1) 산의 흐름으로 길흉을 살피는 방법
   (2) 용맥의 형세, 즉 산의 지형지세로 토지의 길흉을 판단
   (3) 곧고 빠르게 뻗은 정룡이 좋음

2) 장풍법

   (1) 명당 주변의 지형이 바람을 가두는 형태여야 함
   (2) 주변에 네 개의 산이 있어 혈장을 보호하는 지형을 찾음
   (3) 음양의 원기를 지니기 위해서 바람을 가두는 곳을 좋은 터로 봄

3) 득수법

   (1) 길방래흉방거의 원칙을 따름
   (2) 길한 방향에서 물이 들어오고 흉한 방향으로 나가는 것이 좋음
   (3) 좋은 것을 받아들이고 나쁜 것은 내보낸다는 의미
   (4) 물의 방향, 장단, 완급 등을 살핌

4) 정혈법

   (1) 정기가 왕성하게 모인 지점인가 판단
   (2) 화룡점정과 같은 중요한 장소를 찾는 것
   (3) 양택풍수에서는 삶의 대부분을 영위하는 곳을 가리킴
   (4) 수려하고 아름다운 가까운 산을 찾음

5) 좌향론

   (1) 태양의 운행에 의해 결정되는 절대향
   (2) 물리적 요소의 입지에 의해 결정되는 상대향
   (3) 배산임수 방향을 찾음

6) 형국론

   (1) 혈의 형체와 지형의 기세를 물체의 형상에 빗대어 표현
   (2) 지형적으로 부족한 점을 보완하거나 행위를 제어

4. 결언

동양철학사상은 과거 선조의 삶에 있어서 행동의 기준이 되는 사상이었다. 한국 전통공간의 생태와 경관을 이해하기 위해서는 이 사상에 대한 이해가 필수적이다. 자연과 인간을 분리하지 않았다는 점에서 현대의 공간에 적용할 수 있는 가능성을 모색할 때이다.

▶▶▶ 67회 2교시 5번

우리나라 전통 생활백과인 《산림경제》에 설명된 마당계획(庭除)의 3개 원칙(三善)을 나열하고 그 현대적 의미를 해석하시오.

1. 개요

《산림경제》는 조선 숙종 때 홍만선이 엮은 농서 겸 생활정보서적이다. 앞 부분에 책을 쓰는 목적이나 편찬방법을 밝힌 글을 둔 후 뒤에 본문을 기술하는 구성으로 만들어졌다.

풍수지리이론에서 건축물의 내부 방위와 관련된 이론이 동사택·서사택 이론이다. 그 내용 중 하나인 양택삼요는 주역에 있는 팔괘의 방위에 따라 주택 내에서 공간을 배치할 때 대문, 방, 부엌이 어느 위치에 있어야 길한가를 판단하는 이론이다.

2. 산림경제의 의의 및 책의 구성

1) 의의

   (1) 주택, 의료 등 광범위한 저술
   (2) 당시의 농업기술수준 파악

2) 구성

   (1) 4권 4책의 필사본
   (2) 복거, 섭생, 치농, 치포, 종수, 잡방 등 16분야

구분		내용
1	복거	주택의 선정과 건축
2	섭생	건강
3	치농	곡식·목화·특용작물의 경작방법
4	치포	채소·화초·약초의 재배법
5	종수	과수와 임목의 육성

3. 산림경제에 설명된 마당계획의 3개 원칙

1) 대문
(1) 생기가 들고나는 통로로 여겨 중시
(2) 호문과 용문 배치, 중문, 대문 배치
(3) 동북쪽과 서남쪽에는 불길하다 하여 문을 두지 않음

2) 안방
(1) 안방과 건넌방 출입문은 기의 통로로 생각해 공들여 만듦
(2) 안방과 대문은 일직선상에 배치하지 않음
(3) 예각이 방으로 향하게 하지 않음
(4) 입구가 주방 및 측간을 향하는 것을 피함

3) 부엌
(1) 부엌은 택지 중앙에 배치하지 않음
(2) 부엌과 방, 측간은 마주보지 않도록 함
(3) 대문과 일직선상에 놓이지 않도록 배치

4. 마당계획에 있어서 현대적 의미 해석

1) 복합적인 공간
(1) 일상생활과 밀접한 공간
(2) 공적 공간 또는 사적 공간으로 전환 가능
(3) 외부공간이면서 내부공간
(4) 타 공간과 부드럽게 연계되고 생활패턴에 따라 변동 가능

2) 전통건축 구성요소의 현대적 활용
(1) 도시형 한옥에서 실내공간에 적용
(2) 전통 마당처럼 거실을 주택의 한 가운데에 배치
(3) 가족 구성원의 다양한 필요를 수용

3) 현대 도시계획 수립 시 적용
(1) 도시의 중심이 되는 지점에 광장 배치
(2) 압축도시 중앙에 오픈 스페이스를 두거나 정원 조성
(3) 도시민의 행위나 동선이 모이는 곳 또는 차량 교차점에 마당 조성
(4) 근린공원 내의 중앙광장

4) 공공의 휴식공간에 도입

   (1) 한국의 전통생활을 경험할 수 있는 공간 마련

   (2) 전통한옥의 열린 구조를 그대로 적용

   (3) 앞마당, 한옥 창문을 통해서 보이는 중정, 뒷마당을 조성

   (4) 한국의 정서를 느끼게 함

5. 결언

마당은 한국의 주택건축에서 집을 완성하는 중요한 요소이다. 집의 중심을 차지하면서 개방되어 있어 외부공간의 기능을 하기도 하며 한국의 건축 정서와 생활문화를 경험할 수 있는 곳이다. 최근 전통마당이 지닌 다양성에 주목하여 도시공간에 도입하려는 움직임이 있다.

▶▶▶ **102회 4교시 3번**

서울시에서는 한양도성을 세계문화유산에 등재하려고 하는바 한양도성의 가치에 대해 설명하시오.

1. 개요

한양도성은 태조 5년에 축성을 시작한 외적 방어용 성이다. 궁궐을 둘러싼 궁성, 도성을 보호하는 북한산성·남한산성과 짝을 이루고 여러 차례 보수·개축되었다. 성벽에는 이러한 역사가 고스란히 남아 있다. 또한 자연 지형에 순응하여 성을 쌓아서 세월의 흐름에 따라 자연의 일부로 자리 잡았다. 현존하는 세계의 도성 중 가장 규모가 크고 역사가 길며 훼손된 구간이 있으나 현재 전체의 70%가 옛 모습에 가깝게 정비되었다.

2. 한양도성의 축조 목적과 역사적 의의

1) 축조 목적

   (1) 조선왕조 도읍지인 한성부의 경계 표시

   (2) 도성의 권위를 드러냄

   (3) 외적의 침입으로부터 방어

2) 한양도성의 역사적 의의

(1) 삼국시대의 축성기법과 성곽구조 계승
(2) 조선시대 성벽 축조 기술의 발전 과정을 담음

3. 한양도성의 구조·재료 및 축조과정

1) 한양도성의 구조·재료

(1) 평균 높이 약 5~8m, 전체 길이 약 18.6km
(2) 백악산(북악산)·낙타산(낙산)·목멱산(남산)·인왕산의 능선을 따라 축조
(3) 4대문과 4소문
　① 4대문 : 흥인지문·돈의문·숭례문·숙정문
　② 4소문 : 혜화문·소의문·광희문·창의문
(4) 도성 밖으로 물길을 잇기 위해 흥인지문 주변에 오간수문과 이간수문을 둠
(5) 태조 때 평지는 토성으로, 산지는 석성으로 쌓았으나, 세종 때 개축하면서 토성 구간도 석성으로 바꿈
(6) 도성 안에서 채석이 금지되어 필요한 돌은 성 밖의 북한산과 아차산 등지에서 조달

2) 한양도성 축조과정

(1) 태조 5년(1396년) 총 98일 동안 전국 백성 19만 7,400여 명을 동원
(2) 전체 공사구간을 나누고 각 구간을 군현별로 할당
(3) 일부 성돌공사에 관하여 구간명·담당 군현명 등을 새김

4. 한양도성계획의 내용과 중건

1) 한양도성계획의 내용

(1) 성곽 안팎을 5부로 나누고 각 부에 방을 둠
(2) 중부 8방, 동부 12방, 서부 11방, 남부 11방, 북부 10방으로 나눔
(3) 계획 패턴은 격자형이 아님

2) 한양도성 중건

(1) 1968년 숙정문 주변에서 시작하여 1974년부터 전 구간으로 확장
(2) 과거에는 단절된 구간을 연결하는 데 치중하여 오히려 주변 지형과 석재를 훼손하는 경우도 적지 않았음
(3) 서울시는 한양도성의 역사성을 온전히 보존하기 위해 2012년 9월 한양도성도감을 신설

5. 한양도성의 가치

1) 도시 서울의 원형이라는 역사성
    (1) 정주지의 역사적 흔적을 보존
    (2) 고대 도시 유적의 지속성

2) 주변의 자연지형의 지세를 바탕으로 한 입지
    (1) 산과 물을 바탕으로 함
    (2) 지형지세를 바탕으로 한 설계
    (3) 정체성이 살아 있는 도시 건설

3) 장기간 도성역할 수행
    (1) 백악산, 낙산, 남산, 인왕산의 능선을 따라 축조
    (2) 세계적으로 최장기간 도성의 기능을 수행

4) 포곡식 성곽
    (1) 평지성과 산성이 결합된 성곽
    (2) 시기별 축조 형태와 기술의 증거가 남아 있음
    (3) 지형에 따라 축조되어 뛰어난 역사도시 경관을 보여줌

6. 결언

유네스코 문화유산에 한국의 유산을 등재하려는 노력이 계속되고 있고 이미 한국의 승원과 서원도 등재되어 있다. 역사 문화적 특성과 자연적인 아름다움이 함께 하는 한양도성은 유네스코 세계문화유산 잠정목록에 등재된 자랑스러운 문화유산이다.

▶▶▶ 90회 4교시 2번

조선시대 4대 사화에 대해 간략히 설명하고, 이것이 우리나라 별서유적에 미친 영향에 대해 논하시오.

1. 개요

조선시대 4대 사화는 권력에 의한 숙적의 제거를 위해 연쇄적으로 정치적인 분쟁이 일어난 것으로 무

오사화, 갑자사화, 기묘사화, 을사사화가 있다. 훈구파와 사림파의 모함과 싸움이 격화되면서 유배 등의 사태가 발생하고 이로 인해 정치인들이 낙향하여 피하게 되었는데, 이때 은둔의 근거지가 되었던 곳이 별서공간이다. 별서는 세속과 당쟁을 벗어나 조용한 삶을 영위하려는 목적에 따라 정적인 분위기로 조성되었다.

2. 조선시대 4대 사화의 원인과 결과

1) 사화 발생원인

(1) 절대 권력자의 권한 남용
(2) 정치인의 경쟁과 권력 다툼
(3) 기존 권력층에 대한 견제

2) 4대 사화의 결과

(1) 핵심권력의 축출과 붕괴
(2) 자연에 은거하려 하는 정치인의 낙향
(3) 자연주의, 신선사상 추구
(4) 무위사상 추구

3. 4대 사화가 별서유적에 미친 영향

1) 별서의 입지

(1) 은둔하고 싶은 거처로서 자연 안에 입지
(2) 주변 환경이 자연적 장애물 기능을 함
(3) 사람의 접근을 차단하거나 어렵게 함

2) 자연주의 사상 바탕

(1) 전저후고, 장풍득수, 배산임수 등 풍수지리설에 의한 공간 배치
(2) 자연과 인간의 일체화와 융합 추구

3) 풍수사상, 음양오행사상 표출

(1) 방지원도 배치
(2) 풍도의 확보를 통한 기운의 순환 고려

4) 선택적 비보사상의 반영

(1) 생태적인 의와 기의 식재기법 적용
(2) 담장과 대나무 숲 조성

5) 신선사상 내재화
　(1) 강학공간에 나타남
　(2) 경치를 조망할 수 있는 곳에 정자, 초당 등 건축
　(3) 바위를 암각화해 명명하는 기법 사용
　(4) 자연 계류의 흐름 보호
　(5) 신선이 사는 공간을 개념화

4. 은둔사상에 의한 공간 조성 사례

1) 소쇄원
　(1) 전남 담양에 위치
　(2) 조광조의 축출로 제자인 양산보가 은거
　(3) 원구투류 : 계류를 차단하지 않고 담 아래로 통과시킴
　(4) 초정을 조성해 대봉대로 칭하여 권력을 상징화
　(5) 김영후의 48영에 내용이 있음

2) 부용동 원림
　(1) 전남 완도군에 위치
　(2) 병자호란 시 윤선도가 세자를 모시려고 조성
　(3) 동천석실, 무민재, 세연지, 세연정, 판석보 등의 공간이 있음

5. 결언

별서는 정치적인 상황에 의해서 불가피하게 낙향할 수밖에 없었던 젊은 정치인들이 자연 속에서 사색하고 자연경관을 즐기며 마음을 다스리기 위해 만든 다분히 의도적인 공간이다. 조경양식의 특징을 파악하고 이해하는 것은 별서 양식의 계승을 위하여 필요하다. 별서정원은 현재 서석지, 성락원, 명옥헌 등의 유적이 남아 있다.

> ▶▶▶ 97회 4교시 1번
>
> 조선시대 왕릉의 공간구성 및 각 공간별 구성요소를 설명하고, 특히 능원의 석조물에 대해 구체적으로 설명하시오.

1. 개요

조선시대의 왕릉은 역대 왕과 왕비의 묘로서 유교사상과 풍수지리사상에 의해 조성되었다. 한국의 전통 제례와 영혼에 대한 인식을 직접적으로 나타낸 공간으로 3단 구성이 특징이다. 여러 가지 사상을 기반으로 한 건축물과 조형물이 모두 상징성을 띠고 있고 사후의 공간을 대규모로 만들었다는 점에서 의미가 있다. 전체적으로 진입공간·제향공간·능침공간으로 나누고 각 공간을 장식하는 석조물이 배치되었다.

2. 조선시대 왕릉의 입지와 지위

1) 입지

   (1) 사대문 밖 100리 안에 위치

   (2) 풍수지리설을 적용한 터 잡기

   (3) 선릉, 정릉, 동구릉, 헌인릉, 홍유릉

2) 왕릉의 지위

   (1) 국가지정 문화재

   (2) 2009년 조선왕릉 42기를 세계문화유산으로 등재

   (3) 유적 보존상태가 좋음

3. 왕릉에 표출된 사상과 공간별 구성요소

1) 공간구성에 표출된 사상

   (1) 위계질서를 중시하는 유교사상

   (2) 진입공간 – 제향공간 – 성역공간의 3단 구성

   (3) 풍수지리설의 전저후고, 배산임수를 따름

2) 공간별 구성요소

   (1) 진입공간

   ① 속세와 단절을 의미하는 공간

   ② 금천교와 홍살문 사이의 공간

③ 왕릉관리와 제사준비에 쓰임

(2) 제향공간

① 산 자가 영혼을 맞이하는 곳
② 홍살문에서 정자각 사이 공간
③ 정자각에서 제사를 지냄
④ 참도, 홍살문, 정자각, 수복방

(3) 능침공간

① 성역공간
② 상계·중계·하계의 3단 구성
③ 봉분, 병풍석, 난간석, 곡장 배치
④ 무인석, 문인석, 석마, 석호, 석양 배치

4. 능원의 석조물

1) 상계 공간

(1) 혼유석 : 혼령이 나와 노는 곳, 영혼이 제사를 받는 곳
(2) 봉분 주변 병풍석, 난간석을 둠
(3) 능침을 수호하는 석호, 석양 배치
(4) 봉분 좌우에 망주석 배치

2) 중계 공간

(1) 장명등 : 영혼이 묘를 찾을 수 있게 밝히는 기능
(2) 문인석 : 홀을 들고 있음, 신하를 상징함

3) 하계 공간

(1) 장검을 쥐고 왕을 호위하는 무인석 배치
(2) 석마 배치
(3) 모두 영혼을 보호하는 의미가 있음

5. 결언

왕릉은 공간 구조상 한국적인 전통미와 자연미가 뛰어나고 고유한 특징이 있으며 현재까지도 제례가 행해지고 있다는 점을 높이 평가받아 유네스코 세계유산에 등재되었다. 유네스코 세계유산에 등재된 만큼 유적 보존에 좀 더 힘써야겠다.

▶▶▶ 97회 2교시 6번

> 전통마을의 입지에 있어 적용된 Passive Design적 요소를 설명하고, 이에 대한 귀하의 의견을 제시하시오.

1. 개요

패시브 디자인(Passive Design)이란 에너지 소모를 막아 낭비하는 에너지가 없도록 하고 친환경 에너지를 사용하며 자원을 재활용할 수 있는 거주 디자인을 말한다. 자연 에너지의 적극적 이용을 고려한 계획으로 기계적 장치의 도움 없이 쾌적한 생활환경을 유지하는 효과가 있다. 이러한 디자인은 기존 지형을 따르고 미기후를 고려하여 조성한 한국 전통공간에도 잘 나타나고 있다.

2. 한국 전통공간 특성에 따른 Passive Design 요소

1) 한국 전통공간의 특성

   (1) 기존 지형을 활용
   (2) 계절풍 및 미기후 조절을 위한 배산임수
   (3) 자연재료 사용
   (4) 휴먼 스케일 건축물
   (5) 인공 수림 조성

2) 전통마을의 Passive Design 계획요소

   (1) 지형과 배치
   ① 주산·종산이 마을을 둘러싸고 있음
   ② 숲이 방풍림 역할
   ③ 물이 마을을 감싸고 나감
   ④ 겨울은 따뜻하고 여름은 시원하게 지낼 수 있는 방향으로 배치

   (2) 길
   ① 주도로와 내부도로의 연결
   ② 동선이 만나는 갈림길 존재
   ③ 생활공간의 상호 영향

   (3) 생태
   ① 자체 정화기능을 하는 수경관 조성
   ② 기존 지형을 이용한 방풍림

③ 미기후를 고려한 저수지 조성
④ 흙, 돌, 나무 등 자연재료 이용
⑤ 남향 배치를 지향하여 에너지 절약

(4) 경관
① 주변 자연과 관계를 맺을 수 있는 인공녹지
② 마을 전체 또는 자연 조망이 가능
③ 마을 고유의 경관 연출

(5) 영역
① 마을이 시작되는 지점을 알림
② 마을 내 생산적 경작지, 생활 주거지, 의식적 배후지로 나뉨
③ 신앙에 따른 영역 구성요소

3. 조경 분야에서의 활용

1) 옥상녹화 및 벽면녹화

① 직접적·간접적으로 일사 차단
② 수분 순환과 증발로 단열효과
③ 건물 내부의 냉방부하 감소
④ 쾌적한 도시 환경 조성
⑤ 토심 증가 시 단열효과 증가

2) 조경 분야의 한계

(1) 에너지 절감 및 활용에만 집중
(2) 옥상·벽면녹화 외의 데이터 부족
(3) 타 분야와 차별화된 자료 필요

4. 결언

패시브 디자인이 활성화되기 위해서는 기후, 지형 및 지역의 전반적인 상황, 건축구조 등에 관한 이해가 필수이므로 국가 차원에서 이러한 자료를 조사하기 위한 시스템 구축 및 기반 데이터 축적에 대한 지원이 필요하다. 에너지 절감 및 활용에만 집중되어 있는 디자인 평가 항목을 목적에 따라 세분화시켜 평가의 공신력을 확보하는 것이 우선이다.

조경기술사

> ▶▶▶ 117회 3교시 6번

한국 전통정원의 공간구성 및 시설배치의 특징에 대해 설명하시오.

1. 개요

한국의 전통정원은 모든 공간 조성에 풍수지리설이 지대한 영향을 미쳤다. 거주하기 적합한 명당을 찾고 남향으로 건축물을 앉힌 다음 건축물 후면을 정원으로 꾸미는 것이 일반적이었는데, 부지의 지형지세나 상대적인 향에 따라 건축물 양 옆의 빈 공간에 정원을 만들기도 하였다. 한국 전통정원은 시대나 계층에 따라 조성 목적이 다르고 식물의 종류와 식재규모, 시설물의 종류와 배치에도 차이가 있다.

2. 한국 전통정원의 조성에 영향을 미친 사상

1) 도가사상

   (1) 이상적인 삶은 자연의 순리를 따라 완전한 자유를 얻는 것
   (2) 도와 덕을 사물의 본체로 삼음
   (3) 무위자연

2) 도교사상

   (1) 신선이 되는 것이 목표
   (2) 불로장생 희구사상

3) 유가사상

   (1) 정치, 교육, 윤리 등에 영향
   (2) 유가의 통치를 위한 가치로 도덕을 내세움
   (3) 사회적 질서 확립

4) 불교사상

   (1) 세상 만물은 인연이 있다는 이론
   (2) 자기수양과 깨달음 강조
   (3) 부정을 피하고 살생하지 않음

5) 음양오행설

   (1) 우주, 인간, 사물은 음양의 기로 이루어짐

(2) 기운은 머물러 있지 않음
(3) 기의 변동을 오행으로 설명

6) 풍수지리설

(1) 지형지세에 따른 기의 흐름을 판단
(2) 정기가 모인 명당을 고름
(3) 양택풍수, 음택풍수

3. 경복궁 정원의 공간구성 및 시설배치의 특징

1) 경회루 원지

(1) 남북 113m, 동서 128m의 대형 못
(2) 두 개의 섬과 장대석 호안
(3) 섬 위에 조산, 소나무 식재

2) 교태전 후원의 화계

(1) 전각 배치 후 경사면을 자연스럽게 처리
(2) 단의 높이와 폭이 일정하지 않음
(3) 괴석, 석련지, 굴뚝 등을 배치

3) 교태전 화계 위의 굴뚝

(1) 당초, 소나무, 학 등 십장생 조각
(2) 자손번성과 부귀, 만수무강 기원
(3) 연기배출을 위해 굴뚝지붕에 사각 연와를 올림

4) 자경전 후원의 화문장

(1) 사괴석을 놓고 그 위에 벽돌을 쌓아 만듦
(2) 십장생, 초화 및 길상문자로 화려하게 장식
(3) 해, 거북, 소나무, 포도

4. 소쇄원 정원의 공간구성 및 시설배치의 특징

1) 소쇄원의 공간구성

(1) 은둔을 목적으로 하는 폐쇄적 구조
(2) 내부가 바로 보이지 않도록 대숲으로 시선 차단
(3) 오감으로 시간의 변화를 느낄 수 있는 공간

2) 소쇄원 정원의 공간구성 및 시설배치의 특징
　(1) 정자, 바위, 계류 중심
　(2) 신선사상과 음양오행설의 영향으로 방지와 섬 조성
　(3) 전통 토목공법을 사용하여 계류를 끌어들임
　(4) 바위에 글씨를 암각하여 공간을 사유화

5. 반가의 공간구성 및 시설배치의 특징

1) 민가의 공간구성
　(1) 채와 마당 중심의 공간
　(2) 가옥이 마당을 에워싸고 있음
　(3) 배산임수 입지의 선정
　(4) 남향 배치로 채광과 통풍 극대화

2) 민가정원의 공간구성 및 시설배치의 특징
　(1) 안채와 사랑채의 뒷면과 측면에 남는 공간을 정원으로 꾸밈
　(2) 내별당 마당 : 정적인 공간으로 수목과 괴석, 경석, 세심석 배치
　(3) 외별당 마당 : 연지, 정자를 두어 자연감상과 휴식공간으로 조성

6. 결언

한국전통정원의 공간구성, 식물의 종류, 배치기법 등을 알아야 하는 이유는 해외나 국내에서 전통정원을 재현하고자 할 때 한국 고유의 정원경관을 되살리고 의미와 전통성을 잇는 데 기초가 되기 때문이다. 그리하여 한국 전통정원의 아름다움을 널리 알리고 확대하는 데 조금이라도 기여할 수 있기를 기대해 본다.

> ▶▶▶ 97회 2교시 3번

궁원, 주택, 별서, 사찰 등 전통정원 지당의 호안처리에 대해 대표적 사례를 들어 비교·설명하시오.

1. 개요

전통주택 내 전통정원에 배치된 지당은 주로 자연석과 장대석을 사용하여 호안의 안정성을 확보한 것이 특징이다. 호안 토사의 유실과 침식 방지 등의 목적과 괴석, 식물 등 경관요소의 배치를 고려하여 규모가 있는 석재를 사용한 것이다. 호안을 장대석으로 길게 처리하면 공간이 넓게 보이는 시각적 효과가 있고 입체적인 경관을 연출할 수 있다는 장점이 있다.

2. 호안처리의 개념과 특징

1) 개념
(1) 지면과 수면 사이에 자연스러운 경계 조성
(2) 공간의 경관미에 영향을 끼침

2) 전통정원 호안처리의 장점
(1) 침식에 의한 토사 유실 방지
(2) 석물과 식물을 두어 호안을 아름답게 꾸밈
(3) 공간이 넓어 보이는 시각적 장치

3. 전통정원 지당의 호안처리방법

1) 장대석 호안 축조
(1) 모나게 다듬은 돌, 장대석, 사괴석 이용
(2) 웅장함과 조형미를 동시에 높임
(3) 사찰, 궁궐에 많이 사용

2) 자연석 이용
(1) 자연스러움 및 조화로움 부여
(2) 사대부의 주택정원과 별서정원에 많음

3) 특징적인 석물 배치
(1) 호안의 특이성을 강화

(2) 돌확, 석수대, 석등 등을 배치

4) 수생식물 식재

(1) 갈대, 창포 등 수생식물 식재

(2) 수련, 연 등으로 극락정토 상징화

4. 전통정원 지당 호안처리의 대표적 사례

1) 경주 안압지

(1) 서쪽 호안

① 직선적인 형태로 조성

② 장대석을 균일한 크기로 나란히 쌓음

③ 사괴석을 이용한 2단 쌓기

④ 높이가 비교적 높음

(2) 동쪽 · 남쪽 · 북쪽 호안

① 자연석을 이용하여 곡선형으로 조성

② 20~25cm 높이의 자연석을 쌓아 2m 높이로 조성

③ 돌이 지닌 자연미를 최대한 이용

(3) 입체적인 경관 변화

① 호안 주변에 괴석을 무리지어 배치

② 평면적 호안의 단조로움 상쇄

2) 담양 명옥헌의 지당 호안

(1) 동남쪽은 자연암반을 노출하여 경관효과 극대화

(2) 자연 암반의 경사지를 이용하여 호안 양측에 둑을 쌓음

(3) 자연석만 사용하여 인위성과 인공미 배제

5. 결언

궁궐, 사찰 등 규모가 크고 권위가 필요한 공간에서 지당의 호안처리는 주로 사괴석과 길이가 긴 장대석을 사용했다. 반면에 민가나 별서 등에서는 공간의 규모나 기능에 맞도록 호안에 자연석을 배치하여 자연미를 강조하고 소박하게 식물을 식재하였다. 여러 사례를 볼 때 전통정원 지당의 호안처리 원칙은 자연미의 극대화라고 할 수 있다.

▶▶▶ 115회 4교시 1번

한국 전통정원의 화계와 연못 조성, 수목 배식에 따른 표준시방을 작성하시오.

1. 개요

자연스러운 조경공간을 조성하기 위해 사용했던 기본 재료가 돌, 물, 식물이며 전통 조경공사는 식재 및 시설물 설치를 위한 기반을 조성한 후 수목을 식재하고 정자, 화계, 연못, 조산, 포장, 괴석 등을 설치하는 것을 말한다. 집 뒤편의 산지 지형을 다듬어 화계로 조성하고 물을 가둬 방지로 만들며 상징성이 있는 수목을 심어 공간을 장식한다.

2. 화계와 연못의 특징 및 기능

1) 화계의 특징

   (1) 산지 지형에서 발생하는 배면의 경사지를 활용
   (2) 지형에 순응하여 경사 각도에 따라 장대석으로 단을 만듦
   (3) 경사면을 적극적으로 활용하고 보완

2) 화계의 기능

   (1) 토사의 지지로 붕락 방지
   (2) 각종 점경물을 장식하여 즐기는 화단
   (3) 경관기능을 겸한 과학적 조형물

3) 연못의 특징

   (1) 돌로 장대석 호안을 만듦
   (2) 정방형 또는 장방형으로 만들어 천원지방의 사상을 나타냄
   (3) 정적인 수공간 조성
   (4) 못 안에 중도를 만들어 조산하거나 소나무 식재

3. 화계와 연못 조성, 수목 배식에 따른 표준시방

1) 화계

   (1) 궁궐에서는 장대석을 사용, 민가에는 그 지방에서 산출되는 자연석 등을 사용
   (2) 석조물, 괴석 등을 배치하거나 화초와 관목류 혹은 소교목을 식재
   (3) 대교목은 석축이 물러날 위험이 있으므로 식재하지 않음
   (4) 자연석을 쌓을 때는 돌을 세워 쌓지 않고 눕혀 쌓으며 돌 사이에는 수목을 식재하지 않음

(5) 화계쌓기 뒤채움은 초화류 및 수목의 뿌리가 활착할 수 있는 공간을 확보
(6) 흙은 양질의 토양으로 개량

2) 연못 조성

(1) 연못에 유입되는 자연 수량이 부족하지 않도록 함
(2) 물의 유입이 차단되지 않도록 함
(3) 연못 주위에 지하 수위가 변형되는 굴착을 하지 않음
(4) 누수 발생 시 누수가 되지 않도록 즉시 보강
(5) 연못 주위의 수목은 전통수종으로 수경에 적합한 나무를 심음
(6) 연못 안에는 금잉어, 비단잉어 등의 외래어종을 방생하지 않음
(7) 연꽃이 연못 전체를 덮지 않도록 일정 부분에 제한하여 식재
(8) 입수구, 출수구 등은 전통기법에 의해 설치
(9) 집중호우 시 인근의 토사가 지표수와 함께 연못에 흘러들지 않도록 조치

3) 수목 배식

(1) 문화재의 성격, 좌향, 지형의 고저 등을 검토
(2) 배식 전 T/R률을 감안하되 수종별 고유 수형을 유지
(3) 건물의 주변이나 마당 중심부에는 전통 수종을 선정
(4) 담, 축대 등의 인접지역에는 수목을 식재하지 않음
(5) 수목식재를 위한 터파기 시 유구가 나올 경우 감독관과 협의
(6) 수목은 주변 경관에 부합되도록 자연스럽게 배치
(7) 지반 고저와 생장률을 고려하여 건축물에 영향이 가지 않도록 배치
(8) 주요 전통수종
   ① 복숭아나무 : 관상과 식용, 우물가에는 식재를 피함
   ② 회화나무 : 학자수, 궁궐의 노거수
   ③ 소나무 : 절개 상징, 대나무와 함께 은둔을 상징

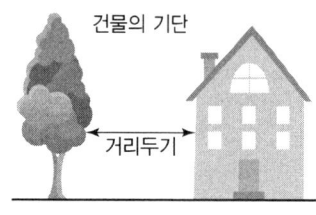

[건물 기단 주변 식재]

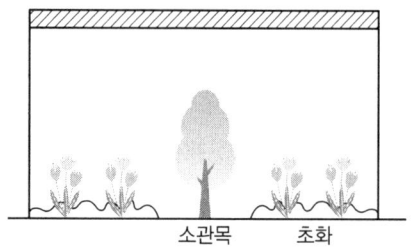

[담장 주변 식재]

4. 결언

전통정원은 고유한 경관이 나타나도록 조성해야 하므로 전통공간 전반에 대한 내용에 대하여 자세한 이해가 필요하다. 화계와 연못 그리고 수목은 전통정원의 기본적인 구성요소이면서 실용성과 장식성 및 상징성을 내포하는 요소인데 이들의 조합이 경관의 질을 결정한다고 볼 수 있다.

▶▶▶ **126회 3교시 5번**

동양 3국(한국, 중국, 일본)의 정원문화 발달과정과 조경요소(수목, 물, 암석 등)의 활용기법에 대해 비교하여 설명하시오.

1. 개요

중국과 일본은 한국과 지리적으로 가까운 탓에 서로 영향을 주고받을 수밖에 없었다. 중국과는 교역을 통한 물자의 교류 및 학문이나 사상의 전파가 두드러졌고, 일본으로는 중국에서 건너온 불교가 한국을 거쳐 전달되어 확산되면서 다신교를 기반으로 하던 사회가 선종을 신봉하게 되었다. 3국은 정치적 배경이나 기존에 있었던 토속문화 및 사회적 관습 등으로 인하여 각기 다른 정원문화가 형성되고 발달하였다.

2. 한국 · 중국 · 일본에 풍미했던 사상

1) 한국의 사상

   (1) 사회질서 확립과 학문적 수양을 중시하는 유가사상
   (2) 자아해탈이 목표인 불교사상
   (3) 자연의 도를 따른다는 도가사상
   (4) 전통 무속신앙

2) 중국의 사상

   (1) 주나라 시대의 종법제도와 예법체계
   (2) 주나라는 천명을 정치, 종교, 철학의 기본으로 삼음
   (3) 한나라에서는 유가사상과 도가사상이 유행
   (4) 불교의 선종과 정토교의 출현

3) 일본의 사상

(1) 참선 위주의 선종 유행

(2) 부처의 힘에 의지하여 정토에 다다름

(3) 아미타불을 숭앙

(4) 생활 속에서 실천하는 불교로 대중화

3. 한국, 중국, 일본의 정원문화 발달과정

1) 한국

(1) 고대와 삼국시대에는 토지의 경계가 없는 사냥터의 형태였음

(2) 고려시대에는 송나라와의 교역 등으로 무신이 정원을 화려하게 꾸밈

(3) 조선시대에 유가사상 등의 영향으로 고유의 양식 확립

(4) 조선시대 왕가와 반가를 중심으로 발전

(5) 인간이 자연에 동화되어야 한다는 합일사상 중심

2) 중국

(1) 규모와 환경에 따라 양식에 차이 발생

(2) 대규모의 자연을 중심으로 인위적 조성

(3) 자연과 경쟁하고 지배하려 함

(4) 규모가 큰 북방황가원림과 기교가 많고 화려한 남방사가원림으로 발전

3) 일본

(1) 선종의 영향으로 소박하고 단순한 정원을 꾸밈

(2) 헤이안 시대에 초기 침전조 정원 발달

(3) 헤이안 후기에 금당과 아미타당을 중심으로 하는 정토정원 조성

(4) 무로마치 시대에 선종이 더욱 융성하면서 선원식 정원 출현

4. 한국 · 중국 · 일본의 조경요소 활용기법

구분	한국	일본	중국
수목	• 상징성 및 실용성 • 수목과 화목 중심	• 다듬은 수목 • 상록활엽수와 지피식물 이용	• 수목의 상징성 강조 • 사군자, 연꽃 등
물	• 방지중도 • 단순한 구성	• 자연 곡선형 수경 • 연못, 폭포 등	• 거대 스케일의 수경 • 자연 곡선형 구성

구분	한국	일본	중국
암석	• 가공성 • 석함, 석련지 등	의도적으로 정교하게 자연석 배치	• 첩산, 축산 • 태호석 등의 이용
문·벽·담장	• 공간구획 효과 • 장식 효과	• 시각적 틀 효과 • 장식 효과	• 시각적 틀 효과 • 공간구획 효과
다리	• 석교, 평교 • 일부 홍교 배치 • 규모가 크지 않음	• 곡교, 직교 • 단순한 장식	• 석교 • 대규모이고 화려하게 장식

5. 결언

한·중·일 정원의 공통점은 3국 모두 정원을 만들어 그 안에서 인간이 자연과 더불어 사는 삶을 즐기려했다는 데 있다. 반면 철학과 종교, 자연환경, 조성한 사람의 경제력과 세도, 부지의 규모 등이 정원의 형태와 크기 등을 결정하는 요인이 되어 차이가 발생하였다. 같은 재료를 가지고 여러 요인으로 인해 전혀 다른 정원공간을 만들어 내었다는 점이 특징이다.

▶▶▶ 93회 2교시 3번

중국 전통조경의 특성과 정원 구성 요소에 대해 설명하시오.

1. 개요

중국 전통조경은 조영의 역사가 오래되고 정원조성기술이 발전을 거듭했던 만큼 규모도 크고 화려하다. 부지에 정원의 경계를 만들어 폐쇄된 공간에 자연 산수를 재현하여 이상향을 추구하는 동양적 픽처레스크를 만들었고 인공물과 자연의 대비를 강조한 것이 특징이다. 회화적 기법으로 호수와 산을 조성하고 수목, 돌 등을 배치했다. 연못, 호수 등 수공간이 정원의 중심이 되고 태호석, 문창, 정자, 담장 등이 주로 쓰였다.

2. 중국 전통조경의 특성

1) 조성원리

   (1) 자연풍경을 사실적으로 재현

   (2) 축경과 차경기법을 사용

   (3) 문창을 프레임으로 한 경관

2) 공간의 폐쇄성
   (1) 외부공간과의 단절성이 큼
   (2) 내부공간에 적극적으로 조경

3) 픽처레스크 경관
   (1) 몽유도원 등 영원한 이상향 추구
   (2) 대규모의 산과 강을 만듦
   (3) 의도적인 지형 변경

4) 문창을 통한 경관 보기
   (1) 다양한 형태의 문창을 만듦
   (2) 문창을 중심으로 한 경관 조성

5) 자연과 인공의 강한 대비
   (1) 풍부한 자연요소와 다채로운 인공구조물 도입
   (2) 경관요소가 눈에 띄는 면을 중시
   (3) 요소 간 조화보다 강한 대비 지향

3. 중국 전통조경의 정원구성요소

1) 호수와 산
   (1) 인공적으로 산을 만들고 거대한 호수를 만듦
   (2) 인공 축산으로 시각적 경관을 강조
   (3) 호수를 중심으로 경관요소와 건축물의 질서 형성

2) 수목과 화목
   (1) 계절감, 상징성, 조화 강조
   (2) 3점 식재, 5점 식재 등 자연형 배식 위주
   (3) 강조를 위한 모아심기 기법 사용

3) 문창과 담장
   (1) 예술성이 극대화된 결과물이라 할 수 있음
   (2) 경관의 프레임 역할

4) 태호석과 석순

　(1) 태호석을 배치하여 석가산 조성

　(2) 대나무숲에 석순 배치

4. 중국 전통조경 사례

1) 소주 졸정원

　(1) 호수가 전체면적의 3분의 2를 차지

　(2) 중원의 원향단을 중심으로 회화적인 경관 구현

　(3) 산, 호수, 문창, 괴석 등이 매우 아름다움

2) 북경의 이화원

　(1) 중국 황실이 조성한 원림

　(2) 바다와 인공호수가 건축물과 조화를 이룸

　(3) 인공호수 곤명호 조성

　(4) 산책로의 역할을 하는 장랑(長廊)

5. 결언

중국 전통정원의 가장 큰 특성은 대규모의 정원에 산수화의 장면을 사실적으로 재현했다는 것이다. 이를 위해 인공호수와 인공산을 만들고 문창을 통해 경관의 특성과 인공미를 강조하였다. 인공적으로 만든 원림도 얼마든지 자연적인 경관에 버금가는 공간이 될 수 있다는 생각이 내포되어 있다.

MEMO

- 71회 2교시 4번
- 76회 2교시 3번
- 64회 4교시 1번
- 87회 2교시 5번
- 90회 3교시 5번
- 111회 4교시 2번

CHAPTER 10 서양조경사

> **▶▶▶ 71회 2교시 4번**
> 프랑스의 기하학식 정원이 유럽 정원 및 세계 정원양식에 기여한 바를 도시계획 및 조경 작품의 예를 들어 설명하시오.

1. 개요

르네상스는 예술, 문학, 철학 등의 분야에 만연한 종교와 신 중심의 세계관에 반발했고 신보다는 인간 자체를 사유의 중요한 대상으로 삼았는데, 그래서 르네상스를 인문주의라고도 한다. 프랑스 기하학식 정원은 프랑스의 르네상스를 대표하는 정원이며 르네상스 후기 이후 이탈리아의 노단건축식 정원양식과 프랑스의 평면기하학식 정원양식은 유럽과 세계 각국으로 전파되었다.

2. 프랑스 르네상스 정원양식 확산의 의의

1) 도시계획에까지 확대된 정원 설계원칙
    (1) 기하학을 바탕으로 한 무한 공간 개념의 전파
    (2) 유럽 등 세계의 도시계획에 영향을 미침

2) 현대조경으로 계승된 17세기 프랑스의 철학사상
    (1) 르노트르의 정원 조영철학이 현대조경으로 이어짐
    (2) 축을 설계요소로 사용

3. 17세기 이후 프랑스 정원의 영향을 받은 국가와 작가

시대	국가	내용
근세	덴마크	프레덴스보르크(Fredensborg)
	독일	• 포츠담(Potsdam) • 님펜부르크(Nymphenburg) • 헤렌하우젠(Herenhauzen)
	러시아	• 성 페테르부르크(Peterburg) 궁정과 도시계획(1703) • 니메(Nimes) 도시계획
	영국	햄프턴 코트(Hampton Court)
	오스트리아	쇤브른(Schönbrunn)성
	이탈리아	카세르타
	스웨덴	드로트닝홀름(Drottningholm)
	스페인	라그랑하(La Granja)궁전의 정원
	중국	원명원(圓明園) 이궁
	포르투갈	쿠엘즈(Quelez de Cima)
	한국	덕수궁 석조전 앞 프랑스식 정원
근대	미국	수도 워싱턴 도시계획(1795)
현대	미국	• 댄 카일리 • 피커 워커 • 마사 슈워츠
	프랑스	파리의 시트로엥(Andre Citroën)공원 국제현상설계(1985)

4. 프랑스 르네상스 정원의 영향

1) 중국의 원명원 이궁

　(1) 서양문명을 동경한 건륭제가 이궁에 거주하면서 치세 60년 동안 정원 조영에 힘씀

　(2) 서양식 건물 축조, 분천 설치, 프랑스식으로 일부 개조

2) 오스트리아 쇤브른성의 정원

　(1) 베르사유에 자극을 받아 대대적으로 개조

　(2) 약 130ha에 달하는 방대한 면적

　(3) 평면 대칭, 잔디언덕, 화단 양측의 총림

3) 미국의 수도 워싱턴 도시계획

　(1) 1795년 피에르 랑팡이 설계

(2) 르노트르 양식을 충실히 계승

(3) 베르사유를 본뜬 정형녹지로 중심축을 설정하고 부축의 종점에 백악관 배치

4) 댄 카일리, 피터 워커, 마사 슈워츠의 설계

(1) 댄 카일리와 피터 워커 : 기하학적 평면구성으로 비례, 균형, 조화의 미 추구

(2) 마사 슈워츠 : 자수화단과 토피어리를 자주 사용, 리오쇼핑센터에 베르사유 라토나 분수의 개구리 조각상을 설치

5) 파리의 시트로엥 공원 현상설계

(1) 프랑스 정형식 정원의 전통 계승

(2) 축, 좌우대칭, 넓게 펼쳐지는 조망, 운하 등

5. 결언

프랑스의 르네상스 정원양식은 중세, 근세 및 근대 세계의 정원양식과 조성기법에 지대한 영향을 끼쳤다. 베르사유 궁전은 1979년 유네스코 세계문화유산으로 지정되면서 국립박물관이자 세계적인 관광명소로 일반인에게 공개되고 있다.

▶▶▶ 76회 2교시 3번

18~19세기 영국의 자연풍경식 및 도시공원을 발전시켰던 작가의 작품세계와 특징을 논하고 이것이 세계 정원양식에 기여한 바를 설명하시오.

1. 개요

영국의 자연풍경식 정원은 농촌풍경을 사실적으로 표현하여 회화적인 경관으로 나타낸 정원양식이다. 과거 고전주의 · 기하정원 양식에 대한 반발과 자연주의의 유행, 국가 정체성 확립에 대한 요구로 탄생하였다. 자연요소를 활용하여 산책을 즐길 수 있는 한가로운 목가적 풍경의 정원을 조성하였다.

2. 자연풍경식 정원의 특징

1) 픽처레스크(Picturesque)

(1) 정원의 형식을 회화예술과 연관시킴

(2) 정원을 풍경화의 장면처럼 조성

(3) 풍경화의 소재로 등장하는 정원이 우수함

2) 목가적 풍경

 (1) 곡선형 길과 산책로

 (2) 군락을 이루는 나무

 (3) 유기적 형태의 호수

3) 경제성 중시

 (1) 정원 소요비용 분석

 (2) 실용성 중시

3. 대표적인 풍경식 조경가

1) 찰스 브리지먼(Charles Bridgeman)

 (1) 자연주의 사상가

 (2) 해자를 경관요소로 사용

 (3) 대지의 외부로 디자인의 범위 확대

 (4) 리치먼드 궁원

  ① 경작지 포함

  ② 자연스러운 숲의 형태로 유도

 (5) 스토 가든(Stowe Garden)

  ① 기하학적 직선 배제

  ② 곡선 사용

  ③ 하하기법 도입

  ④ 울타리 너머의 모든 자연 역시 정원

2) 윌리엄 켄트(William Kent)

 (1) 완전한 비정형 정원 설계

 (2) 회화적 묘사

 (3) 기하학적 선을 곡선으로 바꿈

 (4) 스타우어헤드(Stourhead)

  ① 서사 정원

  ② 영웅의 일대기를 묘사한 서사시 〈이니드〉를 모티브로 함

  ③ 오벨리스크 설치

3) 랜슬롯 브라운(Lancelot Brown)

　(1) 절충주의 배제

　(2) 부지의 잠재력 강조, "Capability Brown"

　(3) 토목공사로 지형에 변화를 줌

　(4) 블렌하임 궁전(Blenheim Palace)의 정원

4) 험프리 렙턴(Humphry Repton)

　(1) 절충주의 기능 중심의 융통성 발휘

　(2) 편리성, 실용성 추구

　(3) Landscape Gardener 용어 최초 사용

　(4) 설계 전후를 비교하는 Red Book 작성

5) 윌리엄 챔버(William Chamber)

　(1) 중국정원의 형식과 상징성 활용

　(2) 동양조경론을 통해 영국에 중국 정원 소개

　(3) 큐가든(Kew Garden)

　　① 높이 49.7m의 중국식 탑을 최초 도입

　　② 중국 정원요소 사용

　　③ 여러 가지 식물 식재로 규모 확장

4. 세계에 미친 영향

1) 프랑스

　(1) 전원 풍경의 적극적인 묘사

　(2) 기존 정원의 보존

　(3) 풍경식 정원은 경관 효과를 높이는 첨경물로 사용

　(4) 목가적 풍경과 중국 정원양식 동시 수용

　(5) 프티 트리아농(Petit Trianon)

　　① 농가 구조물 중심

　　② 정형식 및 비정형식의 절충

　　③ 실제 농민의 경작지가 정원의 중심

2) 독일

　(1) 과학적 기반에 의한 정원 조성

(2) 식물 생태학, 식물 지리학이 발달
(3) 괴테, 칸트, 쉴러 등 철학자의 참여
(4) 무스크성의 대림원(Muskau Park)

5. 결언

풍경식 정원양식은 사회, 경제, 문화 등 복합적 요인에 의해 탄생했으며 이후 세계 정원양식에 큰 영향을 미쳤다. 한국 전통 정원양식도 형태와 의미의 고유성과 높은 가치를 세계에 알리고 대표적인 정원양식으로 확산시킬 수 있을 것이다.

▶▶▶ 64회 4교시 1번

> Garden City, Radburn Plan, Neighborhood Unit 등은 누가 언제 계획하였으며, 이러한 계획이 나오게 된 배경과 각각의 계획에서 공원녹지에 대한 내용을 기술하시오.

1. 개요

전원도시는 산업화의 진행과 규모 확대에 따른 자연자원의 훼손량이 급증하고 도시의 환경오염이 심각해지면서 악화되는 위생문제와 도시민의 건강 및 보건 문제를 해결하려는 취지에서 출발한 도시 형태이다. 레드번에서 제시하는 슈퍼블록은 건물을 집약적으로 건설하여 충분한 오픈 스페이스를 확보하려 한다. 근린주구는 공공시설이 배치된 도시 주거지역을 말한다.

2. 전원도시(Garden City)

1) 개요
   (1) 하워드가 계획한 저밀도 경관도시
   (2) 산업화의 급격한 진행에 따른 자연자원의 훼손으로 인한 환경악화, 인간건강 위협으로 도시환경의 질을 높이려는 패러다임 형성을 배경으로 하여 계획

2) 목적
   (1) 대도시의 외연적 확대 차단
   (2) 자족적 경계기반을 갖춘 신도시 건설
   (3) 도시와 농촌의 융합 도시

3) 조성계획안

(1) 밀집된 도심을 도시 중심부에 조성하고 도시 주변부는 그린벨트로 조성

(2) 1에이커당 12가구로 가구수 제한

(3) 전원도시의 연결과 그린벨트로 도시의 확산 차단

3. 래드번 계획(Radburn Plan)

1) 개요

(1) 건물의 효율성과 건문성을 요구하는 패러다임

(2) 1928년에 미국의 라이트와 스타인이 계획

(3) 대형가구, 슈퍼블록

(4) 교통 및 공공시설의 편리함 부각

2) 슈퍼블록의 장점

(1) 건물의 집약화로 인한 효율성 증대

(2) 도로교통 개선효과 향상

(3) 난방, 하수, 쓰레기 수집시스템 등의 시설을 공동 사용

(4) 쾌적성 향상과 편리성 증대

4. 근린주구(Neighborhood Unit)

1) 1929년 페리에 의해 계획

2) 근린주구는 전문적인 택지개발이 필요하여 등장

3) 근린공원, 도시공원, 경관녹지, 완충녹지 조성

5. 결언

18세기 영국을 기점으로 하여 시작된 산업혁명은 19세기에 이르러 절정에 달하며 산업 도시로 인구가 집중되었다. 택지 부족과 고밀도 주거환경으로 도시민의 생활환경은 매우 열악해졌으며 거기에 환경오염에 의한 위생 불량 문제까지 가중된다. 이에 대한 대안이 도시계획이었다는 데 의의가 있다.

▶▶▶ 87회 2교시 5번

서양조경사에서 뉴욕 센트럴파크가 등장하는 시기까지의 도시공원의 역사를 대표적 조경가와 작품들을 들어 서술하시오.

1. 개요

도시공원의 역사적인 시초는 고대 그리스의 아고라이다. 아고라(Agora)는 도시로의 교역량이 늘고 도시가 팽창하면서 생겨난 장소로 그리스의 정치·경제·행정의 중심지였다.

영국에서는 19세기에 들어서 조경의 주요 대상이 일반 대중으로 전환되면서 하이드 파크, 리젠트 파크 등 왕실 소유의 수렵장이 공개되었다. 1830년대에 새로운 의미의 공공공원이 탄생하면서 개념이 명확하게 정립되었고 1842년 빅토리아 파크가 조성되었다.

2. 공공공원의 등장 배경

1) 영국의 공공공원 등장 배경

  (1) 왕실의 정원개방 효과 미진
  (2) 대중을 위한 공원의 필요성 대두
  (3) 사회개혁가의 공원에 대한 논의
  (4) 공업적 사회안 제시

2) 미국의 공공공원 등장배경

  (1) 주택단지의 환경개선과 공중위생의 확보 필요성
  (2) 국민의 도덕에 대한 관심
  (3) 낭만적·미적인 것에 대한 호기심
  (4) 경제 성장에 기여

3. 영국 도시공원의 역사

1) 하이드 파크

  (1) 웨스트민스터 사원의 소유지였으며 면적이 넓음
  (2) 1637년 찰스 1세가 공원으로 개조해 일반에 개방
  (3) 마블 아치와 정문 근처의 월링턴 아치가 볼만함
  (4) 원로를 따라 스무 개가 넘는 조각상 배치

2) 존 내시의 리젠트 파크

　　(1) 런던 도심에 자리한 대규모 공원

　　(2) 공원 내에 리젠트 대학과 런던 동물원이 있음

　　(3) 메리 여왕의 정원(Queen Merry's Garden)

　　(4) 넓고 긴 산책로가 아름다운 경관을 형성

3) 제임스 페노토레의 빅토리아 파크

　　(1) 도심지에 조성

　　(2) 제임스 페노토레가 개조

　　(3) 대중적 조경의 초기 작품

4) 조셉 팩스톤의 버큰헤드 파크

　　(1) 리젠트 파크의 영향을 받아 사적인 성격의 주거단지와 공공 위락공간으로 나눔

　　(2) 100에이커는 일반분양택지, 125에이커는 위락공간으로 계획

　　(3) 공원을 향해 배치된 주택단지, 호수, 대형연못, 완만한 경사의 마차길, 산책로 등

4. 미국 도시공원의 역사

1) 옴스테드의 센트럴 파크

　　(1) 입체적 동선체계

　　(2) 소음 차단, 차폐를 위한 외곽지역의 녹지

　　(3) 건강, 위락, 운동을 위한 유보로 설정

　　(4) 부지 중심부의 저수지를 경관요소로 활용

2) 옴스테드와 캘버트 보의 프로스펙트 파크

　　(1) 입구와 광장을 연결한 대로를 '자메이카 파크웨이'라 함

　　(2) 연속적 경관으로 잔디밭에서 연못까지 유도

　　(3) 아치형 울타리로 이용자를 공원으로 유도

　　(4) 공원과 직교하는 도로배치로 통과교통 해결

3) 옴스테드의 프랭클린 파크

　　(1) 총면적 2.13km²로 보스턴에서 가장 큼

　　(2) 10km의 원로와 24km의 산책로로 구성

　　(3) 프랭클린 공원 동물원(Franklin Park Zoo)

　　(4) 자연보호지구로서 여가활동이나 스포츠를 즐길 수 있음

5. 결언

현대의 도시공간에서 공원은 이제 필수적인 도시기반시설이 되었다. 역사적으로 도시공원은 공원의 공공성 확보 필요성이 대두되어 시작되었고 노동자들의 노동환경 악화가 대중을 위한 대규모공원의 조성을 더욱 촉진하였다고 볼 수 있다.

▶▶▶ 90회 3교시 5번

스페인의 중정식, 이탈리아의 노단건축식, 프랑스의 평면기하학식 정원기법에 대해 비교·설명하시오.

1. 개요

스페인의 정원은 무어인이 스페인을 점령하면서 전파된 물을 소중히 여기는 관습과 안달루시아 지방의 온화하고 쾌적한 기상조건의 영향을 받아 내향적인 공간으로 발달하였다. 이탈리아의 노단건축식 정원은 구릉지형에 적응하면서 만들어진 것이다.

프랑스의 평면기하학식 정원은 광대한 평원지대라는 지형적 장점과 물의 풍부함 등 자연조건을 적극적으로 활용하였고 정원이 루이 14세의 권위를 상징하는 하나의 도구로 사용되었다.

2. 정원양식의 발달 배경

1) 자연적·기술적 조건

    (1) 지형의 기복
    (2) 물의 풍부함과 물 이용기술 발달

2) 사회적·사상적 배경

    (1) 루이 14세가 주도한 왕정 절대주의
    (2) 정치적 기강 확립
    (3) 르네상스 문화의 융성

3. 스페인, 이탈리아, 프랑스 정원양식의 비교

1) 스페인의 중정(Patio)

    (1) 정원양식의 특징

        ① 안달루시아의 온화한 기후, 풍부한 물이 소재 선택과 구성에 영향을 줌

② 연중 쾌적한 기후로 인해 외향적 공간 불필요
③ 내향적인 중정과 사분원 발달
④ 물을 소중히 여김

(2) 조성 사례
① 세비야의 알카사르 : 침상지 조성으로 수공간이 정원의 중심이 됨
② 알람브라 궁전
- 사자의 중정 분수의 물 순환이 잘 알려져 있음
- 다라하의 중정, 코마레스 타워 등의 건축물 및 조형양식의 화려함
③ 헤네랄리페 이궁 : 이탈리아 노단정원양식의 영향을 받음

2) 이탈리아의 노단건축식 정원(Terrace Garden)

(1) 정원양식의 특징
① 구릉지가 많은 지형이 조경의 무대
② 카지노를 중심으로 한 공간 구성
③ 물을 끌어들이는 관개기술 발달
④ 수목을 밀식한 총림과 수입 화훼를 식재한 화단

(2) 조성 사례
① 빌라 에스테(d'Este)
- 사비네 산과 아니네 강의 물을 정원의 수원으로 사용
- 카지노는 빌라의 종점에 배치하여 축선을 강조
② 빌라 랑테(Lante)
- 카지노는 전체 공간의 중앙에 배치
- 지형의 기복, 등고선의 고저에 의한 노단 형성
- 각 노단에 총림, 분수, 화단 조성

3) 프랑스의 평면기하학식 정원

(1) 정원양식의 특징
① 기복이 없는 드넓은 충적평야와 초원지대 발달
② 식물이 서식하기 좋은 습한 기후와 물의 풍부함
③ 대량의 수목을 사용한 총림과 총림 내부의 소로
④ 방사상 축 및 직교축 형성
⑤ 많은 식물이 식재된 다양한 형태의 화려한 화단
⑥ 다양한 규모와 높이의 분수

(2) 조성 사례

① 베르사유 궁전
- 프랑스 르네상스 정원의 대표적인 작품
- 공간의 중심에 대운하를 배치하여 강한 왕권을 나타냄
- 의도적으로 태양왕을 상징하는 방사상 축을 만듦

4. 결언

정원양식과 건축양식 그리고 예술양식은 모두 각 나라의 지형적 바탕과 자연 조건, 환경 영향과 함께 정치적·역사적·사회문화적인 영향을 받게 되어 고유의 특성을 지닌 하나의 양식으로 확립된다. 상류층의 취미를 과시하거나 권력을 상징화하는 데 사용되었던 것이 유럽 정원이다.

▶▶▶ 111회 4교시 2번

최근에 전국적으로 활발히 개최되고 있는 여러 형태의 정원박람회(또는 정원문화박람회)의 종류와 특징을 개략적으로 설명하고 박람회의 효과와 사후 관리방안에 대해 설명하시오.

1. 개요

정원박람회는 도시에 정원문화를 보급하고 확산시키려는 목적으로 조성한 정원 전시회이다. 주택에 정원을 조성하는 문화가 발달한 유럽에서 개최가 활발하며 한국에서는 2010년 10월 첫선을 보인 "경기정원문화박람회"를 시작으로 꽃과 정원을 주제로 한 다양한 이벤트가 개최되고 있다.

2. 정원문화박람회의 종류와 특징

1) 2010 경기정원문화박람회

(1) 목적
① 정원 가꾸기 공공화
② 도시에 정원문화를 확산
③ 정원에 대한 시민들의 관심과 참여를 이끌어 냄

(2) 특징
- ① 시민 등이 참여한 프로젝트
- ② 행사기간 동안에만 전시하는 방식 탈피
- ③ 행사 후에도 정원 및 시설을 보존

(3) 옥구공원
- ① 1999년 공공근로사업의 하나로 조성
- ② '고향동산'이라는 테마가 있음
- ③ 과거에는 이용자가 많지 않고 관리부실로 방치
- ④ "생명도시 시흥"으로 재탄생하기 위한 매개체

2) 2013 순천만국제정원박람회

(1) 목적
- ① 도시브랜드 이미지 강화
- ② 생태자원을 세계에 홍보
- ③ 생태관광과 정원산업 수요 창출

(2) 특징
- ① 순천만과 박람회장 사이에 정원 조성
- ② 도시의 확장을 방지하는 녹색완충지대의 역할
- ③ 산업단지로 계획하지 않고 도시 팽창을 막는 도시숲을 만듦
- ④ 구조 : 도심공간 – 전이공간 – 완충공간 – 절대보존공간

3) 2019 서울정원박람회

(1) 목적
- ① 녹색문화를 더욱 발전시킴
- ② 도시재생과 연계한 패러다임의 변화
- ③ 실질적인 정원문화 확산

(2) 특징
- ① 노후 주택지인 해방촌에 동네정원 조성
- ② 주택가 자투리땅이나 골목길에 정원을 만듦
- ③ 정원산업 발전을 위한 신기술, 신제품 전시

3. 정원박람회의 효과

1) 국가 및 도시의 정체성 강화
(1) 다양한 고유식물, 자생식물을 사용
(2) 국가 및 도시의 정체성 · 지역성 확립

2) 문화콘텐츠로서 기능
(1) 지역에서 개최하는 문화행사
(2) 지역과 국가의 특이성과 고유성 홍보

3) 화훼 · 원예산업의 발달 촉진
(1) 화훼 · 원예 분야의 산업 발달
(2) 종자 개발, 유전자 변형기술, 화훼재배기술 등

4) 관광산업 활성화
(1) 박람회장을 관광 코스로 활용 가능
(2) 계절마다 개최되는 관광행사의 기능

4. 사후관리방안

1) 도로망과 블루오션지대 조성
(1) 접근성을 높이는 도로망
(2) 생태관광을 할 수 있는 블루오션지대 조성

2) 환경생태교육 및 정원 체험지대 조성
(1) 정원 가꾸기 체험 프로그램 도입
(2) 지역 고유종에 대한 학습과 식재 경험
(3) 주말농장, 텃밭 정원 등

3) 슬로우시티와 정원의 결합
(1) 정원을 감상할 수 있는 경로 설정
(2) 보행을 통한 정원감상 유도

4) 핵심 문화경관자원으로 이용
(1) 지역의 고유한 공간을 적극적으로 활용
(2) 특유의 문화체험 및 관광 활성화

5. 결언

유럽에서 활성화된 정원박람회는 각 나라에 전파되어 도시 이미지를 향상시키고 지역 경제 활성화에 기여하고 있다. 정원은 국내외에서 삶의 질을 측정하는 척도가 될 뿐만 아니라 여가 및 관광산업과의 연계, 지역 주민의 커뮤니티 거점 역할 등으로 중요성이 커지고 있다.

MEMO

CHAPTER 11 / 현대조경

- 120회 3교시 3번
- 68회 3교시 2번
- 90회 3교시 2번
- 100회 4교시 2번
- 121회 2교시 4번
- 96회 4교시 1번
- 102회 4교시 2번
- 121회 4교시 2번
- 63회 4교시 1번
- 78회 2교시 6번
- 105회 3교시 1번
- 120회 4교시 5번
- 106회 4교시 5번
- 112회 3교시 2번
- 75회 3교시 2번
- 87회 4교시 3번
- 93회 2교시 1번
- 102회 4교시 1번
- 103회 4교시 4번
- 120회 3교시 1번

CHAPTER 11 현대조경

조경기술사 논술 기출문제풀이

> **▶▶▶ 120회 3교시 3번**
> 모더니즘 조경의 정착과 그 특성에 대해 설명하시오.

1. 개요

모더니즘은 과거에 유행하던 예술사조의 장식성을 배제하고 과거 미술의 주된 목표였던 외형 모방과 내용 전달 대신에 논리적이고 실용적인 기능을 중시하며 대상 자체를 과학적·분석적으로 보는 사조이다. 모더니즘 조경설계는 추상적인 직선과 도형, 초현실주의와 연관성, 곡선과 기하학적 형태가 기본설계요소로 사용된다.

2. 모더니즘의 등장 배경

1) 산업혁명과 새로운 소재의 등장
   (1) 제조업 등의 발달과 산업노동
   (2) 철근, 유리, 콘크리트 등의 신소재 등장

2) 다양한 문화현상이 나타남
   (1) 시공간에 대한 인식의 변화 초래
   (2) 균질한 공간에 대한 의문 제기

3) 도시·건축·조경 분야에 새로운 움직임
   (1) 바우하우스의 기능주의 건축
   (2) 근대건축국제회의가 추구한 통일된 양식

3. 모더니즘 조경의 정착과 발전

1) 모더니즘 조경의 정착
   (1) 1920년대 이후 본격적으로 시작

(2) 호텔 정원에 모더니즘의 영향이 나타남

(3) 급진적인 기하학적 형태 출현

2) 모더니즘 조경의 발전

(1) 파격적인 소재를 사용

(2) 근대 건축의 공간구성 원리 인용

(3) 건축의 부속요소가 아닌 조화요소로서의 정원

(4) 내용이 진화하면서 양식과 소재가 의외성을 띰

4. 모더니즘 조경설계의 특성

1) 추상 미술의 영향

(1) 입체파의 영향에 의한 단순한 형태

(2) 대상을 바라보는 다양한 관점

(3) 직선을 복수 시점으로 전환

2) 기능주의 미학 추구

(1) 형태는 기능을 따른다

① 1896년 설리반, 기능이 없는 장식의 무의미함을 비판하면서 주장

② 장식이나 불필요한 것의 최소화, 공학적 설계, 목적에 따른 합리적인 수단 선택, 최소 대비 최대의 효과 추구

(2) 구역 나누기(Zoning)와 동선의 효율성 중시

5. 모더니즘 조경설계요소

1) 그리드(Grid)

(1) 고전주의의 정형식과 구분하여 정규식이라 칭함

(2) 직선적인 좌표계 형성

(3) 축과 대칭 구조 탈피

(4) 특정한 방향에 치우침을 선호하지 않음

2) 시간과 동태, 속도의 결합

(1) 그리드 형태와 원의 결합

(2) 시각적 경관의 변화 유도

3) 정규사각의 활용

(1) 90° 및 30°, 45°, 60°로 변형한 각도 이용

(2) 미래주의, 구성주의를 바탕으로 함

4) 유기적 형태의 사용

(1) 유기적인 형태는 초현실주의 미술에서 기원함

(2) 몽상적 · 관능적인 분위기를 조성

(3) 꿈, 무의식 등 초이성적 세계 표현

(4) 공간 내의 유기적 질서 존중

6. 모더니즘 설계 작품

1) 1924년 앙드레 베라와 폴 베라의 노아이(Noailles) 호텔정원

(1) 급진적인 기하학적 형태

(2) 정원에 거울을 달아 공간에 깊이감을 줌

(3) 거울에 반사되는 장면을 관찰자가 볼 수 있음

2) 로버트 말레 스테반스

(1) 나무를 식재할 수 없는 공간에 콘크리트 수목을 만들어 세움

(2) 정원에 입체감과 독특함을 줌

7. 결언

모더니즘을 한마디로 말하면 과거와 분리하려는 사화적 경향이라 할 수 있다. 모더니즘 시기에 산업혁명 및 사물이 아닌 인간에 대한 성찰, 다양한 문화의 접합 등의 사회적 변동이 일어나게 되면서 새로운 시도를 하려는 흐름이 나타난 것이다. 인간 중심적이고 사유적이면서도 실험적이며 다양한 예술과 문화현상을 촉발했다는 점에 의의가 있다.

▶▶▶ 68회 3교시 2번

다음 근대주의 조경작가들의 작품 스타일의 특징을 비교하시오.
1 가레트 에크보(Garrett Eckbo)
2 댄 카일리(Dan Kiley)
3 로렌스 핼프린(Lawrence Halprin)

1. 개요

가레트 에크보는 건축의 사회적 역할의 중요성을 역설한 발터 그로피우스의 영향으로 조경 디자인은 인간의 삶과 활동을 위한 장소 조성이 중심이 되어야 한다고 생각하게 된다. 댄 카일리는 설계사무소에서 대지에 대한 철학과 생태학적 연구와 식물에 대하여 배우고 자연공간과 배경을 인간 활동과 결합하는 디자인을 해야 한다고 주장했다.

로렌스 핼프린의 스타일은 물, 포장, 식물 등 다양한 설계요소를 이용하여 자연요소와 인공요소의 조화를 꾀한 것이 특징이다.

2. 가레트 에크보의 작품 스타일 특징

1) 설계경향

   (1) 초현실주의의 영향

      ① 칸딘스키와 모흘리나기의 작품에 감명을 받음

      ② 점·선·면 요소를 확실하게 구분

   (2) 다양한 주택 정원 설계에 참여

      ① 영구적·반영구적·일시적인 디자인을 나눔

      ② 근대 조경의 경관요소를 사용해 18개의 정원 디자인 개발

   (3) 다양한 정원소재의 사용

      ① 아치 형태의 벽이나 관목의 곡선 이용

      ② 수영장을 주택 정원의 중심공간으로 계획

   (4) 식물의 특성을 건축적으로 이용

      ① 정원의 그늘, 어두움, 패턴, 질감에 관심

      ② 질감, 색채, 규모를 이용해 균형 및 다양성 부여

2) 주요 작품

   (1) Small Garden in the City

      ① 자연적 지형을 추상적으로 표현

      ② 부지가 위요된 느낌 창출

   (2) 알코아 정원(Alcoa Garden)

      ① 알코아 회사에서 생산되는 알루미늄을 사용

      ② 다양한 형태와 패턴의 창출

3. 댄 카일리의 작품 스타일 특징

1) 설계경향

   (1) 자연과 인간의 관계 회복을 지향

   (2) 평면의 강조를 통해 안정성과 균형을 표현

   (3) 공간의 중첩을 통해 구성되는 동적 기하학

   (4) 자연의 생태적 변화를 모태로 한 뉘앙스 설계

2) 주요 작품

   (1) 파운틴 플레이스(Fountain Place)

      ① 텍사스의 기후를 고려해 수경요소를 집중 사용

      ② Allied Bank 센터 주변에 물의 정원 조성

      ③ 다양한 체험이 가능하도록 가둔 물, 기하학적인 폭포 등을 계획

   (2) 오클랜드 뮤지엄(Oakland Museum)

      ① 최초의 공원설계작품

      ② 미술, 문화, 자연의 역사와 박물관의 식재유적을 보존

      ③ 수목이 전체 공간의 이미지를 지배

4. 로렌스 핼프린의 작품 스타일 특징

1) 설계경향

   (1) 다양한 설계요소를 이용

      ① 여러 형태의 물 사용

         • 흐르는 물, 캐스케이드, 수반 등

         • 자연적인 폭포를 설계에 응용

② 포장형태, 식물재료 등을 다양하게 도입
- 벽돌, 격자를 이용한 포장
- 수목과 초화류로 사계절 변화 표현

(2) 자연요소와 인공요소 결합
① 생태계 과정 및 자연형태 응용
② 자연의 모습을 도심 속에 형상화

(3) 협동작업
① 건축가, 음악가, 미술가, 조각가 등과 협동작업
② 주민참여 계획

2) 주요 작품

(1) FDR Memorial
① 루스벨트 대통령 기념공원
② 공간을 이동하며 자연스러운 체험을 하도록 전개
③ 건축 · 미술 · 조각 분야와 협동작업

(2) Settle Free Way Park
① 도로에 의해 분리된 공간의 결합
② 교통 소음을 없애기 위한 물의 이용
③ 쓸모없는 땅에 예술적 재창조 작업

(3) Los Angeles Open Space Network
① 도심 접근성 확보 및 보행자의 걷는 즐거움을 강조
② 거대한 계단과 캐스케이드 도입

5. 결언

근대화가 되면서 과거의 예술에서 철저히 분리되는 것을 원하던 작가들은 여러 가지 측면에서 새로운 시도를 하였다. 그러한 시도의 결과는 음악, 건축, 문학 등 여러 분야에서 나타나게 되었는데, 조경도 예외가 아니었다. 조경의 모더니즘은 정형 요소를 적절히 활용한 깃이 장점이라 하겠다.

▶▶▶ 90회 3교시 2번

포스트모더니즘 조경양식적 설계언어의 종류와 특성에 관하여 설명하시오.

1. 개요

영국을 중심으로 한 사실주의인 픽처레스크 양식에 대한 반발로 예술에 있어서 사실적인 묘사와 표현을 거부하고 화면구성에 있어서 기능과 효율성만을 중시하는 모더니즘 사조가 미국을 중심으로 발달하게 된다. 그러나 자연의 생태적 특성 안에서 인간의 가치와 존엄성을 발견하고 과거의 역사적 맥락에서 새로운 가치를 찾으려는 포스트모더니즘이 대두되어 현대조경의 한 축을 이루고 있다.

2. 포스트모더니즘의 등장 배경과 개념

1) 등장 배경

  (1) 모더니즘에 대한 이의 제기
    ① 기능성, 상징성 위주의 예술에 대한 회의적 분위기 확산
    ② 과거의 역사와 맥락을 무시한 것에 대한 반성

  (2) 자연성, 인간성의 회복 추구
    ① 자연과 인간의 공생관계에 주목함
    ② 생태적인 자연의 가치 재인식

  (3) 문화성·역사성의 가치
    ① 장소의 사회문화적인 맥락 추구
    ② 문화적 요소와 그에 의한 인간의 변화 인식

2) 포스트모더니즘의 개념

  (1) 자연성과 인간성의 회복을 추구하는 모더니즘 이후의 예술사조
  (2) 모더니즘의 정확성과 기능주의와 상반되는 모호, 모순, 복잡, 불일치가 주된 개념
  (3) 휴머니티와 예술성을 추구하는 사회, 문화, 예술, 산업이 대상
  (4) 추상적 형태, 인간 척도, 유니버설 디자인 등 등장

3. 포스트모더니즘의 설계언어와 특성

1) 자연요소를 활용

  (1) 자연요소의 특징에서 디자인 콘셉트 추출
  (2) 자연을 치밀하게 묘사

2) 자연적 소재 적용
(1) 돌, 바람, 물 등 자연 소재를 설계언어로 인식
(2) 근원인 대지의 소산으로 예술성을 표현

3) 추상적, 유기적 형태의 사용
(1) 자연에서 얻은 자유로운 형태를 모방
(2) 규정된 각도나 선을 무시

4) 변형 그리드(Grid) 적용
(1) 강조, 리듬감, 연속성을 형성
(2) 자연의 패턴을 인공적으로 표현

4. 포스트모더니즘을 대표하는 작가와 작품

1) 피터 워커(Peter Walker)
(1) 설계 특징
① 독창적인 디자인 중시
② 설계언어 공간에 대한 가시성 확보
③ 기하학적인 그리드 활용

(2) 설계 작품
① 하버드대학교의 테너 분수
- 우주의 생성원리와 형상을 기하학적으로 표현
- 수목과 바위를 중심점으로 두고 원주형으로 확산되도록 배치

② IBM 본사
- IBM이라는 회사의 성격을 소재로 나타냄
- 스테인리스의 곡선미를 활용하여 인공미 창출

2) 마사 슈워츠(Martha Schwartz)
(1) 설계 특징
① 기하학적 형태와 화려한 원색을 사용
② 조경소재에 제한을 두지 않음
③ 싸고 저렴한 소재를 주로 이용
④ 실험적이고 도전적인 디자인

(2) 설계 작품
① 네코의 정원
- 네코 사탕공장의 마당을 정원으로 꾸밈
- 폐타이어를 재활용하여 사탕의 형태로 표현

3) 조지 하그리브스(George Hargreaves)

(1) 설계 특징
① 의미 있고, 이야기가 있는 공간 조성이 목적
② 자연의 생태적 성격 강조, 생태와 연계된 디자인
③ 자연에서 디자인 모티브를 추출
④ 부지의 원초적 기능과 유지관리를 중시

(2) 설계 작품
쓰레기매립장 조경 : 경관 조형물(Pole)을 반복적으로 배치하여 폐기물의 반복 처리를 상징

5. 결언

포스트모더니즘은 현대의 예술과 조경의 주된 맥락을 형성하고 있으며 이러한 분위기 속에서 현재에는 유기적인 형태뿐 아니라 인공물까지 설계언어로 포용하는 뉴어버니즘, 랜드스케이프 어버니즘 개념이 파생되어 발전하고 있다.

▶▶▶ 100회 4교시 2번

서양의 대표적인 실험주의 조경가(4인 이상)의 주요 작품 및 작품 경향에 대해 설명하시오.

1. 개요

모더니즘 시대를 지난 포스트모더니즘 시대에 들어서서 새로운 시도의 경향은 더욱 강해지고 활발해졌다. 따라서 여러 가지 예술경향이 혼재하게 되었는데, 실험주의 경향도 그중 하나이다. 실험주의 조경 사조는 대지예술, 환경주의, 미니멀리즘, 랜드스케이프 어버니즘 등이 있다. 이는 예술과 조경에 있어서 전위적인 성격을 띠는 것이 특징인데, 서양의 대표적인 실험주의 조경가는 피터 워커, 마사 슈워츠, 조지 하그리브스, 렘 콜하스가 있다.

2. 포스트모더니즘의 개념과 실험주의 경향

1) 개념

(1) 후기 현대화, 모더니즘 이후의 사조

(2) 제2차 세계대전 후 서구에 등장한 새로운 예술경향

2) 실험주의 경향

(1) 아방가르드 경향, 외향적 성격

(2) 모더니즘 경향의 사고와 기능주의 탈피

(3) 탈중심, 탈계층, 탈구조, 탈조형

(4) 혁신, 개혁, 쇄신, 단순한 변화 등 여러 가지 현상을 포괄

3. 실험주의 조경가의 주요 작품 및 작품경향

1) 피터 워커

(1) 설계 특징

① 독창적인 디자인 중시

② 설계언어 공간에 대한 가시성 확보

③ 기하학적인 그리드 활용

(2) 태너 분수(Tanner Fountain)

① 159개의 화강암을 60피트 너비로 둥글게 반복적으로 배치

② 한 가지 요소를 반복적으로 이용한 것은 시간을 상징하고 리듬감을 주려는 의도

③ 돌의 배치는 과학센터건물을 염두에 두고 우주를 형상화한 것

④ 분수에서 여름에는 물, 겨울에는 스팀을 분사하여 안개효과

2) 마사 슈워츠

(1) 설계 특징

① 기하학적 형태와 화려한 원색 사용

② 소재에 제한을 두지 않음

③ 싸고 저렴한 소재를 주로 이용

④ 실험적·도전적인 디자인

(2) 네코 타이어 정원(Necco Tire Garden)

① 2,000달러 미만으로 조성한 MIT 대학 축제를 위한 작품

② 타이어와 격자를 주요 소재로 사용

③ 페인트 칠한 타이어 96개를 규칙적으로 배치하여 사탕을 표현

④ 네코사탕 상징으로 인해 부지의 정형성, 경직성, 인공성, 기술을 조절하여 유연함을 느끼는 공간을 만들었다는 평가를 받음

3) 조지 하그리브스

(1) 설계 특징

① 열린 구성(Open Composition)에 의한 디자인

② 프로세스 경관의 발견

③ 자연 생태와 예술의 결합

④ 자연의 물리성과 문화의 상호작용 중시

(2) 캔들스틱 포인트 문화공원(Candlestick Point Culture Park)

① 샌프란시스코 만의 바람, 배와 도크로 둘러싸인 산업경관이 특징

② 부지의 형태를 강조하기 위해 경직된 선으로 경계를 처리

③ 설계요소의 형태를 강조하기보다 사람들의 움직임과 공감각적 체험을 유도

④ 물과 바람의 변화를 세밀하게 조사하고 분석

4) 렘 콜하스

(1) 설계경향

① 거대 도시문화에 대한 심층 탐구

② 모더니즘의 기능주의에 의한 질서 탈피

③ 도시의 불확정성 수용

(2) 프랑스의 메롱-세나르(Melun-Senart)

① 토지 규모의 관점에서 건물 배치

② 오픈 스페이스는 형태 관점에서 배치

③ 계획가의 일반적인 배치 방식을 배제

④ 건물의 계획과 배치는 2차로 고려

4. 결언

모더니즘은 르네상스 이래로 고수하던 원근법에 의한 3차원적 공간을 2차원 공간으로 바꾸어 놓았다. 회화가 평면화되면서 다양한 요소들이 도입되기 시작했고 이는 포스트모더니즘 사조의 다양함을 가져왔다. 두 사조는 문학, 예술, 음악 등 여러 분야에 지대한 영향을 끼쳤다.

▶▶▶ 121회 2교시 4번
라빌레트 공원(Parc de la Villette) 현상설계와 현대 철학과의 관계를 설명하시오.

1. 개요
라빌레트는 당시 유럽에서 보기 드물었던 신구성주의 경향, 탈구조주의적인 참신한 계획안, 공원에 대한 새로운 접근법 등으로 복합적인 계획안으로 인정받고 있다.

17세기부터 19세기에 합리주의, 경험주의, 관념론을 비롯한 철학사상이 등장했으며 과학적·산업적인 혁명을 시작으로 실존주의와 포스트모더니즘에 이르기까지 현대 철학은 세계와 세계 안에서 인간의 위치에 대한 이해를 돕는 데 중추적인 역할을 하였다.

2. 라빌레트의 의의와 계획안을 위한 요구조건 및 설계안

1) 라빌레트의 의의
   (1) 구성주의에 의한 건축공간 조성
   (2) 프로그램의 다양성, 가변성
   (3) 칸딘스키의 구성주의 원리 차용
   (4) 과거의 고정된 건축을 부정하는 해체주의

2) 계획안을 위한 요구조건
   (1) 공원
   (2) 과학·기술·산업박물관
   (3) 대규모의 홀
   (4) 음악당

3) 설계안
   (1) 도시기반시설과 공공 이벤트 그리고 대규모 탈산업화 부지를 위한 비결정적인 미래 사이를 연결
   (2) 기존 도시와 건축물 및 공원이 융합된 새로운 도시공원의 개념 제시
   (3) 공간 중첩을 사용하여 질서나 위계를 위주로 조성된 기존의 공원 개념을 탈피
   (4) 적층, 탈계층, 유동적·전략적 특성의 포스트모던 어버니즘을 구체화하는 매체

3. 라빌레트의 설계요소 및 특징

1) 점 요소, 폴리(Folly)
   (1) 오브제, 랜드마크

(2) 120m×120m 그리드 패턴의 교차점에 배치
(3) 반복성, 시각적인 집중, 위치의 규칙성이 특징

2) 선 요소, 축(Axis)

(1) 동서와 남북 방향을 연결하는 두 개의 축
(2) 주요 동선과 행태를 계획하기 위해 사용
(3) 남북을 잇는 축 갤러리(Galerie)
(4) 동서를 잇는 축은 회랑으로 조성

3) 면 요소

(1) 공간과 면적요소
(2) 여섯 개의 광장을 계획해 다양한 활동 수용
(3) 원형과 삼각형, 정사각형, 유기적인 형태 등으로 구성

4) 그 외 도입된 시설

(1) 주제 정원(Jardin Thématiques)
  ① 대나무 정원(Jardin des Bamboo)
    • 침상정원으로 태양광을 많이 받아들이는 형태로 설계
    • 바람과 소음을 막기 위해 옹벽 설치
  ② 자르디나즈 정원(Jardin de Jardinage)
    • '가꾸는 정원'이라는 뜻
    • 장식이 많지 않은 실용정원으로 정원을 직접 가꾸도록 함
    • 빛, 물소리, 식물의 질감을 즐기도록 유도

(2) 과학·기술·산업박물관
  ① 부지의 북쪽에 위치
  ② 건물 주위의 삼면에 해자 설치
  ③ 철제 프레임과 콘크리트를 사용해 첨단기술 강조

(3) 그랑드 홀(the Grande Hall)
  ① 대규모의 홀로서 가축시장으로 사용했던 곳
  ② 직육면체 건물에 비행기 날개를 연상시키는 완만한 경사의 철제 프레임 지붕을 얹음

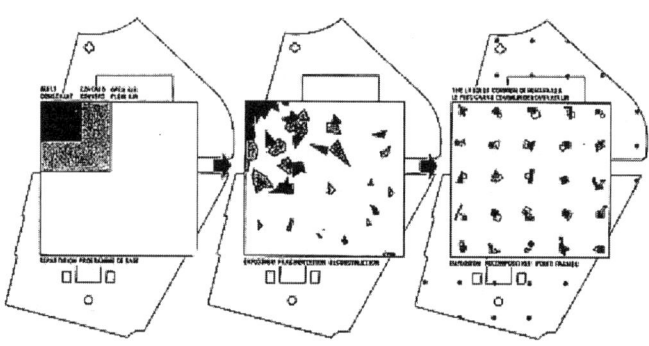

[라빌레트의 해체 후 관계 재설정]

4. 라빌레트와 현대 철학과의 관계

1) 모더니즘 경향을 보임

   (1) 기존의 예술경향을 부정
   (2) 객관성, 기존의 인식, 관념 등을 부정
   (3) 격자 위의 조형물 배치 및 철재 사용
   (4) 기존의 조경과 건축 개념을 해체

2) 물리적으로 표현된 요소에 의한 경험 극대화

   (1) 공간 내에서의 경험을 설계요소로 도입
   (2) 곡선 이용과 자연 형태 모방
   (3) 자연의 형태와 변화 중시

3) 환상적 효과(Illusion Effect)

   (1) 현실을 감추고 과장하는 기법
   (2) 애매함과 변화를 강조
   (3) 공간 규모의 확대, 시각적 확장기법 사용
   (4) 넓은 잔디밭 조성, 경계의 굴곡과 차폐

5. 결언

베르나르 추미는 라빌레트라는 공간을 주변과 연관되면서 장소성이 형성되는 곳으로 계획하지 않았다. 그의 계획은 라빌레트라는 공간 자체가 평면적이면서 하나의 오브제와 같은 기능을 하는 것이었다. 이 전략은 성공을 거두었고 기존 건축개념을 완전하게 해체한 획기적인 작품으로 평가받고 있다.

> ▶▶▶ 96회 4교시 1번
>
> 1950년 이후 출생한 서양 현대조경작가(4인)의 사상적 배경, 주요 작품의 특징에 대해 설명하시오.

1. 개요

모더니즘 시대를 지나 1950년대 이후 서양의 예술은 포스트모더니즘 경향을 띠기 시작하였다. 미디어를 통한 만화나 광고 등에 등장하여 일반 대중에게 널리 알려진 대중적인 모티브를 작품의 소재로 사용하는 팝아트, 작품의 본질을 추구하는 미니멀아트, 해체주의 등이 등장하면서 현대조경작가의 작품세계도 상식을 깨는 다양한 내용을 담게 되었다. 이 시기에 활동한 작가는 아드리안 구즈, 에밀리오 암바즈 등이 있다.

2. 아드리안 구즈(Adriaan Geuze)

1) 작가 개요

   (1) 1960년생
   (2) 네덜란드 출신의 조경가로서 바헤닝언 대학교에서 조경학 전공
   (3) 1987년 졸업 후 West8 디자인사무소 설립
   (4) 자신에게 공학의 피가 흐른다고 생각

2) 사상적 배경

   (1) 랜드스케이프 어버니즘 경향
   (2) 공학이 랜드스케이프 어버니즘의 단단한 토대가 됨
   (3) 경관의 역동성 중시, 조경을 통해 '제2의 자연'을 조성
   (4) 설계와 경관, 공공의 개념 혼합

3) 주요 작품의 특징

   (1) 네덜란드의 쇼우부르흐 광장(Schouwurgplein)
       ① 구즈 스스로 매우 상업적이라 말한 작품
       ② 도시의 한복판에 빈 공간으로 존재
       ③ 시간의 변화와 사건 생성을 고려하는 디자인
       ④ 이용자의 실제적인 공간 경험에 의한 경관을 만듦

[네덜란드 쇼우부르흐 광장]
출처 : https://blog.naver.com/reach0sea/222050106356,
네이버 블로그 : 창작이 대화의 과정이라면

3. 마사 슈워츠

1) 작가 개요

(1) 예술교육을 받은 후 조경가 활동
(2) 1980년대 초반부터 대중에게 알려짐
(3) 새로운 것을 추구하며 실험정신이 강함
(4) 정원은 인공으로 창조한 자연환경이라 주장

2) 사상적 배경

(1) 모더니즘 조경의 경향에 반발
(2) 예술장르로 간주한 조경작품 설계
(3) 적은 예산으로 저렴한 재료 사용
(4) 생태적 계획·설계에 반발

3) 주요 작품의 특징

(1) 네코 타이어 정원(Necco Tire Garden)
① 2,000달러 미만으로 조성한 MIT 대학 축제를 위한 작품
② 면적 350×550피트
③ 바닥에 자갈을 깔고 페인트 칠한 타이어 96개를 규칙적으로 배치
④ 네코사탕을 상징

(2) 리오 쇼핑센터(Rio Shopping Center)
① 빨강, 파랑, 검정, 노랑 등 원색이 공간의 주제

② 색채조명으로 신비감과 특수효과 연출
③ 규칙적 패턴으로 경건함과 숭배의 분위기 창출

4. 조지 하그리브스

1) 작가 개요

(1) 1977년 조지아 대학 조경학과 졸업, 1979년 하버드 대학 조경학과 졸업
(2) 1983년 하그리브스 어소시에이트(Hargreaves Associates)로 독립
(3) "조경은 문화와 자연의 만남의 장"이라 주장
(4) 조경은 건축을 위한 것도 예술을 위한 것도 아님

2) 사상적 배경

(1) 열린 구성(Open Composition)에 의한 디자인
(2) 프로세스 경관의 발견
(3) 자연 생태와 예술을 결합
(4) 자연의 물리성과 문화의 상호작용 중시

3) 주요 작품의 특징

(1) 빅스비 파크(Byxbee Park)
① 일시적이고 가변적인 자연 경험을 경관구성요소로 사용
② 쓰레기 매립지 위에 흙과 점토를 쌓아 유해물질 차단
③ 충적기의 지형을 나타내는 마운드는 유속을 조절
④ 여러 개의 기둥을 세운 기둥 들판(Pole Field)

5. 마이클 반 발켄버그

1) 작가 개요

(1) 현재 보스턴의 사무실에서 작품활동
(2) 큐레이터로서 2번에 걸친 조경전시회 기획
① 1984년 '5명의 조경가를 소개하는 순회 전시회'
② 1986년 '미국 정원의 변천(Transforming the American Garden : 12 New Landscape)'
(3) 1989년 ASLA 협회상 수상

2) 사상적 배경

(1) 모더니즘과 포스트모더니즘을 혼용

(2) 전통적 소재와 현대적 소재를 적절히 선택

　(3) 모더니즘 경향 : 한 곳에서 여러 가지를 체험할 수 있는 공간, 새로 생산된 산업재료 이용, 기하학적 추상

　(4) 포스트모더니즘 경향 : 공간에 시간의 개념을 더하고 시간에 따라 변화하는 일시적인 현상에 관심

3) 주요 작품의 특징

　(1) 래드클리프(Radcliffe) 대학 내의 아이스 월(Ice Wall)

　　① 다양한 자연현상을 한 장소 내에 결합하여 표출

　　② 파이프를 통과하는 물이 벽 위로 상승과 하강을 반복하면서 나타나는 경관의 변화를 표현

　(2) 검은 화강석 정원(Black Granite Garden)

　　① 1989년 설계

　　② 정원 한가운데에 9피트 크기의 대리석 돌덩어리 배치

　　③ 사이프러스 나무를 열식하여 3차원의 공간감을 연출

　　④ 정원의 조각적 이미지를 잘 표현했다는 평가를 받음

6. 결언

1980년대 들어서면서 서양 문화계의 전반에 유행한 포스트모더니즘은 인간, 자연, 인문환경을 적극적으로 표현하려고 하는 경향을 보였다. 또한 조경, 조각, 회화, 그래픽 디자인, 건축 등의 영역과 경계가 없어지고 현대의 예술은 과거와 분리되어야 한다는 인식이 강했다. 조경 분야에서도 포스트모더니즘 경향의 설계가가 등장하면서 기존의 디자인과는 현저히 다른 특징이 나타나게 되었다.

▶▶▶ 102회 4교시 2번

현대조경설계에서 과정(Process)의 개념과 '과정기반적 접근' 설계방법 적용이 가져오는 4가지 특성에 대해 논하시오.

1. 개요

현대조경설계에서 과정(Process)은 도시경관이 변화하는 과정을 지칭한다. 이때 도시의 경관은 랜드스케이프 어버니즘 실현을 위한 도시구성요소의 형태와 변화를 나타내는 하나의 모델이 된다. 과

정기반적 접근은 도시를 구성하는 식생과 기반시설, 건축물, 도로, 숲 등을 경관구성요소로 간주해 이들이 일체화된 평면을 유동적인 경관으로 받아들이는 설계기법을 말한다.

2. 현대조경설계의 특징 및 과정의 개념

1) 현대조경설계의 특징
(1) 도시는 대지 위에서 벌어지는 다양한 상황을 기반으로 형성
(2) 도시의 미학적 기능과 생태적 기능을 논함

2) 과정의 개념
(1) 도시의 표면이 변동되는 기간
(2) 도시 구조 및 구성요소 변동

3. 과정기반적 접근 설계방법

1) 자연현상을 설계 모티브로 이용
(1) 물리적 현상과 역사적인 소재 사용
(2) 조경 기법을 통해 변화를 강조

2) 열린 구성(Open Composition)
(1) 장소와 현상을 중시하는 외향적 공간 설계
(2) 시간의 흐름과 환경의 변화 과정 표출
(3) 동적인 회화 경관 형성

3) 경관의 역동성 중시
(1) 경관을 동적 과정으로 파악
(2) 생산 시스템으로서의 경관 설계

4) 장소의 전환
(1) 이벤트의 성격에 따라 공간의 변화를 줌
(2) 적절한 시설 설치로 장소 전환이 쉽도록 함
(3) 광장에 주차 방지 레일 등을 설치

4. 과정기반적 접근 설계방법의 4가지 특성

1) 수평성
(1) 내부 및 외부 공간의 구분이 없음

(2) 자연과 인공을 구분하지 않음
　　(3) 생태계를 도시와 통합

2) 개방성

　　(1) 열린 무대로서의 경관
　　(2) 자연환경과 공학적 기반시설 체계 간의 융합
　　(3) 경관을 도시화 과정으로 간주

3) 비결정성

　　(1) 도시적 장소 발달
　　(2) 기능, 용도, 목적을 설정하지 않음
　　(3) 공간에 내재된 특성이나 요소를 최대한 끌어냄

4) 가변성

　　(1) 시간에 따라 변화하는 경관변화 중시
　　(2) 순간적인 행태 등의 일시적 장면도 경관으로 흡수
　　(3) 통시적·공시적인 것을 모두 수용

5. 결언

20세기를 지나며 도시는 급격한 변화를 경험했다. 그 결과 보다 유연하고 탄력적인 도시 구조와 공간을 요구하고 있다. 21세기의 도시 재생은 더 이상 오브제와 같은 건축물로도, 규제 위주의 도시계획으로도, 형식적 조경으로도 가능하지 않을 전망이다. '조경이 만드는 도시'가 필요한 시대이다.

▶▶▶ **121회 4교시 2번**

아드리안 구즈(Adrian Geuze, West8) 작품인 쇼우부르흐플레인(Schouwburgplein)의 설계전략을 설명하시오.

1. 개요

아드리안 구즈(Adiran Geuze)는 도시와 자연, 인간과 생태 등으로 나누는 이원론을 진부하다고 생각하고 현대 경관의 특징으로 초현실성을 강조한다. 랜드스케이프 어버니즘 지지자로서 거대한 규모

의 기반시설 다이어그램과 세부 재료의 물리적 특성을 강조해 생태와 도시기반시설의 관계를 재조정하였다.

2. 아드리안 구즈의 설계경향과 West8

1) 설계경향

(1) 설계와 경관 및 공공의 개념을 혼합
(2) 경관의 역동성 중시
(3) 랜드스케이프 어버니즘 실천
(4) 시간의 변화를 설계에 반영
(5) 기존의 조경과는 다른 설계로 대지예술적 경향 표출

2) West8

(1) 조경 차원에서 랜드스케이프 어버니즘을 실천한 모범적인 집단
(2) 대상 부지가 지닌 도시 측면의 문제를 정확히 해석하려 함
(3) 시간의 변화와 사건의 생성을 고려
(4) 비워 두기 전략을 사용

3. 쇼우부르흐플레인(Schouwburgplein)의 설계전략

1) 사업 개요

(1) 대상 부지가 주차장 상부에 있어 교목 식재 불가
(2) 이용자가 경관을 스스로 만들어나가도록 계획
(3) 초기 로테르담의 도시위원회는 기존 공원과 다르다며 제안을 거부
(4) 1992년 MGM 영화사가 부지의 일부에 영화관 기본설계 의뢰
(5) 영화관의 규모를 적정하게 하여 광장의 중심이 되는 것을 막음

2) 설계전략

(1) 건축물을 다층으로 설계
  ① 구조, 배수, 설비의 기술적 문제 해결
  ② 에스컬레이터, 램프, 다리 설치로 다층 공간 형성
(2) 지하 주차장 위의 광장을 빈 공간으로 처리
  ① 다른 시설이나 프로그램 도입이 없음
  ② 시간과 공간의 변화에 초점
  ③ 에폭시 수지, 금속, 조명 등을 활용한 디자인

(3) 이용 행태에 의한 공간 특성 결정 유도
  ① 다양한 경험과 이벤트가 가능한 광장으로 설계
  ② 예측하기 힘든 이용자의 활동과 욕구를 충족시킴

[쇼우부르흐플레인의 낮 경관과 야간 경관]
출처 : 「도시대형공원의 랜드스케이프 어버니즘 설계전략의 언어평가 : 북서울 꿈의 숲 공원을 대상으로」 p. 17

4. 결언

아드리안이 이끄는 West8은 랜드스케이프 어버니즘을 조경 분야에서 실천할 수 있는 디자인 전략을 가장 명확하게 보여주고 있다. 대상 부지의 도시적 문제를 정확히 파악하고 해석함으로써 시간의 변화와 사건의 생성을 염두에 둔 디자인을 지속적으로 발표하였다.

▶▶▶ 63회 4교시 1번

산업 폐부지의 조경적 활용방안을 논하고 사례 및 문제점을 논하시오.

1. 개요

산업 폐부지는 버려진 공간으로서 주제공원과 녹지를 조성하거나 폐부지의 현황을 그대로 보존하여 환경 보존과 공간체험 등을 통한 교육효과를 높이는 녹색관광지로도 활용 가능하다. 도시 내에서 방치되고 버려진 공간은 도시 혼잡 완화, 의미 있는 공간의 창출 가능성 발견, 2차 오염 방지를 위해 필요하다. 하지만 폐부지의 활용에 있어서 여러 가지 한계점이 있는 만큼 부지의 장단점을 면밀하게 파악하는 것이 중요하다.

2. 산업 폐부지의 활용 필요성

1) 버려진 공간의 활용

(1) 도시의 혼잡 완화
  ① 도시는 시지각적 과밀 상태에 있음
  ② 혼잡을 완화할 공간이 필요

(2) 의미 있는 공간 창출 가능성
  ① 버려진 공간의 의미 있는 장소화 유도
  ② 공간에 새로운 기능과 상징성을 부여

2) 2차적 환경오염의 방지

(1) 생태적 오염 방지
  ① 폐자재로 인한 토양·수질오염 유발 가능성
  ② 공간 재생을 통해 오염의 근원 차단

(2) 시각적 오염 방지
  ① 방치된 폐부지는 시각적·공간적 오염요소
  ② 아름다움과 쾌적함이 있는 공간 요구

3. 산업 폐부지의 조경적 활용방안

1) 주제공원 조성

(1) 기존 폐건물을 활용한 공간 조성
(2) 공원 관련 시설, 조형물과 전시시설 설치
(3) 장소성·정체성을 갖춘 공간 창출

2) 녹지 조성

(1) 도시 내의 부족한 녹지량 확보
(2) 시민의 레크리에이션 및 소통의 공간

4. 폐부지 활용의 문제점

1) 부지 조성의 한계

(1) 시설물 설치나 식재 기반으로는 부적합
(2) 토양 치환이나 객토 등의 조치 요구
(3) 비용 과다 등으로 부실지반 조성 우려

2) 일반 대중의 재활용에 대한 인식 결여

　　(1) 폐부지 공원에 대한 인식 미흡
　　(2) 환경과 이용 안전성에 대한 우려
　　(3) 방문 욕구 낮고 일회성 관광 가능성 상존

5. 기존 건물을 활용한 재생공간 선유도공원

1) 공간의 특징

　　(1) 선유정수장의 시설을 활용한 재생공원
　　(2) 기존 건물을 활용하여 공간을 꾸밈
　　(3) 과거의 흔적과 현재의 상태가 조화를 이룸

2) 세부공간구성

　　(1) 한강 전시관
　　　　① 한강의 역사, 생활사 전시
　　　　② 역사적인 의미가 있는 공간 조성

　　(2) 수질정화원, 수생식물원
　　　　① 침전지 재활용시설
　　　　② 수생식물 정화대 조성
　　　　③ 정화수를 공원 내의 시설에 이용

　　(3) 환경 물놀이 공간 조성
　　　　① 어린이 물놀이 공간
　　　　② 수질정화원에서 정화된 물의 사용

　　(4) 시간의 정원, 녹색기둥의 정원
　　　　① 기존 구조물을 가장 온전히 활용
　　　　② 사계절 감각 공간, 어메니티 증진

6. 폐부지 활용의 문제점을 극복한 선유도 공원

1) 부지 조성의 한계 극복

　　(1) 1만 본 이상의 수생식물 보유
　　(2) 공원 조성의 한계를 극복한 생태공원 조성

2) 국민의 인식 전환

(1) 놀이, 녹지 체험 등을 위한 다양한 시설 도입
(2) 기존 건물을 활용한 경제성 확보
(3) 폐부지 조성공원에 대한 인식을 바꿈

7. 결언

산업 폐부지는 토지이용의 관점뿐만 아니라 2차 오염 방지의 측면에서도 활용이 요구되는 만큼 다양한 주제공원과 녹지의 조성을 통해 활용 가능성을 높여야 할 것이다. 이를 위하여 기반 조성의 한계와 부지가 지닌 잠재적 기능을 파악하는 것이 우선이다.

▶▶▶ 78회 2교시 6번

물 재생시설(하수처리장) 부지를 주민 친화적 공간으로 조성하고자 한다. 계획방향과 주요 고려사항, 구체적 공간 활용계획에 대해 설명하시오.

1. 개요

하수처리장은 가정에서 배출되는 생활하수 및 산업폐수를 오수배관을 통해 집중시켜 물리적 · 화학적 처리를 하는 장소로 대표적인 환경관리시설이다. 오염처리시설인 만큼 시설 입지에 대한 주민들의 인식이 배타적이고 시설에 대한 이미지가 부정적이므로 주민과 밀착도를 높이는 개발계획을 수립하고 녹지를 최대한 만들어서 완충효과를 높여야 한다. 하수처리장은 크게 정수시설공간, 업무공간, 개방공간으로 나누어진다.

2. 하수처리장의 성격

1) 대표적인 기피시설

(1) 생활하수, 공업용 폐수 처리장소
(2) 악취 발생 등으로 부정적 이미지가 매우 강함

2) 환경관리 필수시설

(1) 오염을 정화하는 필수적인 도시계획시설
(2) 오염수 처리 후 처리장 외부로 방류

3) 대단위 공공시설
(1) 도시를 위한 공공기능 수행
(2) 부지 면적이 넓고 수처리 설비의 규모가 큼

3. 하수처리시설 계획방향과 주요 고려사항

1) 하수처리시설 계획방향
(1) 주민이 공유하는 친화시설로 계획
(2) 녹지면적을 최대로 확보
(3) 상징성을 강화하여 부정적 이미지 탈피
(4) 우수 등 수자원 재활용시설 구축

2) 주요 고려사항
(1) 시설에의 접근성 증대
(2) 사회적 · 문화적 장소로 조성
(3) 부지의 환경생태적 기능 향상
(4) 기존시설로 인한 인공성 완화

4. 구체적 공간 활용계획

1) 다양한 성격의 시설 설치
(1) 주민의 커뮤니티 공간으로 만들어 접촉빈도를 높임
(2) 공동체 이용시설 설치
(3) 광장, 운동시설, 놀이시설 등

2) 녹지면적과 녹적률 최대화
(1) 관목림, 인공수림 조성
(2) 생태면적률을 고려하여 부지 표면의 생태적 기능 증대
(3) 벽면 및 옥상녹화 등으로 녹지 네트워크 구성

3) 공공시설로서의 기능 향상
(1) 교육과 학습을 할 수 있는 공간 마련
(2) 안내 · 홍보시설 운영

4) 이용자의 안전성 강화
(1) 위험요소가 잔존하는 설비와 동선 분리

(2) 하수처리 영역의 분리 및 시각적 차폐
(3) 화재, 추락 등에 대비한 보호시설 확충

5) 개방공간 조성

(1) 시각적 · 물리적으로 넓은 시야 확보
(2) 완전 개방공간, 반 개방공간 등을 배치
(3) 개방도 조절을 통한 장소성 강화

5. 결언

하수처리장은 생활하수나 산업폐수를 처리하는 혐오시설로 간주되었으나 최근 공간에 대한 이미지 탈피의 노력으로 주민친화형 공간으로 재조성되면서 다시 주목받는 공간이다. 적극적인 환경용량 분석과 생태적 계획을 강화하여 휴식, 환경교육, 홍보 등을 할 수 있는 다목적 시설로 활용해야 한다.

▶▶▶ 105회 3교시 1번

서울역 고가도로의 공원화 방향에 대해 국내외 사례를 설명하고, 본 프로젝트의 추진배경, 문제점 및 바람직한 계획방향에 대해 설명하시오.

1. 개요

서울역 고가도로는 1970년 준공되어 서울역, 만리동, 청파동으로 이어지는 램프 4개로 구성된 도로이다. 하루 평균 5만여 대의 차량이 통행하며 도심 교통을 해결하고 있다.

1998년 안전 문제가 제기되어 13톤 이상 차량의 운행이 중지되었고 2006년 정밀 진단 결과 상태등급 C, 평가등급 D 판정을 받으며 붕괴의 위험성이 크다는 결과가 나왔다. 2013년 서울시는 고가도로 신설과 함께 기존 도로는 철거한다고 말했으나 2014년 9월 하부 보강공사와 상부 공원 조성을 통해 시민에게 이 공간을 돌려주겠다는 계획을 밝혔다.

2. 국내외 사례

1) 프롬나드 플랑테(Promenade Plantee)

(1) 계획 기간 : 1986~1994년
(2) 1969년 지역 고속전철망 RER이 도입되면서 도시철도 운행 중단으로 흉물로 전락
(3) 파리의 바스티유역에서 동남쪽까지 연결된 4.7km의 폐선부지를 공원으로 조성

(4) 바스티유 국립오페라극장 주변 환경정비사업의 일환

[프롬나드 플랑테 전경]

2) 블루밍데일 트레일(BloomingDail Trail)

(1) 1872년 블루밍데일 애비뉴에 건설된 화물 운송 철로
(2) 1980년대 초부터 수송량 감소, 1990년대 폐선
(3) 2003년부터 추진한 The 606 프로젝트의 하나로 사업추진
(4) 기존 2곳, 새로 조성하는 4곳의 공원이 있는 보행자 전용 선형 공원으로 재탄생

[블루밍데일 트레일 전경]

3. 서울역 고가도로 공원화 사업의 추진배경과 문제점

1) 추진배경

(1) 청계 고가도로를 시작으로 아현동 고가도로, 약수 고가도로 등을 철거
(2) 서울역 고가도로도 철거 예정이었음
(3) 서울시의 공약사업으로 뉴욕의 하이라인 파크가 모델
(4) 기존 시설을 활용하고 도로공간을 시민에게 돌려준다는 계획을 세움

2) 공원화 사업의 문제점

    (1) 교통혼잡 가중

        ① 서울역 주변의 교통혼잡 가중
        ② 물류 이동 경로가 길어져 지역경제에 타격
        ③ 버스 노선 축소로 상권 축소

    (2) 남대문시장의 침체

        ① 심각한 건물 노후, 공실률 증가
        ② 외국인 관광객 방문 선호도 2014년 7위로 추락
        ③ 교통량이 많음에도 불구하고 방문자는 감소

    (3) 서울역 서북부역세권의 침체

        ① 2008년 역세권 개발 착수 후 경기침체로 제자리걸음
        ② 우선협상대상자의 사업 포기로 사업 중단

4. 공원의 바람직한 계획방향

1) 서울역 주변의 교통대책 마련

    (1) 고가도로를 대체할 동서 방향의 3개 축 조성
    (2) 주변 교차로 개선을 통해 차량 정체 최소화
    (3) 근거리 우회경로 마련

2) 남대문시장 활성화

    (1) 보행계획으로 방문 횟수를 늘림
    (2) 관광버스 주차장 및 별도의 공영주차장 설치
    (3) 남대문시장 내 LED 보안등 설치

3) 서울역 서북부역세권 개발 추진

    (1) 서울역 서부 일대의 지역경제 부활
    (2) 도심과 서북권역을 연결하는 출발점으로 전환

4) 편의시설 증설 및 행사 개최

    (1) 벤치, 그늘막을 설치
    (2) 차량의 소음과 집회 소음 발생 문제 해결
    (3) 벼룩시장 개최

5. 결언

서울역 고가도로 공원화사업은 기반시설 재생사업의 성격을 갖고 있다. 고가도로의 공간이 산책로로 바뀌었고 대형 플랜터에 식재된 다양한 식물들이 특이한 경관을 만들어 내며 서울역과 명동의 사이에서 휴식공간 및 보행공간의 기능을 겸하고 있다.

▶▶▶ 120회 4교시 5번

쓰레기매립장 조성 후 체육공원으로 활용하는 방안에 대해 설명하시오.

1. 개요

쓰레기매립장에서는 지층 내부의 이산화탄소 등의 가스 농도가 높고 홍수나 폭우에 의한 지하 침출수의 수위상승 및 유출, 지반 침하 등이 일어나므로 식물이 자라기에 적합한 환경이 아니다. 따라서 이용에 적합한 지반 및 식재기반 환경을 만들기 위하여 토성과 토질을 바꾸고 적절한 배수와 복토를 실시하여 토층을 개량해야 한다. 개량된 매립장은 공원, 녹지, 골프장 등으로 조성할 수 있다.

2. 폐기물의 분류와 매립부지

1) 폐기물의 분류

구분 기준	내용
성상	• 유기물질, 무기물질 • 가연성 물질, 비가연성(불연성) 물질 • 액상, 고상
폐기물 발생원	일반 폐기물, 생활 폐기물, 산업 폐기물
유해성	일반 폐기물, 특정 폐기물, 유해 폐기물

2) 매립부지 선정 기준

  (1) 예비 부지 조사 결과
  (2) 공학적 설계 및 비용 분석 결과
  (3) 환경영향평가

3. 매립지의 환경특성

1) 물질 분해
(1) 초기에는 박테리아에 의한 호기성 분해
(2) 그후 혐기 조건에서 장기적 분해 진행
(3) 폐기물의 화학적 산화

2) 매립지의 물질로부터 가스 방출
(1) 유기물의 생물학적 분해로 가스 및 액체 생성
(2) 유기성 폐기물의 혐기성 분해에 의해 발생되는 물질은 이산화탄소와 메탄

3) 물에 의한 유기물질·무기물질의 용해
(1) 압력 차이로 인한 액체 이동
(2) 삼투압에 의한 용존물질의 이동

4) 공동발생에 의한 불균일 침강
물질의 압밀에 의하여 발생

5) 침출수 발생
(1) 분해되면서 생성된 액체, 지표수, 강우, 지하수 등이 섞임
(2) 유기물 함량이 높고 중금속이나 유해물질을 포함하고 있음

4. 매립지를 체육공원으로 활용 시 처리방안

1) 오염토양 정화
(1) 호기성 분해로 조기 안정화
(2) 메탄, 이산화탄소, 암모니아 등을 처리

2) 안정화된 매립지에 식재기반 조성
(1) 수목의 피해 정도를 줄일 수 있음
(2) 매립 완료 후 오랜 시간이 지날수록 매립 안정도가 높음
(3) 지반이 안정된 후에는 식물 생장에 영향을 주지 않음

3) 배수시설 설치
(1) 원지반을 완만한 구릉형태로 조성하여 배수 구배를 둠
(2) 지하배수관, 암거, 집수정 등을 설치

(3) 표면배수로 설치

4) 토양개량 및 복토

(1) 10~15%의 모래, 유기물을 포함한 토양, 인공토 등으로 개량

(2) 복토 후 마운딩 조성

(3) 성토지반의 높이가 140cm 이상일 때 복토는 30cm 이상으로 함

(4) 교목 식재지반은 마운딩 높이 80cm 이상으로 함

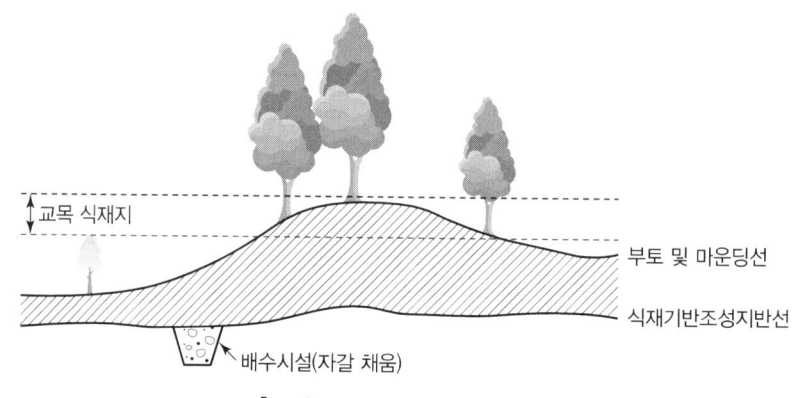

[쓰레기매립지 식재기반 조성]

5. 쓰레기매립지에 식재 가능한 수목 및 사후관리

1) 쓰레기매립지에 식재 가능한 수목

구분	내용
낙엽활엽교목	상수리나무, 가중나무, 갈참나무, 회화나무, 느티나무, 중국단풍, 은단풍
상록침엽교목	가이즈까향나무
낙엽침엽교목	은행나무, 낙우송, 메타세쿼이아
상록활엽관목	사철나무, 명자나무, 불두화
낙엽활엽관목	고광나무, 개나리, 병꽃나무, 앵두나무, 진달래
지피식물	잔디, 초화류

2) 조성 후 사후관리

(1) 식재 하자율 조사

(2) 수목의 생장 정도 측정

(3) 수목의 피해양상 조사

6. 결언

쓰레기매립장 가스 제거 및 침출수 처리를 위해서는 장기간 수영장과 같은 시설이나 건축물 등을 지을 수 없다. 효율적인 이용을 위해 매립지의 오염물질 처리와 탄탄한 지반조성이 필요하다. 그리고 꾸준한 매립지 공원 모니터링과 매립지의 지반 특성 변화 연구를 통해 명확한 조경설계 지침 및 기준 등이 설정되어야 할 것이다.

▶▶▶ **106회 4교시 5번**

조경설계의 '전통정원의 재현'에서 전통의 개념, 재현의 의미, 바람직한 재현방안에 대해 설명하시오.

---

1. 개요

전통은 오랜 세월을 거쳐 오늘날까지 전해 내려오는 원형적 요소를 지칭한다. 현대 조경설계에서 '전통정원의 재현'은 과거와 현재를 연결하여 전통을 계승한다는 측면에서 중요하다 할 수 있다. 조경설계공모전에서 재현된 내용을 살펴보면 현대조경에서 재현과 관련한 키워드는 전통경관, 전통마을, 전통문화를 들 수 있다. 또한 한국의 전통정원은 인공과 자연의 경계가 잘 드러나지 않는 특징이 있다.

2. 전통의 개념과 재현의 의미

1) 전통의 개념

    (1) 사회제도, 관습, 사상의 변화과정
    (2) 과거에 발생했거나 있었던 것이 현재까지도 이해되고 가치를 지니는 것
    (3) 과거에 이루어졌으나 없어지지 않고 계속되는 것

2) 재현의 의미

    (1) 다시 되살려 나타냄
    (2) 과거의 사물이나 상징따위를 그대로 살려 사용하는 기법

3. 재현의 유형

1) 직접적 재현

    (1) 직설적 재현

(2) 외부 형태를 사실적으로 묘사하는 것
(3) 완벽한 모방과 모사

2) 간접적 재현

(1) 의미나 상징을 지시하거나 나타냄
(2) 어떤 대상에 대한 관계나 대상 그 자체를 드러내는 작업이나 행위
(3) 새로운 것을 만드는 창조와 다르게 범위와 방식에 일정한 한계가 있음

4. 조경설계공모를 통해 본 전통재현의 양상

1) 전통시설물의 단순한 모방

(1) 창의적 디자인은 도입이 적고 직설적 재현이 많음
(2) 장식적 기능의 점적 시설물 배치가 다수
(3) 전통경관의 획일성을 가져오는 원인이 됨

2) 전통배식기법에 대한 이해 부족

(1) 방지원도에 소나무를 식재하거나 화계에 화목류를 식재하는 것에 한정
(2) 대나무숲 대신 자작나무숲을 만든 사례도 있음

3) 점적인 장식요소 주로 사용

(1) 마을숲, 장터, 빨래터, 우물터, 돌무지 언덕, 장승, 솟대 등
(2) 주변 맥락과 맞지 않는 요소의 점적 사용 위주
(3) 시공비가 비싼 요소가 배제될 가능성 높음

4) 전통경관의 아름다움 부족

(1) 방지, 화계, 정자의 잦은 도입
(2) 고유의 아름다움을 전달하는 세밀한 계획 부족

5. 바람직한 재현방안

1) 공간해석적 접근

(1) 문화에 관하여 정확하고 충분한 정보 수집
(2) 다각적인 해석과 전망을 통한 이미지 추출
(3) 환경과 기상조건, 풍토 및 공간 사이의 구조적 특징을 찾아냄
(4) 다양한 측면에서 구성해보는 실험 필요

2) 재료기술적 접근

(1) 시대적인 특징이나 색채 표현
(2) 수공예적 표현기법을 통해 전통적인 감각 표출
(3) 소재의 디테일 처리에서 비전문적인 장식기법 적용
(4) 이국적 풍토미를 보여주는 장식물 원용
(5) 천연재료 사용과 재활용을 통해 자연주의와 전원적 느낌 조성

6. 결언

전통경관의 재현은 단순하게 경관요소를 나열한다고 해서 만들어지는 것이 아니다. 실제 현장에 조성 가능한 규모와 주제 설정, 전통경관 조성과 관련된 자료 축적, 과거의 전통경관에 관한 세밀하고 정확한 분석 등 정확성과 창의성을 조화시키기 위한 다각도의 노력이 필요하다.

▶▶▶ 112회 3교시 2번

해체주의(Deconstruction) 관점에서 한국 전통조경의 구현방법에 대해 설명하시오.

1. 개요

해체주의는 현대 예술과 건축, 조경, 문학비평에 나타나는 포스트모더니즘 경향이다. 과거의 문화와 역사를 모방하거나 재이용하는 것을 거부하고 모더니즘의 질서를 부정하고 원칙을 파괴하며 경관요소를 해체하고 조합함으로써 완전히 다른 공간을 구축한다. 해체주의 관점에서 한국 전통조경을 구현한다는 것은 설계요소를 해체하여 여러 가지 방법으로 디자인하여 사용하는 것을 말한다.

2. 해체주의 디자인의 특성

디자인 개념	특성
불확실성	의미와 기호의 불확실성
상호 텍스트성 (Inter-Textuality)	• 문학, 철학, 회화, 음악 분야 등과 교류 • 텍스트의 상호 인용을 통해 경계 허물기
차연 (Differ and Defer)	• 차이와 지연 • 간극, 단절, 분리, 불일치, 이동 등
프로그램 (Program)	• 정보를 해석한 내용을 확정하는 것을 거부 • 관습적인 사고에 의해 정해진 공간을 침범

3. 근대 이후 한국 전통조경의 구현방법

1) 귀족주의 전통을 계승

   (1) 고전주의의 계승
   (2) 형태주의 경향, 단순한 사실적 모방

2) 토속주의 경향

   (1) 서민의 삶의 방식을 근본으로 하는 형태를 응용
   (2) 사실주의적 정원 조성

3) 요소주의

   (1) 특징적인 경관요소를 부분적으로 사용
   (2) 전통경관요소를 설계 모티브로 사용

4) 구성 패턴과 공간구조 해석

   (1) 전통 공간의 구성 패턴과 구조 해석
   (2) 형국론에 기반하여 공간의 특성 파악

4. 해체주의 관점에서 한국 전통조경의 구현방법

1) 한국의 전통적 공간을 살림

   (1) 부지의 중앙공간을 비우고 광장을 만듦
   (2) 풍수지리설의 입지이론에 따라 건물이나 시설물 배치

2) 조형적 요소의 상징적 사용

   (1) 태극을 상징하는 S자형 곡선 이용
   (2) 산책, 경관 감상, 명상을 위한 유보로 설계
   (3) 광장 바닥을 오방색으로 설계

3) 현대적인 공간구조와 전통재료 혼용

   (1) 서양의 축을 중심으로 한 공간분할
   (2) 축을 중심으로 한쪽은 소나무숲, 다른 한쪽은 대나무숲 조성

4) 전통수목과 초화 식재

   (1) 적송, 배롱나무, 회화나무, 살구나무 등을 식재
   (2) 동서남북의 향에 따라 설계요소를 다르게 함

(3) 현대적인 무늬화단에 패랭이 등 전통적인 초화 식재

5) 전통적인 조형물 사용

(1) 용이나 봉황이 그려진 벽화 배치

(2) 전통양식의 기둥을 보행로에 배치

(3) 돈대를 공원의 열린 무대로 설계

6) 방지를 현대적 수경시설로 전환

(1) 방지원도를 모델로 함

(2) 현대의 건축재료인 콘크리트나 석재로 축조

(3) 원도를 조성하여 조형물 배치

5. 결언

해체주의는 기존의 법칙을 의심하고 부정하며 근본을 뒤집어 전혀 다른 세계로 만든다는 점에서 모더니즘을 닮았고, 변형하고 왜곡하는 것은 포스트모더니즘 경향을 띤다. 해체주의적 방법을 좀 더 창의적으로 사용하도록 노력한다면 지금까지와는 전혀 다른 분위기와 형태를 지닌 공간을 만들어 낼 수 있을 것이다.

▶▶▶ 75회 3교시 2번

전통조경의 도입은 한국조경에 있어 매우 중요한 과제이다. 전통 조경요소와 기법의 현대적 활용에 대해 기술하시오.

1. 개요

조경문화도 귀중한 문화유산의 한 부분이고 다양한 요소가 작용한 만큼 현대조경 분야에서 전통조경을 어떻게 해석하고 도입할 것인가는 중요한 과제라고 할 수 있다.

한국의 전통조경 유적들을 살펴보면, 궁궐, 반가, 민가, 별서, 사찰 등의 공간이 지닌 성격과 환경에 따라 용도에 적합한 조원공간이 조성되었다. 한국의 전통조경은 특유의 장소성을 표출하였다는 점에서 현대조경 분야에서 추구하는 목표와 일치하는 점이 있다.

2. 전통 계승의 중요성 및 전통성 계승의 유형

1) 전통 계승의 중요성

(1) 민족문화 계승
(2) 외국문화에 대응하는 고유문화 확립
(3) 전통 문화유산의 가치 증대
(4) 전통을 재해석하여 현대적 양식으로 활용

2) 전통성 계승의 유형

(1) 재현
(2) 분석
(3) 변용

3. 전통조경요소의 구분

1) 특성에 따른 구분

구분	내용
공간요소	공간 구획 및 위계, 공간 연결수법
식물요소	전통수종, 화목류, 배식기법, 형태적 특징, 생태적 특성
시설물요소	못, 담장, 울타리, 노단, 계단, 첨경물

2) 전통요소별 구분

구분	내용
보행로	골목길, 오솔길, 고갯길, 둑길, 논길, 들길
수경시설	개울, 못, 물레방아, 폭포, 연못, 옹달샘, 샘
수목	전통수종, 유실수, 숲, 밭, 산울타리
자연경관	시내, 강, 바다, 호수, 동산, 언덕, 바위, 조약돌, 맑은 하늘

4. 전통 조경요소와 기법의 현대적 활용

1) 전통공간의 개념을 도입

(1) 영역성을 띠는 공간을 계획
(2) 소규모 인간척도 공간 조성
(3) 전통요소로 입구의 식별성 확보
(4) 문주, 기둥, 전통 색채, 교목 등을 사용

2) 공간의 위계 확보

   (1) 전통주택의 위계를 도입
   (2) 입구에서 공간의 끝부분까지 기능 또는 성격에 따라 구분
   (3) 진입공간, 본공간, 매개공간 등으로 구분
   (4) 공적 공간에서 사적 공간으로의 점진적 진입

3) 자연성 강화

   (1) 상징성을 지닌 전통수목, 화목, 야생 초화 식재
   (2) 오솔길, 숲 등을 조성
   (3) 샘, 연못 등의 수경시설 도입
   (4) 토사, 호박돌, 조약돌 등의 자연재료 사용

4) 전통시설물 및 문양 사용

   (1) 초가집, 정자, 우물, 담장 등을 배치
   (2) 보행로, 바닥포장, 담장에 전통 형태와 문양을 도입
   (3) 장대석, 판석 등의 석재 이용
   (4) 전통문양을 모자이크 처리

5) 오감을 경험하는 조경

   (1) 감각적인 경험을 할 수 있는 경관 조성
   (2) 시각적·청각적인 요소를 여러 장소에 배치
   (3) 물소리, 바람소리, 새소리 등의 소리 이용
   (4) 햇빛, 온도, 향기, 촉감 등을 활용

5. 결언

한국의 전통조경공간은 오랜 기간 많은 시행착오를 거치면서 만들어 낸 생활공간 및 위락공간이었으며 동양의 이상향을 구현하는 공간이기도 하였다. 현대에 와서 현대의 문화양식과 조경양식이 분별 없이 섞이면서 전통의 개념이 많이 희석되긴 하였으나 전통조경의 올바른 계승이 한국 현대조경의 고유성과 정체성을 결정하는 중요 과제라는 것은 부인할 수 없는 사실이다.

> ▶▶▶ 87회 4교시 3번
>
> 조선시대 비보(裨補)의 개념을 설명하고 이것을 현대조경에서 적용할 수 있는 방안에 대해 논하시오.

1. 개요

비보는 '보태어 채운다'는 뜻으로 풍수지리학상 흠이나 부족한 점을 인위적으로 보완하는 작업을 의미한다. 주로 풍수적 결함이 있거나 길한 기운이 단절될 우려가 있는 곳에 여러 가지 도구나 조형물을 써서 허한 기운을 보충하는 방식을 취한다.

풍수비보는 한국 전통조경의 관점에서는 하나의 조경양식으로 볼 수 있다. 예를 들면, 조산(造山)은 인공숲이나 축산과 유사하다. 비보를 전통 그대로 적용하기는 쉽지 않은데, 그 이유는 과거와 현대의 공간구조 및 구성요소가 현저하게 다르기 때문이다.

2. 비보의 개념과 풍수비보론

1) 비보(裨補)의 개념

(1) 지형과 지세를 살펴 보충

(2) 산천의 기운이 조화롭지 않을 때 건축물이나 시설물을 설치하는 것

(3) 흉한 것을 길한 것으로 바꿀 수 있음

2) 풍수비보론

(1) 고려·조선시대의 도성, 지방도시, 시골마을에 확산

(2) 풍수지리설을 바탕으로 모자라거나 지나친 곳의 지형 등을 고치고 관리하여 보완

3. 비보의 의의 및 비보방법

1) 의의

(1) 한국 풍수의 독자적 특성이 나타남

(2) 자연에 대해 능동적 영향력을 행사

(3) 자연환경과 인문환경을 조화로운 상태로 조정

2) 비보방법

구분	내용
사찰 비보	• 사찰을 세움 • 안동의 법흥사, 법림사, 임하사
사탑 비보	산천의 혈맥에 돌탑, 불상, 부도 등 불교적 수단을 세움
조산 비보	• 한국의 대표적인 비보 형태 • 허한 지세를 보하기 위해 흙 둔덕, 선돌, 돌무더기 등을 만들어 산의 기능을 대체
숲·수목 비보	마을숲 조성
득수 비보	우물을 파거나 수로 건설
수구 비보	숲, 돌탑, 장승을 세워 수구를 막음
연못 비보	연못을 만들어 물기운을 더함
첨경물 비보	장승, 솟대, 남근석, 거북이상 등을 두어 허한 기운을 채움
지명 및 놀이 비보	특정 문자를 장식하거나 놀이공간을 만듦

4. 비보를 현대조경에서 적용할 수 있는 방안

1) 지역·지구 설정

   (1) 주거지는 상업지역과 공업지역에 가까이 두지 않음

   (2) 거주지 바로 옆의 대로 배치는 피함

   (3) 소음과 먼지 발생

   (4) 혈 주위의 사신사 기능은 거주지를 중심으로 주변 건물이 대신함

2) 배산임수이론 적용

   (1) 높은 곳에 건물을 세우고 낮은 곳에 마당을 둠

   (2) 쓰레기매립지나 절토지역, 암반 절개지는 피하여 주거지를 만듦

3) 사신사 고려

   (1) 주거지를 중심으로 앞, 뒤, 좌우에 있는 고층건물 높이를 조정

   (2) 일조권, 조망권의 침해 방지

   (3) 건물 배치를 조정하여 바람길 조성

4) 마당 설계

   (1) 마당은 풍수에서 명당으로 해석

   (2) 경사지, 세모형 부지는 피함

(3) 풍수에서 삼각형은 화의 기운을 지녔다고 하여 흉하게 여김
　　(4) 형태는 네모반듯하고 평탄하게 함
　　(5) 너무 큰 교목이나 고목은 식재 지양

5) 기와 의에 의한 식재
　　(1) 식물의 생태적 특성을 고려하여 식재
　　(2) 연못 주위에는 복숭아나무 식재 금지
　　(3) 북쪽에는 겨울철의 차가운 바람을 막는 침엽수를 심음

6) 실내공간의 기운 조절
　　(1) 음양오행설을 따름
　　(2) 목기운이 많으면 화·토·금의 기운을 지닌 색채, 형태, 방위, 소품으로 줄임
　　(3) 목기운이 부족하면 목의 기운을 생성하는 수의 기운으로 보충

5. 결언

비보와 엽승은 한국의 전통적 민간신앙과 불교, 풍수지리사상이 결합하여 나타난 추길피흉의 대표적인 방법이다. 땅이 지닌 결점을 여러 각도에서 개선하고 보완해 토지이용을 했다는 측면에서 가치가 있다.

▶▶▶ 93회 2교시 1번

한국조경업의 변천과 조경전문가의 역할에 대해 법, 제도, 조경업 및 기술자 중심으로 설명하시오.

1. 개요

4년제 대학에서 조경학과를 개설하며 시작한 조경 분야는 도입된 지 40여 년이 흘렀고 기술적인 측면과 공사규모 측면에서 지금까지 큰 발전이 있었다. 그러나 최근 타 업역의 조경 분야에 대한 도전과 법규 제정, 건설경기 위축 등 예측하고 대비하지 못한 여러 상황이 발생하면서 조경 분야의 위상이 흔들리고 있어 이에 대한 적극적인 대응방안이 요구되고 있다.

2. 한국조경산업의 변천

1) 도입기 : 1960년대 말~1970년대

(1) 조경 분야를 최초로 도입
  ① 국가권력에 의하여 조경 분야를 국내로 들여옴
  ② 대학에 조경학과 개설

(2) 대형 국책사업 수행
  ① 경부고속국도, 경주보문단지, 설악산 관광지구 등
  ② 비탈면 녹화 등의 사업 수행과 함께 조경의 필요성이 커짐
  ③ 조경 분야 발전의 초석을 다짐

2) 정착기 : 1980년대

(1) 국내 건설시장에 조경 분야 정착
(2) 급속한 조경 시공물량 확대
(3) 88서울올림픽, 아시안게임 개최, 올림픽공원 설계 등으로 규모가 커짐

3) 발전기 : 1990년대

(1) 조경산업의 본격적인 발전
  ① 종합건설면허제도, 전문건설면허제도를 관련 법에 규정
  ② 전문조경가가 활약할 수 있는 제도적 기반을 다짐

(2) 대형 프로젝트 수행
  ① 대전 엑스포 조성공사
  ② 분당·일산의 대규모 택지개발공사
  ③ 1997년 여의도광장 공원화사업 시행 등 대형공원 조성 프로젝트

4) 안정기 : 2000년대

(1) 건설시장 내에서 안정적인 입지 확보
  ① 생태조경 시행
  ② 친환경성의 사회적 중요성이 급속히 부각

(2) 설계수준과 시공기술의 비약적 발전
  ① 주택경기의 활성화에 동반하여 발전
  ② 민간아파트 조경, 담장 허물기 사업, 상상어린이공원 등의 창조적 사업 시행

5) 진화기 : 2010년 이후~

  (1) 새로운 조경 분야 개척
    ① 랜드스케이프 어버니즘의 영역 확장
    ② 도시 재생 및 조경 분야의 참여

  (2) 자연환경복원공사의 대두
    ① 4대강 사업, 고향의 강 조성사업 시행
    ② 생태하천 복원사업 등

3. 한국조경업의 변천에 따른 조경전문가의 역할

1) 법적 측면에서의 역할

  (1) 조경기본법 통과
    ① 기본법 통과로 법적인 기본이 마련되었다고 봄
    ② 유관 기관과 네트워크 강화
    ③ 조경 분야의 법적 입지 강화

  (2) 조경 관련 법조항에 대한 관심
    ① 조경 관련 법규의 입법예고 주시
    ② 적극적 의견 개진 및 홍보와 입법 반대 의사 표현

2) 제도적 측면에서 요구되는 역할

  (1) 산업구조 개편에 의견 개진
    ① 현실적인 원도급과 하도급 규정 마련
    ② 전체 산업 유형에서 조경 비중을 늘림

  (2) 조경업 발전에 필요한 제도 마련
    ① 다른 업역과의 네트워크와 조경 분야 입지의 강화
    ② 업무와 관련한 적극적·현실적 제안

3) 조경업적 측면

  (1) 업체 간 과당 경쟁 자제
    ① 과다한 저가 경쟁과 무리한 수주 지양
    ② 저가입찰을 배제하고 합리적인 입찰수단 적용

  (2) 지속적인 기술개발과 신제품 생산
    ① 적극적 재투자로 경쟁력 확보

② 해외 선진업체와 전문기술 교류 추진

③ 기술 및 지식수출 확대

4) 기술자로서의 역할

(1) 타 업역과 대비하여 경쟁력 구축

① 다방면에서 경쟁력 구축 필요

② 조경 분야 및 연관 분야의 전문지식도 습득

(2) 해외업체와의 기술교류 확대

① 선진기술의 습득과 우리기술의 선전

② 기술의 특화

(3) 조경교육제도 개선

① 실무교육 위주로 업무능력 향상

② 학계와 산업현장의 교육 시스템 연계

(4) 현안에 대한 지속적 관심

① 관련 기관 가입 및 적극적 활동

② 적극적 참여로 단점 개선

4. 결언

조경 분야의 업역 축소와 업무에 영향을 미치는 외부 변수가 많아지는 만큼 조경 분야의 시스템을 견고하게 하고 다른 분야에 업무 내용과 그 범위를 명확히 인식시킬 필요가 있다. 조경 분야에 대한 인식을 개선·제고하고 조경업무에 대한 기술자의 광범위한 지식 축적, 타 분야와의 교류와 업역 경계 명확화 등 조경 분야의 정체성 확보를 위한 학계와 업계의 노력이 절실하다.

▶▶▶ 102회 4교시 1번

한국조경의 도입 특성과 향후 조경 분야 발전전략에 대해 논하시오.

1. 개요

한국은 국가정책 차원에서 국토, 도시, 환경 및 경관의 보전과 관리를 위한 목적으로 조경을 도입하였다. 조경 분야는 고속도로 건설, 단지개발 추진, 새마을 운동, 사적지 정비 등의 굵직굵직한 공사로 한국의 근대화 추진 과정에서 국토의 보전과 관리에 크게 기여했다. 전통적으로 조경은 미적 감각이 있어야 하는 분야 또는 원예 분야로 단편적인 인식이 있었지만 최근 지구온난화 및 다양한 양상으로 나타나는 환경오염을 경감할 수 있는 수단을 지닌 분야로 인식이 확대되었다.

2. 한국조경의 도입 특성

1) 환경 훼손과 경관 정비 필요성
(1) 제3공화국의 조국 근대화 비전 및 경제개발정책 추진과 밀접한 관계
(2) 경부고속도로 건설, 경주종합관광단지개발 추진, 사적지 정비 등으로 훼손된 국토환경 보전 필요
(3) 개발지의 경관 향상을 위해 도입

2) 국가정책적 차원에서의 조경 도입
(1) 경제개발 과정에서 중앙정부 차원의 도입
(2) 2~3년의 단기간에 교육, 산업, 직제 등 모든 분야에서 초창기 제도를 정비

3) 대통령과 조경·건설담당 비서관의 주도
(1) 훼손된 국토의 보전과 복원에 많은 관심
(2) 조경학과 건설, 기술자격제도 도입, 직제의 도입 지원

4) 임학, 원예학, 수목식재 중심의 접근
(1) 전문인력 부재로 임학, 원예학 전공자가 조경으로 식재활동
(2) 초창기는 식재, 임학, 원예가 연관되어 진행
(3) 절개지, 산업단지 등 훼손지정비사업은 수목 위주로 조림

3. 조경 분야 발전전략

1) 조경기본법과 조경실무법의 분리
(1) 조경기본법에 조경의 기본개념 명시
(2) 기본법으로 타 분야와의 차별화
(3) 업역을 명확히 규정하고 타 분야와 구분

2) 조경직제 및 기구의 독립성 보장
(1) 타 건설 분야의 하부로부터 조경업무 분리
(2) 타 분야가 수행한 조경업무를 정리·흡수
(3) 독립적 업무수행으로 조경전문기술자로 활동

3) 산학연의 협동체제 구성
    (1) 조경의 사회적 적응도 향상
    (2) 즉시 적응 시스템 구축
    (3) 학교, 연구기관, 산업체의 상생 메커니즘 조성

4) 조경교육과정 심의기구 설치
    (1) 교육 커리큘럼 조정 · 심의인정제도 운영
    (2) 대학이 추구하는 목표와 기업의 목표를 조정
    (3) 실천목표에 따라 교육과정을 달리하여 특화

5) 특별교육 기회를 활용
    (1) 일반인과 조경인의 동시 교육기회 마련
    (2) 조경학회, 기업, 대학의 조경학과가 주최
    (3) 교육 프로그램 운영

6) 경쟁공모 기회 증대
    (1) 경쟁기회의 증대로 대외적 평가 실시
    (2) 내실 있는 학교교육과 평가를 병행
    (3) 디자인 위주가 아닌 문제해결방식 중심 교육 실시

7) 저술상 확대 및 국제학술대회 유치
    (1) 조경 분야에 대한 포상방식 다변화
    (2) 한중일 조경전문가회의 등 외국 석학과 교류 확대
    (3) 학자의 특별강연회 개최

4. 결언

제4차 산업혁명이라는 용어가 각 분야에서 쓰이는 요즘도 조경 분야의 발전속도가 다른 분야에 비해 더디다고 말한다. 하지만 조경 분야는 현재 신기술 개발과 창의적인 조경디자인을 실현하려고 노력하고 있고 여기에 인공지능, 드론과 같은 첨단기술까지 접목되면서 앞으로 크게 성장할 것으로 예상하고 있다. 규모가 커지는 조경설계업과 조경공사업을 위한 법적 · 행정적 뒷받침이 어느 때보다 필요하다.

> ▶▶▶ 103회 4교시 4번
>
> 국가 정책상 복지가 중요한 과제로 자리 잡고 있다. 복지의 차원에서 조경의 역할을 설명하시오.

1. 개요

조경계획·설계 분야는 인문·과학적 지식을 적용하여 경관을 조성하고 관리하며 쾌적한 도시환경 조성으로 행복한 삶의 기반을 제공한다. 토지와 자연자원, 인공자원 등으로 구성된 녹지 시스템을 그린 인프라라고 하며 이는 넓은 시각에서 조경공간을 지칭하는 표현이 될 수 있다. 그린 인프라는 도시 공동체 형성 및 소통의 장 마련, 도시의 자연 훼손에 대응하는 실천적 해법을 제시하고 있다.

2. 조경공간의 공익적 가치

1) 자연적 가치

 (1) 자연은 생명의 원천이므로 보존하고 관리해야 함

 (2) 자연훼손지역의 재자연화

 (3) 사람과 생물의 공생 도모

2) 사회적 가치

 (1) 삶의 터전인 공공자원의 보호

 (2) 평등한 공공환경 조성

 (3) 생활 밀착형 녹지 조성

3) 문화적 가치

 (1) 역사성·지역성·문화적 다양성 존중

 (2) 주민 공동체 조성

 (3) 장소성 형성

4) 환경·생태적 가치

 (1) 인프라 구축으로 리질리언스 기능 활성화

 (2) 녹지 증대로 이상기후에 대응

3. 복지 차원에서 조경의 역할

1) 생활권 녹지의 활용
   (1) 도시민의 건강과 웰빙에 도움
   (2) 산지형 공원의 배리어프리 등산로
   (3) 유휴부지를 활용한 텃밭과 정원

2) 커뮤니티 공간 제공
   (1) 자연스러운 소통의 장 마련
   (2) 식물 키우기, 농작물 경작과 수확
   (3) 주민 거버넌스 형성을 통한 화합

3) 자연감시를 통한 범죄예방
   (1) 공원녹지의 공공기능 및 셉테드(CPTED) 기능
   (2) 거주자를 통한 감시 활성화
   (3) 특정 시간대에 감시활동 강화

4) 녹색 일자리 창출
   (1) 정원 조성·운영에 주민과 전문가 고용
   (2) 젊은 세대와 실버 세대의 신규 일자리 확대
   (3) 정원관리사, 치유정원사, 도시농부 등

4. 조경공간의 가치향상 방안

1) 「조경진흥법」과 분리된 법적 기반 마련
   (1) 조경법 등 실체법 제정
   (2) 조경 분야의 역할과 주도권 강화
   (3) 그린인프라 고도화

2) 생활밀착형 SOC사업에 공원녹지를 포함
   (1) 삶의 질 향상의 척도로 이용
   (2) 옥상녹화, 가로정원 조성, 교통숲, 중앙분리대 녹화 등
   (3) SOC사업 유형을 다양화하고 그린인프라와 연계

3) 그린인프라 연결사업 추진
   (1) 도시기반시설을 녹화하여 녹지로 전환

(2) 녹색길로 연결하여 그린 캐노피 확장

(3) 투수성 포장도로, 녹색건축, 녹도 등과 연결

4) 국토 생태축 연결

(1) 훼손된 생태계와 단절된 서식지를 회복

(2) 생태하천 조성, 비탈면 녹화, 생태통로 조성

5) 민간이 참여하는 공원운영프로세스 구축

(1) 지속가능한 공원 조성 및 운영

(2) 노후공원 재생 및 지속적 관리

(3) 공원 운영 전문가 양성

5. 결언

조경 분야는 녹지와 공원 등을 조성하여 수목의 탄소 흡수로 대기오염을 줄이고 열섬효과를 완화하는 등 환경 생태적인 메커니즘을 활성화하여 더 나은 도시환경을 조성하는 데 기여하고 있다. 또한 지역 주민의 활동기회를 늘려 건강한 라이프스타일을 유지할 수 있도록 돕는다. 그러므로 복지증진을 위하여 더 나은 조경공간을 만드는 데 힘써야 하겠다.

▶▶▶ 120회 3교시 1번

현대조경의 특징과 문화생태조경의 융합성에 대해 설명하시오.

1. 개요

현대조경은 모더니즘과 포스트모더니즘의 영향으로 분야와 영역의 경계를 뛰어넘어 다양한 텍스트를 혼합하는 형태로 발전하였다. 이러한 경향은 조경의 접근법에 대한 양적·질적 확장을 가져왔다. 문화생태조경은 조경공간을 조성할 때 지역의 문화와 생태를 중점적으로 고려하는 설계접근방식이다. 한편, 풍수지리설에 의해 조성된 전통 경관은 오랫동안 자연환경에 적응하며 살아온 주민들의 자연에 대한 인식 및 생활사가 반영된 것이다.

2. 현대조경의 특징

1) 모더니즘 조경이라는 새로운 양상
(1) 자연을 신적인 존재로 간주하지 않음
(2) 인공과 자연의 이원론에서 벗어남
(3) 예술사조의 영향을 받은 조경설계

2) 새로운 유형의 프로젝트 등장
(1) 사용 후의 부지를 대상으로 삼음
(2) 재개발지역, 쓰레기 매립지 등
(3) 폐탄광이나 노천 광산 등에서의 토지 재생

3) 생태조경의 주류화
(1) 디자인을 통해 자연적인 과정을 표현
(2) 예
  - 캔들스틱 포인트 문화공원
  - 빅스비 파크 : 40에이커의 쓰레기매립장 위에 조성된 생태공원

4) 경관의 재발견
(1) 부지 중심성과 비종결적 구성
(2) 경관의 생태적·시간적 과정 중시
(3) 다양한 규모로 경관을 경험하도록 함

5) 정원의 의미 재평가
(1) 주변부로 밀려났던 정원의 의미를 재평가
(2) 정원의 기능적 역할 부각
(3) 옴스테드의 디자인 패턴에서 벗어남

3. 문화와 생태 및 문화생태 지향적 조경의 개념

1) 문화와 생태의 개념
(1) 문화는 인공 또는 인문환경
(2) 생태는 자연환경
(3) 양립될 수 없는 대립 개념일 수 있음

2) 문화생태 지향적 조경의 개념
   (1) 콘텐츠의 네트워크화
   (2) 지역과의 연계
   (3) 지역 기반의 콘텐츠 개발
   (4) 보전 지향적 조경

4. 문화생태 조경의 융합성

1) 거주문화와 생태의 결합
   (1) 지형을 따른 건축물 배치
   (2) 에너지를 절약하는 생태주택 건축
   (3) 일상을 통한 생태보전에 초점

2) 문화생태 자원 발굴 및 보존
   (1) 지역자원 위주 발굴
   (2) 지역자원을 보존하기 위한 정책 수립
   (3) 무분별한 주택의 건설을 막아 문화유산 파괴 방지

3) 체험형 조경공간 조성
   (1) 지역의 자연생태, 역사, 교육 등을 체험
   (2) 이용자가 경험할 수 있는 공간을 만듦
   (3) 예) 울산의 고래문화특구 및 고래문화체험관(고래 관련 전통문화 보존과 해양생태문화 체험)

4) 조경과 생태의 융합
   (1) 자기 설계적 복원이 되도록 설계
   (2) 훼손지 복원, 습지 복원, 하천 복원 등

5) 전통적인 조경방식을 응용
   (1) 풍수지리설에 의한 주택의 입지 선정 방식
   (2) 지형에 대한 철저한 분석
   (3) 전통 사상 및 전통 조경요소에 대하여 이해하고 응용
   (4) 명당을 찾는 원리를 조경설계에 적용

5. 사례

1) 초막골 생태공원

(1) 경기 군포시 산본동 소재

(2) 수리산의 자연환경과 조선시대 역사유적이 공존하는 공간

(3) 일종의 생태문화공원 성격

(4) 인공폭포 초막동천, 분수가 있는 물새 연못, 향기숲, 연꽃원, 텃밭정원, 하천생태원, 맹꽁이 습지원

(5) 옹기원, 상상놀이마당 등

6. 결언

문화자원과 생태자원을 활용하여 지역 주민을 위한 공공공간을 건설하는 사업이 여러 지방자치단체에서 시행되고 있다. 대표적인 곳이 생태문화공원과 생태문화마을이다. 지역에 분포한 특징 있는 자원을 활용하면서 장기적으로 보호하겠다는 취지에서 조성하고 있으나 기존의 생태공원 등과 차이가 없다는 것이 단점으로 꼽힌다.

MEMO

조경기술사 논술 기출문제풀이

발행일 | 2024. 4. 15   초판발행

저 자 | 정유선
발행인 | 정용수
발행처 |  예문사

주 소 | 경기도 파주시 직지길 460(출판도시) 도서출판 예문사
T E L | 031) 955-0550
F A X | 031) 955-0660
등록번호 | 11-76호

- 이 책의 어느 부분도 저작권자나 발행인의 승인 없이 무단 복제하여 이용할 수 없습니다.
- 파본 및 낙장은 구입하신 서점에서 교환하여 드립니다.
- 예문사 홈페이지 http : //www.yeamoonsa.com

정가 : 42,000원

ISBN 978-89-274-5429-8 13520